计算机应用基础案例教程

王若东　张丽霞　主　编
马一路　孙晓燕　王　菲　耿洪森　副主编

北京理工大学出版社
BEIJING INSTITUTE OF TECHNOLOGY PRESS

图书在版编目（CIP）数据

计算机应用基础案例教程/王若东，张丽霞主编．—北京：北京理工大学出版社，2018.8（2021.9重印）

ISBN 978－7－5682－6054－1

Ⅰ.①计…　Ⅱ.①王…②张…　Ⅲ.①电子计算机－高等职业教育－教材　Ⅳ.①TP3

中国版本图书馆CIP数据核字（2018）第182493号

出版发行／北京理工大学出版社有限责任公司
社　　址／北京市海淀区中关村南大街5号
邮　　编／100081
电　　话／（010）68914775（总编室）
　　　　　（010）82562903（教材售后服务热线）
　　　　　（010）68944723（其他图书服务热线）
网　　址／http：//www.bitpress.com.cn
经　　销／全国各地新华书店
印　　刷／三河市天利华印刷装订有限公司
开　　本／787毫米×1092毫米　1/16
印　　张／18.5
字　　数／445千字
版　　次／2018年8月第1版　2021年9月第5次印刷
定　　价／48.00元

责任编辑／钟　博
文案编辑／钟　博
责任校对／周瑞红
责任印制／施胜娟

前　　言

随着计算机技术的飞速发展和普及，计算机不仅用于科研、工程等高端领域，且已经深入人们的生活、工作及各行各业，计算机已成为信息化社会中必备的工具。作为现代大学生，应掌握计算机基础知识，尤其是计算机操作技能。本书是以应用能力为出发点，全面采用案例分析式教学方法，以《全国计算机等级考试一级计算机基础及 MS Office 应用考试大纲（2013 版）》为知识范畴来编写的计算机应用基础教材。

由于计算机技术和应用软件发展更新太快，因此在教材编写上我们进行了综合考虑，一是使读者通过学习实用技术，提高计算机操作和软件使用能力，以适应工作需求；二是帮助考生顺利通过全国计算机等级考试一级计算机基础及 MS Office 认证考试。为此，本书结合《全国计算机等级考试一级计算机基础及 MS Office 应用考试大纲（2013 版）》的要求，以具有实际工作意义的案例为主线，按照职业成长规律和学生认知规律，组织安排案例，并保持各案例之间的联系，以知识点介绍为理论补充，注重结合各种情景分析解决问题的思路、方法和步骤，有效提升读者的计算机应用技能及计算机等级考试应试能力。

全书共分为 7 章，主要内容包括：

（1）计算机基础知识：主要介绍计算机的发展、特点、应用、分类，计算机中数据的表示及存储，数制的概念、换算及中、西文编码的基础知识，计算机系统，多媒体技术，计算机病毒；

（2）Windows 7 操作系统基础：主要介绍操作系统的基本概念、功能、组成及分类，Windows 7 操作系统的基本要素和基本操作、文件和文件夹的操作、系统环境设置；

（3）Word 2010 文字处理软件：主要介绍 Word 的操作基础、编辑基础、格式设置、表格排版、页面排版、图像设置；

（4）Excel 2010 电子表格软件：主要介绍 Excel 的基本概念、基本操作、格式设置、公式与函数、图表功能、数据处理功能；

（5）PowerPoint 2010 演示文稿软件：主要介绍 PowerPoint 的基本概念、基本设置、幻灯片的基本操作、演示文稿的修饰、演示文稿的输出；

（6）计算机网络基础：主要介绍计算机网络的基本概念、因特网的基础知识、使用浏览器（IE）漫游网络的方法、使用 Outlook 收发电子邮件的方法；

（7）常用工具软件：主要介绍图片处理工具、多媒体播放工具、360 安全卫士防病毒软件的使用。

本教材兼顾计算机技术的实际应用和《全国计算机等级考试一级计算机基础及 MS Office 应用考试大纲（2013 版）》的要求，按照“少理论、多应用”的思路，结合案例讲述操作过程和使用技巧，使初学者少走弯路、快速掌握基本信息技术。全书内容图文并茂，通俗易懂，所有案例都经过上机测试，便于读者学习。

本教材可作为全国计算机等级考试，初级、中级计算机培训教材和参考书。本书还有配套的《计算机应用基础实训指导与习题集》。

本书由王若东、张丽霞任主编，马一路、孙晓燕、王菲、耿洪森任副主编。其中第1章、第4章由乌海职业技术学院王若东老师编写；第3章、第6章由乌海职业技术学院张丽霞老师编写；第2章、第5章、第7章由乌海职业技术学院马一路、孙晓燕、王菲、耿洪森四位老师编写。

由于时间仓促及编写水平有限，书中难免存在疏漏和不足之处，敬请读者批评指正。

编　者

目　　录

第 1 章

计算机基础知识

计算机（computer）是一种能接收和存储信息，并按照存储在其内部的程序对输入的信息进行加工、处理，然后把处理结果输出的高度自动化的电子设备。计算机发展到今天已有60 多年的历史，其应用已深入社会生活的许多方面，它所带来的不仅是一种行为方式的变化，更大程度上是人类思维方式的革命，并且计算机对人类社会产生的革命性影响还在继续。本章简要介绍计算机的产生和发展、特点和分类，以及计算机的应用领域和数据表示等内容。

学习目标

☑ 了解计算机的发展、类型及其应用领域。
☑ 了解计算机中数据的表示、存储与处理。
☑ 了解多媒体技术的概念与应用。
☑ 了解计算机病毒的概念、特征、分类与防治。
☑ 了解计算机网络的概念、组成和分类，计算机与网络信息安全的概念和防控。
☑ 了解因特网网络服务的概念、原理和应用。

1.1 计算机的发展和分类

计算工具的发展有着悠久的历史，经历了从简单到复杂、从低级到高级的演变过程。计算机的发展也经历了机械式计算机、机电式计算机和电子式计算机三个阶段，其中电子式计算机才是人们今天所理解的计算机。

1.1.1 计算机发展简史

1946 年，美国宾夕法尼亚大学制成了 ENIAC 计算机，这是世界上第一台由程序控制的电子数字计算机。EDVAC 是依据冯·诺依曼的构想制造出的世界上第一台现代意义的通用计算机。冯·诺依曼计算机系统结构有如下三个特征：

（1）采用二进制；

（2）采取存储程序制；

（3）具有运算器、控制器、存储器、输入设备和输出设备 5 个基本功能部件。

自 1946 年第一台计算机诞生起，计算机已经发展了四代，现在正向第五代计算机发展。推动计算机发展的因素很多，其中电子器件的发展起着决定性的作用；其次，计算机系统结构和计算机软件的发展也起着重大作用。因此，制造计算机所用的核心元件是划分电子计算机年代的主要根据。

第一代计算机（1946—1958 年）采用电子管作为计算机的逻辑元件，其特点是体积庞大、造价昂贵、速度低、存储量小、可靠性差。其主要用于军事和科学研究，代表产品是 UNIVAC－1。第一代计算机确立了计算机的基本结构：冯．诺伊曼结构。

第二代计算机（1958—1964 年）采用晶体管代替电子管，其特点是相对体积小、重量轻、开关速度快、工作温度低。其主要用于数据处理和事务处理，代表产品是 IBM－7000。

第三代计算机（1964—1971 年）采用中、小规模集成电路代替分立元件，其特点是体积、重量、功耗等进一步减小。其应用更加广泛，代表产品是 IBM－360。

第四代计算机（1971 年至今）采用大规模和超大规模集成电路。其特点是性能有飞跃性的上升。其应用于各个领域，代表产品是 IBM－4300 等。

1.1.2　电子计算机的分类

电子计算机按照不同的原则可以有多种分类方法，这里仅介绍三种：

（1）按用途分类：台式机、便携式计算机（笔记本电脑）、手持式计算机等；

（2）按组成结构分类：单片机、单板机（笔记本电脑采用）、多板机（台式机采用）；

（3）根据计算机的大小、规模、性能等划分，可以分成巨型、大型、中型、小型、微型计算机和工作站等。其中以微型计算机的应用最为广泛。

1.1.3　微型计算机的发展

微型计算机体积小、功耗低、成本低，其性能价格比优于其他类型的计算机，因而得到广泛应用。微处理器和微型计算机的出现，使计算机技术以空前的速度渗透到社会的各个领域，同时也深刻地影响着计算机技术本身的发展，32 位微型机的性能已达到 20 世纪 70 年代大中型计算机的水平。

微型计算机从诞生到现在也经历了 5 代的发展，微型计算机的 CPU 上数据线的条数是划分微型计算机年代的主要根据。

第一代（1971—1973 年）是 4 位微处理器和低档 8 位微处理器时代。

第二代（1973—1978 年）是成熟的 8 位微处理器时代。

第三代（1978—1983 年）是 16 位微处理器时代。

第四代（1983—1993 年）是 32 位微处理器时代。

第五代（1993 年至今）是英特尔公司奔腾（Intel）推出的奔腾（Pentium）微处理器及其他类型。

奔腾微处理器自 1993 年诞生以来，经历了如下发展过程：PentiumⅠ（有 3 个型号，即 1993 年的经典奔腾、1995 年的高能奔腾、1996 年的多能奔腾），PentiumⅡ（1997 年），PentiumⅢ（1999 年），PentiumⅣ（2000 年）。

我国在微型计算机方面先后研制了长城、方正、同方、紫光、联想等系列机型。

1.1.4　我国巨型计算机的发展情况

1983 年 12 月，我国成功研制了第一台巨型计算机“银河一号”，于 1992 年 11 月成功研制了“银河二号”，于 1997 年 6 月成功研制了“银河三号”，此后又成功研制了“曙光”“神威”“天河一号”“天河二号”。

1.2　计算机的特点和应用范围

1.2.1　计算机的特点

计算机的特点主要有以下几个方面：

（1）高速、精确的运算能力；

（2）准确的逻辑判断能力；

（3）强大的存储能力；

（4）自动功能；

（5）网络与通信能力。

1.2.2　计算机的主要技术指标

1. 字长

字长是 CPU 一次能直接传输、处理的二进制数据位数，是计算机性能的一个重要指标。字长代表机器的精度，字长越长，可以表示的有效位数就越多，运算精度越高，处理能力越强。PC 的字长一般为 32 位或 64 位，目前流行的奔腾机（包括 Pentium Ⅳ）的字长均为 32 位。

2. 主频（时钟频率）

主频是指计算机的主时钟频率，它在很大程度上反映了计算机的运算速度，因此人们也常以主频来衡量计算机的速度。主频的单位是赫兹（Hz），实际使用时常以 MHz、GHz 表示，比如在微机配置中常看到的“P4 2.4G/256M/80G”中的 2.4G 是表示 CPU 的主时钟频率为 2.4GHz，PentiumⅢ/866、PentiumⅣ/1.5 分别表示主时钟频率为 866 MHz 和 1.5GHz。

3. 运算速度

计算机的运算速度通常指平均运算速度，即每秒钟所能执行的指令条数，一般用百万条/秒（MIPS）来描述。

4. 内存容量

计算机的记忆功能是通过内存储器来实现的，存储器可容纳的二进制信息量称为存储容量。内存储器的最小存储单位是 b（位），基本存储单位是 B（字节）。常用存储单位的换算关系如下：

1B（字节）=8b；

1KB（千字节）=1 024B；

1MB（百万字节）=1 024KB；

1GB（十亿字节）=1 024MB；

1TB（太拉字节）=1 024GB；

1PB（petabyte）=1 024TB；

1EB（exabyte）=1 024PB；

1ZB（zettabyte）= 1 024EB；

1YB（yottabyte）= 1 024ZB。

5. 存储周期

存储周期是存储器进行一次完整的存储操作所需的时间。一般内存的存取周期为 7 ~70ns。

1.2.3 计算机的应用范围

计算机的应用范围主要有以下几个方面：

（1）科学计算（数值计算）：主要解决科学研究和工程技术中产生的大量数值计算问题。电子计算机最早的应用领域是科学计算，天气预报就是科学计算的一种具体应用。

（2）信息处理（数据处理）：主要是对大量数据进行加工处理，如收集、存储、分类、检测、排序、统计和输出等，再筛选出有用信息。计算机应用于管理从信息处理开始，办公自动化（OA）、人事档案管理、财务管理等按计算机应用的分类，都属于信息处理。

（3）过程控制（实时控制）：主要是用计算机实时采集控制对象的数据，加以分析处理后，按系统要求对控制对象进行控制。在冶炼车间，由计算机根据炉温控制加料就属于过程控制。

（4）计算机辅助设计与辅助制造：其目的是实现设计、制造和管理的自动化。常用的英文缩写词有计算机辅助设计（CAD）、计算机辅助制造（CAM）、计算机集成制造系统（CIMS）计算机辅助测试（CAT）、计算机辅助教育（CAI）等。

（5）网络与通信。

（6）人工智能。

（7）多媒体。

（8）嵌入式系统。

1.3 计算机的新技术与发展趋势

未来计算机的发展趋势，一般来说，在规模上向着巨型化和微型化发展，在应用上向着系统化、网络化和智能化发展。

1. 计算机软件系统

（1）人工智能；

（2）网络计算；

（3）中间件技术；

（4）云计算。

2. 计算机发展趋势

（1）巨型化；

（2）微型化；

（3）网络化；

（4）智能化。

3. 未来会出现的新型计算机

（1）光子计算机；
（2）生物计算机；
（3）超导计算机；
（4）纳米计算机；
（5）量子计算机。

1.4　计算机中信息的表示

1.4.1　计算机中的进位计数制

1. 进位计数制的基本概念和计算机中常用的进制

通常称某个固定位置上的计数单位为“位权”或“权”，每一位数码与该位“位权”的乘积表示该位数值的大小。数制中全部数码的个数称为基数。

在人和计算机进行信息交换的时候经常用到的计算机中常用的进位计数制有：二进制、八进制、十进制、十六进制。现代计算机中均采用二进制数制，因为二进制数的优点是物理上容易实现且简单可靠、运算规则简单、适合逻辑运算。二进制数后面增加一个“0”相当于乘“2”，减少一个“0”相当于除“2”。表 1.1 和表 1.2 给出了常用的四种计数法的表示及其相互关系。

表 1.1　四种计数法的表示

计数法	二进制	八进制	十进制	十六进制
进位规则	逢 2 进 1	逢 8 进 1	逢 10 进 1	逢 16 进 1
基数 R	2	8	10	16
所用符	0，1	0，1，2，…，7	0，1，2，…，9	0，1，2，…9，A，B，…，F
权	2^i	8^i	10^i	16^i
数字标识	B	Q	D	H

表 1.2　四种计数法表示的数的对应关系

十进制	二进制	八进制	十六进制	十进制	二进制	八进制	十六进制
0	0	0	0	9	1001	11	9
1	1	1	1	10	1010	12	A
2	10	2	2	11	1011	13	B
3	11	3	3	12	1100	14	C
4	100	4	4	13	1101	15	D
5	101	5	5	14	1110	16	E
6	110	6	6	15	1111	17	F
7	111	7	7	16	10000	20	10
8	1000	10	8	—	—	—	—

2. 四种不同进制数的相互转换

按照数学上排列的理论，四种进制之间的转换应该多达 12 种。这里将按类进行处理。

（1）二、八、十六进制数转换为十进制数。

按权展开求和，即将每位数码乘以相应的权值并累加。

例：$(1001.1)_2 = 1\times2^3 + 0\times2^2 + 0\times2^1 + 1\times2^0 + 1\times2^{-1} = 8 + 1 + 0.5 = (9.5)_{10}$

$(345.73)_8 = 3\times8^2 + 4\times8^1 + 5\times8^2 + 7\times8^{-1} + 3\times8^{-2}$

$= 192 + 32 + 5 + 0.875 + 0.046\,875 = (229.921\,875)_{10}$

$(A3B.E5)_{16} = 10\times16^2 + 3\times16^1 + 11\times16^0 + 14\times16^{-1} + 5\times16^{-2}$

$= 2\,560 + 48 + 11 + 0.875 + 0.019\,531\,25 = (2\,619.894\,531\,25)_{10}$

（2）十进制数转换为二进制数。

常用方法是：整数采用“除以 2 取余法”，小数采用“乘以 2 取整法”。这里再介绍一种计算更为简便的逐位比较法。

方法如下：

①转换前先将二进制数各位的位权写出来。

②然后将待转换的数和某位二进制的位权进行比较，找出上一位的位权比待转换的数大、本位的位权比待转换的数小的位开始转换。

③若待转换的数比某位的位权大，则取 1 并将待转换的数减去该位的位权；若小则取 0，不作减法。从高位开始一直减到待转换的数为 0 即可。

采用此法，50 以内的数都能口算出来，100 以内的数多数也可以口算，不能口算的作一次减法就能口算，而且用此法整数和小数的计算方法相同，计算和验算是同时进行的，出错率大大降低。

例：将 22.625 转换成二进制数。

①将二进制数各位的位权写出来（需要写出的位数多少与待转换数的大小和保留的小数位数有关），如下所示：

$\cdots2^6$	2^5	2^4	2^3	2^2	2^1	2^0	2^{-1}	2^{-2}	2^{-3}	$2^{-4}\cdots$
64	32	16	8	4	2	1	0.5	0.25	0.125	0.062 5

②待转换的数 22 比 16 大且比上一位的位权 32 小，转换就从位权是 16 的位开始。

③待转换的数 22 比值为 16 的位权大，则取 1 并将待转换的数减去该位的位权：

$\cdots2^6$	2^5	2^4	2^3	2^2	2^1	2^0	2^{-1}	2^{-2}	2^{-3}	$2^{-4}\cdots$
64	32	16	8	4	2	1	0.5	0.25	0.125	0.062 5
		1								

$22.625 - 16 = 6.625$

④余数 6.625 比值为 8 的位权小，该位取 0：

$\cdots2^6$	2^5	2^4	2^3	2^2	2^1	2^0	2^{-1}	2^{-2}	2^{-3}	$2^{-4}\cdots$
64	32	16	8	4	2	1	0.5	0.25	0.125	0.062 5
		1	0							

⑤照此方法一直进行下去就能得到答案 22.625D = 10110.101B。

（3）二进制数与八进制数之间的转换。

二进制数与八进制数之间的转换十分简捷方便，它们之间的对应关系是：八进制数的每一位对应二进制数的三位。

①二进制数转换成八进制数。

由于二进制数和八进制数之间存在特殊关系，即 $8^1=2^3$，因此转换方法比较容易，具体转换方法是：将二进制数从小数点开始，整数部分从右向左 3 位一组，小数部分从左向右 3 位一组，不足三位用 0 补足即可（特别提示：补 0 时，在整数部分 0 要补到左边，在小数部分 0 要补到右边）。

例：将 $(11110101010.11111)_2$ 转换为八进制数的方法如下：

```
011  110  101  010.111  110
 ↓    ↓    ↓    ↓    ↓    ↓
 3    6    5    2  . 7    6
```

于是，$(11110101010.11111)_2=(3652.76)_8$。

②八进制数转换成二进制数。

方法为：以小数点为界，向左或向右每一位八进制数用相应的三位二进制数取代，然后将其连在一起即可。

例：将（5247.601）8 转换为二进制数的方法如下：

```
 5    2    4    7 .  6    0    1
 ↓    ↓    ↓    ↓    ↓    ↓    ↓
101  010  100  111.  110  000  001
```

于是，$(5247.601)_8=(101010100111.110000001)_2$。

（4）二进制数与十六进制数之间的转换。

①二进制数转换成十六进制数。

二进制数的每四位，刚好对应十六进制数的一位（$16^1=2^4$），其转换方法是，将二进制数从小数点开始，整数部分从右向左 4 位一组，小数部分从左向右 4 位一组，不足四位用 0 补足即可（特别提示：补 0 时，在整数部分 0 要补到左边，在小数部分 0 要补到右边）。

例：将二进制数 $(111001110101.100110101)_2$ 转换为十六进制数的方法如下：

```
1110  0111  0101.1001  1010  1000
 ↓     ↓     ↓  . ↓     ↓     ↓
 E     7     5  . 9     A     8
```

于是，$(111001110101.100110101)_2=(E75.9A8)_{16}$。

例：将二进制数 $(101111101111110)_2$ 转换为十六进制数的方法如下：

```
0101  1111  0111  1110
 ↓     ↓     ↓     ↓
 5     F     7     E
```

于是，$(101111101111110)_2=(5F7E)_{16}$。

②十六进制数转换成二进制数。

方法为以小数点为界，向左或向右每一位十六进制数用相应的四位二进制数取代，然后将其连在一起即可。

例：将 $(7FE.11)_{16}$ 转换成二进制数的方法如下：

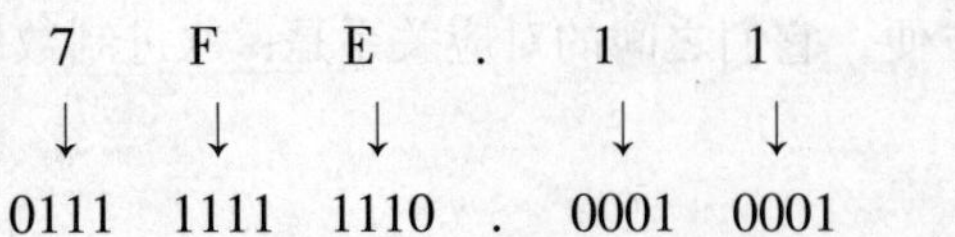

于是，$(7FE.11)_{16}$ = $(11111111110.00010001)_{2}$。

（5）二进制数和十进制数之间转换的实用技巧。

在上述四种进制的互相转换中，二进制数与十进制数之间的转换十分重要，在国家计算机等级一级考试中更是必考的重要内容。这里介绍实用的转换思想，如图 1.1 所示。

图 1.1　灯泡瓦数与二进制位权的对应关系

①若把灯泡的不同瓦数和等价的二进制位权相对应，那么十进制数转换为二进制数就好比在固定瓦数的一堆灯泡中挑出需要的灯泡，二进制数转换成十进制数也只是把挑好灯泡的瓦数总和计算出来。

②如图 1.2 所示，黄颜色的灯泡相当于选用的灯泡，白颜色的灯泡是没有选用的灯泡。选用相当于二进制位的“1”，没有选用相当于二进制位的“0”。这样一来，计算图中灯泡的瓦数就相当于将二进制数 1111100B 转换成十进制数。反过来，确定好需要灯泡的总瓦数，再把满足要求的灯泡挑出来，即相当于将十进制数转换成二进制数。例如现在假设总共需要 47 瓦的灯泡，那么从图中来看，必将挑出 32W、8W、4W、2W 及 1W 的灯泡各一个，这正好相当于二进制数字 101111B。

图 1.2　灯泡明暗与二进制位数码 0 或 1 的对应关系

③掌握了方法，转换正确就不是问题了，关键是你计算的速度问题。一般来说，十进制数转换成二进制数相对简单，50 以内看图即可直接写出答案，100 以内的数字大多数也可以直接口算，无法口算的作一次减法就在 50 以内，肯定可以口算出来。更大的数字只不过作减法的次数会增多，方法都是一样的。

④对于二进制数转换成十进制数，采用下面的方法可以提高运算的速度。可以分为两种情况来处理，“1”多的情况用减法，“1”少的情况用加法。关于“1”少的情况，将少数几个用到的灯泡瓦数（相当于二进制数各位权值）加起来即可。不好理解的是在“1”多的情况怎样作减法。原理是这样的，如图 1.2 所示，前 5 个灯泡用到了，后 2 个灯泡没有用，这相当于二进制数 1111100B，它总共是多少瓦呢？是 127 - 3 = 124（W）。这时当然又有了疑问，127 是哪里来的？这个很容易，因为后面小瓦数的灯泡之和总比前面较大灯泡的瓦数少 1 瓦，后面灯泡的瓦数都是前面灯泡瓦数的 2 倍，所以图 1.2 中 64W 灯泡之前一定是 128W，且从其后的 64W 一直加到 1W 的和一定比 128 少 1，即 127。

1.4.2　字符的表示

计算机可以处理的信息除了数值之外，还有各种各样的文字、符号、声音、图像、视频等，这些信息也必须表示为二进制编码的形式，计算机才能进行处理。下面介绍一些常用的编码标准。

1. ASCII 码

ASCII（American Standard Code for Information Interchange）码，即美国信息交换标准代码。ASCII 码有 7 位版本和 8 位版本两种，国际上通用的是 7 位版本，7 位版本的 ASCII 码有 128 个元素，只需用 7 个二进制位（$2^7=128$）表示，其中控制字符 34 个、阿拉伯数字 10 个、大/小写英文字母 52 个、各种标点符号和运算符号 32 个。在计算机中实际用 8 位表示一个字符，最高位为“0”。表 1.3 所示为 128 个符号的 ASCII 码。

表 1.3　ASCII 码

$d_6d_5d_4$ \ $d_3d_2d_1d_0$	000	001	010	011	100	101	110	111
0000	NUL	DEL	SP	0	@	P	、	P
0001	SOH	DC1	!	1	A	Q	a	q
0010	STX	DC2	”	2	B	R	b	s
0011	EXT	DC3	#	3	C	S	c	s
0100	EOT	DC4	$	4	D	T	d	t
0101	ENQ	NAK	%	5	E	U	e	u
0110	ACK	SYN	&	6	F	V	f	v
0111	BEL	ETB	,	7	G	W	g	w
1000	BS	CAN	(	8	H	X	h	x
1001	HT	EM	)	9	I	Y	i	y
1010	LF	SUB	*	:	J	Z	j	z
1011	VT	ESC	+	;	K	[	k	{
1100	FF	FS	.	<	L	\	1	|
1101	CR	GS	–	=	M	]	m	}
1110	SO	RS	。	>	N	↑	n	~
1111	SI	US	/	?	O	↓	o	DEL

若要确定一个字符的 ASCII 码，先在表中查出其位置，然后确定其所在位置对应的列和行。根据列值确定所查字符的高 3 位编码（$d_6d_5d_4$），根据行值确定所查字符的低 4 位编码（$d_3d_2d_1d_0$）。最后将高 3 位编码与低 4 位编码组合在一起，即所查字符的 ASCII 码。例如：字符“A”的 ASCII 码值为 1000001，对应的十进制数为 65。

ASCII 码表编排的规律是：

（1）小写字母的范围：61H ~ 7AH（十进制范围是：97 ~ 122）；

（2）大写字母的范围：41H ~ 5AH（十进制范围是：65 ~ 90）；

（3）数字的范围：30H ~ 39H（十进制范围是：48 ~ 57）；

（4）其余为控制字符；

（5）小写字母的 ASCII 码值和大写字母的 ASCII 码值差是十六进制数 20H，转换成十进制数是 32；

（6）按 ASCII 编码数值从大到小的顺序是：小写字母—大写字母—数字—控制符。

2. 汉字编码

我国用户在使用计算机进行信息处理时，一般都要用到汉字，在计算机中使用汉字必须解决汉字的输入、输出及处理等一系列问题。由于汉字数量大，汉字的形状和笔画差异极大，无法用一个字节的二进制代码实现汉字编码，因此汉字有自己独特的编码方法。在汉字输入、输出、存储和处理的不同过程中，所使用的汉字编码不相同，归纳起来主要有汉字输入码、汉字内码和汉字字形码等编码形式。

1）汉字输入码

汉字输入码是为用户由计算机外部设备输入汉字而编制的汉字编码，又称外码。汉字输入码位于人机界面上，面向用户，编码原则简单易记，操作方便，有利于提高输入速度。汉字的输入编码很多，归纳起来主要有数字编码、字音编码、字形编码和音形结合编码等几大类。

汉字输入码的常识性知识主要有：

①汉字输入码可分为有重码和无重码两类，常见的无重码输入法是区位码。

②形码也称义码，是一种按照汉字的字形进行编码的方法。王码五笔字型输入法属于型码输入法。

③自然码以拼音为主，辅以字形、字义进行编码，称为音形码。全拼或简拼汉字输入法的编码属于音码。

2）汉字内码

每个汉字的国标码占两个字节，每个字节的高位和 ASCII 码一样也是 0，为了在计算机内部能够区分是汉字编码还是 ASCII 码，将国标码的每个字节的最高位由 0 变 1，变换后的国标码称为汉字机内码，任何情况下汉字机内码的长度固定是两个字节。

汉字	国标码	汉字机内码
中	8680（01010110 01010000）B	（11010110 11010000）B
华	5942（00111011 00101010）B	（10111011 10101010）B

3）汉字字形码

汉字字形码是表示汉字字形信息的编码，如图 1.3 所示。

目前在汉字信息处理系统中大多以点阵方式和矢量函数等方式表示汉字。点阵方式汉字字形码就是确定一个汉字字形点阵的代码，全点阵字形中的每一点用一个二进制位来表示，8 个二进制位表示 1 个字节，与每个汉字对应的这一串字节，就是汉字的字形码。若要计算某种点阵字形码所占的字节数，只要把这种点阵行的点数乘以列的点数再除以 8 即可。图 1.3 中 16 × 16 点阵字形码所占的字节数就等于（16 × 16）/8 = 32 字节。

	0	1	2	3	4	5	6	7	8	9	10	11	12	13	14	15	十六进制码			
0							●	●									0	3	0	0
1							●	●									0	3	0	0
2							●	●									0	3	0	0
3							●	●						●			0	3	0	4
4	●	●	●	●	●	●	●	●	●	●	●	●	●	●	●		F	F	F	E
5							●	●									0	3	0	0
6							●	●									0	3	0	0
7							●	●									0	3	0	0
8							●	●									0	3	0	0
9							●	●	●								0	3	8	0
10						●	●			●							0	6	4	0
11					●	●					●						0	C	2	0
12				●	●						●	●					1	8	3	0
13				●								●	●				1	0	1	8
14			●										●	●			2	0	0	C
15	●	●												●	●	●	C	0	0	7

图 1.3　16 × 16 点阵字形码

4）汉字区位码

汉字区位码用四位十进制数对汉字进行编码。所有的国标汉字与符号组成一个 94 × 94 的矩阵。在此方阵中，每一行称为一个“区”，每一列称为一个“位”，因此，这个方阵实际上组成了一个有 94 个区（区号为 1 ~ 94）、每个区内有 94 个位（位号为 1 ~ 94）的汉字字符集。一个汉字所在的区号和位号简单地组合在一起就构成了该汉字的“区位码”。在汉字的区位码中，高两位为区号，低两位为位号。在区位码中，01 ~ 09 区为 682 个特殊字符，16 ~ 87 区为汉字区，包含 6 763 个汉字。其中 16 ~ 55 区为一级汉字（3 755 个最常用的汉字，按拼音字母的次序排列），56 ~ 87 区为二级汉字（3 008 个汉字，按部首次序排列）。因此一级汉字、二级汉字加特殊字符三项共计 7 445 个字符。

实际应用中区位码的有效表示范围是：

十进制数：0101 ~ 9494；

十六进制数：0101H ~ 5E5EH。

5）汉字的区位码、国标码及内码三者之间的转换方法

区位码、国标码及内码是对同一个汉字的三种不同的表示方法，三者之间有固定的对应关系。

（1）汉字的区位码转换成国标码的方法。

①将区位码中的四位十进制数按高两位（千位和百位）、低两位（十位和个位）分别转换成十六进制数。

由于区位码中最大的十进制数是 94，这里介绍一个将 100 以内的十进制数转换成十六进制数的简单方法：

第一步：记住 1 个 16 是 16，2 个 16 是 32，3 个 16 是 48，4 个 16 是 64，5 个 16 是 80。

第二步：观察待转换的 100 以内的十进制数包含几个 16。包含几个 16，转换后的两位十六进制数的高位就是几（若待转换的数是 16 以内的十进制数，则转换后的两位十六进制数的高位是 0），用待转换的 100 以内的十进制数减去 16 乘以待转换十进制数中包含 16 的个数，两者之差就是转换后的两位十六进制数的低位。

第三步：第二步算出的差值一定为 0 ~ 15。0 ~ 9 的数直接作为结果，而 10 ~ 15 的数按照十六进制的原理分别用 A、B、C、D、E、F 来表达。

例如某个汉字的区位码是 5678，转换成十六进制的过程是：56 中包含 3 个 16，3 个 16 是 48，56 − 48 = 8，所以该汉字区码的十六进制数是 38H；78 中包含 4 个 16，4 个 16 是 64，78 − 64 = 14，则该汉字位码的十六进制数是 4EH（十六进制数的 E 相当于十进制数的 14）。因此区位码是十进制 5678 的汉字的十六进制表达是：384EH。

②将 4 位十六进制区位码加上 2020H 即该汉字的国标码。例如某个汉字的区位码是 5678，转换成十六进制数为 384EH，再加上 2020H，结果为 586EH：

$$
\begin{array}{r}
384EH \\
+\ 2020H \\
\hline
586EH
\end{array}
$$

由于区位码中最大的十进制数是 94，转换成十六进制数是 5EH，再加上 20H 是 7EH，因此汉字国标码不会超过 7E7EH。

（2）汉字的国标码转换成内码的方法。

将国标码加上 8080H 即可。例如某个汉字的国标码为 586EH。其内码为 586EH + 8080H = D8EEH：

$$
\begin{array}{r}
586EH \\
+\ 8080H \\
\hline
D8EEH
\end{array}
$$

1.5 计算机系统

计算机系统是由硬件和软件两大部分组成的。硬件是指物理存在的各种设备，软件是指运行在计算机硬件上的程序、运行程序所需要的数据和相关文档的总称，如图 1.4 所示。

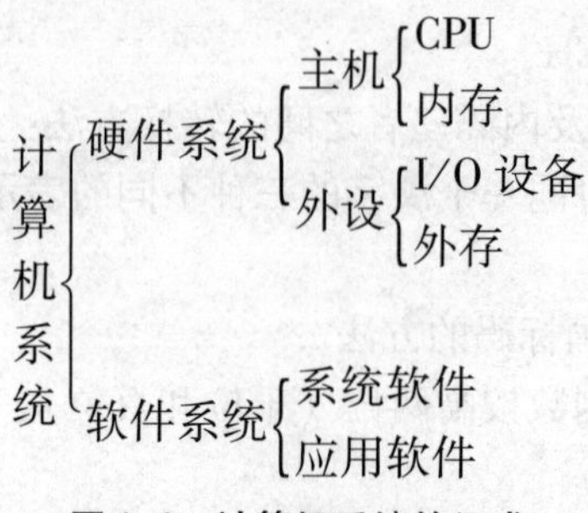

图 1.4 计算机系统的组成

1.5.1　计算机硬件系统

从原理上看，计算机硬件系统由运算器、控制器、存储器、输入设备和输出设备五部分组成，另外还必须由总线加以连接。70 多年来，虽然后来的计算机系统从性能指标、运算速度、工作方式、应用领域和其他方面与最初的计算机有很大差别，但基本结构没有变，都属于冯·诺依曼结构体系计算机，其结构如图 1.5 所示。

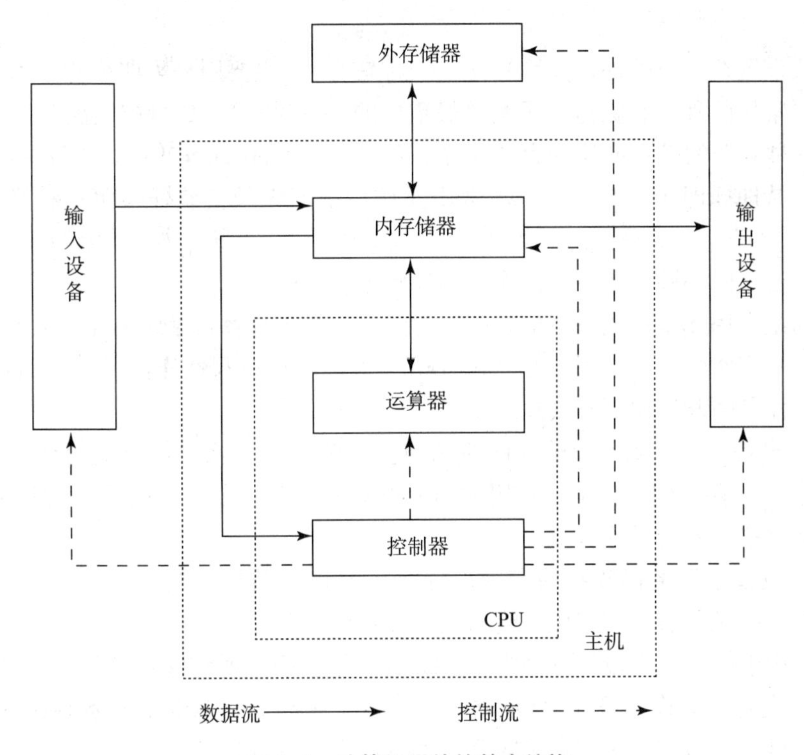

图 1.5　计算机硬件的基本结构

（1）运算器又为称算术逻辑单元，简称 ALU。运算器的主要功能是算术运算、逻辑运算和数据传递。

（2）控制器是计算机的神经中枢，只有在它的控制之下整个计算机才能有条不紊地工作，自动执行程序。机器语言是 CPU 唯一可以直接执行的语言，又称为 CPU 的指令系统。机器语言的指令格式由两部分组成，即操作码和地址码。操作码用来指明该指令所要完成的操作，地址码用来指出指令的操作对象。

控制器和运算器一起组成中央处理单元，即 CPU。它是计算机的核心，是影响计算机性能的关键部件。CPU 只能直接访问存储于内存中的数据。外存中的数据只能先调入内存，才能被 CPU 访问和处理。把存储在硬盘上的程序传送到指定的内存区域中，这种操作称为读盘。把内存中的数据保存到硬盘上的操作称为写盘。从 2001 年开始，我国自主研发通用 CPU 芯片，其中第一款通用的 CPU 芯片是龙芯。

（3）存储器的主要功能是存放程序和数据。通常分为内存储器和外存储器。

内存储器简称内存（又称主存），有两种类型。一种是只读存储器（ROM），其只能读出不能写入，通常是厂家在制造时用特殊方法写入、断电后也不会丢失、重要且经常要使用的程序或其他信息；另一种是随机存储器（RAM），其允许随机地进行存取信息，但计算机断电后，RAM 中的信息就会丢失（随机存储器又分为 SRAM 和 DRAM 两种，其中 SRAM 的速度高于 DRAM）。

在计算机中，每个内存单元都有一个唯一的编号，此编号称为地址，计算机通过地址可以找到所需的存储单元，取出或存入信息。

CPU 和内存一起构成主机，如图 1.4 所示；硬盘虽在主机箱内，但它不是主机的组成部分。

外存储器设置在主机外部，简称外存（又称辅存），主要用来长期存放“暂时不用”的程序和数据。常用的外存有磁盘（硬盘是最重要的一种磁盘）、U 盘和光盘等。

U 盘是一种新型的随身型移动存储设备，符合 USB 1.0 标准，通过 USB 接口与计算机交换数据，支持即插即用，在 Windows 常用操作系统下无须安装任何驱动程序，使用非常方便。

磁盘的磁道是同心圆，按扇区操作，最外磁道是 0 磁道。

光盘指的是利用光学方式进行信息存储的圆盘。用于计算机系统的光盘主要有 3 类：只读性光盘（CD－ROM）、一次写入性光盘（CD－R）与可擦写性光盘（CD－RW）。光盘上不是同心圆，而是阿基米德螺旋线。

（4）输入设备用来接受用户输入的原始数据和程序，并将它们转变为计算机可以识别的形式（二进制）存放到内存中。常用的输入设备有键盘、鼠标、扫描仪、触摸屏、光笔、读码器、数字化仪、麦克风等。

（5）输出设备用于将存放在内存中由计算机处理的结果转变为人们所能接受的形式。常用的输出设备有显示器、打印机、绘图仪、音箱等。

①显示器用于微机或终端，可分为：CRT 显示器（阴极射线管）、LCD 显示器（液晶）、LED 显示器（发光二极管）、PDP 显示器（等离子）4 种。显示器的技术指标主要有像素、分辨率显存。显示器的尺寸是指真实屏幕对角线长度，单位为英寸①。

②按照打印机的工作原理，打印机可分为击打式和非击打式两大类。按照工作方式打印机可分为点阵打印机、针式打印机、喷墨式打印机、激光打印机等。衡量打印机好坏的指标有三项：打印分辨率、打印速度和噪声。

目前，主要用于银行、税务、商店等的票据打印的打印机是针式打印机；打印质量最好的打印机是激光打印机。

1.5.2 总线和主板

1. 总线

在计算机系统中，各个部件之间传送信息的公共通路叫总线（Bus）。微型计算机是以三总线结构来连接各个功能部件的。图 1.6 所示是基于总线结构的计算机结构示意。

总线的特点是简单清晰、易于扩展。常见的总线标准有 ISA 总线、PCI 总线、AGP 总线、EISA 总线、USB 总线等。

---

① 1 英寸＝0.025 4 米。

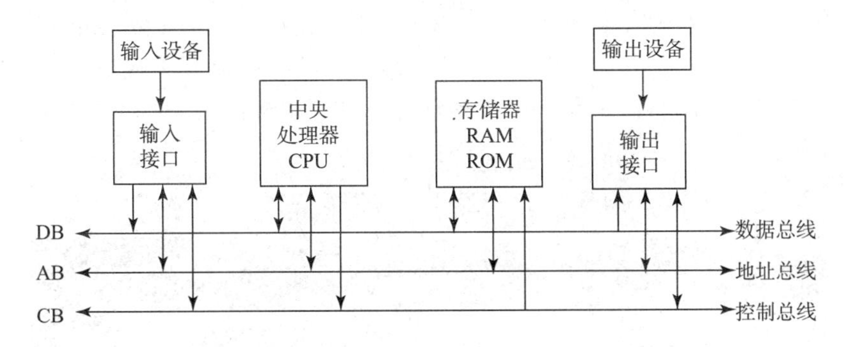

图 1.6　基于总线结构的计算机结构示意

总线是一种内部结构，它是 CPU、内存、输入/输出设备传递信息的公用通道，主机的各个部件通过总线连接，外部设备通过相应的接口电路再与总线连接，从而形成计算机系统。

2. 输入/输出接口（I/O 口）

输入/输出接口是微机与其他设备传送信息的一种标准接口。主机箱上的串行接口、并行接口、PS/2 接口（常用来连接鼠标和键盘）、USB 接口，以及机箱内的硬盘、软盘、接口都是 I/O 接口。

（1）并行接口（又称为“并口”）。主机与接口、接口与外设之间都是以并行方式传送数据的。并行接口的数据通路宽度是按字或字节设置，其数据传输速率高。并行接口可设计为输出接口（如连接打印机），还可设计为输入接口（如连接扫描仪）。

（2）串行接口（又称为“串口”）。接口与外设之间都是以串行方式传送数据的。由于串行通信是按数据位一位一位地依次传输，所以，只要少数几条线就可以在系统之间交换信息，但传输速度比较慢。因此，串行通信一般用在远程传输上，连接的设备如调制解调器等。

并行接口和串行接口都必须在软件的控制下才能按需要输入或输出数据。

（3）通用串行总线接口（Universal Serial Bus，USB）。

USB 的中文名为通用串行总线；USB 接口的尺寸比并行接口小得多；USB 具有热插拔与即插即用的功能；USB 接口连接的外部设备（如移动硬盘、U 盘等）不需要另外供应电源。

USB 2.0 在现行的 USB 1.1 规范上增加了高速数据传输模式。在 USB 2.0 中，除了 USB 1.1 中规定的 1.5Mb/s 和 12Mb/s 两个模式以外，还增加了 480Mb/s 这一“高速”模式。因此 USB 2.0 的数据传输率大大高于 USB 1。Mb/s 用来度量计算机与外部设备的传输率，中文表达是百万位/秒。

目前可以通过 USB 接口连接的输入/输出设备有显示器、键盘、鼠标、扫描仪、光笔、数字化仪、数码照相机、打印机、绘图仪和调制解调器等。当前流行的移动硬盘或 U 盘与计算机连接进行读/写的接口就是 USB 接口。

3. 主板

主板（Main Board）又叫主机板，被安装在机箱内，是计算机最基本的，也是最重要的

部件之一。主板即总线在硬件上的体现，一般为矩形电路板，上面安装了组成计算机的主要电路系统，一般有 BIOS 芯片、I/O 控制芯片、键盘和面板控制开关接口、指示灯插接件、扩充插槽、主板及插卡的直流电源供电接插件等元件。主板的另一特点是采用了开放式结构，如图 1.7 所示。

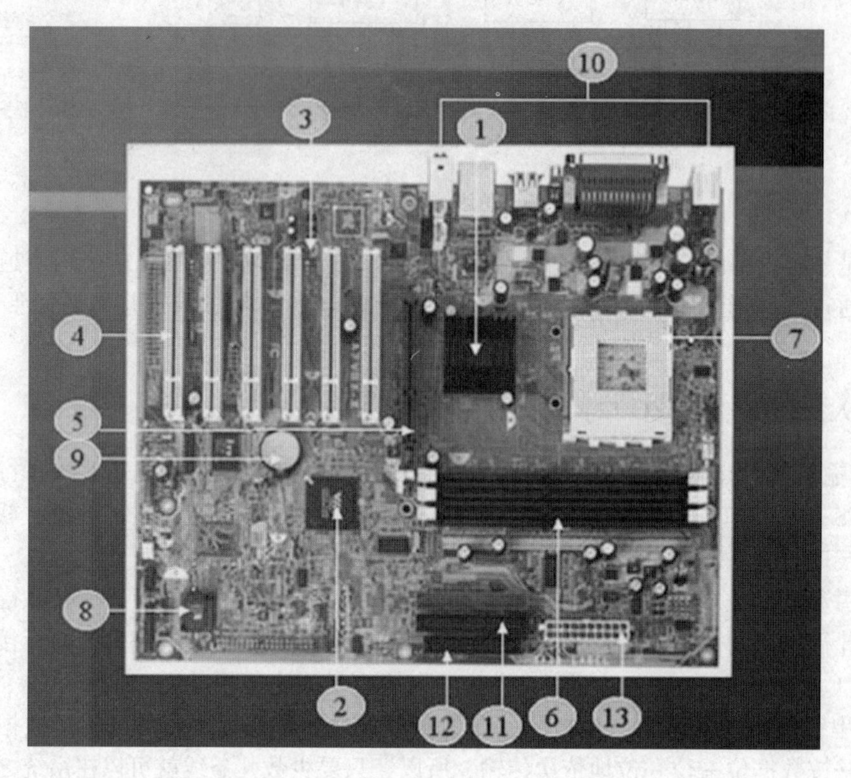

图 1.7　主板

1.5.3　计算机软件系统

1. 存储程序工作原理

（1）存储程序：是指编好的程序及执行过程所需的数据，通过输入设备输入并存储在计算机的存储器中。

（2）程序控制：是将存放程序的第一条指令的地址送达程序计数器，依据程序计数器指向的地址取出指令，每取完一条指令后计数器自动加 1，这样逐条取出指令加以分析，并执行指令规定的操作，使计算机按程序流程运行直至结束，从而实现自动化的连续工作。

（3）计算机在运行时，CPU 从内存读出一条指令到 CPU 内执行，指令执行完，再从内存读出下一条指令到 CPU 内执行。CPU 不断地取指令，执行指令，这就是程序的执行过程。

总之，计算机的工作就是执行程序，即自动连续地执行一系列指令，而程序开发人员的工作就是编制程序。一条指令的功能虽然有限，但是精心编制的一系列指令所组成的程序可完成的任务是无限多的。

2. 计算机语言

计算机语言通常分为机器语言、汇编语言和高级语言三类。

（1）机器语言。在计算机中，指挥计算机完成某个操作的命令称为指令。所有指令的集合称为指令系统，直接用二进制代码表示指令系统的语言称为机器语言。机器语言具有效率高、执行速度快的特点。只有机器语言可以被计算机直接执行。机器语言的缺点是可读性差。

（2）汇编语言。汇编语言是无法被直接执行的，必须将汇编语言编写的程序翻译成机器语言程序，计算机才能执行。用汇编语言编写的程序称为汇编语言源程序，翻译后的机器语言程序一般称为目标程序。将汇编语言源程序翻译成目标程序的软件称为汇编程序。

（3）高级语言。用高级语言编写的源程序是无法被直接执行的，必须翻译成机器语言才能被执行。通常翻译的过程有两种：一种是编译方式，一种是解释方式。为了提高软件开发效率，开发软件时应尽量采用高级语言。

将高级语言源程序翻译成目标程序的软件称为编译程序，这种翻译过程称为编译。编译过程经过词法分析、语法分析、语义分析、中间代码生成、代码优化、目标代码生成 6 个环节，才生成对应的目标代码程序，然后经过链接和定位生成可执行程序后才能被执行。

解释方式是将源程序逐句翻译，逐句执行的方式。解释过程不产生目标程序，基本上是解释一行执行一行，边翻译边执行。

编译程序和解释程序都起着将高级语言编写的源程序翻译成计算机可以识别与执行的机器指令的作用，但这两种方式有区别。对于编译方式，源程序经编译，链接到可执行程序文件后，就可脱离源程序和编译程序单独执行，所以编译方式效率高，执行速度快；而解释方式在执行时，源程序和解释程序必须同时运行，由于不产生目标文件和可执行程序文件，所以解释方式的效率低、执行速度较慢。

3. 计算机软件系统

计算机软件系统分为系统软件和应用软件两大类。一个完整的计算机软件应包含程序、相应数据和文档。

1）系统软件

系统软件是指控制计算机的运行，管理计算机的各种资源，并为应用软件提供支持和服务的一类软件。在系统软件的支持下，用户才能运行各种应用软件。系统软件通常包括操作系统、语言处理程序和各种实用程序。

（1）操作系统（Operating System，OS）。

为了使计算机系统的所有软、硬件资源协调一致，有条不紊地工作，必须有一个软件进行统一的管理和调度，这种软件就是操作系统。操作系统的主要功能是管理和控制计算机系统的所有资源（包括硬件和软件）。

操作系统通常具有 5 大功能：CPU 的管理、存储管理、文件管理、设备管理和作业管理。操作系统具有并发性、共享性、虚拟性和不确定性 4 个基本特征。在存储管理方面，操作系统对磁盘进行读/写操作的单位是扇区。而在文件管理方面，操作系统管理用户数据的单位是文件。

常用的操作系统有 Windows XP、Windows 2000、UNIX、Linux、OS/2、Novell Netware 等。其中 Windows 2000 是单用户多任务操作系统。

操作系统可分为单用户操作系统、批处理操作系统、分时操作系统、实时操作系统和网络操作系统 5 种。其中，分时操作系统是使一台计算机采用时间片轮转的方式同时为几个、几十个甚至几百个用户服务的一种操作系统。分时系统的特征是：同时性、独立性、交互性、及时性。分时系统属于多用户交互式操作系统，UNIX 操作系统属于分时操作系统。

（2）实用程序。

实用程序完成一些与管理计算机系统资源及文件有关的任务。通常情况下，计算机能够正常地运行，但有时也会发生各种类型的问题，如硬盘损坏、感染病毒、运行速度下降等。

实用程序有许多，最基本的是诊断程序、反病毒程序、卸载程序、备份程序、文件压缩程序 5 种。

（3）语言处理程序。

语言处理程序指的是各类高级语言的编译程序等，例如 C 语言编译程序就是其中一种。

（4）数据库管理系统。

数据库管理系统（DataBase Management System，DBMS）是一种操纵和管理数据库的大型软件，用于建立、使用和维护数据库。数据库管理系统是数据库系统的核心，是管理数据库的软件。

目前常用数据库管理系统有 Access、FoxPro、SQL Server、Oracle、Sybase、DB2 等。

2）应用软件

利用计算机的软/硬件资源为某一专门的应用目的而开发的软件称为应用软件。应用软件可分为三大类：

（1）通用应用软件：如文字处理软件 Word 和 WPS、电子表格处理软件 Excel、演示文稿制作软件 PowerPoint、绘图软件、网页制作软件、网络通信软件等。

（2）用于专门行业的应用软件：如通用财务管理软件包。

（3）定制的软件：如民航售票系统。

1.5.4 计算机使用的基本常识

1. 计算机的启动

（1）冷启动：接通电源启动计算机的方式，称为冷启动。具体启动过程是加电、自检、引导操作系统。

（2）热启动：通过“开始”菜单、任务管理器或者快捷键，重新启动计算机，称为热启动。热启动不重新上电，不检测硬件，直接加载数据。

（3）复位启动：在计算机已经开启的状态下，按下主机箱面板上的复位按钮重新启动，称为复位启动。一般在计算机的运行状态出现异常，而热启动无效时才使用复位启动。

2. 使用计算机的注意事项

（1）计算机要经常使用，不要长期闲置不用。

（2）在计算机附近应避免磁场干扰。

（3）为了延长计算机的寿命，应避免频繁开关计算机。为此可为计算机配置 UPS（不间断电源），计算机用几小时后，不必关机一段时间再用。

3. 常用按键的功能介绍

（1）键盘上的 CapsLock 键是大/小写切换键。当前状态处于小写状态时，在按住 Shift 键的同时按其他字母键，输出的是大写字母；当前状态处于大写状态时，在按住 Shift 键的同时按其他字母键，输出的是小写字母。

（2）键盘上的 Ctrl 键是控制键，它总是与其他键配合使用。

（3）“退格键”是指 Backspace 键，“交替换档键”是指 Shift 键，“制表定位键”是指 Tab 键。

1.6　多媒体简介

多媒体技术是现代计算机技术的重要发展方向，它与通信技术、网络技术的融合与发展打破了时空和环境的限制，涉及计算机出版业、远程通信、家用电子音像产品，以及电影与广播等领域，从根本上改变了人们的生活方式和现代社会的信息传播方式。

1.6.1　基本概念

1. 媒体

媒体（medium）是指信息传递和存储的载体。或者说，媒体是信息的存在形式和表现形式。简单地说，媒体就是人与人之间交流思想和信息的中介物。在计算机领域，媒体有两种含义，一是指信息的物理载体（即存储和传递信息的实体），如书本、磁盘、光盘、磁带和半导体存储器等；二是指信息的表现形式（或者说传播形式），如数字、文字、声音、图像、视频和动画等。多媒体技术中的媒体，通常是指后者，即计算机不仅能处理文字、数值之类的信息，还能处理声音、图形、图像等各种不同形式的信息。

2. 媒体的类型

按照国际电信联盟对媒体的定义，通常可以将媒体分为以下几类：

（1）感觉媒体；

（2）表示媒体；

（3）呈现媒体；

（4）存储媒体；

（5）传输媒体。

3. 多媒体与多媒体技术

多媒体（multimedia）一般理解为多种媒体（文本、图形、图像、音频、动画、视频等）的综合集成与交互，也是多媒体技术的代名词。

多媒体技术是指利用计算机对两种或两种以上数字化的多媒体信息进行采集、操作、编辑、存储等综合处理的技术。

1.6.2 主要特征

根据多媒体技术的定义可知，多媒体技术具有以下特性。

1）多样性

多媒体信息是多样化的，包括文字、声音、图像、动画等。多媒体技术使计算机不再局限于处理数值、文本等，它使人们能得心应手地处理更多种信息。

2）集成性

多媒体技术集成了多种单一技术，但对用户而言它们是集成一体的。

3）交互性

在多媒体系统中用户可以主动地编辑、处理各种信息，因而多媒体系统具有人机交互功能。

4）实时性

在多媒体系统中声音及活动的视频图像是强实时的，这是多媒体系统的关键技术。多媒体系统提供了对这些媒体进行实时处理和控制的能力。

1.6.3 应用领域

随着社会的不断进步和发展，以及计算机技术和网络技术的全面普及，多媒体已逐渐渗透到社会的各个领域，在文化教育、技术培训、电子图书、旅游娱乐、商业及家庭等方面，已如潮水般地出现了大量以多媒体技术为核心的多媒体产品，它们倍受用户欢迎。

多媒体技术的应用主要包括以下几个方面：

（1）教育与培训；

（2）电子出版物；

（3）娱乐应用；

（4）视频会议；

（5）咨询演示；

（6）艺术创作；

（7）模拟训练。

1.6.4 多媒体计算机

多媒体计算机（Multimedia PC，MPC）是指能够综合处理文本、图形、图像、音频、动画和视频等多种媒体信息，使多种媒体建立联系并具有交互能力的计算机。

在组成多媒体计算机的硬件方面，除传统的硬件设备外，通常还需要增加 CD－ROM 驱动器、视频卡、声卡、扫描仪、摄像机和音箱等多媒体设备。这些设备用于实现多媒体信息的输入/输出、加工变换、传输、存储和表现等任务。

多媒体计算机相比一般的通用计算机而言，其功能和用途更加丰富。多媒体计算机给人们的工作和学习提供了全新而快捷的方式，为生活和娱乐增添了新的乐趣。

1.7　计算机病毒及其防治

1.7.1　计算机病毒实质和症状

1. 什么是计算机病毒

计算机病毒是人为编制的一种特殊的、具有破坏性的计算机程序，这种特殊程序能够通过非授权入侵，长期隐藏在计算机可执行程序或数据文件中，通过自我复制修改磁盘扇区信息或文件内容进行传播，也可以通过读/写光盘或 Internet 网络进行传播。它在一定条件下被激活，破坏计算机系统中的程序、数据和硬件或侵占系统资源，影响和破坏计算机系统的运行。这种程序的活动方式与生物学中的病毒相似，因而被称为计算机病毒。其危害主要表现为：产生错误显示、错误动作，干扰计算机操作，删除文件，修改数据，破坏软件系统，使硬件设备发生故障甚至损坏。

计算机病毒一般具有寄生性、隐蔽性、传染性、潜伏性、可激发性、破坏性等特征。

2. 计算机感染病毒的常见症状

（1）在没有操作的情况下磁盘文件数据无故增多，磁盘自动读/写或磁盘读不出。

（2）系统的内存明显变小。

（3）文件的日期/时间被修改（用户自己并没有修改）。

（4）感染病毒后可执行文件的长度明显增加。

（5）正常情况下能运行的程序突然因内存不足而不能装入。

（6）程序装入时间、加载时间、执行时间明显变长或运行异常。

（7）计算机经常出现死机现象或不能正常启动。

（8）显示器上经常出现一些莫名其妙的信息或怪字符。

（9）文件被删除。

（10）硬件设备发生故障、异常现象，甚至损坏。

3. 计算机病毒的分类

计算机病毒的种类繁多。按破坏程度的强弱，计算机病毒可分为良性病毒和恶性病毒；按传染方式，计算机病毒可分为文件型病毒、引导区型病毒、混合型病毒、宏病毒和网络型病毒；按连接方式，计算机病毒可分为源码型病毒、嵌入型病毒、操作系统型病毒和外壳型病毒。

1.7.2　计算机病毒的预防和清除

1. 对计算机病毒的错误认识

（1）Word 文档不会带计算机病毒。

（2）反病毒软件可以查出、杀掉任何种类的病毒。

（3）感染过计算机病毒的计算机具有对该病毒的免疫性。

（4）计算机被病毒感染后，只要用杀毒软件就能清除全部病毒。

（5）计算机病毒的特点之一是具有免疫性。

（6）计算机病毒发作后，将造成计算机硬件永久性的物理损坏。

（7）计算机病毒是通过电网进行传播的。

（8）计算机病毒是一个标记或一个命令。

（9）计算机病毒是一种被破坏了的程序。

（10）计算机病毒是一种有逻辑错误的程序。

（11）计算机病毒是一种有损计算机操作人员身体健康的生物病毒。

（12）计算机病毒是由光盘表面不清洁造成的。

（13）计算机杀病毒软件可以查出和清除任何已知或未知的病毒。

（14）预防计算机病毒的一个措施是每天对硬盘和软盘进行格式化。

（15）清除计算机病毒最简单的办法是删除所有感染了病毒的文件。

（16）所有计算机病毒只在可执行文件或“.com”文件中传播。

（17）预防计算机病毒的一个措施是在硬盘中再备份一份文件。

（18）把带病毒的U盘设成只读状态，磁盘上的病毒就不会因读盘而传染给另一台计算机。

2. 计算机病毒的预防措施

（1）最好专机专用，准备系统启动盘。对外来的计算机、存储介质（光盘、闪存盘、移动硬盘等）或软件要进行病毒检测，确认无毒后才能使用。

（2）在别人的计算机上使用自己的闪存盘或移动硬盘时，必须使存储介质处于写保护状态。

（3）不要运行来历不明的程序或使用盗版软件。

（4）不要在系统盘上存放用户的数据和程序。

（5）对于重要的系统盘、数据盘以及磁盘上的重要信息要经常备份，以便遭到破坏后能及时得到恢复。

（6）利用加密技术，对数据与信息在传输过程中进行加密。

（7）利用访问控制权限技术规定用户对文件、数据库、设备等的访问权限。

（8）不定时更换系统的密码，且提高密码的复杂度，以提高入侵者破译的难度。

（9）迅速隔离被感染的计算机。当计算机发现病毒或出现异常时应立刻断网，以防止计算机受到更多的感染，或者成为传播源，再次感染其他计算机。

（10）不要轻易下载和使用网上的软件；不要轻易打开来历不明的邮件中的附件；不要浏览一些不太了解的网站；不要执行从Internet下载后未经杀毒处理的软件；调整好浏览器的安全设置，并且禁止一些脚本和ActiveX控件的运行，防止恶性代码的破坏。对于通过网络传输的文件，应在传输前和接收后使用反病毒软件进行检测和清除病毒，以确保文件不携带病毒。

（11）关闭或删除系统中不需要的服务。在默认情况下，许多操作系统会安装一些辅助服务，如FTP客户端、Telnet等。这些服务为攻击者提供了方便，如果用户不需要使用这些

功能，则可删除它们，这样可以大大减小被攻击的可能性。

（12）购买并安装正版的具有实时监控功能的杀毒卡或反病毒软件，时刻监视系统的各种异常并及时报警，以防止病毒的侵入，并要经常更新反病毒软件的版本，以及升级操作系统，安装堵塞漏洞的补丁。

（13）对于网络环境，应设置“病毒防火墙”。

3. 计算机病毒的清除

如果计算机感染病毒，最有效的办法是用杀毒软件进行查杀。杀毒软件又称反病毒软件，是用于消除计算机病毒、特洛伊木马和恶意软件，保护计算机安全的一类软件的总称，可以对资源进行实时监控，阻止外来侵袭。杀毒软件通常集成病毒监控、识别、扫描和清除以及病毒库自动升级等功能。杀毒软件的任务是实时监控和扫描磁盘，其实时监控方式因软件而异。有的杀毒软件是通过在内存中划分一部分空间，将计算机中流过内存的数据与杀毒软件自身所带的病毒库（包含病毒定义）的特征码比较，来判断是否为病毒。另一些杀毒软件则在所划分到的内存空间中，虚拟执行系统或用户提交的程序，根据其行为或结果作出判断。部分杀毒软件通过在系统添加驱动程序的方式进驻系统，并且随操作系统启动。大部分杀毒软件还具有防火墙功能。

目前，使用较多的杀毒软件有卡巴斯基、NOD32、诺顿、瑞星、江民、金山毒霸、趋势科技等，具体信息可在相关网站中查询。个别杀毒软件还提供永久免费使用，例如 360 杀毒软件。

由于计算机病毒种类繁多，新病毒又不断出现，病毒对反病毒软件来说永远是超前的，也就是说，清除病毒的工作具有被动性。切断病毒的传播途径，防止病毒的入侵比清除病毒更重要。

本章小结

随着计算机技术的发展，计算机和网络技术的应用已经渗透到社会的各行各业，计算机和网络的应用能力已成为大学生的基本素质之一，也关系到学生的择业及就业后对工作的适应。

本章以计算机技术发展为主线，对计算机的发展历程、分类、特点、应用，计算机内的数据表示，多媒体技术及计算机安全与防范等知识作了总括性的介绍，通过简短的介绍让读者了解计算机，为后面的学习打下基础。

课后练习

一、填空题

1. 计算机可以分为________、________、________、________、________、________等类型，它们之间的主要区别是________________________。

2. 衡量 CPU 性能的主要技术参数是________、字长和浮点运算能力等。

3. 计算机软件包括________和________两大类。

4. 计算机硬件系统包括________、________、________、________、________五大

部分。

5. $(67.45)_{10}=$（________）$_2$。

6. $(10011.011)_2=$（________）$_8$。

7. $(24.33)_8=$（________）$_{16}$。

8. 计算机病毒具有________、________、________、________、________和________等特性。

二、简答题

1. 计算机按规模分为哪几类？
2. 计算机的特点是什么？
3. 计算机涉及哪些应用领域？举出身边的例子。
4. 计算机内存有哪几种？
5. 计算机病毒的防治方法有哪些？

第 2 章

Windows 7 操作系统基础

1980 年，国际商用机器公司（IBM）推出了基于英特尔公司的 CPU 和微软公司的 MS-DOS 操作系统的个人计算机，并制定了 PC/AT 个人计算机规范。之后由英特尔公司推出的微处理器以及由微软公司推出的 Windows 操作系统的发展几乎等同于个人计算机的发展历史。

苹果公司（Apple）在 20 世纪 70 年代也推出了自己的个人计算机。

现在，个人计算机有两大系列：基于英特尔的公司 CPU 和微软公司的 Windows 操作系统的 Wintel 系列个人计算机和基于英特尔公司的 CPU 和苹果公司 Mac OS X 操作系统的 Apple 系列个人计算机。

从用户界面上来分，微机操作系统可以分为字符界面和图形界面两种。DOS 是字符界面的操作系统，DOS 系统上的所有操作都是通过文字形式的命令来实现的，对用户的要求较高。Windows 是基于图形界面的操作系统，其因用户界面直观、形象，操作方法简单，用户十分容易使用，而成为目前应用最广泛的一种操作系统。

学习目标

☑ 了解计算机软/硬件系统的组成及主要技术指标。
☑ 了解操作系统的基本概念、功能、组成及分类。
☑ 熟悉 Windows 操作系统的基本概念和常用术语，如文件、文件夹、库等。
☑ 掌握 Windows 操作系统的基本操作和应用。

2.1 初识 Windows 7

Windows 7 在硬件性能要求、系统性能、可靠性等方面，都颠覆了以往的 Windows 操作系统，是继 Windows95 以来微软公司的另一个非常成功的产品。Windows7 是第二代具备完善 64 位支持的操作系统，面对当今 8~12GB 物理内存、多核多线程处理器，Windows XP 已无力支持，Windows 的全新架构可以将硬件的性能发挥到极致。

2.1.1 Windows 7 的易用性

在 Windows 7 中，一些运用多年的基本操作方式已经得到了彻底的改进，比如任务栏、窗口控制方式的改进，半透明的 Windows Aero 外观也为用户带来了新的操作体验。

1. 全新的任务栏

Windows 7 的全新任务栏融合了快速启动栏的特点，每个窗口的对应按钮图标都能根据用户的需要随意排序，单击 Windows 7 任务栏中的程序图标就可以方便地预览各个窗口内容，并进行窗口切换，当鼠标掠过图标时，各图标会高亮显示不同的色彩，颜色则根据图标本身的色彩选取，如图 2. 1 所示。

图 2. 1　移动图标

2. 任务栏窗口动态缩略图

通过任务栏应用程序按钮对应的窗口动态缩略预览图标，用户可以轻松找到需要的窗口。

3. 自定义任务栏通知区域

在 Windows 7 中自定义任务栏通知区域图标非常简单，只需要通过鼠标的简单拖拽就可以隐藏、显示图标和对图标进行排序。

4. 快速显示桌面

固定在屏幕右下角的“显示桌面”按钮可以让用户轻松返回桌面，当鼠标停留在该图标上时，所有打开的窗口都会透明化，这样可以快捷地浏览桌面，单击图标就会切换到桌面。

2. 1. 2　硬件的基本要求

1GHz 或更快的 32 位（x86）/64 位（x64）处理器。

1GB 物理内存（32 位）或 2GB 物理内存（64 位）。

16GB 可用硬盘空间（32 位）或 20GB 物理内存（64 位）。

DirectX9 图形设备（WDDM1. 0 或更高版本的驱动程序）。

屏幕纵向分辨率不低于 768 像素。

2. 1. 3　Windows 7 操作系统简介

Windows 7 操作系统是微软公司开发的操作系统，核心版本号为 WindowsNT6. 1。Windows 7 可供家庭及商业工作环境、笔记本电脑、平板电脑、多媒体中心等使用。

Windows 7 共有 6 个版本，分别为 Windows 7Starter（初级版）、Windows 7Home Basic（家庭普通版）、Windows 7 Home Premium（家庭高级版）、Windows 7 Professional（专业版）、Windows 7 Enterprise（企业版）、Windows 7 Ultimate（旗舰版）。

Windows 7 采用的是 Windows NT 6. 1 的核心技术，具有运行可靠、稳定而且速度快的特点，外观设计也焕然一新，用鲜艳的色彩基调使用户有良好的视觉享受。Windows 7 系统还增强了多媒体性能，使媒体播放器与系统完全融为一体，用户无须安装其他多媒体播放软件就可以播放和管理各种格式的音频和视频文件。Windows 7 增加了很多新技术和新功能，使用户能够轻松地完成各种管理和操作。

2.1.4　Windows 7 的启动和退出

1. 启动 Windows 7

在计算机上成功安装 Windows 7 操作系统以后，打开计算机电源 Windows 7 操作系统即可自动启动，大致过程如下：

（1）打开计算机电源开关，计算机进行设备自检，通过后即开始系统引导，启动 Windows 7。

（2）Windows 7 启动后进入等待用户登录的提示画面，如图 2.2 所示。

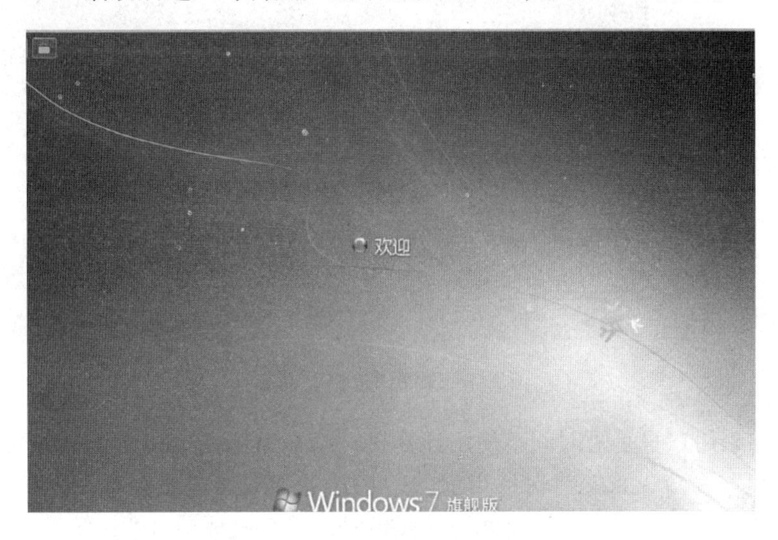

图 2.2　Windows 7 登录界面

（3）单击用户图标，如果未设置系统管理员密码，可以直接登录系统；如果设置了系统管理员密码，输入密码并按 Enter 键，即可登录系统。

2. 注销和关闭计算机

（1）注销用户。Windows 7 是一个支持多用户的操作系统，它允许多个用户登录计算机系统，而且各个用户除了拥有公共系统资源外还拥有个性化的设置，每个用户互不影响。

为了使用户快速方便地进行系统登录或切换用户账户，Windows 7 提供了注销功能，通过这种功能用户可以在不必重新启动计算机的情况下登录系统，系统只恢复用户的一些个人环境设置。要注销当前用户，选择“开始”→“关闭计算机”→“注销”命令，如图 2.3 所示，弹出“注销 Windows”对话框。单击“注销”按钮，则关闭当前登录的用户，系统处于等待登录状态，用户可以以新的用户身份重新登录。单击“切换用户”按钮，则在不注销当前用户的情况下切换到其他用户账户环境。

（2）关闭计算机。退出操作系统之前，通常要关闭所有打开或正在运行的程序。退出系统的操作步骤是：单击“开始”按钮，选择“关闭计算机”命令。系统将自动并安全地关闭电源。

在“关闭计算机”菜单中，用户还可以选择进行以下操作：

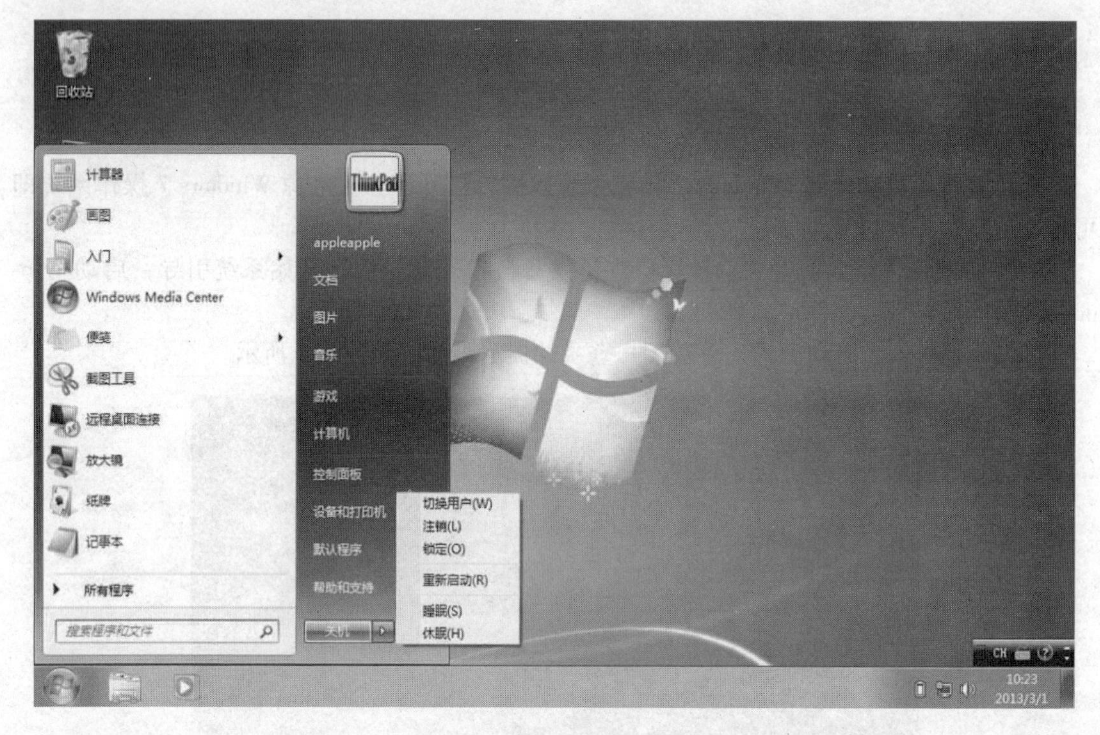

图 2.3　选择“注销”命令

①待机：如果用户只是短时间不使用计算机，又不希望别人以自己的身份使用计算机，应该选择“待机”命令。系统将保持当前的一切任务，数据仍然保存在内存中，只是计算机进入低耗电状态运行。当用户需要使用计算机时，移动鼠标即可使系统停止待机状态，弹出“输入密码”对话框，在此输入用户密码即可快速恢复待机前的任务状态。

②休眠：如果按住 Shift 键，并单击“待机”按钮，则系统进入“休眠”状态。如果用户较长时间不使用计算机，同时又希望系统保持当前的任务状态，则应该选择“休眠”命令。系统将内存中的所有内容保存到硬盘，关闭监视器和硬盘，然后关闭 Windows 和电源。重新启动计算机时，计算机将从硬盘上恢复“休眠”前的任务内容。使计算机从休眠状态恢复比从待机状态恢复所花的时间长。

③重新启动：单击“重新启动”命令，系统将结束当前的所有任务，关闭 Windows，然后自动重新启动系统。

2.2 【案例 1】定制个性化桌面

案例分析

本案例主要完成个性化桌面的设置，通过该案例读者应学会设置桌面上显示的图标、调整桌面图标的位置、设置桌面背景和屏幕保护程序、设置屏幕分辨率、认识任务栏的组成部分、对任务栏进行调整、使用“开始”菜单和系统托盘。具体要求如下：

(1) 桌面上要显示“计算机”“回收站”和“控制面板”三个图标，其他图标自行决定。

（2）选择一幅自己喜欢的图片作为桌面。

（3）设置屏幕分辨率为 1 440 × 900。

（4）把常用的程序锁定在任务栏上（例如浏览器、计算器、画图程序等），使其成为任务栏上的快速启动按钮，把其他不常用的程序从任务栏移除。

（5）调整任务栏的外观，设置为锁定任务栏和自动隐藏任务栏；调整任务栏的位置为顶部显示。

（6）通过“开始”菜单找到“Microsoft Word 2010”并打开它。

（7）隐藏和显示通知区域，快速显示桌面。

案例目标

（1）能熟练地使用“个性化”按钮定制桌面。

（2）能熟练地对任务栏进行调整。

（3）能认识和使用“开始”菜单、通知区域。

实施过程

（1）在桌面的空白地方单击鼠标右键，选择“个性化”命令，打开“个性化”对话框，单击左侧的“更改桌面图标”命令，在“桌面图标设置”对话框中选择桌面上要显示的图标，单击“确定”按钮。

（2）在“个性化”对话框中，单击“桌面背景”按钮，首先通过“浏览”按钮确定要显示图片的位置，再单击图片作为桌面，然后单击“保存修改”按钮。

（3）在桌面的空白地方单击鼠标右键，选择“屏幕分辨率”选项，打开“屏幕分辨率”对话框，设置其分辨率为 1 440 × 900。

（4）以计算器为例，单击“开始”按钮，选择“所有程序”→“附件”→“计算器”选项，在“计算器”上单击鼠标右键，选择“锁定到任务栏”命令。如果需要锁定的程序处于运行状态，如图 2.4 所示的 360 浏览器，只需要在任务栏的该图标上单击鼠标右键，选择“将此程序锁定到任务栏”命令即可。把不常用的程序从任务栏移除的方法为：在任务栏该图标上单击鼠标右键，选择“将此程序从任务栏解锁”命令。

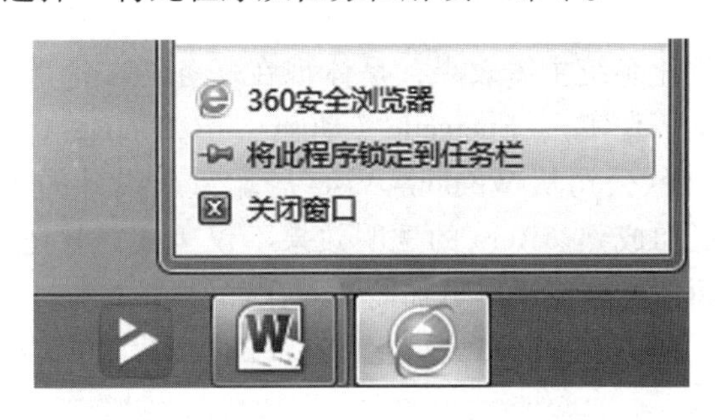

图 2.4　将运行的程序锁定到任务栏

（5）在任务栏的空白地方单击鼠标右键，选择“属性”，打开“任务栏和开始菜单属性”对话框，在“任务栏”选项卡中，勾选“锁定任务栏”和“自动隐藏任务栏”，并把“屏幕上的任务栏位置”设为“顶部”。

（6）单击“开始”按钮，单击“所有程序”→“Microsoft Office”→“Microsoft Word 2010”

选项。

(7) 单击任务栏右侧通知区域向上的箭头，即可打开隐藏的通知区域，反之，单击通知区域向下的箭头，就可以隐藏通知区域。单击任务栏右下角的“显示桌面”矩形区域，即可快速显示桌面，如图 2.5 所示。

图 2.5　显示桌面

知识链接

1. 桌面

桌面是 Windows 操作系统和用户之间的桥梁，Windows 中的所有操作几乎都是在桌面上完成的。Windows 7 的桌面有许多全新的改进，如外观、特效、增强的任务栏等，这些改进大大提高了操作效率和用户体验，如图 2.6 所示。

图 2.6　Windows 7 桌面

Aero 效果是一种可视化系统主体效果，是体现在任务栏、标题栏等位置的透明玻璃效果。“Aero”是 Authentic（真实）、Energetic（动感）、Reflective（具反射性）及 Open（开阔）的缩略字。Aero 是微软公司从 Windows Vista 开始重新设计的用户界面，Windows 7 继承了其风格，而且技术更加成熟。Aero 的透明效果不仅美观，它还可以使用户将更多的精力集中在关键内容上，而且能够使操作更加简洁。比如，通过 Aero Peek 桌面的完全透明效果可以直接查看桌面小工具，省去许多最小化和还原的操作，如图 2.7 所示。

2. 图标

Windows 7 提供的图标不仅十分精致，而且具有更加实用的文件预览功能。Windows 7 的图标最大尺寸为 256 × 256 像素，能呈现精致设计的细节和高分辨率显示器的优势。Windows 7 的大图标在显示文件夹时会抓取其中文件的快照，在显示 Office 文档、PDF 文档和图片等文件时可以实现预览，如图 2.8 所示。

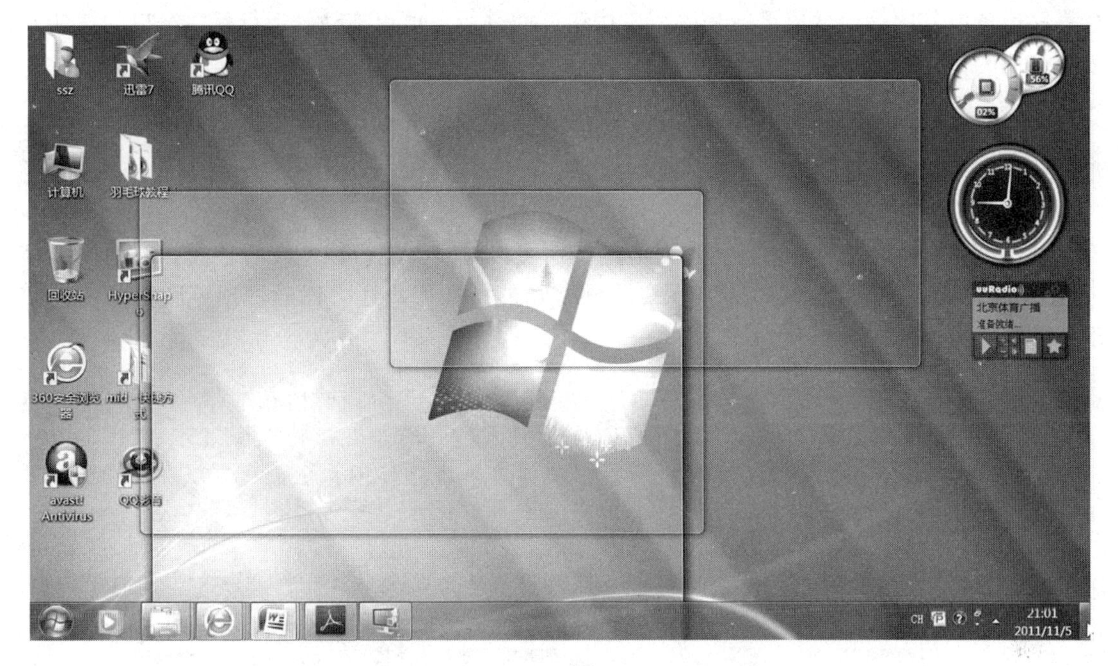

图 2.7　Windows 7 的 Aero Peek 桌面透视效果

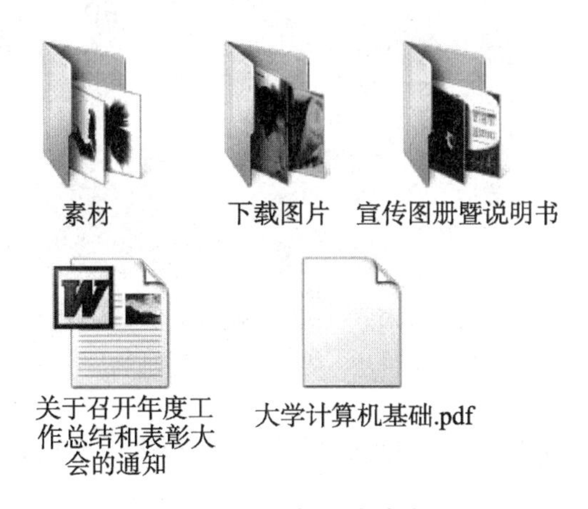

图 2.8　图标预览功能

3. 任务栏

任务栏是用户使用最频繁的 Windows 界面元素之一，任务栏的主要功能是显示用户当前打开程序窗口对应的图标，使用这些图标实现程序还原到桌面、切换以及关闭等操作。Windows 7 对原来的快速启动工具栏进行了改进，与任务栏上传统的程序窗口按钮进行了整合，如图 2.9 所示。未运行程序和已运行程序一目了然，同时使任务栏可以显示更多项目。未运

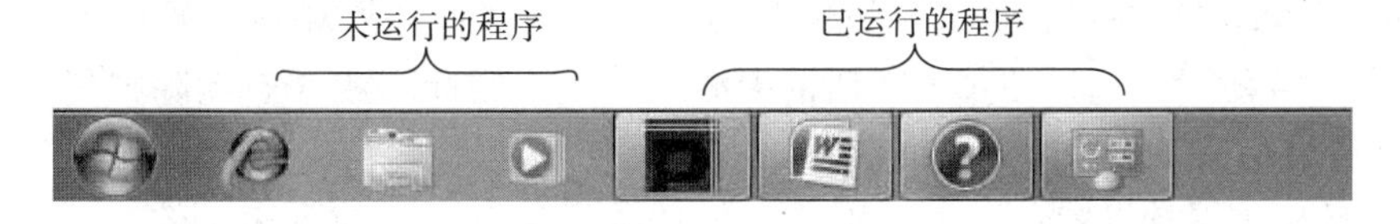

图 2.9　Windows 7 的任务栏

行程序运行后其图标会变成运行程序窗口按钮，而且用户可以拖动已运行程序窗口的按钮来改变它们的排列顺序。

操作：单击任务栏上的未运行程序图标，观察它的变化；拖动程序窗口按钮改变其位置。

1）预览窗口切换

利用 Windows 7 任务栏窗口程序对应的按钮可以对窗口进行预览，而且同一个程序的多个窗口能够同时预览，如图 2. 10 所示。除预览功能外，用户还可以通过预览图标对窗口实现切换和关闭操作。

操作：打开几个相同的程序，如用 IE 浏览器打开几个不同的网站，然后将鼠标指针移到任务栏中 IE 浏览器的按钮上，可以看到已打开网页的预览，将鼠标指针移到预览图标上，单击可以打开相应的网页窗口，也可以直接单击预览图标上的“关闭”按钮，将相应窗口关闭，如图 2. 10 所示。

图 2. 10　任务栏预览功能

2）任务栏上图标的添加和移除

如果把任务栏上的图标看作以往的快速启动栏，那么任务栏还有很大的空间来存放常用的程序图标，从而可以提高操作效率。对于未运行的程序可以直接将程序图标拖到任务栏上，如图 2. 11 所示，使它成为任务栏上的一个快速启动按钮；对于已经运行的程序，可以用鼠标右键单击任务栏上的程序图标，然后通过跳转列表中的“将此程序锁定到任务栏”命令来完成，如图 2. 12 所示。要将一个图标从任务栏上移除，只需要用鼠标右键单击该图标，在跳转列表中选择“将此程序从任务栏解锁”命令即可，如图 2. 13 所示。

3）任务栏属性设置

任务栏是使用最频繁的界面元素之一，符合用户操作习惯的任务栏，可以提高操作的效率。用鼠标右键单击任务栏，选择“属性”命令，弹出“任务栏和「开始」菜单属性”对话框，如图 2. 14 所示。通过使用该对话框中的“使用小图标”或“自动隐藏任务栏”复选框能够增加屏幕的有效面积。

（1）任务栏位置的设置：通过“屏幕上的任务栏位置”下拉列表中的选项可以将任务栏放置在屏幕的上方、左侧或者右侧。图 2. 15 所示是任务栏在右侧的屏幕。

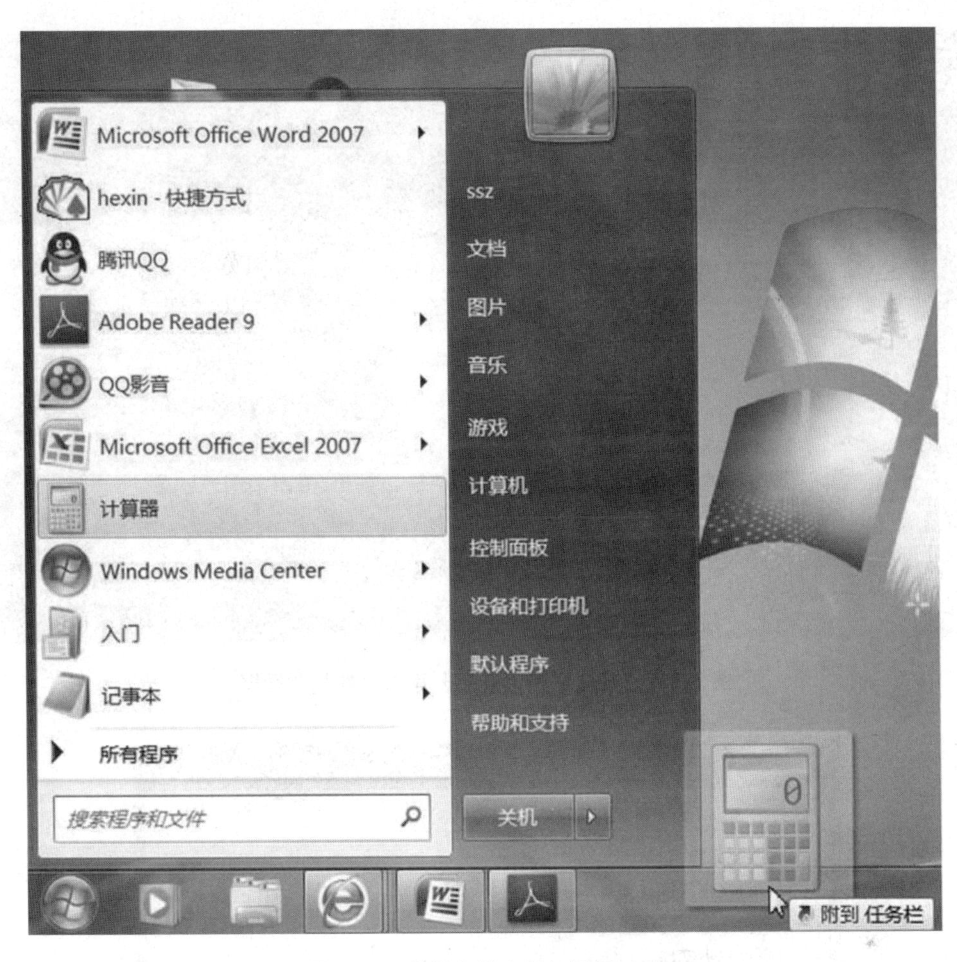

图 2.11　在任务栏上添加图标（1）

图 2.12　在任务栏上添加图标（2）

图 2.13　移除任务栏上的图标

图 2.14 “任务栏和「开始」菜单属性”对话框

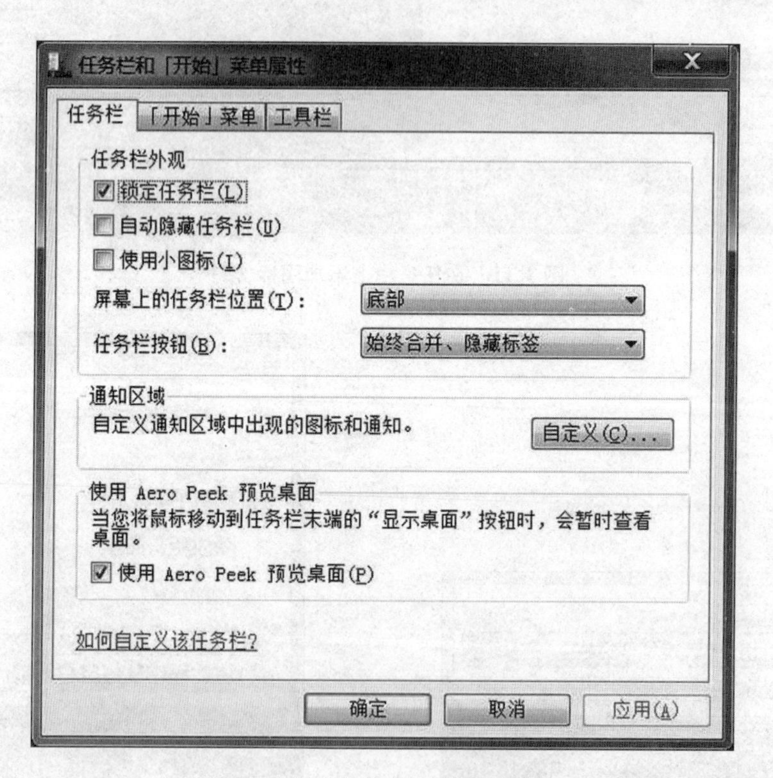

图 2.15　任务在桌面的右侧

（2）任务栏图标外观设置：Windows 7 默认的任务栏图标显示方式（始终合并、隐藏标签）是为了增加任务栏的可用空间，从而容纳更多图标。如果不习惯这种显示方式，可以通过图 2.14 中的“任务栏按钮”下拉列表选择“从不合并”或者“当任务栏被占满时合

并”选项来改变任务栏上图标的显示方式。

4）通知区域和显示桌面

一些运行的程序、系统音量、网络图标会显示在任务栏右侧的通知区域。隐藏一些不常用的图标会增加任务栏的可用空间。隐藏的图标被放在一个面板中，查看时单击通知区域向上的箭头即可打开该面板，如图 2.16 所示。想隐藏一个图标，只需将该图标向面板空白处拖动即可。若想重新显示被隐藏的图标，只需要将该图标从面板中拖动到通知区域即可，如图 2.17 所示。通知区域图标的顺序也可以通过“拖动”来改变。

图 2.16　通知区域隐藏的图标

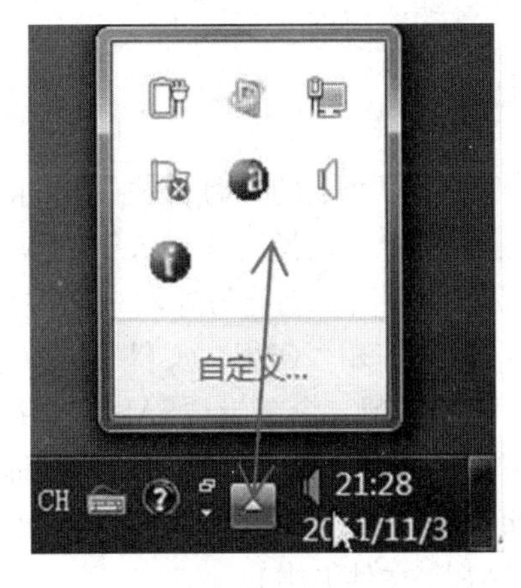

图 2.17　将隐藏的图标显示在通知区域

要想快速显示桌面可以通过“Win + D”组合键，或者单击任务栏最右侧的一个矩形区域，将鼠标“无限”移动到屏幕右下角，而不需要对准该区域。

操作：隐藏/显示通知区域的图标；快速显示桌面。

2.3　【案例 2】文件和文件夹的操作

案例分析

本案例主要让读者掌握文件和文件夹的基本操作，包括选择、新建、重命名、复制、移动、删除、还原、隐藏、查找、加密文件及文件夹，还包括创建文件及文件夹的快捷方式。具体要求如下：

（1）在“D:\”下创建一个用自己姓名命名的文件夹，并在该文件夹中创建 3 个文件夹，名字分别为 ONE、TWO 和 THREE。

（2）在“ONE”文件夹中新建名为“SABA.txt”的新文件和名为“PIC1.png”的新文件。

（3）将“ONE”文件夹中的“SABA.txt”和“PIC1.png”文件复制到“TWO”文件夹中，分别命名为“SABATWO.txt”和“PIC1TWO.png”。

（4）设置“TWO”文件夹中“SABTWO.txt”文件的“只读”属性和“隐藏”属性。

（5）在“THREE”文件夹中创建一个新文件夹，命名为“THREESUB”，在该文件夹中建立“SABA.txt”文件的快捷方式，并命名为“SABAKUAI”。

（6）在“C：\ ”下搜索文件“notepad”，并把它复制到“THREE”文件夹中。

（7）删除“TWO”文件夹中的“PIC1TWO. png”文件。

（8）把“ONE”文件夹中的“PIC1. png”文件移动到“THREE”文件夹中。

案例目标

（1）熟练掌握文件和文件夹的基本操作。

（2）掌握 Windows 资源管理的使用。

（3）掌握窗口的基本操作。

实施过程

（1）双击桌面上的“计算机”图标，双击 D 盘，在 D 盘的空白区域单击鼠标右键，选择“新建”命令，选择“文件夹”选项，并且输入“ONE”，按回车键结束第一个文件夹的建立，按照本方法，创建另外两个文件夹。

（2）双击打开“ONE”文件夹，在空白地方单击鼠标右键，选择“新建”命令，选择“文本文档”选项，命名为“SABA”，按回车键结束此文件的创建；在“ONE”文件夹的空白区域单击鼠标右键，选择“新建”命令，选择“画图”程序，命名为“PIC1”，按回车键结束此文件的创建（也可以在开始菜单中，分别打开记事本和画图程序，并分别保存文件到“ONE”文件夹中）。

（3）打开“ONE”文件夹，同时选中“SABA. txt”和“PIC1. png”文件，在这两个文件上单击鼠标右键选择“复制”命令，打开“TWO”文件夹，在空白区域单击鼠标右键，选择“粘贴”命令。分别在这两个文件上单击鼠标右键，选择“重命名”命令，分别把名字改为“SABATWO. txt”和“PIC1TWO. png”。

（4）打开“TWO”文件夹，在“SABTWO. txt”文件上单击鼠标右键，选择“属性”选项，打开“属性”对话框，在“常规”选项卡中，勾选“只读”和“隐藏”属性。

（5）按照上面的方式在“THREE”文件夹中创建一个新文件夹，改名为“THREE-SUB”，打开该文件夹，在空白区域单击鼠标右键，选择“新建”命令，再选择“快捷方式”选项，弹出“创建快捷方式”对话框，在其中单击“浏览”按钮，打开“浏览文件或文件夹”对话框，找到“ONE”文件夹下的“SABA”文件后，单击“确定”按钮，回到“创建快捷方式”对话框，单击“下一步”按钮，输入快捷方式的名称为“SABAKUAI”，单击“完成”按钮。

（6）双击桌面上的“计算机”图标，双击“本地磁盘 C”，在该窗口的右上角搜索框中输入“notepad”后，按回车键，在搜索出来的“notepad”文件上单击鼠标右键选择“复制”命令，并把它粘贴到“THREE”文件夹中。

（7）打开“TWO”文件夹，找到其中的“PIC1TWO. png”文件，在该文件上单击鼠标右键，选择“删除”命令。

（8）打开“ONE”文件夹，找到其中的“PIC1. png”文件。在其上单击鼠标右键，选择“剪切”命令，再打开“THREE”文件夹，在空白区域单击鼠标右键，选择“粘贴”命令。

知识链接

1. Windows 7 文件系统

文件是一组相关信息的集合，它可以是一个应用程序、一段文字、一张图片、一首 MP3 音乐或一部电影等。磁盘上存储的一切信息都以文件的形式保存。在计算机中使用的文件种类有很多，根据文件中信息种类的区别，将文件分为很多类型，有系统文件、数据文件、程序文件、文本文件等。

每个文件必须具有一个名字，文件名一般由两部分组成：主名和扩展名，它们之间用一个点（.）分隔。主名是用户根据使用文件时的用途自己命名的，扩展名用于说明文件的类型，系统对于扩展名与文件类型有特殊的约定，常用的扩展名及其含义见表 2. 1。

表 2. 1　文件类型及扩展名

扩展名	文件类型	扩展名	文件类型
. txt	文本文档/记事本文档	. doc、. docx	Word 文档
. exe、. com	可执行文件	. xls、. xlsx	电子表格文件
. hlp	帮助文档	. rar、. zip	压缩文件
. htm、. html	超文本文件	. wav、. mid、. mp3	音频文件
. bmp、. gif、. jpg	图形文件	. avi、. mpg	可播放视频文件
. int、. sys、. dll、. adt	系统文件	. bak	备份文件
. bat	批处理文件	. tmp	临时文件
. drv	设备驱动程序文件	. ini	系统配置文件
. mid	音频文件	. ovl	程序覆盖文件
. rtf	丰富文本格式文件	. tab	文本表格文件
. wav	波形声音	. obj	目标代码文件

在 PC 中，为了便于用户将大量文件根据使用方式和目的等进行分类管理，采用树状结构来实现对所有文件的组织和管理。树状结构是一种“层次结构”，层次中的最上层只有一个结点，称为桌面。桌面下面分别存放了“计算机”“我的文档”“网上邻居”“回收站”等，它们本身也同样是一个树状结构，用来存储下级信息，在它们的基础上还可以继续进行延伸。用户可以根据存放文件的分类需要在下级再任意创建文件夹，每个文件夹里面可以放文件或下级文件夹。

操作系统通过树状结构和文件名管理文件。用户使用文件时只要记住所用文件的名称和其在磁盘树状机构中的位置即可通过操作系统管理文件。为了避免文件管理发生混乱，规定同一文件夹中的文件不能同名，如果两个文件名完全相同，它们必须分别放在不同的文件夹中。

Windows 7 还提供了一种对处于不同磁盘、不同文件夹的文件进行管理的新形式：“库”。利用库可以把不同磁盘、不同文件夹中的文件和文件夹“组织”到一起，从而方便统一管理。

Windows 7 规定，文件可以使用长文件名（最多 248 个字符），命名文件或文件夹可以用字母、数字、汉字及大多数字符，还可以包含空格、小数点（.）等。文件名最后一个点右边的字符串表示文件类型。

用户通过文件名使用和管理文件，需要了解文件所在的磁盘、文件夹，这样才能找到并使用它。

2. 窗口的操作

1）窗口的概念

窗口是 Windows 7 系统的基本对象，是用于查看应用程序或文件等信息的一个矩形区域。Windows 7 中有应用程序窗口、文件夹窗口、对话框窗口等，其组成如图 2.18 所示。

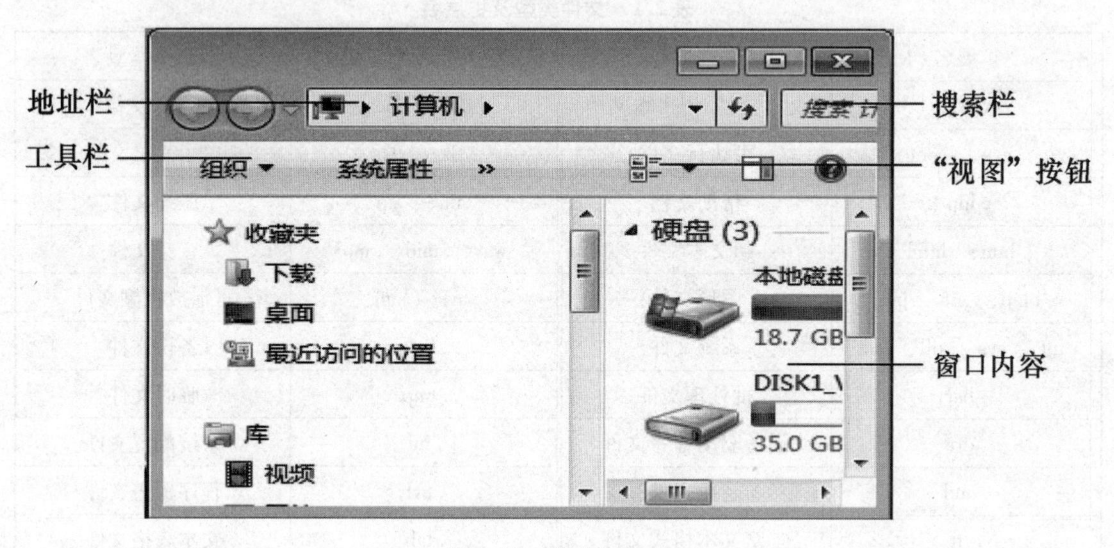

图 2.18　窗口的组成

2）窗口的组成

(1) 地址栏。

地址栏用于输入文件的地址。用户可以通过下拉列表选择地址，方便地访问本地或网络中的文件夹，也可以直接在地址栏中输入网址，访问互联网。Windows 7 的地址栏采用按钮的形式，其比起传统的文本形式的按钮更加方便目录的跳转，并且可以轻松实现同级目录的快速切换。如图 2.19 所示，当前目录为“C：\ Windows \ Web \ Wallpaper”，此时地址栏中有 5 个按钮，分别是“计算机”“Windows7_ OS（C）”“Windows”“Web”和“Wallpaper”。如果想回到“Web”目录，可以单击地址栏左侧的“返回”按钮，或者直接单击地址栏中的“Web”按钮；如果想直接回到 C 盘根目录，可以直接单击“Windows7_ OS（C）”按钮；如果想进入 C 盘根目录下的其他文件夹，比如“Program Files”文件夹，可以单击“Windows7_ OS（C）”按钮后面的下拉箭头，选择该目录直接跳转，如图 2.20 所示。如果需要复制路径的文本，直接单击地址栏按钮后面的空白处即可，如图 2.21 所示。

图 2.19　资源管理器地址栏中的按钮

图 2.20　直接进行目录跳转

图 2.21　地址栏中的按钮转换成文本

（2）工具栏。

地址栏下方是工具栏，工具栏会因为窗口的不同而有所变化，但“组织”“视图”“预览窗格”3 个按钮保持不变，如图 2.22 所示。

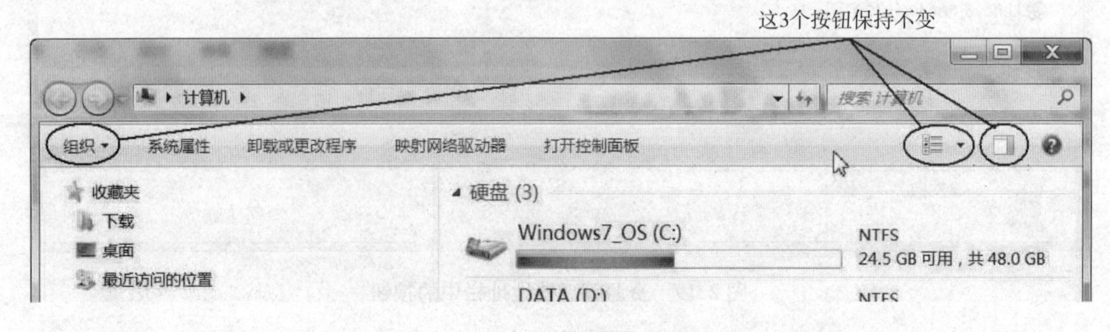

图 2.22　资源管理器的工具栏

“组织”按钮包含大多数常用的功能选项，如“复制”“剪切”“粘贴”“全选”“删除”以及“文件夹和搜索选项”等。

“视图”按钮可以改变图标的显示方式。单击“视图”按钮可以轮流切换图标的 7 种显示方式，如图 2.23 所示。单击“视图”按钮右侧的下拉箭头，还可以选择“超大图标”，通过缩略图对文件或文件夹进行预览。向上或向下移动滑块可以微调文件和文件夹图标的大小。

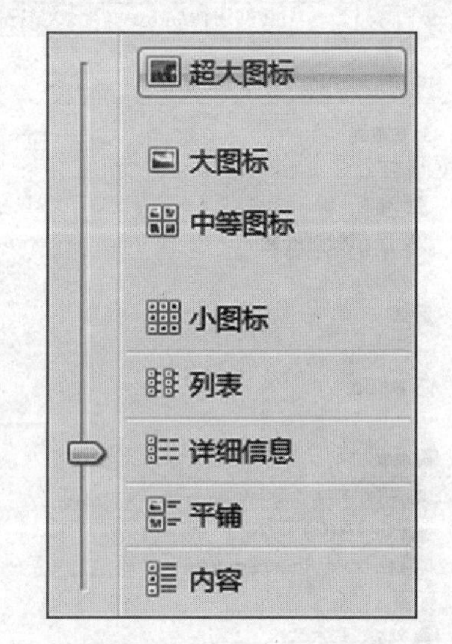

图 2.23　图标显示方式

单击“预览窗格”按钮可以实现对某些类型文件，如 Office 文档、PDF 文档、图片等文件的预览，比较“超大图标”和“预览窗格”的不同预览效果，如图 2.24 所示。

（3）搜索栏。

随着硬盘技术的发展，硬盘容量不断增大，用户文件也不断增多。Windows 7 加强了针对文件的搜索功能，Windows 7 的搜索框位于资源管理器的右上角。用户可以直接在其中输入关键字，非常方便。

搜索时可以结合通配符进行，通配符有两个：“*”代表多个任意的字符，“?”代表任

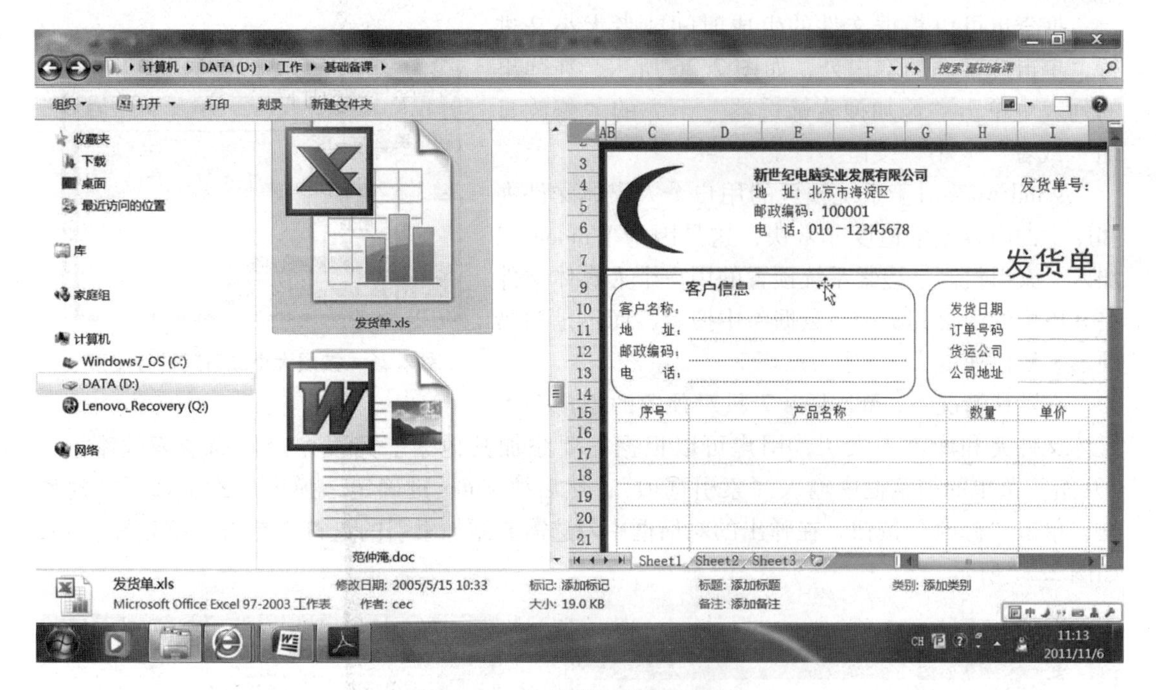

图 2.24　文件的预览窗格效果

意一个字符。比如，搜索 D 盘中的所有电子表格文件，可以输入“ *. xls”，如图 2.25 所示。

图 2.25　使用通配符进行搜索

搜索也可以根据文件的生成时间或者大小来进行，单击搜索框的空白处，如图 2.26 所示，在弹出的列表中单击“添加搜索筛选器”下方的“修改日期”或者“大小”按钮。

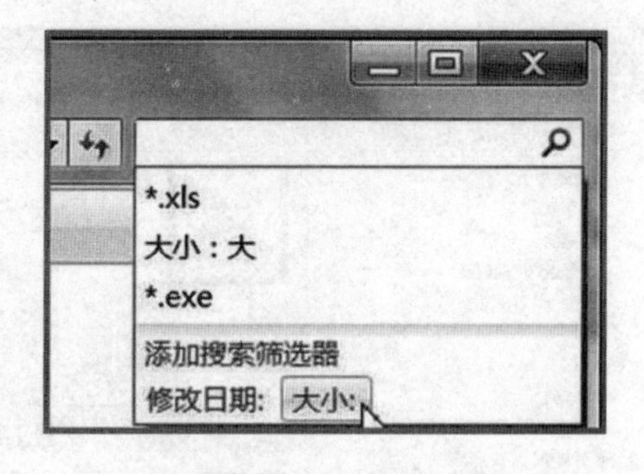

图 2.26　按照大小或日期进行搜索

Windows 7 对于系统预置的用户个人媒体文件夹和库中的内容搜索速度非常快，这是因为 Windows 7 加入了索引机制。搜索系统预置的用户个人媒体文件夹和库中的内容其实是在数据库中搜索，而不是扫描硬盘，所以速度大大加快。

在默认情况下，Windows 7 只对预置的用户个人媒体文件夹和库添加索引，用户可以根据需要添加其他索引路径，以提高搜索效率。在“开始”菜单的搜索框中输入“索引选项”，然后按 Enter 键确定，弹出“索引选项”对话框，单击“修改”按钮，在弹出的对话框中勾选需要添加索引的盘符，单击“确定”按钮，如图 2.27 所示。

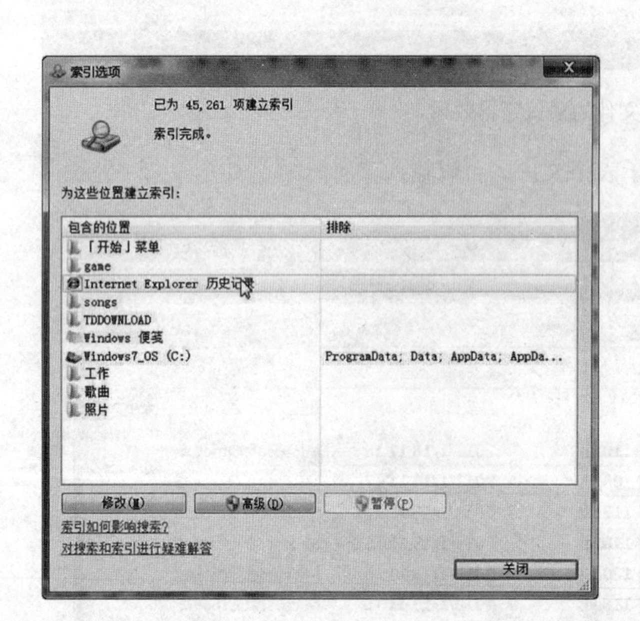

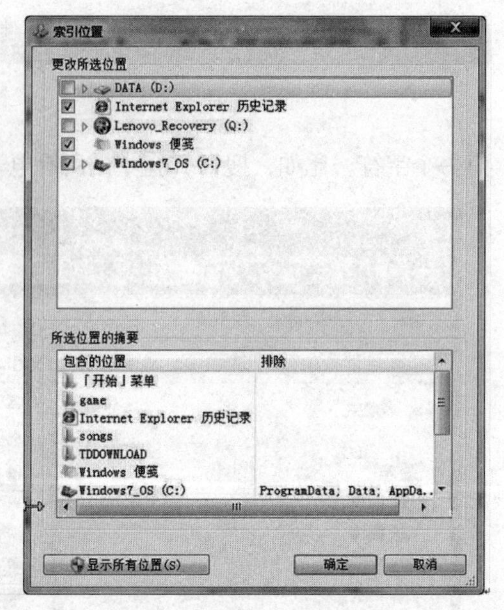

图 2.27　添加索引路径

3）窗口切换

Windows 7 可以同时打开多个窗口，但只能有一个活动窗口。切换窗口就是将非活动窗口变成活动窗口的操作，切换的方法如下：

（1）利用快捷键。按下“Alt + Tab”组合键时，屏幕中间的位置会出现一个矩形区域，显示所有打开的应用程序和文件夹图标，按住 Alt 键不放，反复按 Tab 键，这些图标就会轮流由一个蓝色的框包围而突出显示，当要切换的窗口图标突出显示时，松开 Alt 键，该窗口就会成为活动窗口。

（2）利用“Alt + Esc”组合键。“Alt + Esc”组合键的使用方法与“Alt + Tab”组合键的使用方法相同，唯一的区别是按下“Alt + Esc”组合键不会出现窗口图标方块，而是直接

在各个窗口之间进行切换。

(3) 利用程序按钮区。每运行一个程序，在任务栏的中就会出现一个相应的程序按钮，单击程序按钮就可以切换到相应的程序窗口。

4) 窗口的操作

窗口的主要操作有打开窗口、移动窗口、缩放窗口、关闭窗口、窗口的最大化及最小化。窗口的大部分操作可以通过窗口菜单来完成。单击标题左上角的控制菜单按钮就可以打开图 2. 28 所示的菜单，选择要执行的菜单命令即可。此外，也可以用鼠标完成对窗口的操作。

5) 桌面上窗口的排列方式

在桌面上所有打开的窗口可以采取层叠或平铺的方式进行排列，方法是在任务栏的空白处单击鼠标右键，在弹出的图 2. 29 所示的快捷菜单中选择即可。

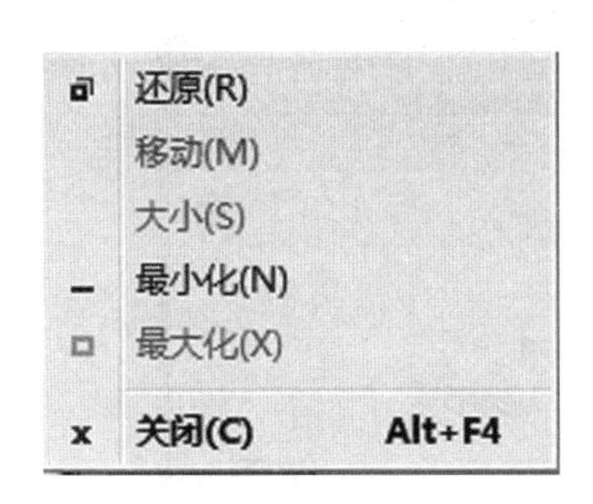

图 2. 28　控制菜单

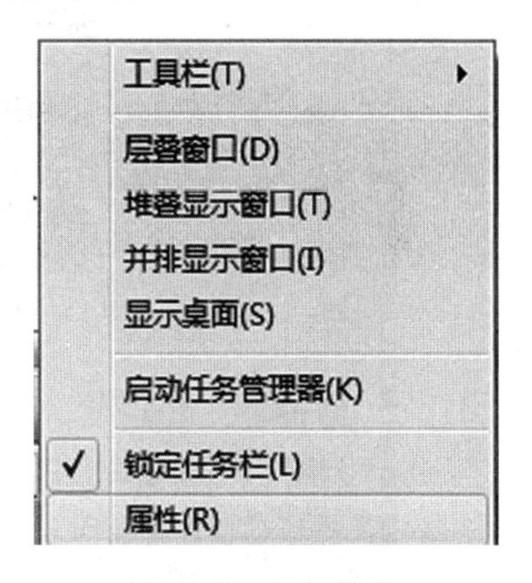

图 2. 29　快捷菜单

3. 文件和文件夹操作

文件和文件夹操作在资源管理器和“计算机”窗口都可以完成。在执行文件或文件夹操作前，要先选择操作对象，然后按自己熟悉的方法对文件或文件夹进行操作。文件或文件夹操作一般有创建、重命名、复制、移动、删除、查找文件或文件夹，修改文件属性，创建文件的快捷操作方式等。这些操作可以用以下 6 种方式之一完成，以用户的操作习惯而定：

(1) 用菜单中的命令；

(2) 用工具栏中的命令按钮；

(3) 用该操作对象的快捷菜单；

(4) 在资源管理器和“计算机”窗口中拖动；

(5) 用菜单中的发送方式；

(6) 用组合键。

1) 选择文件或文件夹

在打开文件或文件夹之前应先将文件或文件夹选中，然后才能进行其他操作。

(1) 选择单个文件或文件夹。

选择单个文件或文件夹的方法很简单，单击文件或文件夹即可，单击文件或文件夹前的复选框也可以选中文件或文件夹。

当选中单个文件或文件夹时，该对象表现为高亮显示。

(2) 选择多个文件或文件夹。

在按住 Ctrl 键的同时单击，可以实现多个不连续文件（夹）的选择；在按住 Shift 键的同时单击，可实现多个连续文件（夹）的选择。也可单击文件（夹）前的复选框进行多项选择。

2）创建文件夹

如需要在 D 盘创建一个名为“管理信息”的文件夹，有两种方法。

方法 1：

(1) 使用“计算机”或资源管理器打开 E 盘驱动器窗口。

(2) 在窗口的工具栏上单击“新建文件夹”按钮，如图 2.30 所示，就会在窗口中新建一个名为“新建文件夹”的文件夹。

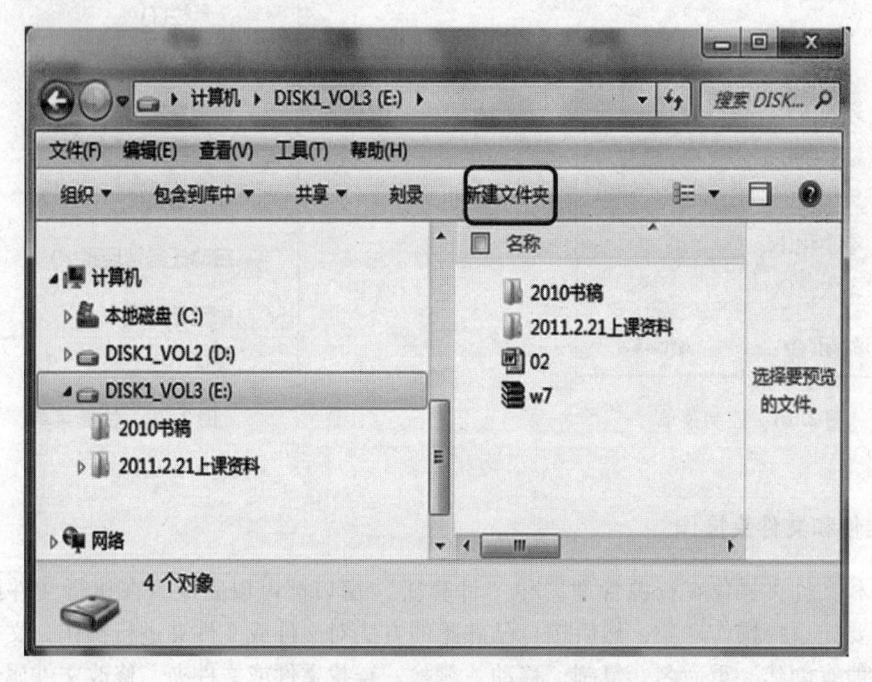

图 2.30 “新建文件夹”窗口

(3) 输入新文件夹的名字“管理信息”，按 Enter 键或单击其他地方确认即可。

方法 2：

(1) 使用“计算机”或“资源管理器”打开 D 盘驱动器窗口。

(2) 也可以在窗口的空白处右击，从弹出的快捷菜单中选取“新建”子菜单下的“文件夹”选项，在文件列表窗口的底部将出现一个名为“新建文件夹”的文件夹图标，如图 2.31 所示。

(3) 输入新文件夹的名字“管理信息”，按 Enter 键或单击其他地方确认。

3）创建文本文件

在“管理信息”文件夹中创建一个名为“程序”的文本文件，有两种方法。

方法 1：执行系统新建文件命令。

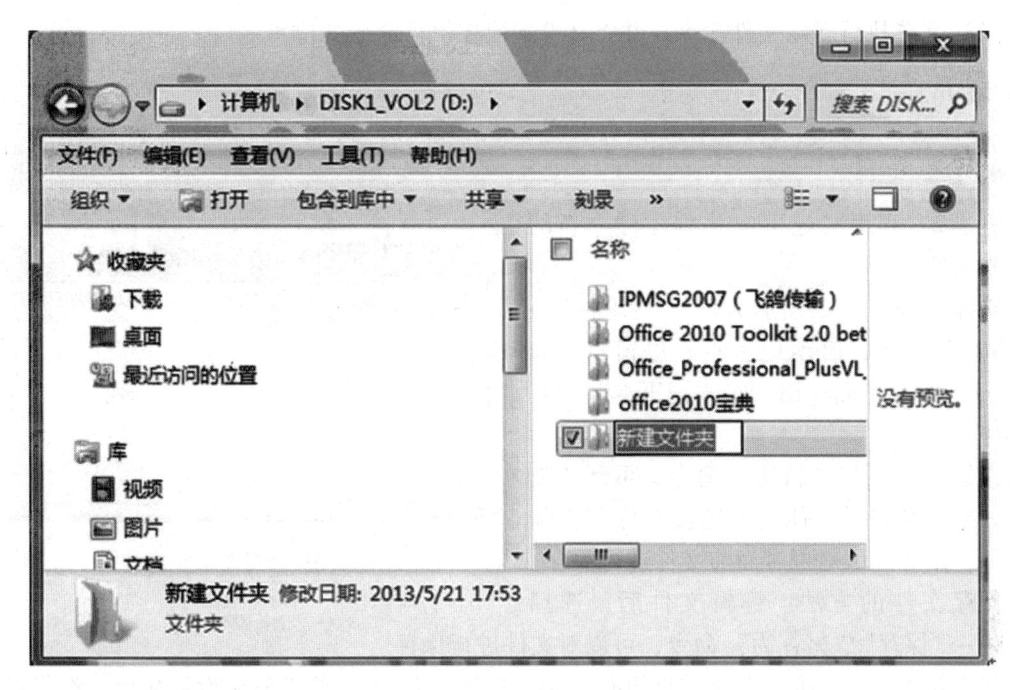

图 2.31　创建新文件夹

(1) 打开某个硬盘分区的窗口（以 C 盘为例），选择要建立文本文件的位置“管理信息”文件夹后，选择“文件”→“新建”命令，在级联菜单中选择要新建的文件类型，这里选择“文本文档”命令，如图 2.32 所示。

图 2.32　使用菜单命令新建文本文件

（2）系统执行新建文件命令，并将文件新建在执行命令的位置。

提示

也可以在当前窗口的工作区空白处单击鼠标右键，在弹出的快捷菜单中选择相应命令。

方法2：利用“记事本”程序建立新的记事本文件。

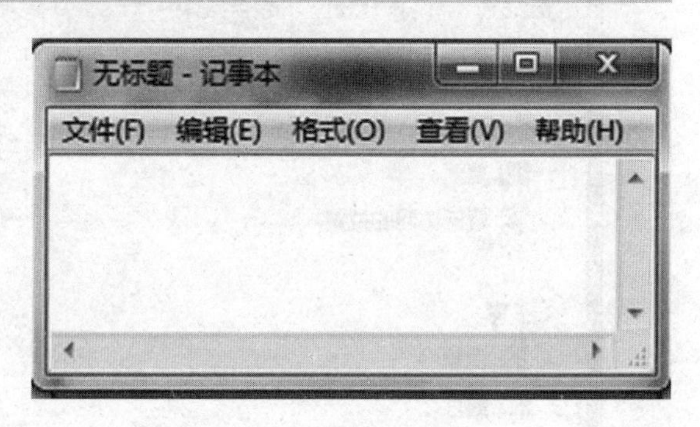

图2.33 “记事本”窗口

选择“开始”→“所有程序”→“附件”→“记事本”命令，启动记事本程序窗口，如图2.33所示。下面介绍一些“记事本”的基本操作。

选择“文件”→“新建”命令，可新建文件。如果正在编辑其他文件还没有保存就新建文件，则会提示是否对当前文件进行保存。

保存文件的方法：编辑文件后，选择“文件”→“保存”/“另存为”命令，可以对文件进行保存。

如果新建文件后第一次对文件进行保存，选择“保存”或“另存为”命令，都将弹出“另存为”对话框，如图2.34所示。从“保存在”下拉列表中选择保存的位置，从“保存类型”下拉列表中选择保存文件的类型，默认情况下为文本文档，如果需要保存为其他类型的文件，则选择“所有文件”，然后在“文件名”文本框中输入保存的文件名和扩展名，例如“程序.txt”，再单击“保存”按钮。

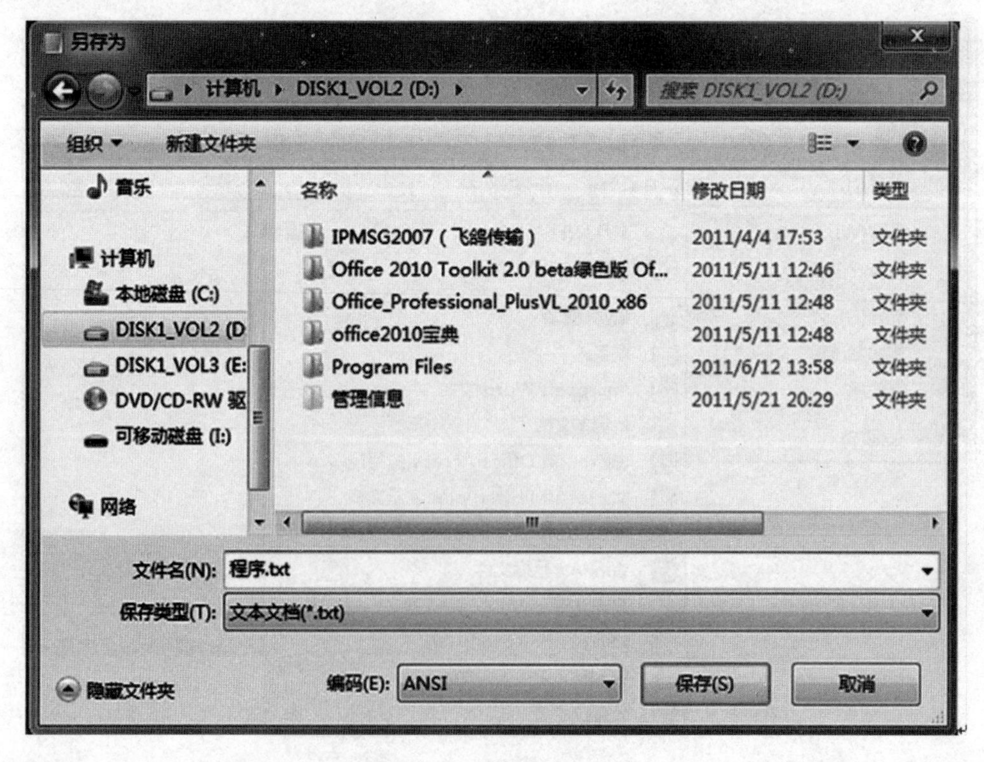

图2.34 “另存为”对话框

当对一个已保存过的文件进行编辑，然后进行保存时，又分两种情况：

(1) 如果要保存为原来的文件，则选择“文件”→“保存”命令。

(2) 如果需要将编辑过的文件保存为其他的文件，则选择“文件”→“另存为”命令，将弹出“另存为”对话框。选择保存路径，输入保存文件名称和保存类型，确认无误后，单击“保存”按钮。

4) 重命名文件或文件夹

更改文件（夹）名称的操作称为重命名，用户可以根据工作需要对文件或文件夹进行重命名操作。例如将“管理信息”文件夹更名为“管理信息备份”的方法如下：

(1) 用鼠标右键单击需要修改名称的文件或文件夹，在弹出的快捷菜单中选择“重命名”命令，如图 2. 35 所示。

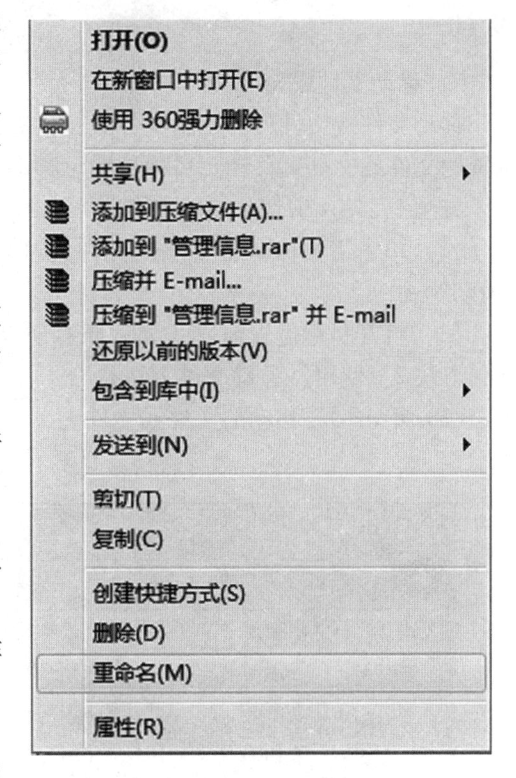

图 2. 35　选择“重命名”命令

(2) 在虚框内输入新文件名称，然后按 Enter 键即可重命名文件。

重命名文件夹的操作与重命名文件的操作一致，只是操作的对象是文件夹。

5) 复制文件或文件夹

利用“计算机”或资源管理器窗口都可以进行文件或文件夹的复制操作。例如，需要把文件夹“管理信息”文件夹复制到 E 驱动器中，有两种方法。

方法 1：使用资源管理器窗口复制。

(1) 打开资源管理器，在右窗格中选定“管理信息”文件夹。

(2) 单击鼠标右键，将选定文件夹拖动到资源管理器左侧窗格的“本地磁盘（E:）”上，出现图 2. 36 所示的快捷菜单。

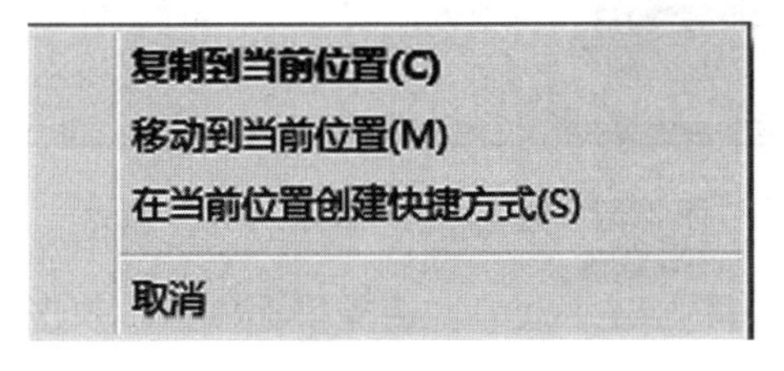

图 2. 36　移动/复制文件快捷菜单

(3) 如果执行移动操作可选择“移动到当前位置”命令，执行复制操作则选择“复制到当前位置”命令。此处选择“复制到当前位置”命令即可。

方法 2：通过复制、粘贴操作实现文件夹的复制。

(1) 单击需要复制的文件或文件夹，选择“编辑”→“复制”命令。

(2) 在目标窗口中，再选择“编辑”→“粘贴”命令。

提示

也可以使用键盘进行操作。复制的快捷键是“Ctrl + C”，粘贴的快捷键是“Ctrl + V”。

6）移动文件或文件夹

移动文件或文件夹和复制文件或文件夹的操作类似，但是移动文件或文件夹则是将原来位置的文件或文件夹移动到目标位置。移动文件或文件夹的主要方法也有两种。

方法1：使用剪切、粘贴命令。

（1）单击需要移动的文件或文件夹（如选择“管理信息”文件夹），选择“编辑”→“剪切”命令。

（2）打开目标位置窗口（如选择C驱动器），选择“编辑”→“粘贴”命令。

方法2：使用“移动文件夹”命令。

（3）单击需要移动的文件或文件夹，选择“编辑”→“移动到文件夹”命令，如图2.37所示。

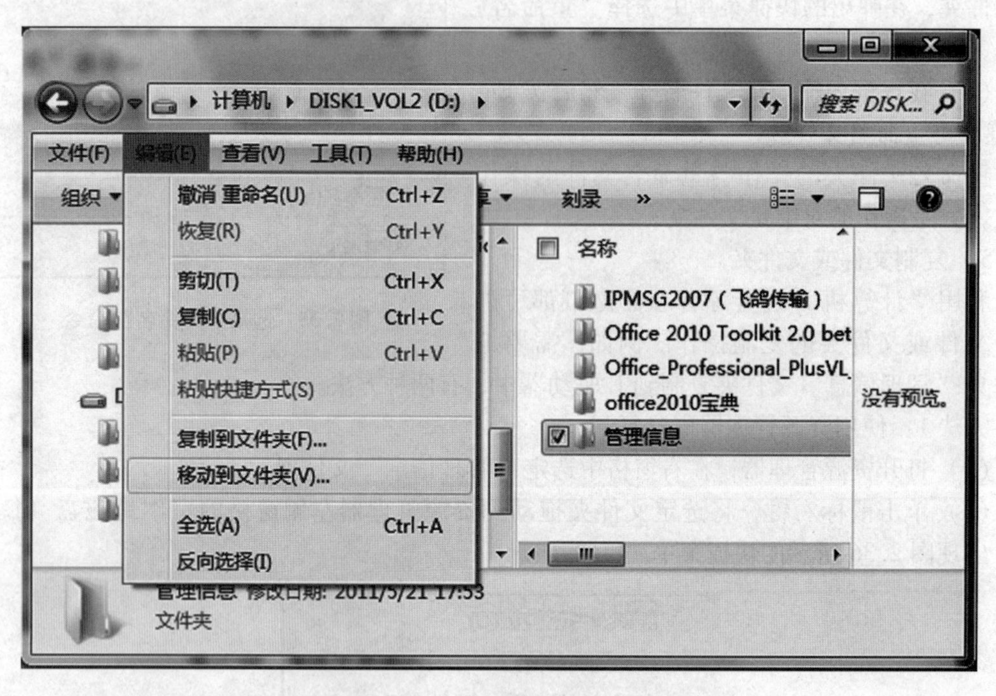

图2.37 选择“移动到文件夹”命令

（4）在弹出的“移动项目”对话框中，选择目标位置，单击“移动”按钮即可。

7）删除文件或文件夹

当不再需要某文件或文件夹时，可以将其删除，从而释放出更多的磁盘空间来存放其他文件或文件夹。在Windows 7操作系统中，从硬盘中删除的文件或文件夹被移动到“回收站”中，当用户确定不再需要时，可以将其彻底删除。

删除文件或文件夹的方法很多：一是选择要删除的文件或文件夹（如“管理信息”文件夹），按Delete键；二是选择要删除的文件或文件夹，直接拖动至桌面的“回收站”图标；三是用鼠标右键单击需要删除的文件或文件夹，利用快捷菜单中的“删除”命令进行

操作。

8）还原文件或文件夹

删除文件或文件夹时难免会出现误删操作，这时可以利用回收站的还原功能将文件还原到原来的位置，即文件在删除之前保存的位置，以减少损失，只有从硬盘被删除的文件才会被操作系统放置到回收站。

(1) 双击桌面上的“回收站”图标，打开“回收站”窗口。

(2) 用鼠标右键单击需要还原的文件，在弹出的快捷菜单中选择“还原”命令，如图 2.38 所示，文件会被还原到被删除前的位置。

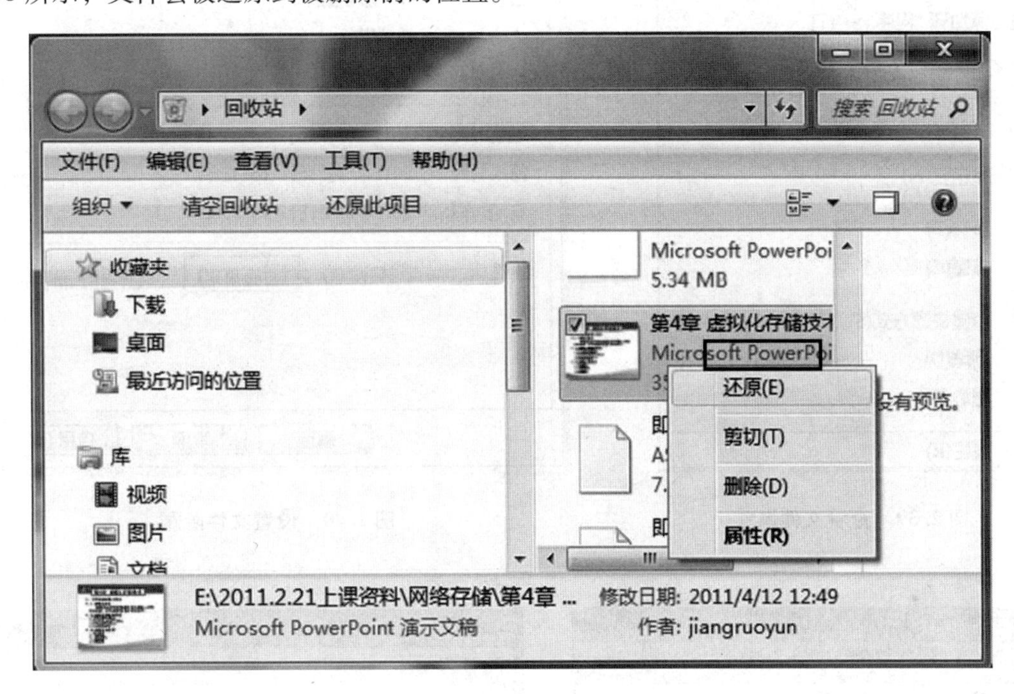

图 2.38 还原文件

9）隐藏文件或文件夹

(1) 隐藏文件或文件夹操作。

对于存放在计算机中的一些重要文件，可以将其隐藏起来以增加安全性。以隐藏文件为例，具体步骤如下：

①右键用鼠标单击需要隐藏的文件，在弹出的快捷菜单中选择“属性”命令，如图 2.39 所示。

②在弹出的对话框中，选择“隐藏”复选框，单击“确定”按钮，如图 2.40 所示。

③返回文件夹窗口后，该文件已经被隐藏。

(2) 在文件夹选项中设置不显示隐藏文件。

在文件夹窗口中单击工具栏上的“组织”按钮，从弹出的下拉列表中选择“文件夹和搜索选项”选项，如图 2.41 所示。

弹出“文件夹选项”对话框，切换到“查看”选项卡，在“高级设置”列表框中选择“不显示隐藏的文件、文件夹和驱动器”单选按钮，如图 2.42 所示。单击“确定”按钮，即可隐藏所有设置为隐藏属性的文件、文件夹以及驱动器。

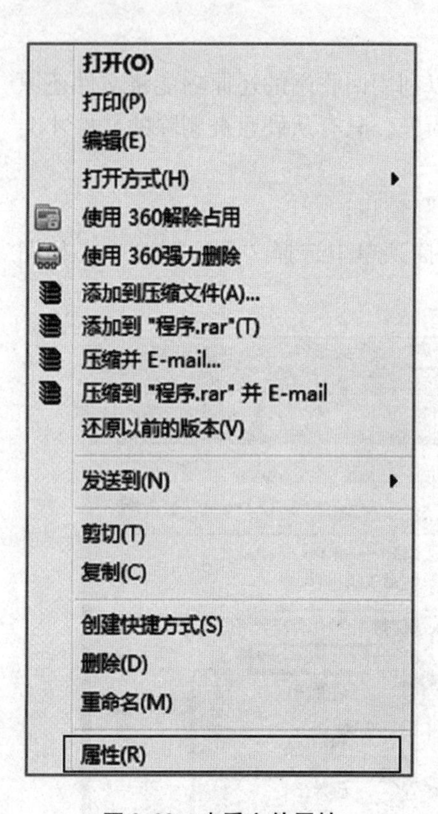

图 2.39　查看文件属性

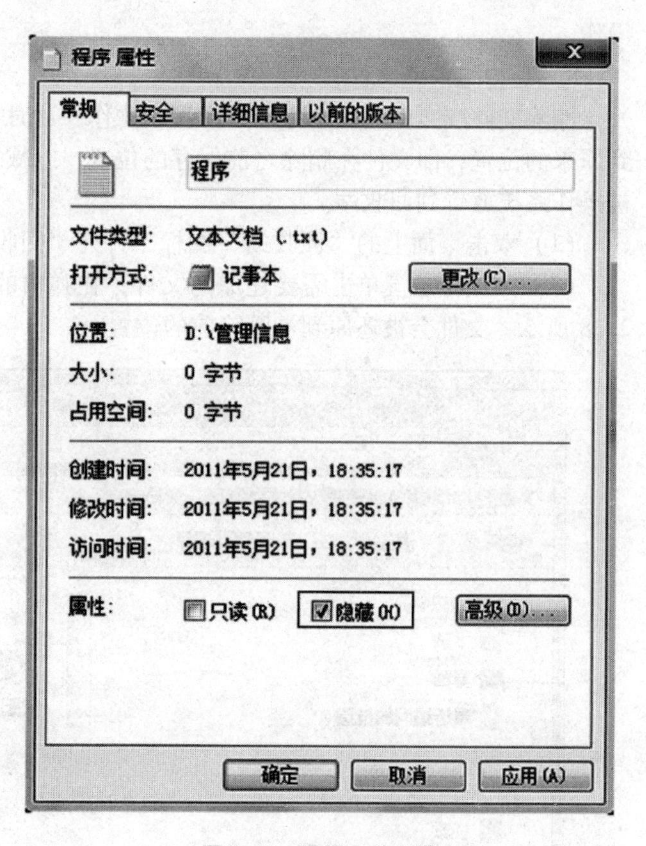

图 2.40　设置文件隐藏

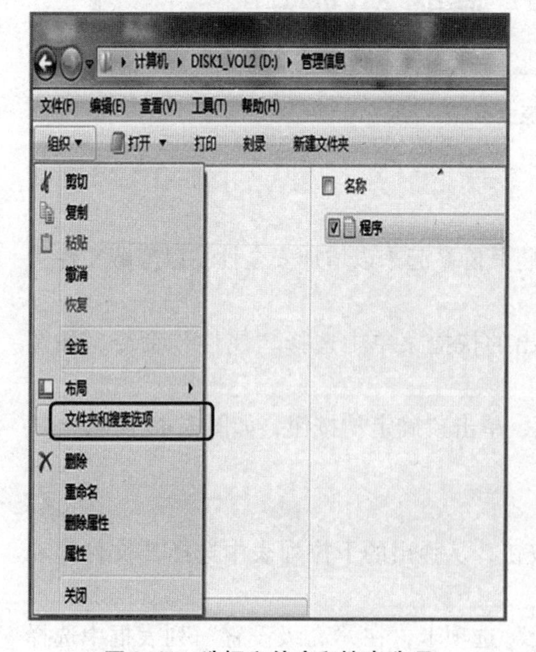

图 2.41　选择文件夹和搜索选项

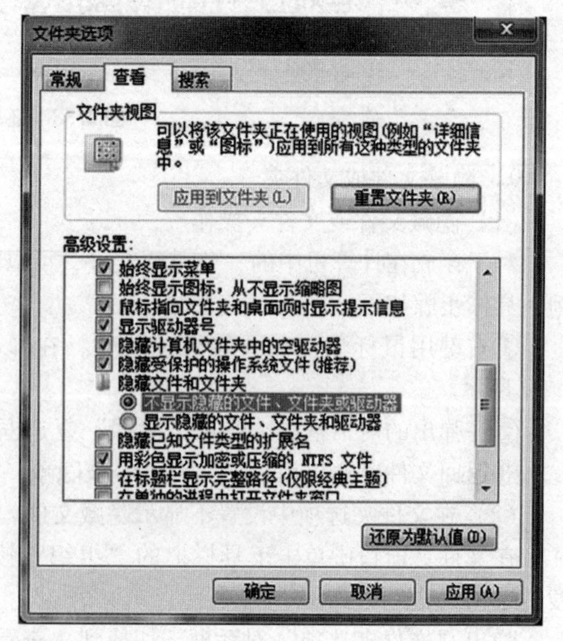

图 2.42　设置不显示隐藏的文件、文件夹或驱动器

10）查找文件和文件夹

Windows 7 操作系统中提供了查找文件和文件夹的多种方法，在不同的情况下可以使用不同的方法。

（1）使用“开始”菜单上的搜索框。

可以使用“开始”菜单上的搜索框来查找存储在计算机上的文件、文件夹、程序和电子邮件等。

单击“开始”按钮，在“开始”菜单的搜索框中输入想要查找的信息，如图 2.43 所示。

例如想要查找计算机中所有关于图像的信息，只要在文本框中输入“图像”，输入完毕，与所输入文本框匹配的项都会显示在“开始”菜单上。

（2）使用文件夹或库中的搜索框。

搜索框位于每个文件夹或库窗口的顶部，它根据输入的文本筛选当前的视图。在库中，搜索包括库中包含的所有文件夹及这些文件夹中所包含的子文件夹。

例如在“图片”库中查找关于“图像”的相关资料，具体操作步骤如下：

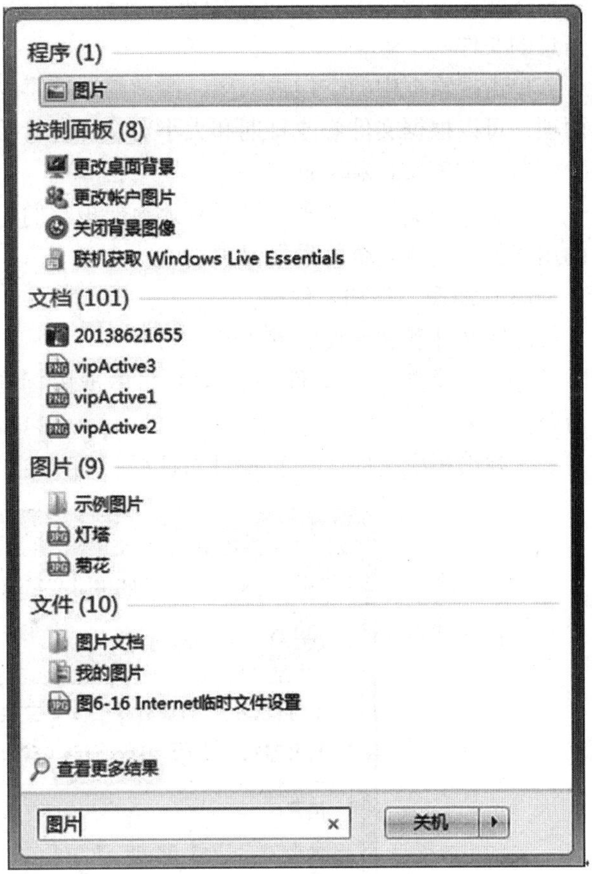

图 2.43　使用“开始”菜单中的搜索框

①打开“图片”库窗口。

②在“图片”库窗口顶部的搜索框中输入要查找的内容，输入“图片”，如图 2.44 所示。

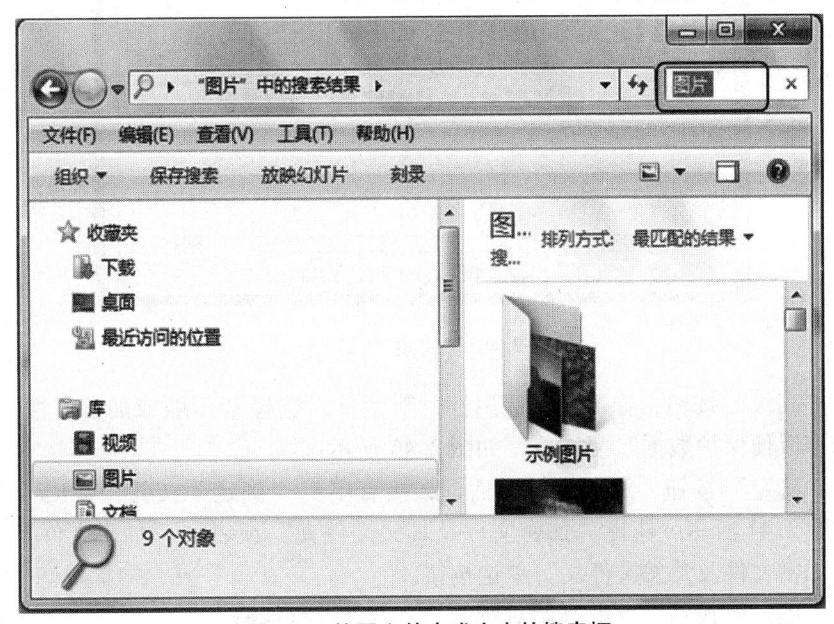

图 2.44　使用文件夹或库中的搜索框

③输入完毕系统自动对视图进行筛选，可以看到在窗口下方列出了所有关于“图片”信息的文件。

单击搜索框中的空白输入区，激活筛选搜索界面，其中提供了“修改日期”和“大小”两项，可以根据文件修改日期和大小对文件进行搜索操作。

11）加密文件和文件夹

对文件或文件夹加密，可以有效地保护它们免受未经许可的访问。加密是 Windows 提供的用于保护信息安全的最强保护措施。

(1）加密文件和文件夹。

加密文件和文件夹的具体步骤如下：

①选中要加密的文件和文件夹并单击鼠标右键，从弹出的快捷菜单中选择“属性”命令。

②弹出相应文件（夹）属性对话框，切换到“常规”选项卡，如图 2.45 所示。

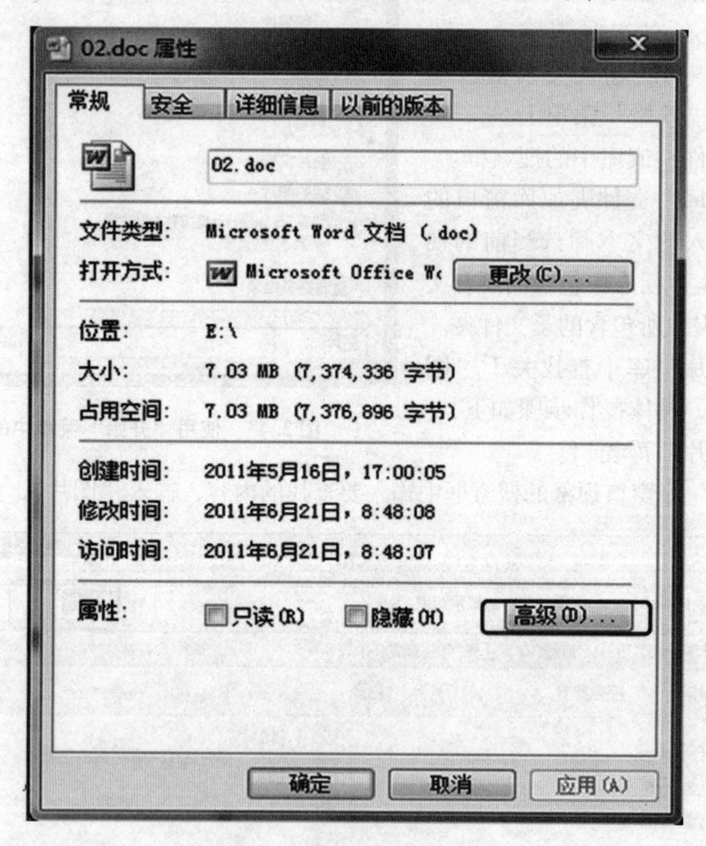

图 2.45 “常规”选项卡

③单击“高级”按钮，弹出“高级属性”对话框，选择“压缩或加密属性”组合框中的“加密内容以便保护数据”复选框，如图 2.46 所示。

④单击“确定”按钮，返回属性对话框，接着单击“确定”按钮，弹出“加密警告”对话框，如图 2.47 所示。选择“加密文件及其父文件夹”或者“只加密文件”中的一项，此处选择“加密文件及其父文件夹”单选按钮。

⑤单击“确定”按钮，此时开始对所选的文件夹进行加密。

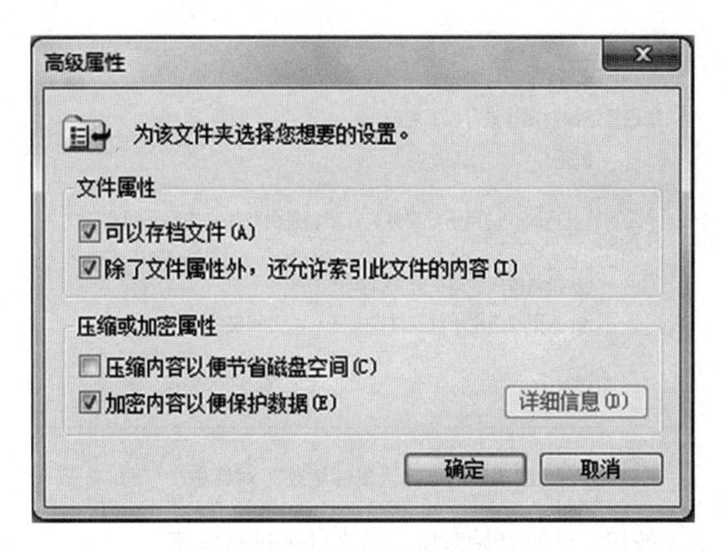

图 2.46　“高级属性”对话框

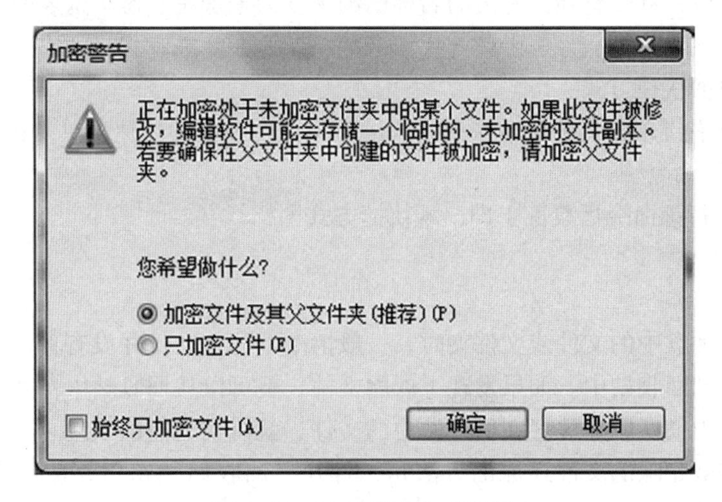

图 2.47　“加密警告”对话框

完成加密后，可以看到被加密的文件夹的名称已经呈现绿色显示，这表明文件夹已经被成功加密。

(2) 解密文件和文件夹。

恢复加密的文件或文件夹的具体步骤如下：

①选择要解密的文件或文件夹并单击鼠标右键，从弹出的快捷菜单中选择“属性”命令。

②弹出相应的属性对话框，切换到“常规”选项卡。

③单击“高级”按钮，弹出“高级属性”对话框，取消“压缩或加密属性”组合框中“加密内容以保护数据”复选框的选中状态。

④单击“确定”按钮，返回属性对话框，接着单击“确定”按钮，弹出“确认属性更改”对话框，如图 2.48 所示。选择“仅将更改应用于此文件夹”或者“将更改应用于此文件夹、子文件夹和文件”中的一项，这里选择“将此更改应用于此文件夹、子文件夹和文件”单选按钮。

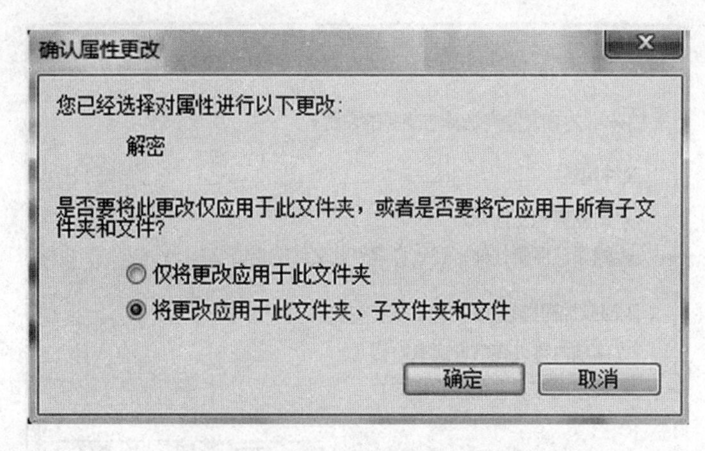

图 2.48 “确认属性更改”对话框

⑤单击“确认”按钮，此时开始对所选的文件夹进行解密。

⑥完成解密后，可以看到文件夹的名称已经恢复为未加密状态，这表明文件夹已经被成功解密。

12）创建桌面快捷方式

（1）用鼠标右键单击需要创建快捷方式的对象，在弹出的快捷菜单中选择“发送到”→“桌面快捷方式”命令。

（2）系统执行该命令后桌面上即出现快捷方式图标。

4. 回收站

当用户删除硬盘中的文件或文件夹时，一般情况下那些文件并没有真正从计算机中彻底删除，而是被放到回收站中。如果发现了误删文件，就可以从回收站中将其还原。而确定真正需要从计算机中彻底删除放置在回收站中的文件，就需要清空回收站。

从回收站将被删除的文件还原的方法是：打开“回收站”窗口，选择需要还原的文件或文件夹，单击窗口左边的“还原”按钮，或者从右键菜单中选择“还原”命令，如图 2.49 所示，都可以将选定的文件或文件夹还原到它们被删除以前所在的位置。

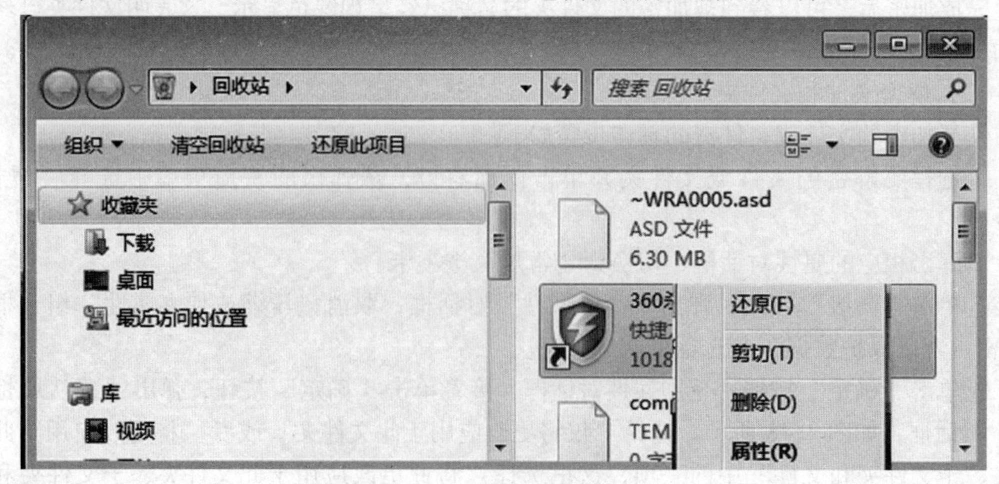

图 2.49 还原被删除的文件

要将回收站中的内容真正从计算机中删除，可以在桌面上用鼠标右键单击“回收站”图标，从弹出菜单中选择“清空回收站”命令。也可以打开“回收站”窗口，选择“清空回收站”命令。

“回收站”是硬盘上的一片特定的区域，即一个特殊的文件夹，硬盘的每个分区都有一个回收站，如果没有特殊设定，每个分区的回收站大小一样，每个分区的回收站的最大容量是驱动器容量的 10%，用户也可以自行调整其容量。

2.4 【案例 3】简单设置和维护系统

案例分析

通过本案例的学习能够使读者掌握设置和维护系统的常用操作，包括在控制面板中添加、删除用户账户，安装和删除应用程序，设置日期和时间，也包括使用磁盘清理程序和磁盘碎片整理程序来对系统进行优化。具体要求如下：

(1) 创建一个属于自己的账户，账户名由自己姓名的首字母组成，并为该账户设置密码，密码与用户名相同。

(2) 从网上下载并安装一个火狐浏览器，使用完该浏览器后，从控制面板删除该浏览器。

(3) 检查电脑的日期、时间和时区是否正确，如不正确，请把它们调整正确。

(4) 设置系统可用的输入法为“搜狗输入法”和“中文简体－美式键盘”两种，将其他输入法删除。

(5) 使用磁盘清理程序对各磁盘进行清理。

(6) 使用磁盘碎片整理程序整理各磁盘。

案例目标

(1) 熟练掌握控制面板的常用操作。

(2) 熟练掌握优化系统的两种方法。

实施过程

(1) 打开控制面板，单击“用户账户和家庭安全”选项，单击“添加和删除用户账户”命令，选择“创建一个新账户”命令，输入新账户的名字，选择账户类型，单击“创建账户”按钮，完成新账户的创建。单击新创建的账户，为该账户设置密码。

(2) 打开浏览器，输入“http：//www. baidu. com”，输入关键字“火狐浏览器”，下载火狐浏览器到桌面，双击桌面安装程序，按照默认设置一步一步完成安装。卸载过程：打开控制面板，单击“卸载程序”命令，找到火狐浏览器后，选择该项，单击“卸载”按钮，按照默认设置，一步一步完成卸载。

(3) 打开“控制面板”，单击“时钟、语言和区域”选项，在“日期和时间”下面选择“设置时间和日期”命令，进行查看和设置。

(4) 打开“控制面板”，单击“时钟、语言和区域”选项，单击“区域和语言”选项，打开“区域和语言”对话框，选择“键盘和语言”选项卡，单击“更改键盘”按钮，选择相应的输入法进行删除或添加。

（5）单击“开始”按钮，选择“所有程序”→“附件”→“系统工具”→“磁盘管理”命令，对每一个磁盘首先选择要清理的文件，然后进行清理。

（6）单击“开始”按钮，选择“所有程序”→“附件”→“系统工具”→“磁盘碎片整理”命令，首先对各磁盘进行分析，如果需要碎片整理，则进行此项工作。

知识链接

1. 用户账户

Windows 7 允许设置和使用多个账户，其中包括系统内置的 Administrator（管理员）、Guest（来宾）以及用户自己添加的账户。Windows 7 采用用户账户控制（UAC）功能，可以在程序作出需要管理员级别权限的更改时通知用户，从而保证计算机的安全。

系统内置的 Administrator 账户具有最高的权限等级，拥有系统的完全控制权限。

用户自行创建的管理员权限账户在用户账户控制机制保护下默认运行标准权限，这样可以有效阻止恶意程序随意调用管理员权限执行对系统有害的操作。

系统内置的 Guest 账户供临时用户使用，权限受到进一步限制，只能正常使用常规的应用程序，而无法对系统设置进行更改。

在默认情况下，Administrator 账户和 Guest 账户都处于未启用状态。

要对 Windows 7 进行账户设置，可以单击“开始”菜单中的用户账户图标，打开“用户账户”窗口，如图 2. 50 所示。

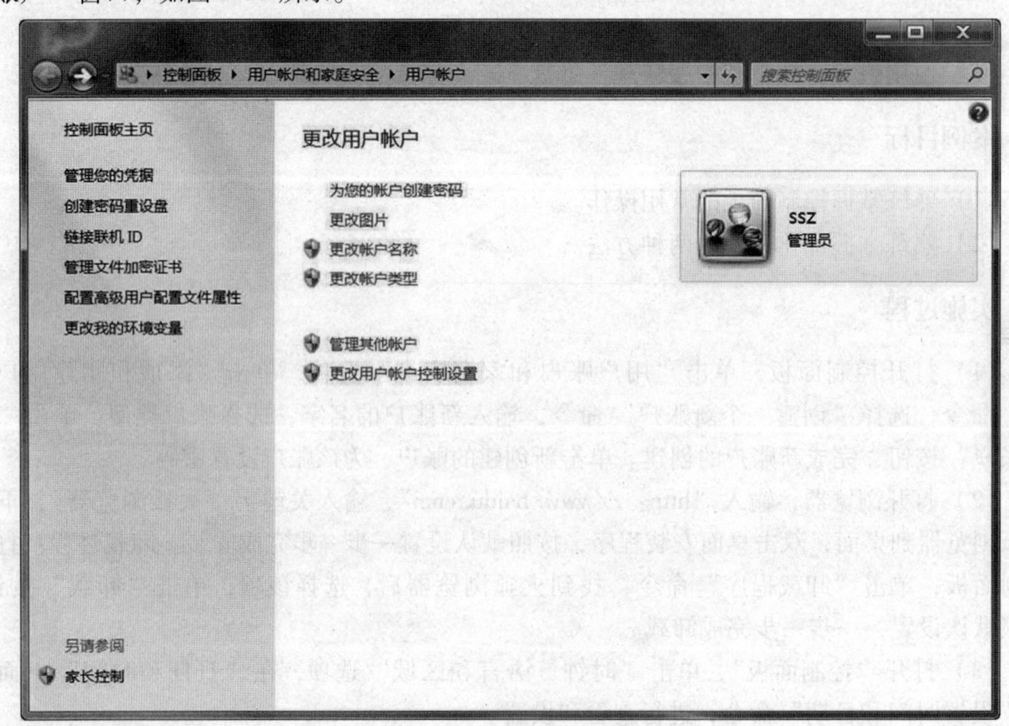

图 2. 50 “用户账户”窗口

1）创建新账户

单击“管理其他账户”超链接，然后单击“创建一个新账户”超链接，如图 2.51 所示；输入账户名称，例如“abc”，选择账户权限，单击“创建账户”按钮，如图 2.52 所示，完成账户创建。

图 2.51　创建账户（1）

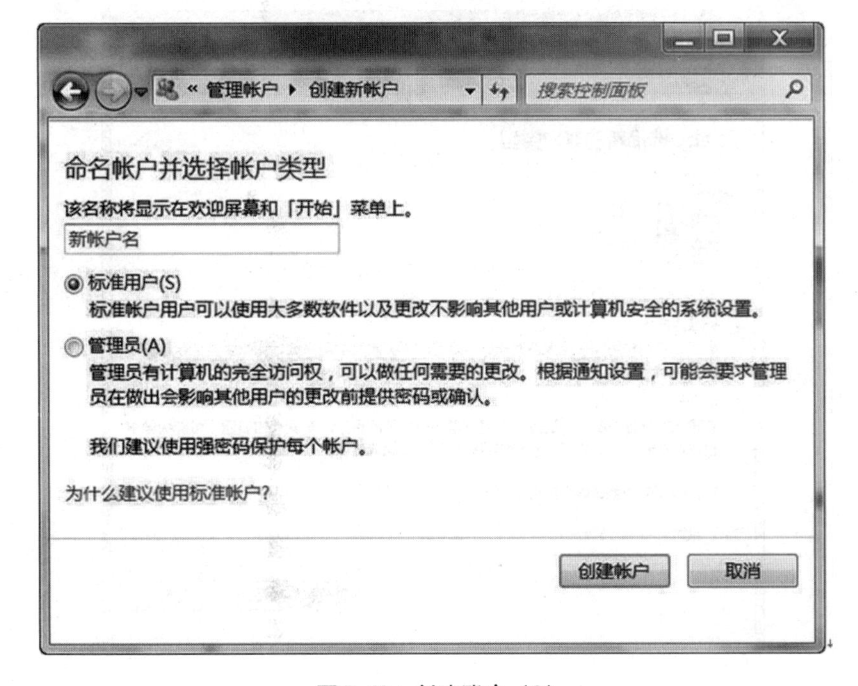

图 2.52　创建账户（2）

2）更改账户类型

如果要更改创建的账户的权限类型，必须登录一个具有管理员权限的账户进行操作。打开“管理账户”窗口，如图 2.53 所示。

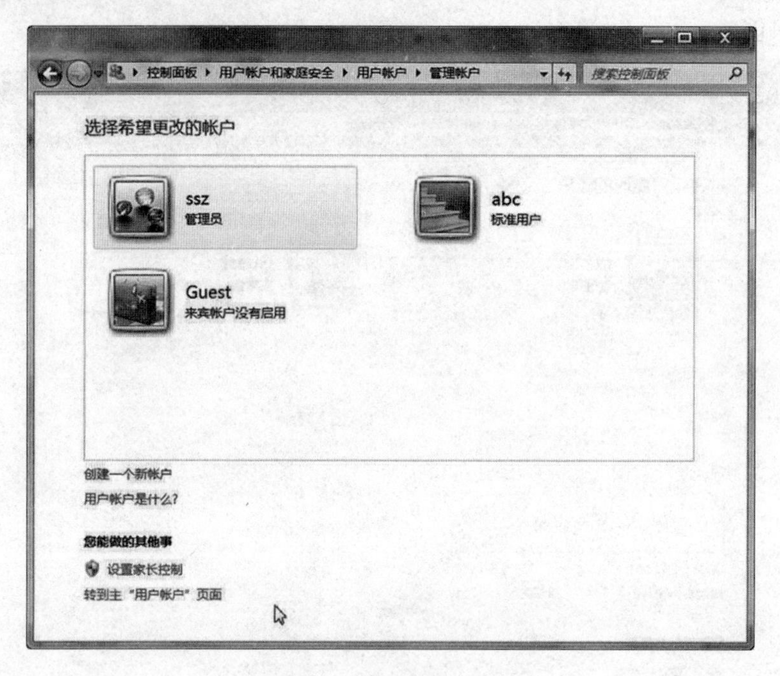

图 2.53 “管理账户”窗口

单击账户“abc”，然后单击“更改账户类型”命令，打开图 2.54 所示的窗口，选择“管理员”单选按钮，然后单击“更改账户类型”按钮，完成更改。

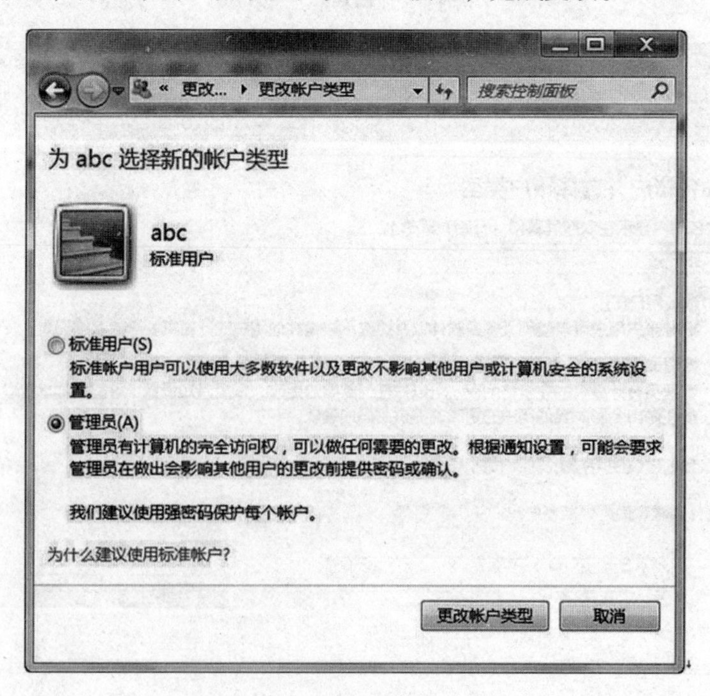

图 2.54 “更改账户类型”窗口

在图 2.53 所示窗口中，还可以进行账户的其他设置项，如更改账户名称、创建或更改密码、更改图片、设置家长控制等。

Windows 操作系统版本不断更新，伴随而来的是操作系统的臃肿和运行的缓慢，如何才能让系统更快地运行？优化计算机系统可以实现这个目标。系统优化包括定期清理磁盘、定期整理磁盘碎片和使用系统优化软件对系统进行优化。

使用磁盘清理程序可以帮助用户释放硬盘空间，删除系统临时文件、Internet 临时文件，安全删除不需要的文件，减少它们占用的系统资源，以提高系统性能。

Windows 7 系统为用户提供了磁盘清理工具。使用这个工具可以删除临时文件，释放磁盘上的可用空间。

2. 添加或删除程序

很多软件在设计时就考虑到用户将来要卸载软件的问题，为此安装完该软件后即可在开始菜单中看到卸载该软件的命令。

例如，要卸载已经安装的“暴风影音 5”软件，可选择“开始”→“所有程序”→“暴风影音 5”→“卸载暴风影音 5”命令，如图 2.55 所示。

如果在“开始”菜单中找不到卸载某个软件的命令，就应通过控制面板中的“卸载程序”选项来删除软件。操作步骤如下：

(1) 打开“控制面板”窗口，单击“程序”超链接，打开“程序”窗口，如图 2.56 所示，然后单击“程序和功能”下面的“卸载程序”超链接。

图 2.55　卸载暴风影音 5 的操作过程

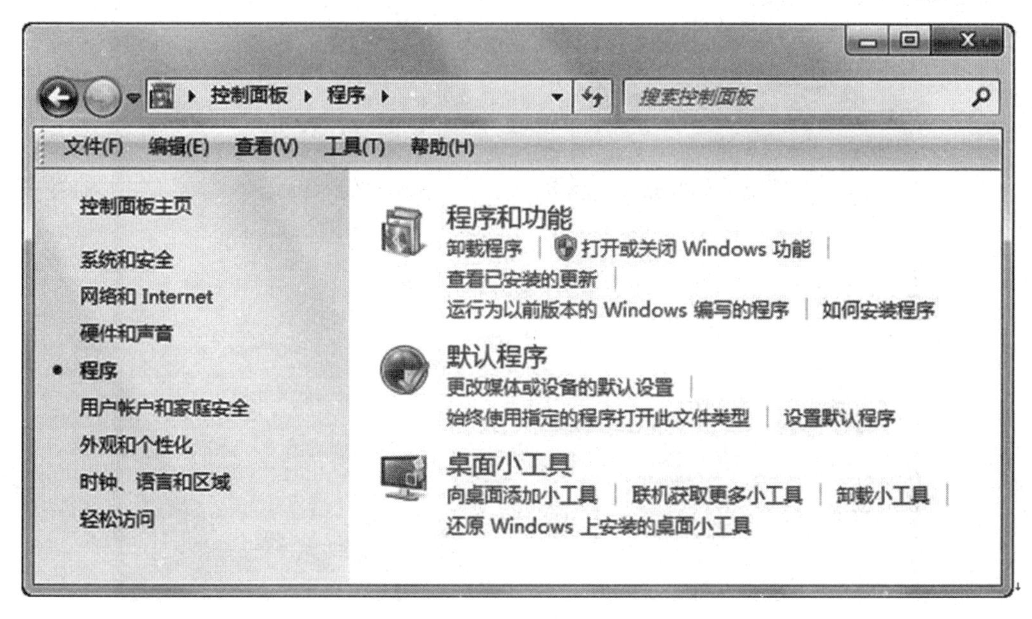

图 2.56　“程序”窗口

（2）打开“程序和功能”窗口，例如选中一个要卸载的软件“搜狗高速浏览器 2.0.0.1070”，然后单击上面的“卸载/更改”超链接，如图 2.57 所示。

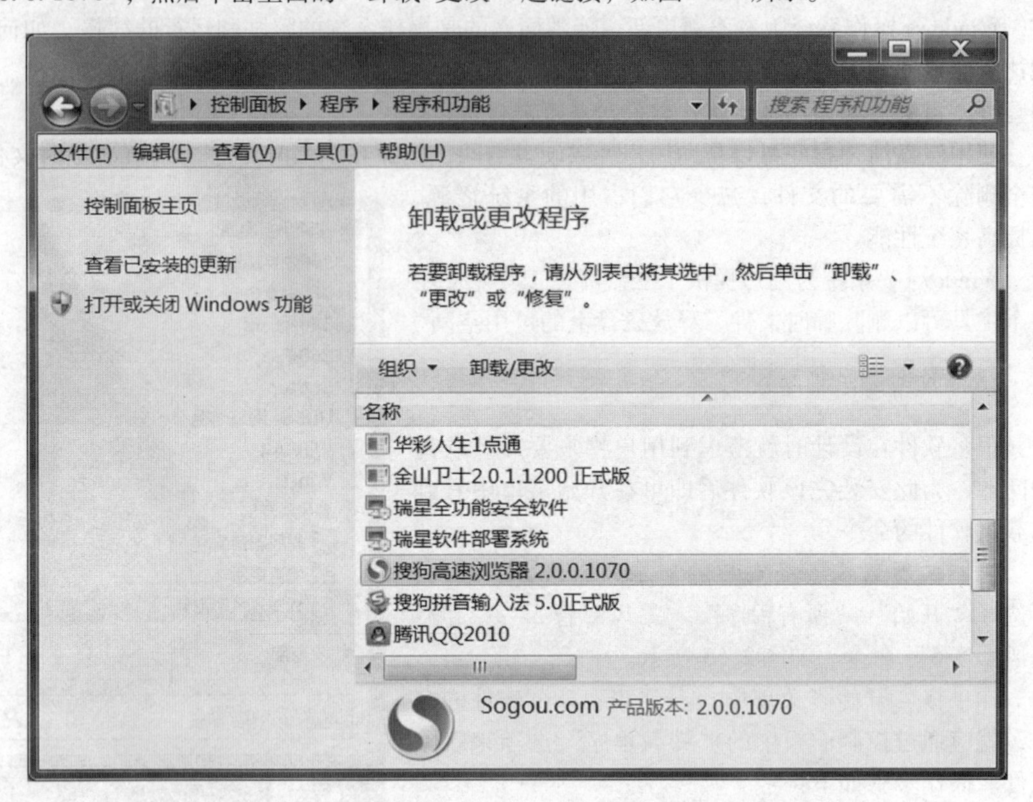

图 2.57 “程序和功能”窗口

（3）弹出图 2.58 所示的“搜狗高速浏览器 2.0.0.1070 卸载”对话框，单击“解除安装”按钮即可开始卸载该软件。

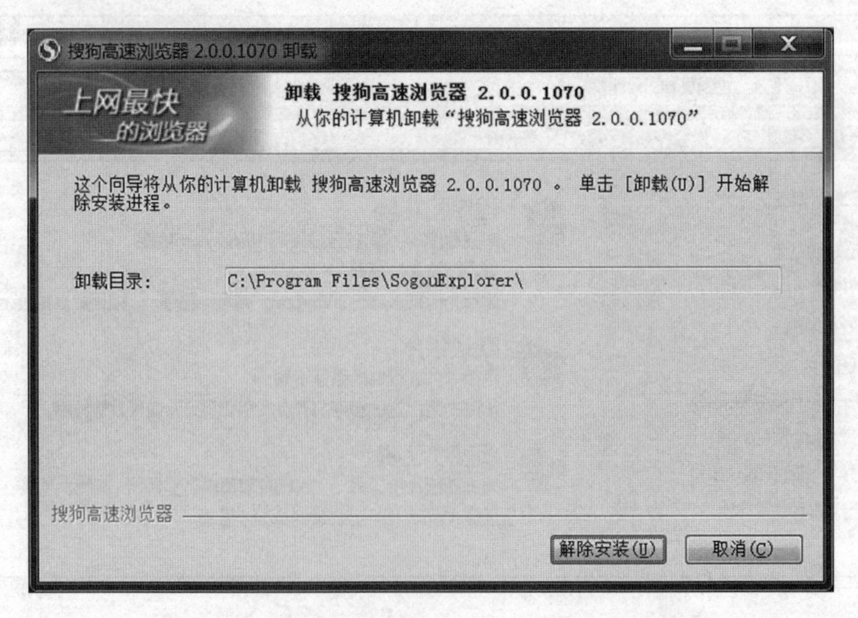

图 2.58 “搜狗高速浏览器 2.0.0.1070 卸载”对话框

3. 设置系统日期和时间

如果计算机已经接入互联网，精确调整系统日期和时间的操作步骤如下：

(1) 可以在图的“控制面板”窗口的“时钟、语言和区域”链接中找到修改系统日期和时间的入口，也可以右击任务栏最右边的系统时钟，弹出图 2.59 所示的月历和时钟，单击“更改日期和时间设置”按钮，弹出图 2.60 所示的“日期和时间”对话框。

图 2.59　月历和时钟

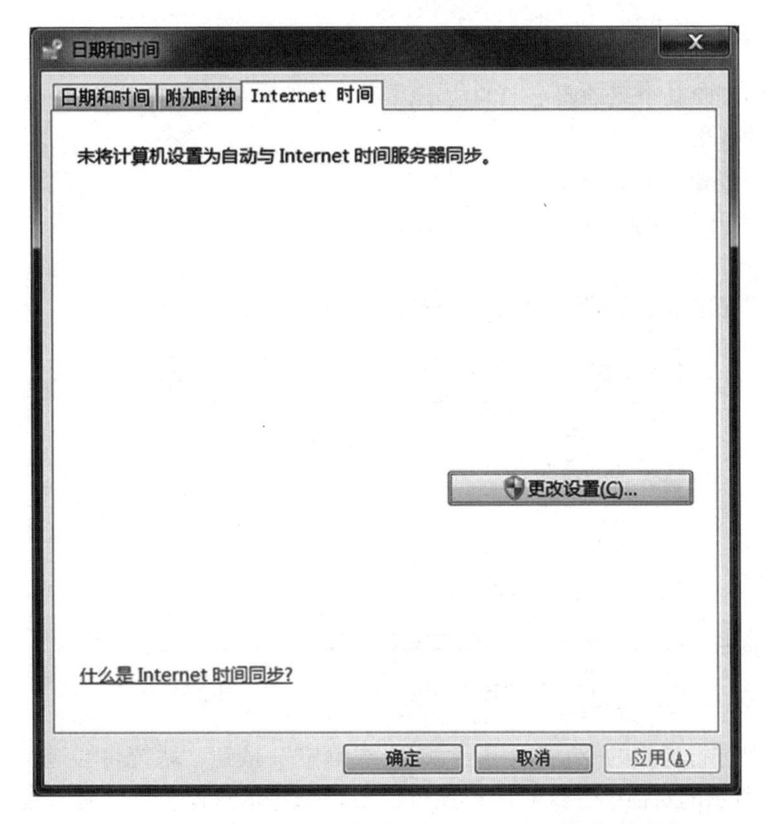

图 2.60　“日期和时间”对话框的“Internet 时间”选项卡

（2）在“Internet 时间”选项卡中单击“更改设置”按钮，弹出图 2. 61 所示的“Internet 时间设置”对话框。

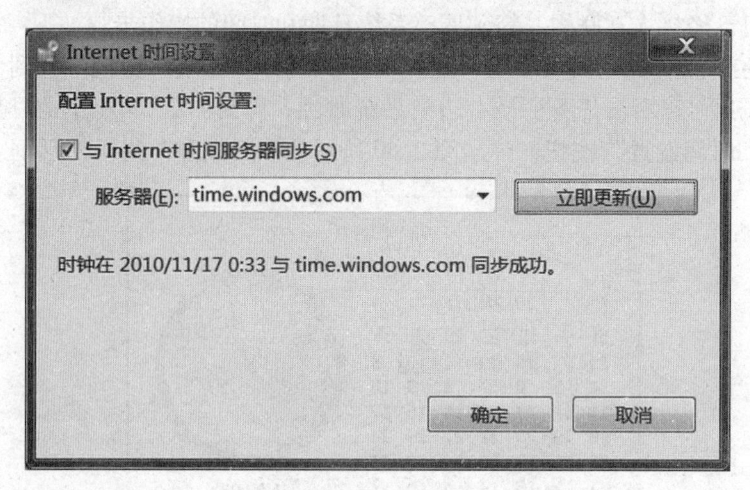

图 2. 61 “Internet 时间设置”对话框

（3）选择“与 Internet 时间服务器同步”复选框，然后在“服务器”下拉列表中选择“time. windows. com”，单击“立即更新”按钮。

（4）稍后即可见到对话框中显示同步成功的文字提示，单击“确定”按钮，然后依次关闭上述打开的对话框即可。

4. 磁盘清理

清理磁盘即删除某个驱动器上旧的或不需要的文件，释放一定的空间，从而起到提高计算机运行速度的效果。

磁盘清理的步骤如下：

（1）单击“开始”按钮，选择“所有程序”→“附件”→“系统工具”→“磁盘清理”命令。

（2）弹出“磁盘清理：驱动器选择”对话框，如图 2. 62 所示。

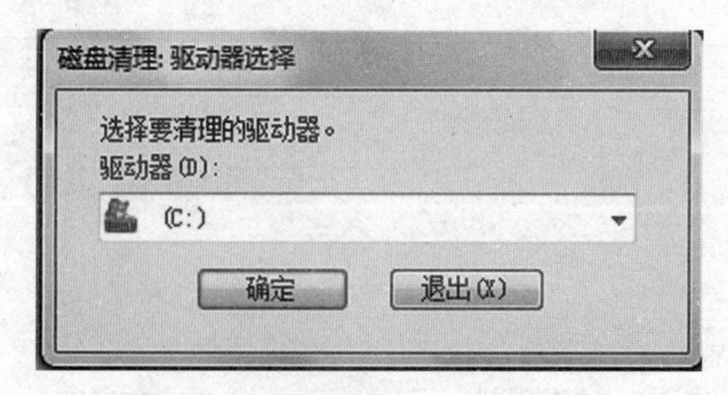

图 2. 62 “磁盘清理：选择驱动器”对话框

（3）选择要进行清理的驱动器，然后单击“确定”按钮，系统将会进行先期计算，同时弹出图 2. 63 所示的对话框，这时用户还可以取消磁盘清理的操作。计算完成后，进入该驱动器的磁盘清理对话框，如图 2. 64 所示。

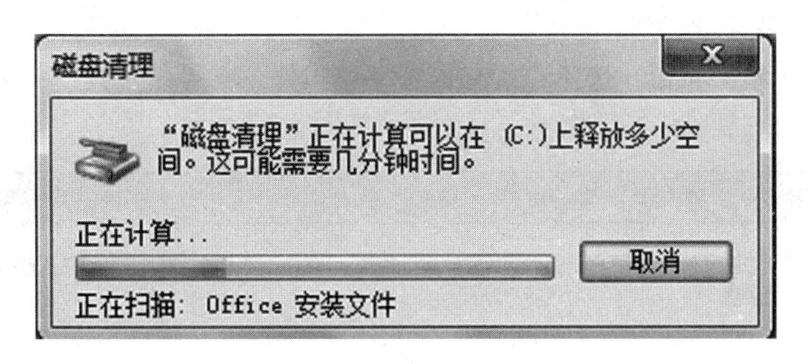

图 2.63　计算可释放空间

(4) 在该对话框中列出了可删除的文件类型及其所占用的磁盘空间，选择某文件类型前的复选框，在进行清理时即可删除；在“占用磁盘空间总数”信息中显示了删除所有选择文件类型后可得到的磁盘空间。

(5) 在“描述”中显示了当前选择的文件类型的描述信息，单击“查看文件”按钮，可查看该文件类型中包含文件的具体信息。

(6) 单击“确定”按钮，将弹出“磁盘清理”确认删除消息框，如图 2.65 所示。单击“删除文件”按钮，弹出“磁盘清理”对话框，如图 2.66 所示。清理完毕后，该对话框将自动关闭。

图 2.64　磁盘清理对话框

图2.65　“磁盘清理”确认删除消息框

图 2.66　“磁盘清理”对话框

5. 磁盘碎片整理

使用“磁盘碎片整理程序”，重新整理硬盘上的文件和使用空间可达到提高程序运行速度的目的。

文件碎片表示一个文件存放到磁盘上不连续的区域。当文件碎片很多时，从硬盘存取文件的速度将会变慢。

磁盘整理的操作步骤如下：

（1）单击“开始”按钮，选择“所有程序”→“附件”→“系统工具”→“磁盘碎片整理程序”命令，打开“磁盘碎片整理程序”对话框，如图 2.67 所示。

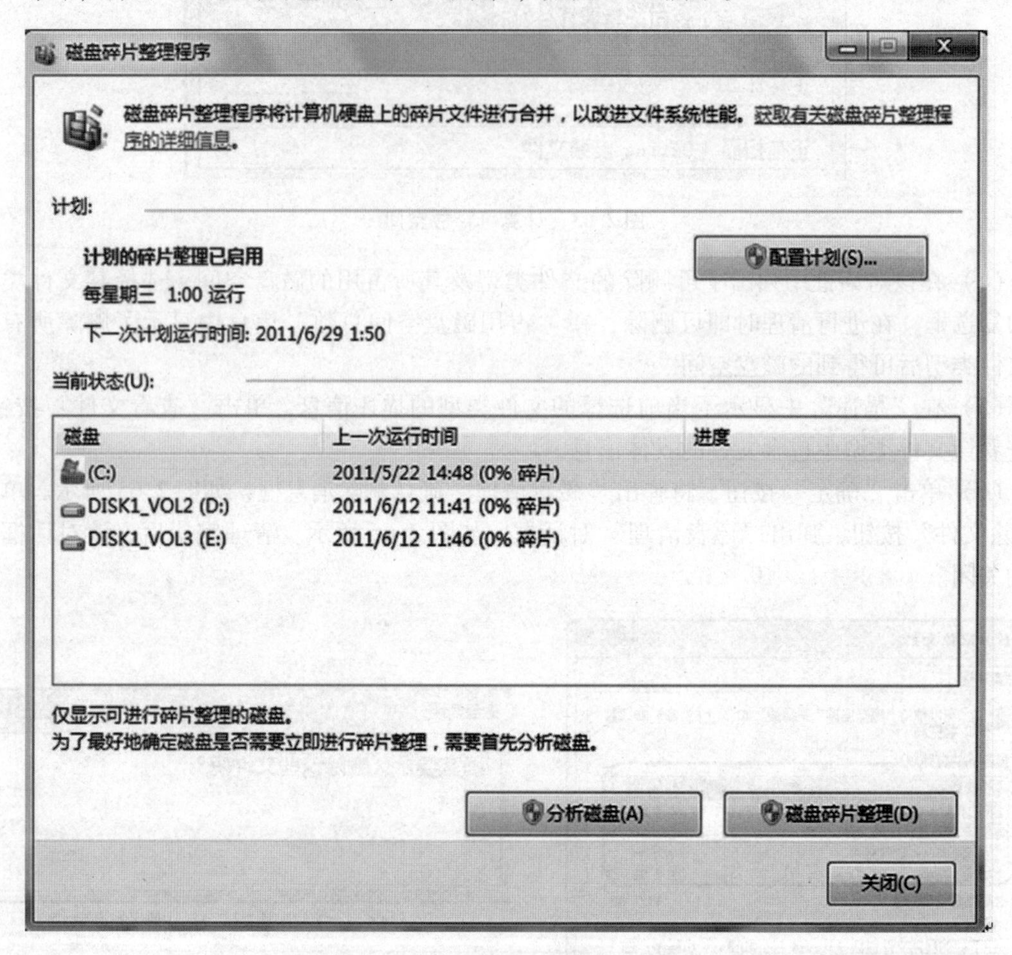

图 2.67 “磁盘碎片整理程序”对话框

提示

一般情况下，进行磁盘碎片整理时，应先对磁盘进行分析，磁盘碎片百分比较高时进行磁盘碎片整理比较有效。也可直接进行磁盘碎片整理。

（2）在对话框的列表框中选择需要整理的磁盘。

（3）单击“磁盘碎片整理”按钮，开始磁盘碎片整理。

本章小结

计算机的操作系统是计算机系统中负责支撑应用程序运行环境以及用户操作环境的系统软件，同时也是计算机系统的核心。它提供对硬件的监管、对各种计算机资源（如内存、磁盘、处理器时间等）的管理以及面向应用程序的服务。

本章就操作系统最核心的内容进行介绍，简洁明了，包括操作系统的基本操作、文件管理、磁盘管理、系统设置与维护、Windows 7 操作系统的基本应用，并就其新功能进行了总

括性介绍。对 Windows 7 的操作与应用环境有一定的了解，不仅能提高计算机的使用效率，同时也能大幅提升工作效率。

操作系统的应用远不止本章所讲述的内容，在后面章节所讲到的计算机功能和应用的软件皆是以操作系统为平台开展应用的，例如接下来将介绍日常工作和生活中最常见的办公软件 Microsoft Office 的使用和技巧。

课后练习

一、填空题

1. Windows 7 规定，文件可以使用长文件名，最多________个字符，文件名最后一个点右边的字符串表示________。

2. 操作系统通过________和________管理文件。

3. “组织”按钮包含的常用的功能选项有________、________、________、________、________以及________等。

4. Windows 7 采用了________功能，可以在程序作出需要管理员级别权限的更改时通知用户，从而保证计算机的安全。

5. Microsoft Word 2010 文档的扩展名是________。

6. 在________中，用户可以按照自己的习惯配置 Windows 7 的系统环境。

二、简答题

1. 简述操作系统的概念和基本功能。

2. 描述常见的 10 类文件及扩展名。

3. 简述 Windows 7 与之前操作系统版本的不同。

4. 描述你所知道的其他操作系统。

三、操作题

1. 在“D：\ ”下新建一个文件夹“ks”，在“ks”文件夹中建立“SUCCESS”文件夹、“PAINT”文件夹、“TJTV”文件夹、“JINT”文件夹、“LOCAL”文件夹、“REMOTE”文件夹和“Maulyh”文件夹。

2. 在“SUCCESS”文件夹建立文件“ATEND. docx”，并设置为隐藏属性。

3. 在“PAINT”文件夹中建立“USRE. txt”文件，并把它移动到“JINT”文件夹中，改名为“TALK. txt”。

4. 在“TJTV”文件夹中建立一个新文件夹“KUNT”。

5. 在“REMOTE”文件夹中建立文件“BBS. for”，并把它复制到“LOCAL”文件夹中。

6. 在“Maulyh”文件夹中建立“Badboy”文件夹，并把它删除。

第3章

Word 2010 文字处理软件

Word 是由微软公司出品的一个文字处理器应用程序。它最初是由 Richard Brodie 为运行 DOS 的 IBM 计算机在 1983 年编写的。随后的版本可运行于 Apple Macintosh（1984 年）、SCOUNIX 和 Microsoft Windows（1989 年），并成为 Microsoft Office 的一部分。Microsoft Office 是微软公司于 2010 年 5 月正式推出的办公集成软件，主要包括 Word 2010、Excel 2010、PowerPoint 2010、Outlook2010、Access 2010、Publisher 2010 等应用程序。

学习目标

☑ 掌握文档的创建、打开、输入、保存等基本操作。

☑ 掌握文本的选定、插入与删除、复制与移动、查找与替换等基本编辑技术。

☑ 熟悉字体格式设置、段落格式设置、边框和底纹设置、项目符号和编号设置、首字下沉设置、分栏设置、文档页面设置、文档页面背景设置等。

☑ 了解表格的创建、修改，表格的修饰，表格中数据的输入与编辑，数据的排序和计算。

☑ 掌握图形、图片、文本框、艺术字的插入、编辑、格式设置及使用。

3.1　Word 简介

Microsoft Word 被称作文字处理软件，其实该软件能完成的功能已经远远超出了纯文字处理的范畴，主要用于书面文档的编写、编辑的全过程。除处理文字外，Word 还可以在文档中插入和处理表格、图形、图像、艺术字、数学公式等。无论初级或高级用户，在文档处理过程中需实现各种排版输出效果时，都可以借助 Word 软件提供的功能轻松实现。不夸张地讲，Word 实现用户对文档处理要求的境界已经近乎“所见即所得”，所以它成为目前文档处理方面应用较广泛的软件。

本章以 Word 2010 为基础，利用面向结果的全新用户界面，让用户可以轻松找到并使用功能强大的各种命令按钮，快速实现文本的输入、编辑、格式化、图文混排、长文档编辑等。

3.1.1　Word 2010 的启动与退出

1. 启动 Word 2010

Word 2010 是在 Windows 环境下运行的应用程序，其启动方法与启动其他应用程序的方法相似，常用的方法有以下 3 种：

1）从“开始”菜单启动 Word 2010

单击“开始”按钮，打开“开始”菜单选择“所有程序”→“Microsoft Office”→“Microsoft Office Word 2010”命令，即可启动 Word。

2）通过快捷方式启动 Word

用户可以在桌面上为 Word 2010 应用程序创建快捷图标，双击该快捷图标即可启动 Word 2010。

3）通过文档启动 Word 2010

用户可以通过打开已存在的旧文档启动 Word 2010，其方法如下：

在资源管理器中，找到要编辑的 Word 文档，双击此文档即可启动 Word 2010。

应用第 1 种和第 2 种方法，Word 会自动创建名为“文档 1”的空白文档，应用第 3 种方法不仅会启动 word 应用程序，而且会在 Word 中打开选定的文档，该方法适合编辑或查看一个已存在的文档。

2. 退出 Word 2010

Word 2010 作为一个典型的 Windows 应用程序，其退出（关闭）的方法与其他应用程序类似，常用的方法有以下 4 种：

（1）单击 Word 2010 程序窗口右上角的“关闭”按钮。

（2）选择“文件”→“退出”命令。

（3）双击 Word 2010 工作窗口左上角的 Word 图标。

（4）使用“Alt + F4”组合键。

3. 1. 2　Word 2010 的工作界面

Word 2010 的工作界面由“文件”菜单、快速访问工具栏、标题栏、功能区、工具栏、文档编辑区、滚动条、状态栏等部分组成，如图 3. 1 所示。

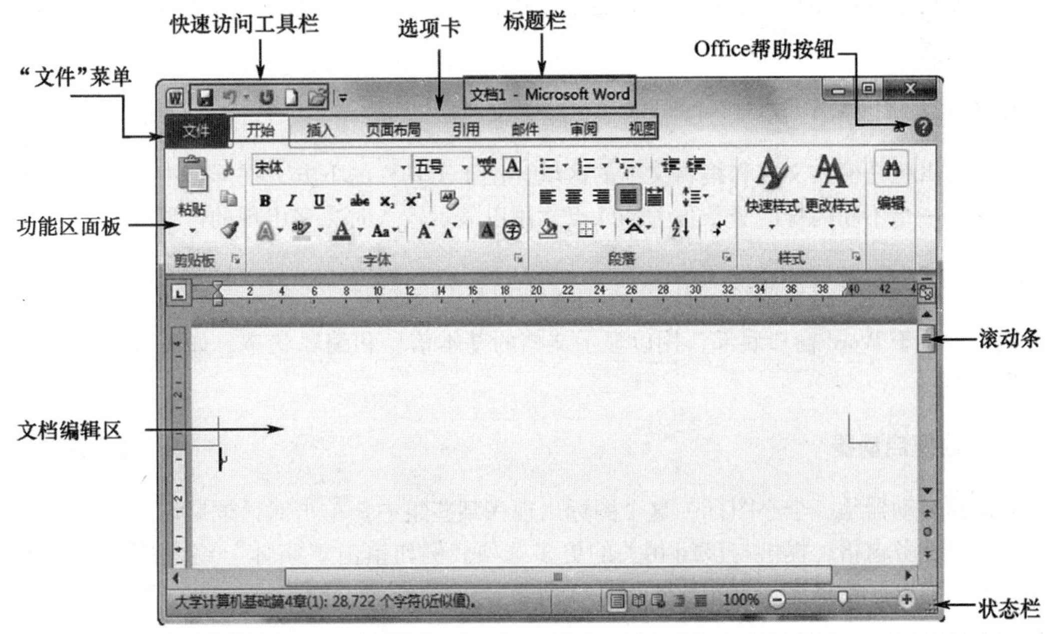

图 3. 1　Word 2010 的工作界面

菜单栏位于标题栏的下方，提供了8个选项卡："开始""插入""页面布局""引用""邮件""审阅""视图"和"加载项"。

由图3.1可知，与Word 2003相比，Word 2010最明显的变化就是取消了传统的菜单操作方式，而代之以各种功能区。在Word 2010窗口上方，看起来像菜单的名称其实是功能区的名称，当单击这些名称时并不会打开菜单，而是切换到与之相对应的功能区面板，每个功能区根据功能的不同又分为若干组。为了便于浏览，功能区包含若干围绕特定方案或对象进行组织的选项卡，每个选项卡的控件又细化为几个组。功能区比菜单和工具栏承载了更加丰富的内容，包括按钮、库和对话框内容。

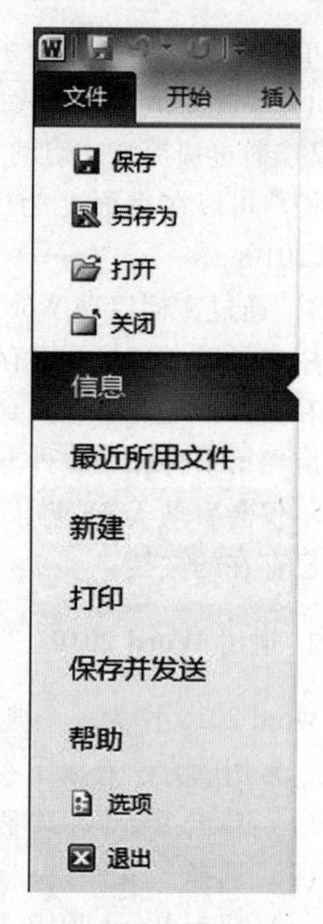

图3.2 "文件"菜单

1. "文件"菜单

"文件"菜单位于Word窗口的左上角，单击该按钮，可打开"文件"菜单，如图3.2所示。

2. 快速访问工具栏

在默认情况下，快速访问工具栏位于Word窗口的顶部，如图3.1所示，使用它可以快速访问频繁使用的工具。用户可以将命令添加到快速访问工具栏，从而对其进行自定义。

3. 滚动条

滚动条位于文档编辑区的右侧（垂直滚动条）和下方（水平滚动条），用以显示文档窗口以外的内容。

4. 文档编辑区

文档编辑区是输入文本和编辑文本的区域，位于工具栏的下方，在屏幕中占了大部分面积。其中有一个不断闪烁的竖条称为插入点，用以表示输入时文字出现的位置。

5. 状态栏

状态栏位于Word窗口底部，用以显示文档的基本信息和编辑状态，如页号、节号、行号和列号等。

6. 对话框启动器

对话框启动器是一个小图标，这个图标出现在某些组中。单击对话框启动器将打开相关的对话框或任务窗格，提供与该组相关的更多选项。例如单击"字体"组中的对话框启动器，就会弹出"字体"对话框，如图3.3所示。

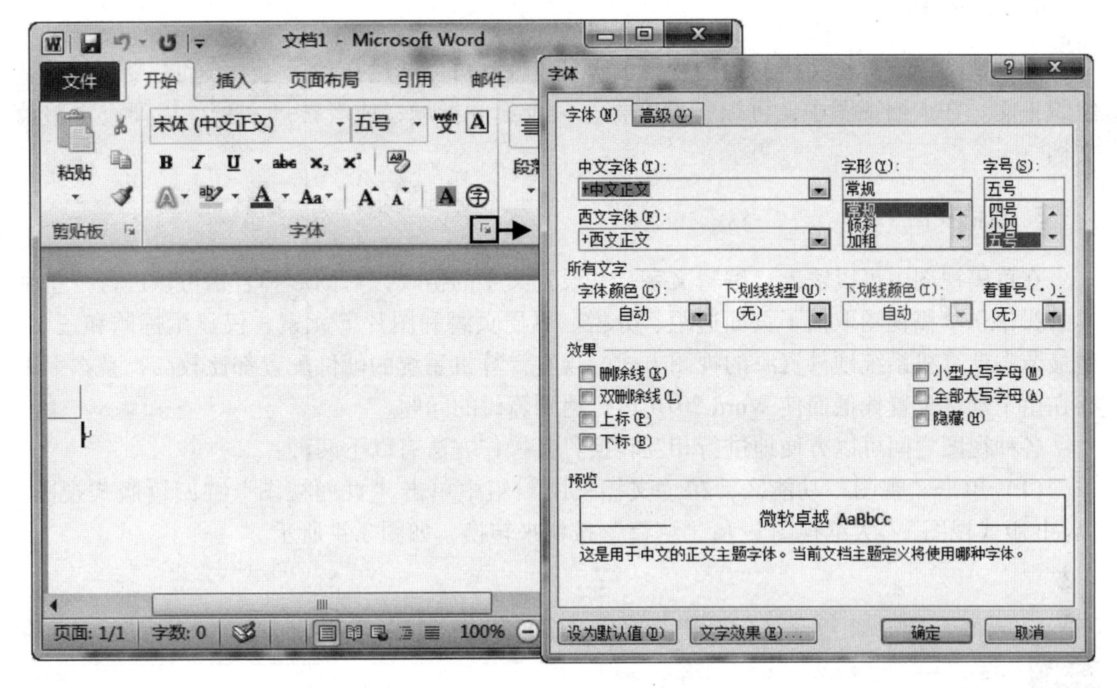

图 3.3　单击对话框启动器打开“字体”对话框

3.1.3　Word 的视图模式

Word 提供了多种显示 Word 文档的方式，每种显示方式称为一种视图。使用不同的显示方式，可以从不同的侧重面查看文档，从而高效、快捷地查看、编辑文档。Word 2010 提供的视图包括：页面视图、阅读版式视图、Web 版式视图、大纲视图和草稿视图。

1. 页面视图

页面视图是 Word 2010 的默认视图，可以显示整个页面的分布情况及文档中的所有元素，如正文、图形、表格、图文框、页眉、页脚、脚注、页码等，并能对它们进行编辑。在页面视图方式下，显示效果反映了打印后的真实效果，即“所见即所得”功能。

2. 阅读版式视图

阅读版式视图不仅隐藏了不必要的工具栏，最大可能地增大了窗口，而且还将文档分为两栏，从而有效地提高了文档的可读性。

3. Web 版式视图

Web 版式视图主要用于在使用 Word 创建 Web 页时显示 Web 效果。Web 版式视图优化了布局，使文档以网页的形式显示 Word 2010 文档，具有最佳屏幕外观，使联机阅读更容易。Web 版式视图适用于发送电子邮件和创建网页。

4. 大纲视图

大纲视图使查看长文档的结构变得很容易，并且可以通过拖动标题来移动、复制或重新组织正文。在大纲视图中，可以折叠文档，只查看主标题；或者扩展文档，以便查看整篇文档。

5. 草稿视图

在草稿视图中可以输入、编辑文字，并设置文字的格式，对图形和表格可以进行一些基本的操作。草稿视图取消了页面边距、分栏、页眉页脚和图片等元素，仅显示标题和正文，是最节省计算机系统硬件资源的视图方式。现在计算机系统的硬件配置都比较高，基本上不存在由于硬件配置偏低而使 Word 2010 运行遇到障碍的问题。

各种视图之间可以方便地进行相互转换，其操作方法有以下两种：

（1）单击“视图”功能区，在“文档视图”组中单击“页面视图”“阅读版式视图”“Web 版式视图”“大纲视图”和“草稿”按钮来转换，如图 3.4 所示。

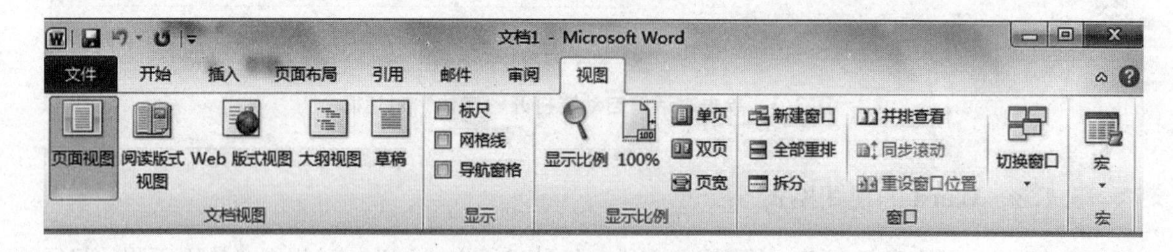

图 3.4　Word 2010 文档视图

（2）单击状态栏右侧的视图按钮进行转换，自左往右分别是页面视图、阅读版式视图、Web 版式视图、大纲视图和草稿视图，如图 3.5 所示。

图 3.5　Word 窗口状态栏中的视图模式图标

3.1.4　Word 的帮助系统

Word 2010 提供了丰富的联机帮助功能，可以随时解决用户在使用 Word 中遇到的问题。用户可以使用关键字和目录来获得与当前操作相关的帮助信息。在功能区右上侧单击“Microsoft Office Word 帮助”按钮，就可以打开“Word 帮助”窗口，如图 3.6 所示。

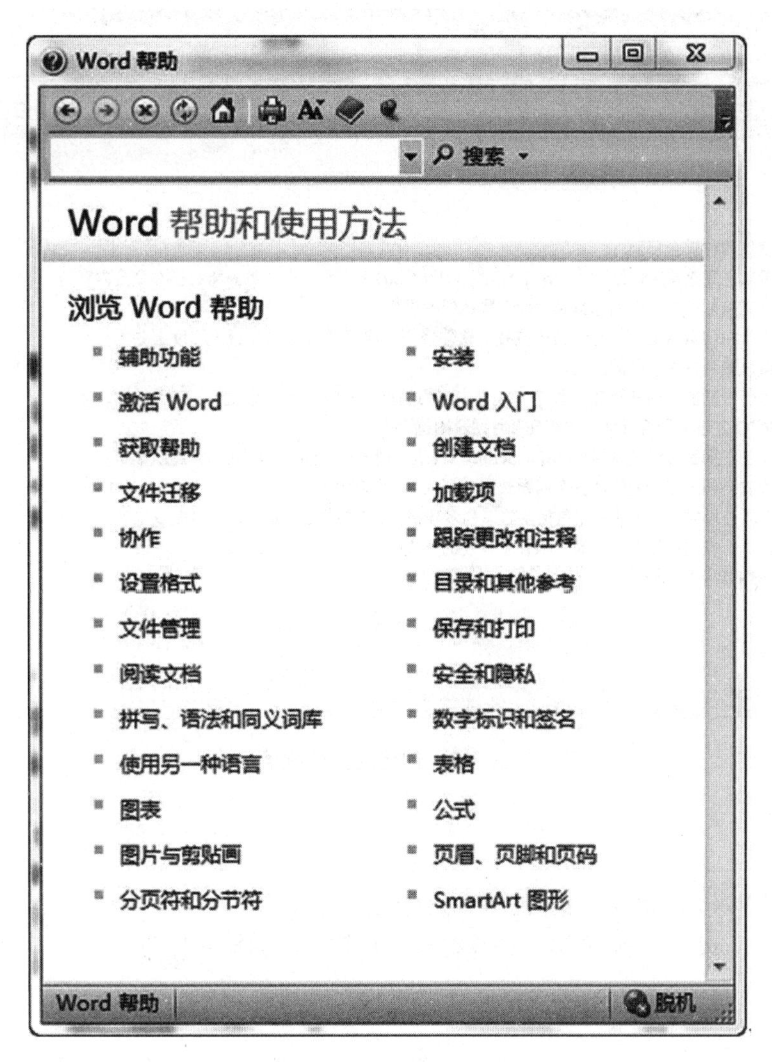

图 3.6 “Word 帮助”窗口

3.2 【案例 1】创建一个 Word 文档

案例分析

本案例主要完成的工作是用空白文档创建一个“视窗软件安全问题”文档，具体要求如下：启动 Word，新建一个文档，文档内容如图 3.7 所示。输入内容后以“视窗软件安全问题.docx”文档进行保存。通过该案例读者应了解如何创建文档，汉字及特殊符号的输入技巧、插入日期的方法从而完成输入整个文档，最后保存文档的操作过程。

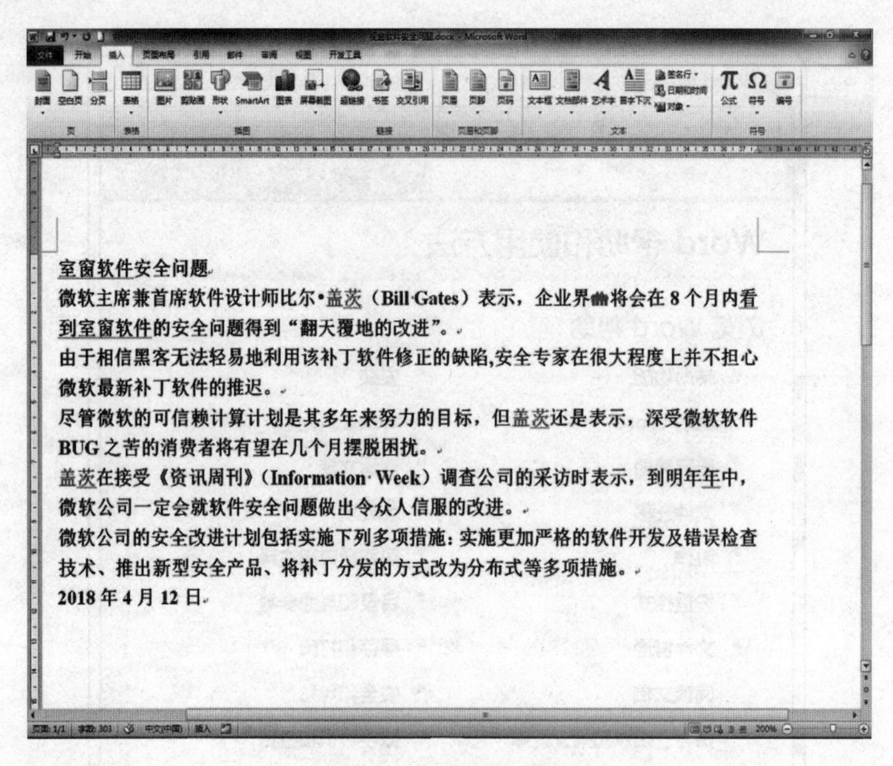

室窗软件安全问题

微软主席兼首席软件设计师比尔·盖茨（Bill Gates）表示，企业界将会在8个月内看到室窗软件的安全问题得到“翻天覆地的改进”。

由于相信黑客无法轻易地利用该补丁软件修正的缺陷,安全专家在很大程度上并不担心微软最新补丁软件的推迟。

尽管微软的可信赖计算计划是其多年来努力的目标，但盖茨还是表示，深受微软软件BUG之苦的消费者将有望在几个月摆脱困扰。

盖茨在接受《资讯周刊》（Information Week）调查公司的采访时表示，到明年年中，微软公司一定会就软件安全问题做出令众人信服的改进。

微软公司的安全改进计划包括实施下列多项措施：实施更加严格的软件开发及错误检查技术、推出新型安全产品、将补丁分发的方式改为分布式等多项措施。

2018年4月12日

图3.7　创建的文档效果

案例目标

（1）掌握Word 2010文档的建立与保存方法。

（2）掌握Word 2010中文本、特殊符号、日期时间的输入技巧。

实施过程

1. 文件的创建

启动Word 2010时系统自动创建名为“文档1”的空白新文档，也可根据需要，通过下面几种方法创建新文档：

（1）使用“文件”菜单创建新文档。选择“文件”→“新建”命令，如图3.8所示。在“可用模板”栏下单击“空白文档”选项，然后单击窗口右下侧的创建图标，此时Word将新建一个空文档。

提示： 利用组合键“Ctrl + N”可快速创建空白文档。

（2）使用快速访问工具栏中的“新建文档”按钮，创建一个新文档。

（3）双击桌面的快捷方式建立一个新的Word文档。

（4）在桌面空白处单击鼠标右键，从弹出的快捷菜单中选择“新建”→“Microsoft Word文档”命令，如图3.9所示。

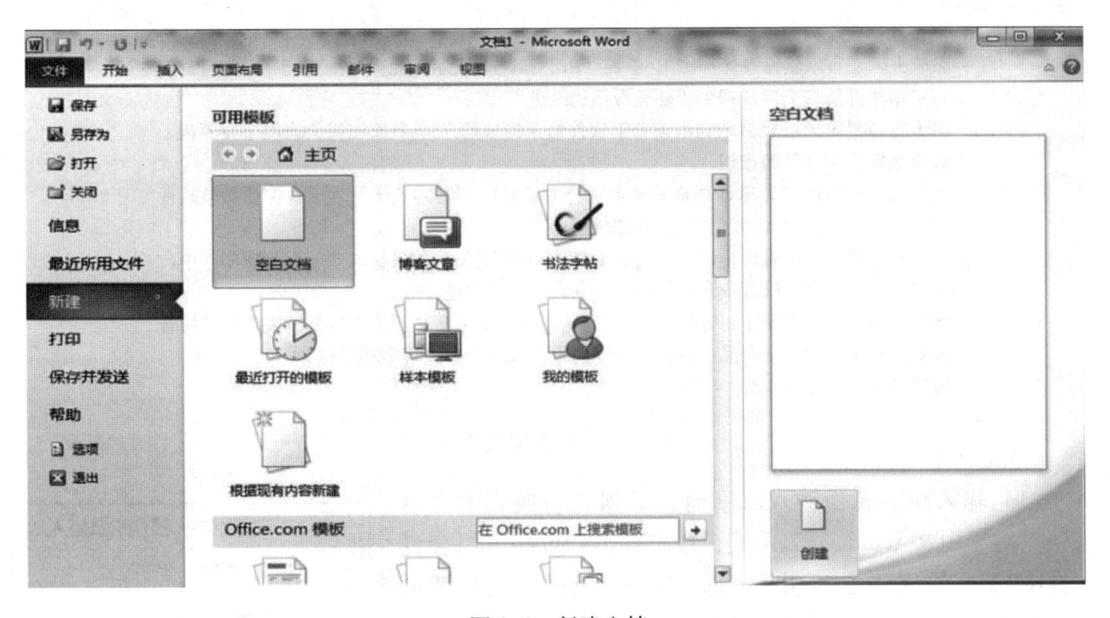

图 3.8　创建文档

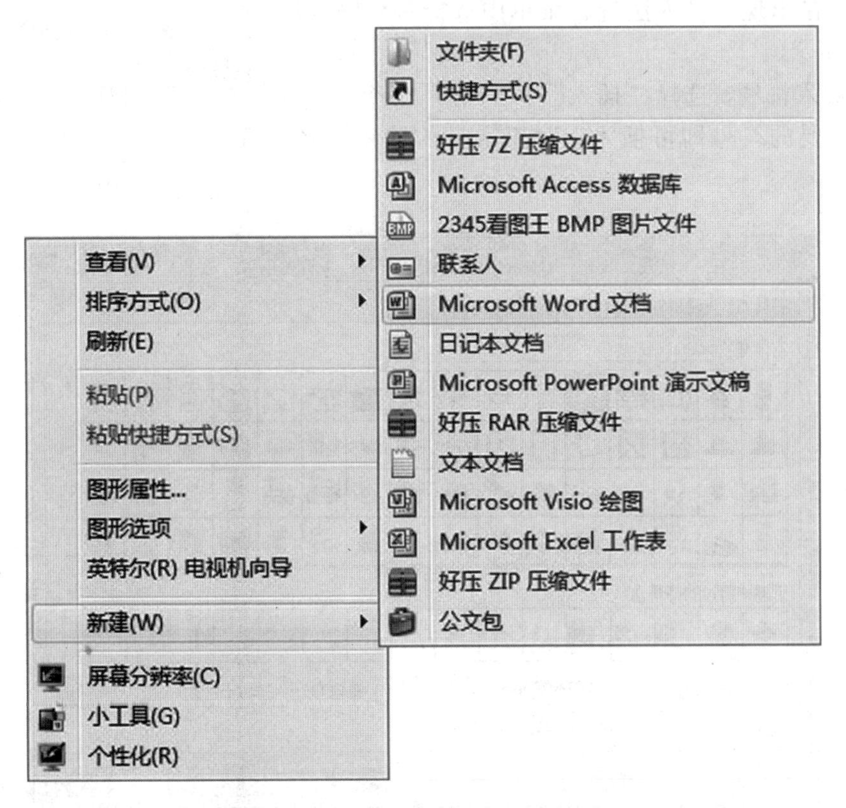

图 3.9　利用快捷菜单创建新文档

2. 输入文本

输入文字，完成“视窗软件安全问题”文档内容的输入，内容如图 3.10 所示。

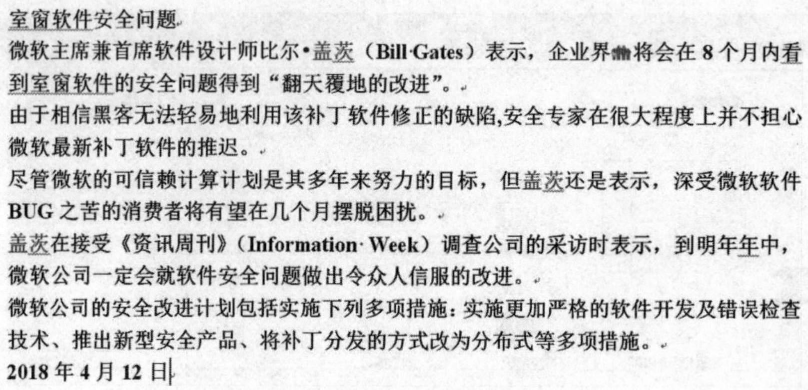

室窗软件安全问题。
微软主席兼首席软件设计师比尔·盖茨（Bill·Gates）表示，企业界将会在8个月内看到室窗软件的安全问题得到"翻天覆地的改进"。
由于相信黑客无法轻易地利用该补丁软件修正的缺陷,安全专家在很大程度上并不担心微软最新补丁软件的推迟。
尽管微软的可信赖计算计划是其多年来努力的目标，但盖茨还是表示，深受微软软件BUG之苦的消费者将有望在几个月摆脱困扰。
盖茨在接受《资讯周刊》(Information·Week）调查公司的采访时表示，到明年年中，微软公司一定会就软件安全问题做出令众人信服的改进。
微软公司的安全改进计划包括实施下列多项措施：实施更加严格的软件开发及错误检查技术、推出新型安全产品、将补丁分发的方式改为分布式等多项措施。
2018年4月12日

图3.10　输入文档内容

（1）输入汉字。当输入汉字时，必须先切换到中文输入法。对于中文Windows 7系统，按"Ctrl + Space"组合键可在中/英文输入法之间切换。按"Ctrl + Shift"组合键可以在各种输入法之间切换；也可以单击"任务栏"右下角的图标，在出现的输入法选择菜单中选择一种输入法，如图3.11所示。

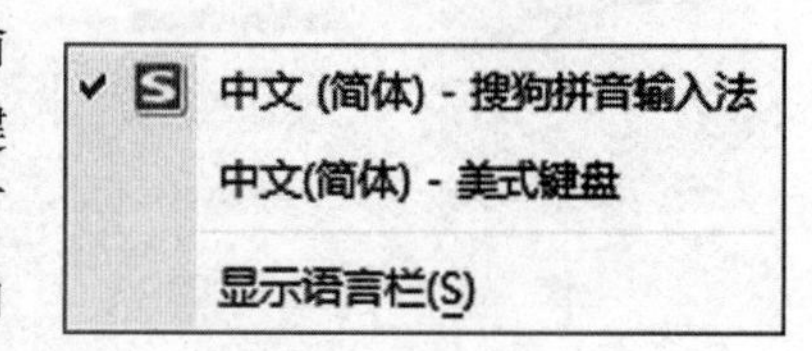

图3.11　选择输入法

（2）输入符号。选择"插入"→"符号"命令，弹出"符号"对话框，如图3.12所示，双击需要的符号即可插入。对于字母的输入，将输入法切换到英文方式即可进行输入。

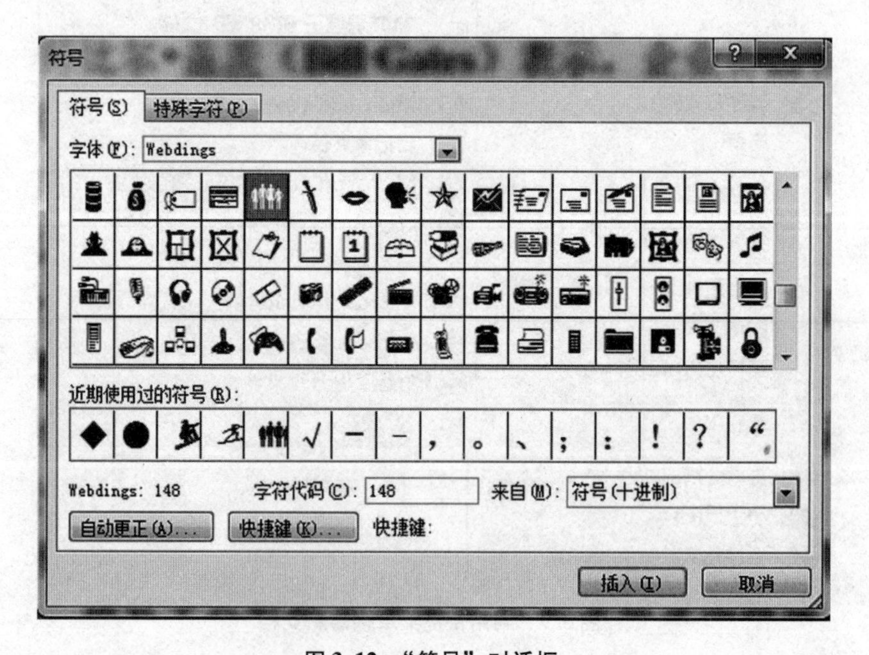

图3.12　"符号"对话框

（3）插入日期和时间。选择"插入"→"文本"→"日期和时间"命令，弹出"日期和时间"对话框，如图3.13所示。在"语言（国家/地区）"列表框中选择"英国（美国）"或

“中文（中国）”，在“可用格式”列表框中选择所需的格式。勾选“自动更新”复选框，插入的日期和时间会自动更新。

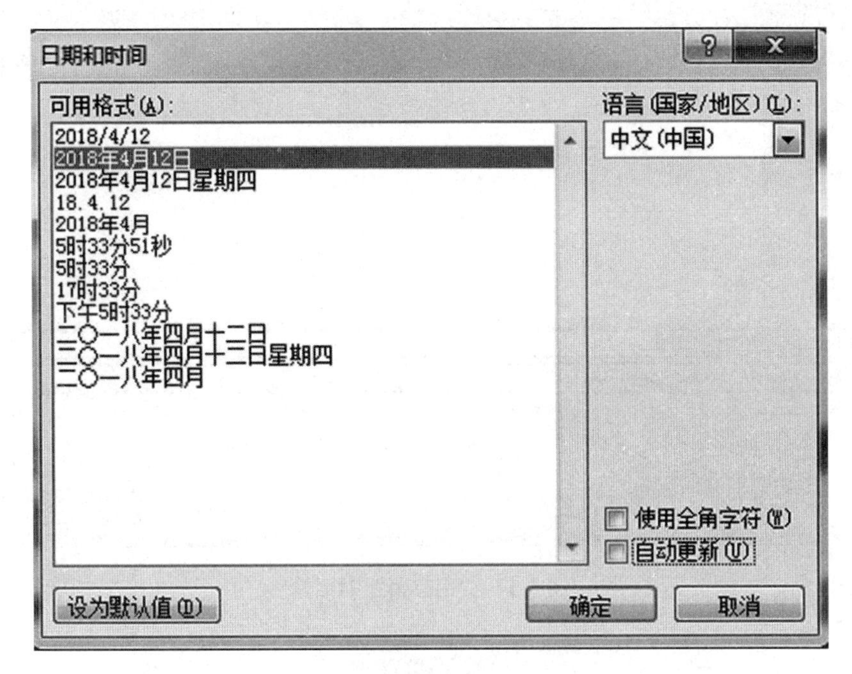

图 3.13　“日期和时间”对话框

文本的输入总是从插入点处开始，即插入点显示了输入文本的插入位置。输入文字到达右边界时不要使用 Enter 键，Word 会根据纸张的大小和设定的左右缩进量自动换行。当一个自然段文本输入完毕时，按 Enter 键，在插入点光标处插入一个段落标记（↵）以结束本段落，插入点移到下一行新段落的开始，等待继续输入下一自然段的内容。

一般情况下，不适用插入空格符来对齐文本产生缩进，可以通过格式设置操作达到指定的效果。输入错误时，按 Back Space 键删除插入点左边的字符，按 Delete 键删除插入点右边的字符。

3. 保存文档

Word 为新建文档所起的临时文件名是“文档 1”（“文档 2”“文档 3”…），保存时需要指定在磁盘上的保存位置、类型和文件名，具体步骤如下：

（1）按“Ctrl + S”组合键、单击快速访问工具栏中的“保存”按钮或选择“文件”→“保存”命令保存新建文档时，会弹出图 3.14 所示的“另存为”对话框，在对话框的地址栏、“保存类型”下拉列表中选择文档保存的位置、类型，在“文件名”文本框中输入新建文档的文件名，单击“保存”按钮。

（2）选择“文件”→“关闭”命令，关闭新建文档，系统会提示用户是否保存该文件（图 3.15）。若单击“保存”按钮，会弹出图 3.14 所示对话框对文档进行保存。

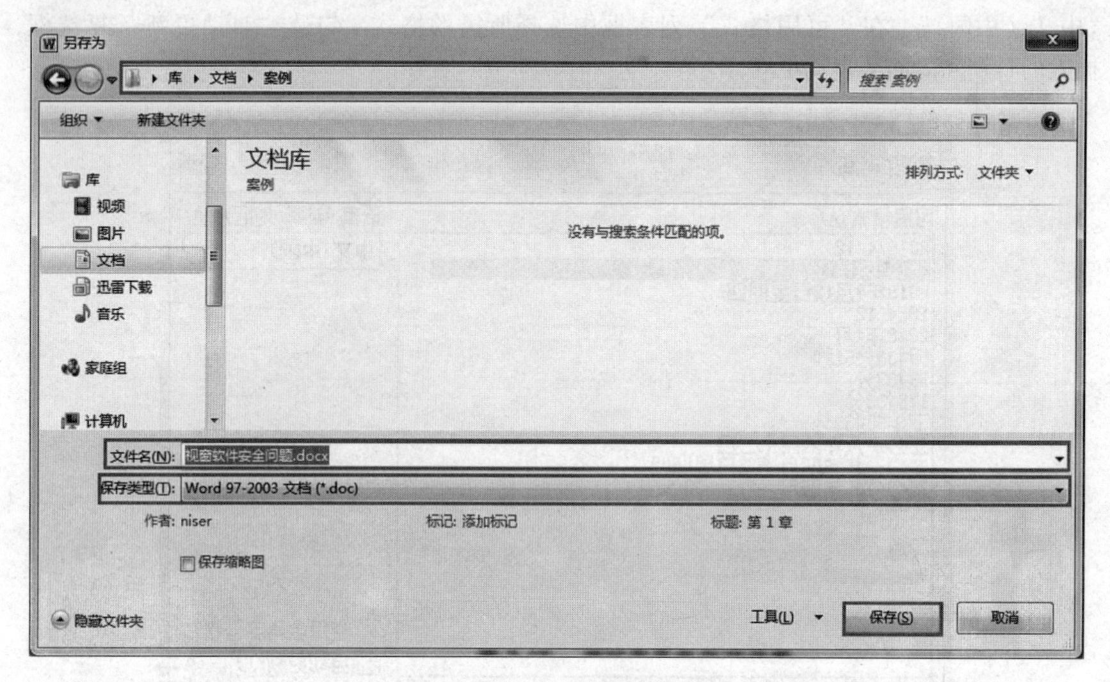

图 3.14 “另存为”对话框

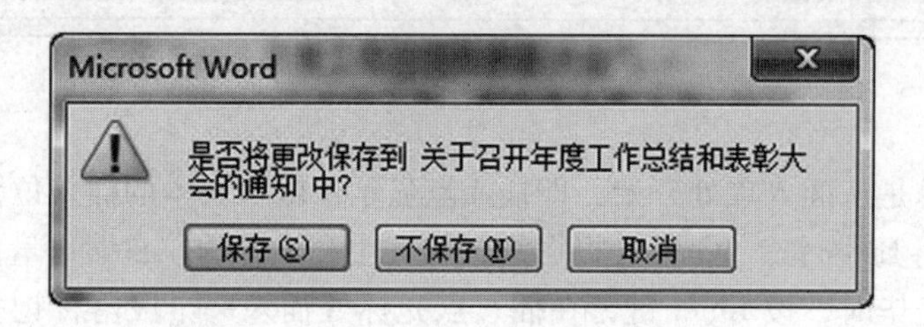

图 3.15 询问是否保存对话框

知识链接

1. 旧文档的打开保存

如果打开磁盘上已有的旧文档进行编辑后，选择“文件”→“保存”命令，或单击快速访问工具栏中的“保存”按钮，或按“Ctrl + S”组合键，文档将以原名保存在原位置。

若需要对磁盘上已有的旧文档以不同的文件名或文件类型保存，或需要将编辑后的文档存放到新的位置，在打开旧文档进行编辑后，可选择“文件”→“另存为”命令，在“另存为”对话框中，可以对文档指定新的文件名、新的保存位置、新的保存类型等。

2. 自动保存文档设置

为了防止意外情况发生时丢失对文档所作的编辑，Word 提供定时自动保存文档的功能。设置“自动保存”功能的方法如下：

单击快速访问工具栏中的“其他命令”命令，在弹出的“Word 选项”对话框中选择“保存”选项卡，选择“保存自动恢复信息时间间隔”复选框，并修改其右侧的数字，即可调整自动保存的间隔时间，如图 3.16 所示，单击“确定”按钮完成操作。

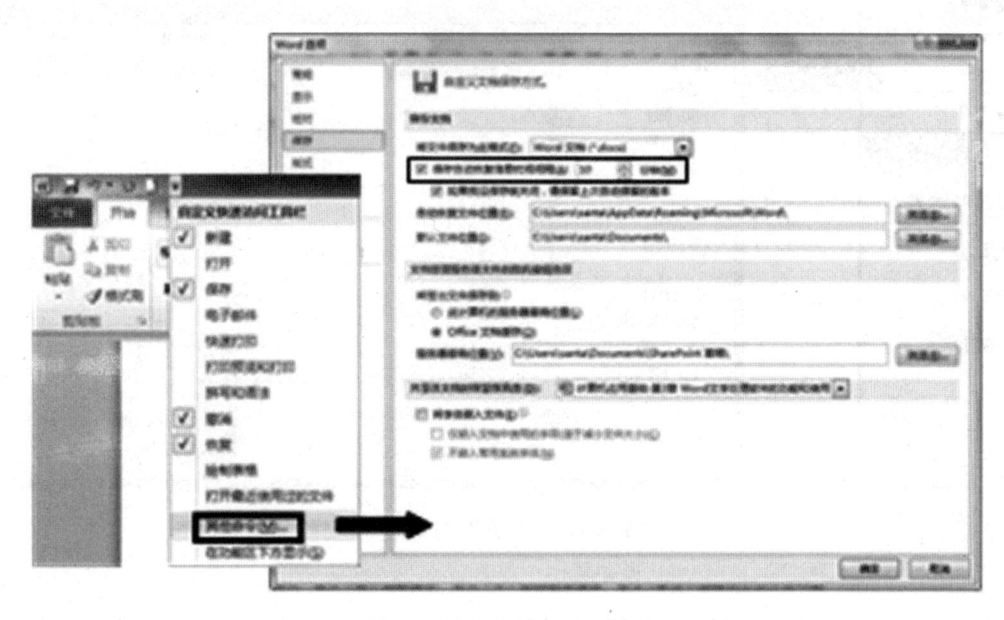

图 3.16　设置自动保存时间

Word 把自动保存的内容存放在一个临时文件中，如果在用户对文档进行保存前出现了意外情况（如断电），再次进入 Word 时，最后一次保存的内容被恢复在窗口中。这时，用户应该立即进行存盘操作。

3. 打开已保存的 Word 文档

有时一份文档需要多次修改才能最终定稿，这就需要反复打开已保存的文件进行调整，如打开刚才保存的“视窗软件安全问题”文档。

选择“文件”→“打开”命令，或直接按“Ctrl + O”组合键，或单击快速访问工具栏中的“打开”按钮，弹出“打开”对话框，如图 3.17 所示。在“地址栏”下拉列表中选择要打开文档所在的位置，在“文件类型”下拉列表中选择“所有 Word 文档”；或直接在“文件名”文本框中输入需要打开文档的正确路径及文件名，单击“打开”按钮。

4. 快速打开最近使用过的文档

选择“文件”→“最近所用文档”命令，即可打开近期所打开的所有文档，如图 3.18 所示。如果想更改最近使用过的文件的数目可以进行如下操作：单击快速访问工具栏中的“其他命令”命令，在弹出的“Word 选项”对话框中选择“高级”选项卡，修改“显示此数目的‘最近使用文档’”右侧的数字，即可修改“文件”列表中列出的最近使用过的文件数量，如图 3.19 所示。

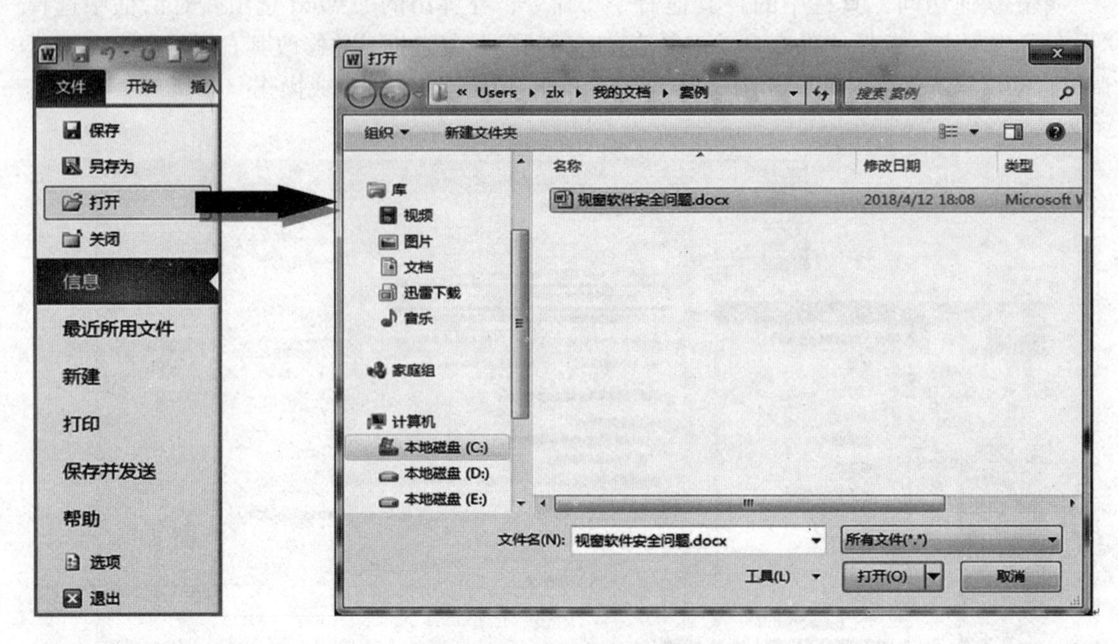

图 3.17 “打开”对话框

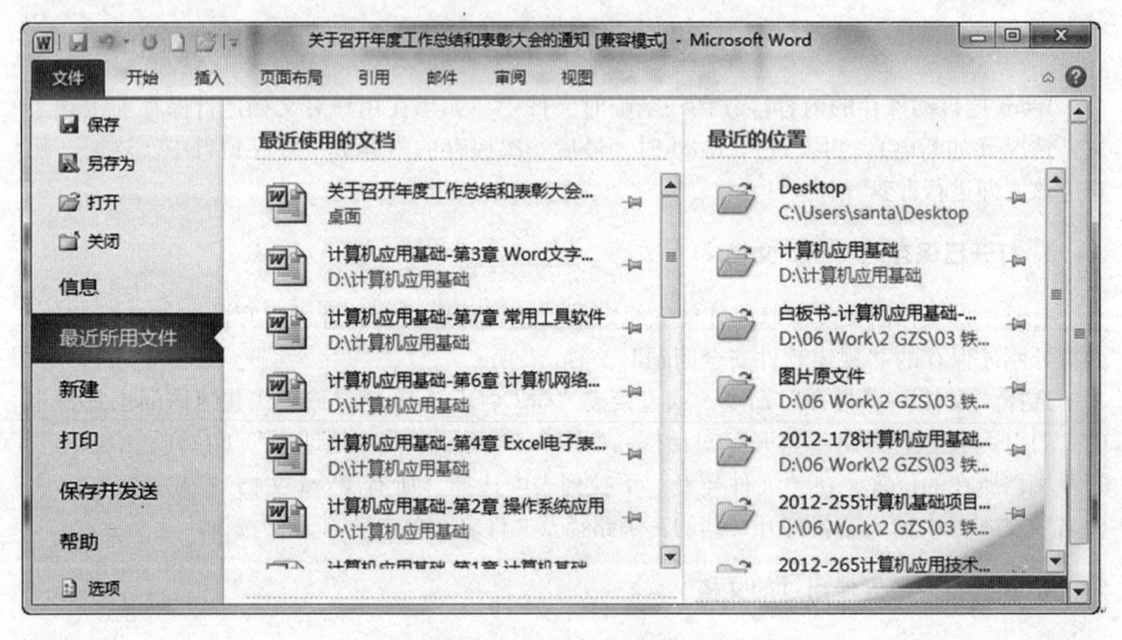

图 3.18 最近所用文档列表

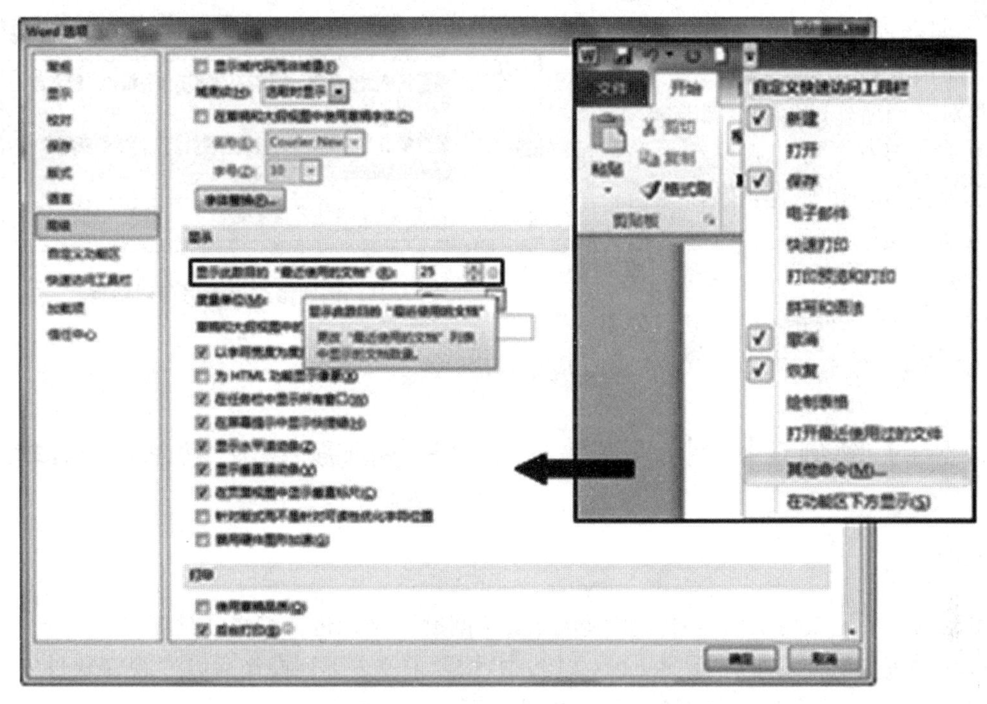

图 3.19　修改最近使用文档保存数量

5. 关闭文档

关闭文档是关闭当前文档的窗口，而并非退出 Word 软件，关闭文档有下面几种方法：

（1）选择“文件”→“关闭”命令（图 3.20），或单击菜单栏右端的“关闭窗口”按钮

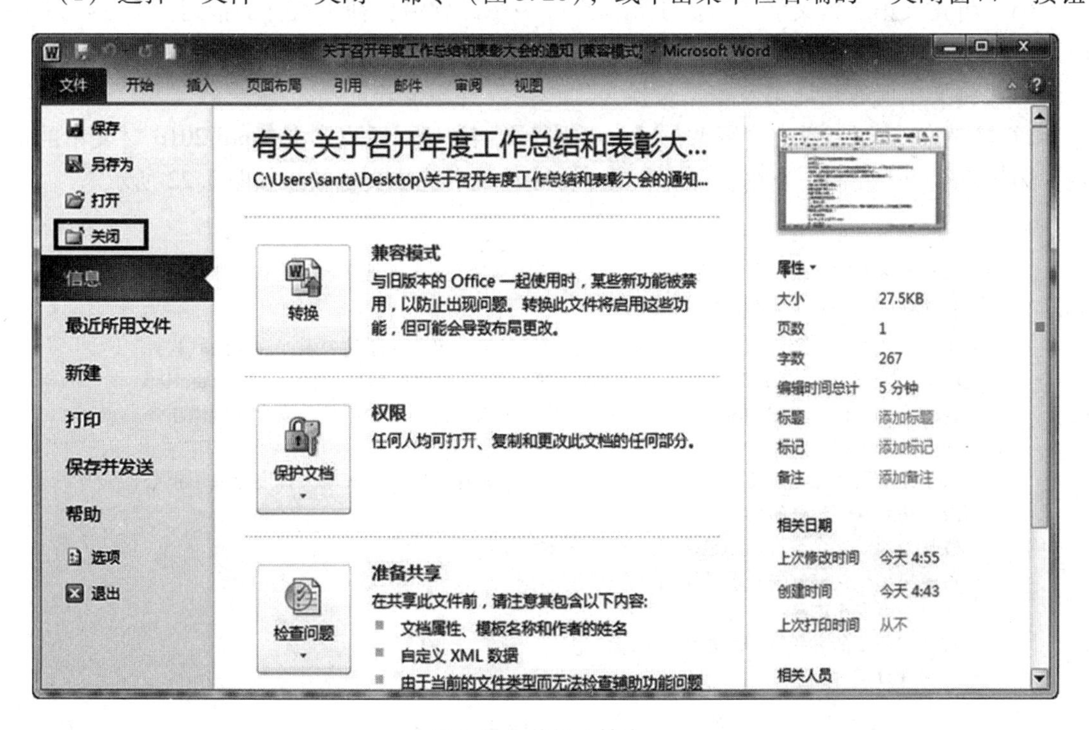

图 3.20　关闭文档窗口

。如果当前文档在编辑后没有保存，关闭前将弹出询问对话框，询问是否保存对文档所作的修改，如图 3.21 所示。单击“保存”按钮则保存文档；单击“不保存”按钮则放弃保存文档；单击“取消”按钮则不关闭当前文档，继续编辑。

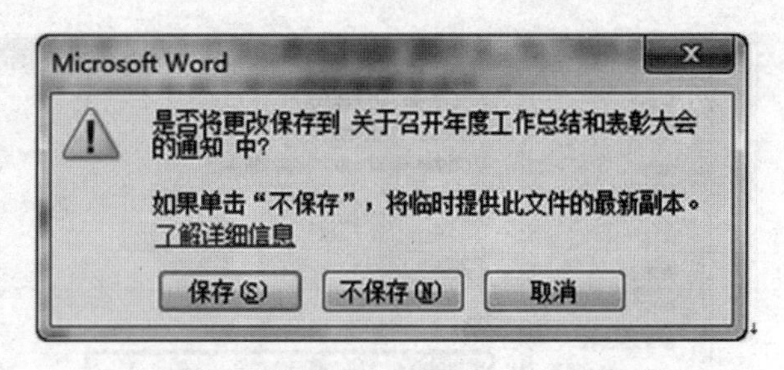

图 3.21　询问修改是否保存对话框

（2）选择“文件”→“退出”命令或按“Alt + F4”组合键则退出 Word 2010 应用程序。

3.3 【案例 2】对“视窗软件安全问题”文档进行编辑

案例分析

本案例主要完成的工作是对“视窗软件安全问题”文档进行编辑，具体要求如下：

打开“视窗软件安全问题 . docx”文档，并按要求完成下列操作后以“视窗软件安全问题 - 编辑 . docx”为文件名保存在自己的文件夹下。

（1）将正文第三段（“尽管微软的可信赖计算计划……在几个月摆脱困扰。”）与第四段（“盖茨在接受《资讯周刊》……众人信服的改进。”）合并为一段。

（2）将最后一段编辑成 4 段，即第 1 段为“微软公司的安全改进计划包括实施下列多项措施：”，其他 3 段分别为每项措施的内容。

（3）将正文第二段文字（“由于相信黑客……微软最新补丁软件的推迟。”）移至第四段文字（“微软公司的安全改进计划……分布式等多项措施。”）之前。

（4）将文中所有错词“室窗”替换为“视窗”并添加着重号。

通过该任务让读者学会使用 Word 2010 进行文档编辑，重点掌握 Word 2010 对文本的选定、删除、移动、复制、查找、替换等操作方法，最后完成文档效果如图 3.22 所示。

视窗软件安全问题

微软主席兼首席软件设计师比尔·盖茨（Bill Gates）表示，企业界将会在 8 个月内看到视窗软件的安全问题得到“翻天覆地的改进”。

尽管微软的可信赖计算计划是其多年来努力的目标，但盖茨还是表示，深受微软软件 BUG 之苦的消费者将有望在几个月摆脱困扰。盖茨在接受《资讯周刊》（Information Week）调查公司的采访时表示，到明年年中，微软公司一定会就软件安全问题做出令众人信服的改进。

由于相信黑客无法轻易地利用该补丁软件修正的缺陷,安全专家在很大程度上并不担心微软最新补丁软件的推迟。

微软公司的安全改进计划包括实施下列多项措施：

实施更加严格的软件开发及错误检查技术

推出新型安全产品

将补丁分发的方式改为分布式等多项措施。

2018 年 4 月 12 日

图 3.22　编辑后的文档内容

案例目标

（1）掌握 Word 2010 中选定文本、增加与删除文本等基本操作方法。

（2）掌握 Word 2010 合并段落、段落分段的方法。

（3）掌握 Word 2010 移动、复制、查找、替换文本的方法。

实施过程

（1）打开“视窗软件安全问题.doc”文档。

（2）合并段落。将正文第三段（“尽管微软的可信赖计算计划……在几个月摆脱困扰。”）末尾的段落标记“↵”按 Delete 键进行删除，实现第三段与第四段的合并。

（3）拆分段落。将插入点分别定位在“微软公司的安全改进计划包括实施下列多项措施：”“实施更加严格的软件开发及错误检查技术”“推出新型安全产品”这三段文字末尾，按 Enter 键实现文字处的段落拆分。

（4）移动文本。选中正文第二段文字（“由于相信黑客……微软最新补丁软件的推迟。”，主要包含段末的段落标记），单击“开始”→“剪贴板”分组中的“剪切”命令，或按快捷键“Ctrl + X”，将光标定位在第四段文字（“微软公司的安全改进计划……分布式等多项措施。”）的开头，单击“剪贴板”分组中“粘贴”按钮，或按快捷键“Ctrl + V”。

（5）查找替换文本。打开“开始”选项卡，在“编辑”分组上单击“替换”按钮，打开“查找和替换”对话框的“替换”选项卡；在“查找内容”框中输入“室窗”，在“替换为”框中输入“视窗”，单击左下方的“更多”按钮，继续在左下方单击“格式”按钮，如图 3. 23 所示。随后在弹出的菜单中选择“字体”命令，弹出“替换字体”对话框，在“替换字体”对话框中选定“着重号”为“●”，如图 3. 24 所示。单击“确定”按钮关闭“替换字体”对话框，返回“查找和替换”对话框，如图 3. 25 所示，然后单击“全部替换”按钮，弹出图 3. 26 所示的提示对话框，在该对话框中单击“确定”按钮即可完成替换工

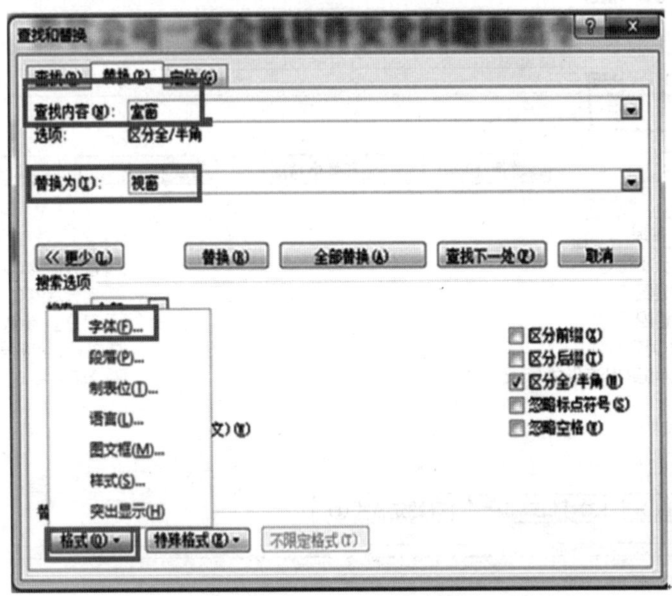

图 3. 23 “查找和替换”对话框

作，单击“确定”按钮关闭对话框。

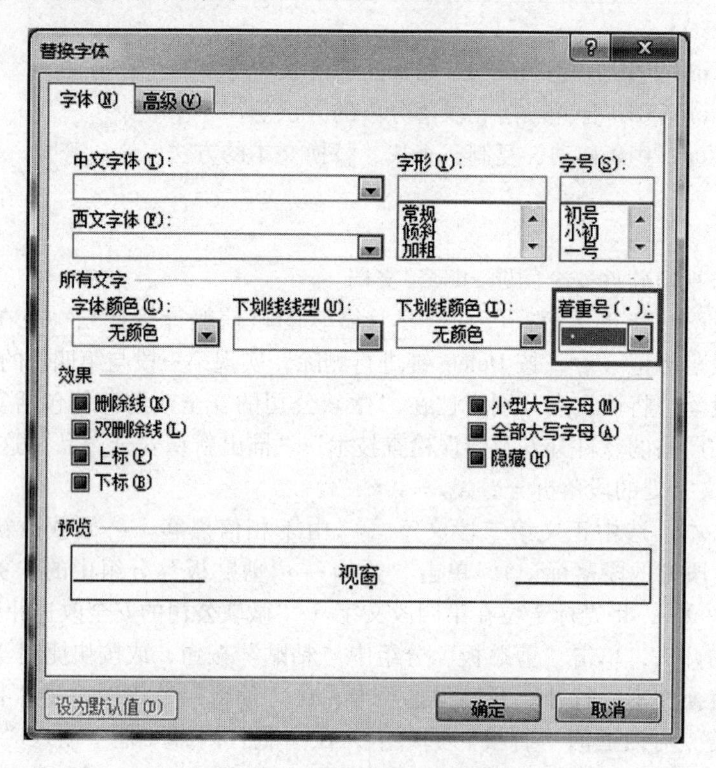

图 3.24 “替换字体”对话框

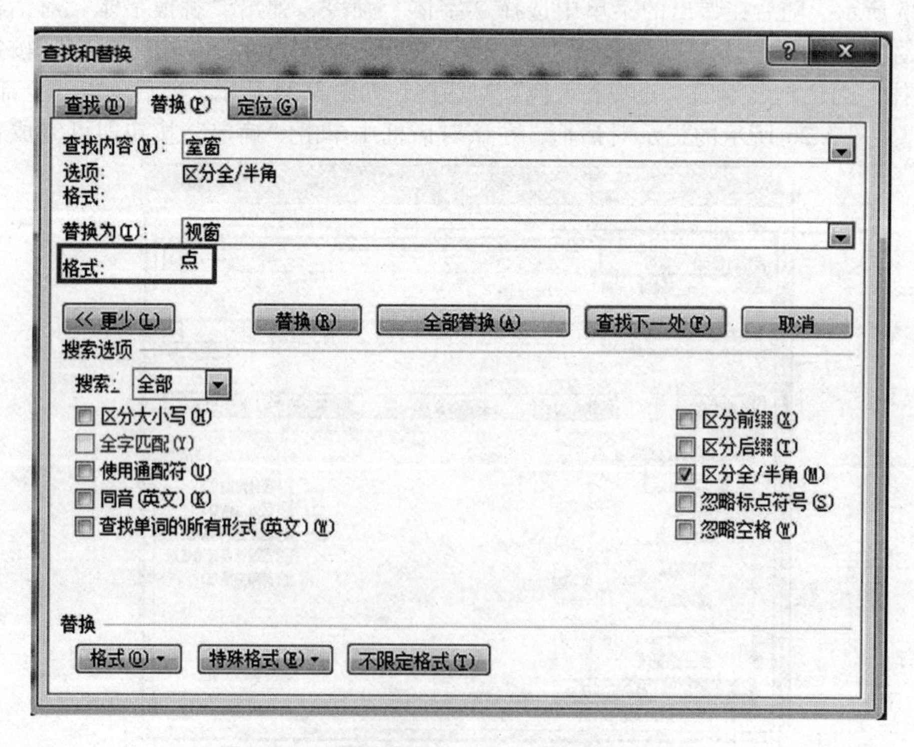

图 3.25 设置着重号的“查找和替换”对话框

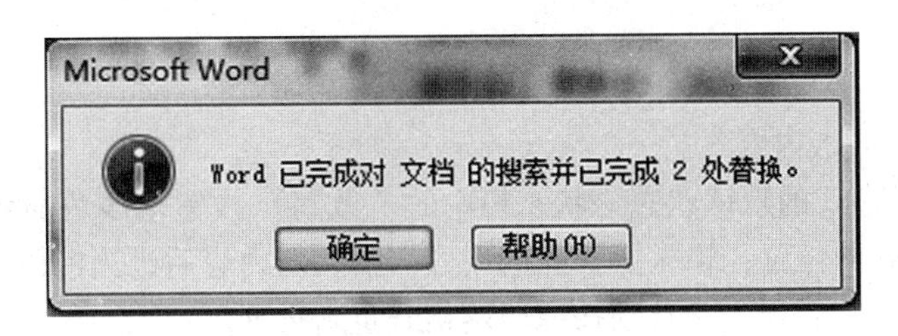

图 3.26　替换确认对话框

知识链接

在对文档进行编辑之前，先了解一下文档编辑的一些基本操作，主要操作有定位、选定文本、插入、删除、复制、移动、查找与替换、撤销与恢复。

1. 硬回车与软回车

硬回车是每一个自然段结束后，必须按 Enter 键，文本中会生成一个符号“↵”，表示此处是一个自然段的结尾处。而软回车则是根据行宽自动生成与删除，在屏幕中也无特殊显示。硬回车不能自动删除，需由用户手工删除。常见自然段的合并与拆分操作，都需要按 Enter 键来完成。

2. 选定文本

1）使用鼠标选定文本

（1）选定任意长度的文本：首先把光标移到要选定的文本内容的起始处，然后按住鼠标左键进行拖动，直到选定文本内容的结束处放开鼠标左键，此时被选定的文本内容反白显示。

（2）选定某一范围的文本：把插入点放到要选定的文本之前，然后按住 Shift 键不放，把鼠标移到要选定的文本末尾，再单击，此时将选定插入点到鼠标光标之间的所有文本。

（3）选定一个词：把光标移到要选定的文本内容中的任意一个位置，然后双击，即可选定光标所在的一个英文单词或一个词。

（4）选定一行：单击此行左端的选定栏，即可选定该行。

（5）选定一个段落：双击该段落左端的选定栏，或在该段落上的任意位置处三击，即可选定一个段落。

（6）选定整个文档：三击任一行左端的选定栏，或在按住 Ctrl 键的同时单击选定栏。

（7）选定不连续区域的文本：先选定第一个文本区域，按住 Ctrl 键，再选定其他文本区域。

（8）选定矩形块文本：把鼠标光标放到要选定文本的一角，然后按住 Alt 键和鼠标左键，拖动鼠标到文本块的对角，即可选定矩形块文本。

2）使用键盘选定文本

按“Shift + End”组合键可以选定插入光标右边的一行文本；按“Shift + Home”组合键可以选定插入光标左边的本行文本。如果想要选定整个文档，可以使用“Ctrl + A”组合键。

3. 插入

1）用键盘输入插入内容

在插入状态（Word 的默认状态，状态栏中的“改写”按钮呈浅色显示）下，将插入点移到需要插入新内容的位置，输入要插入的内容。插入新内容后，当前段落中插入点位置及其后的所有文字均自动后移，并自动按原段落格式重新排列。

“插入”和“改写”状态的转换可以通过按 Insert 键或双击状态栏中的“改写”按钮来完成。在改写状态下，输入的字符将取代插入点所在的字符，插入点后移。

2）插入空行

如果要在两个段落之间插入空行，可按以下两种方式操作：

方法 1：把插入点移到段落的结束处，按 Enter 键，将在当前段落的下方产生一空行。

方法 2：把插入点移到段落的开始处，按 Enter 键，将在当前段落的上方产生一空行。

3）插入磁盘中的文件

在编辑文本时，有时需要把另一个文档插入到当前文档的某个位置，操作方法如下：

将光标放到要插入文档的位置，选择“插入”→“文本”→“对象”→“文件中的文字”命令，弹出“插入文件”对话框，如图 3.27 所示。在地址栏中寻找要插入文件的路径，选定要插入的文件名，单击“确定”按钮，即可把该文档插入当前所指的位置。

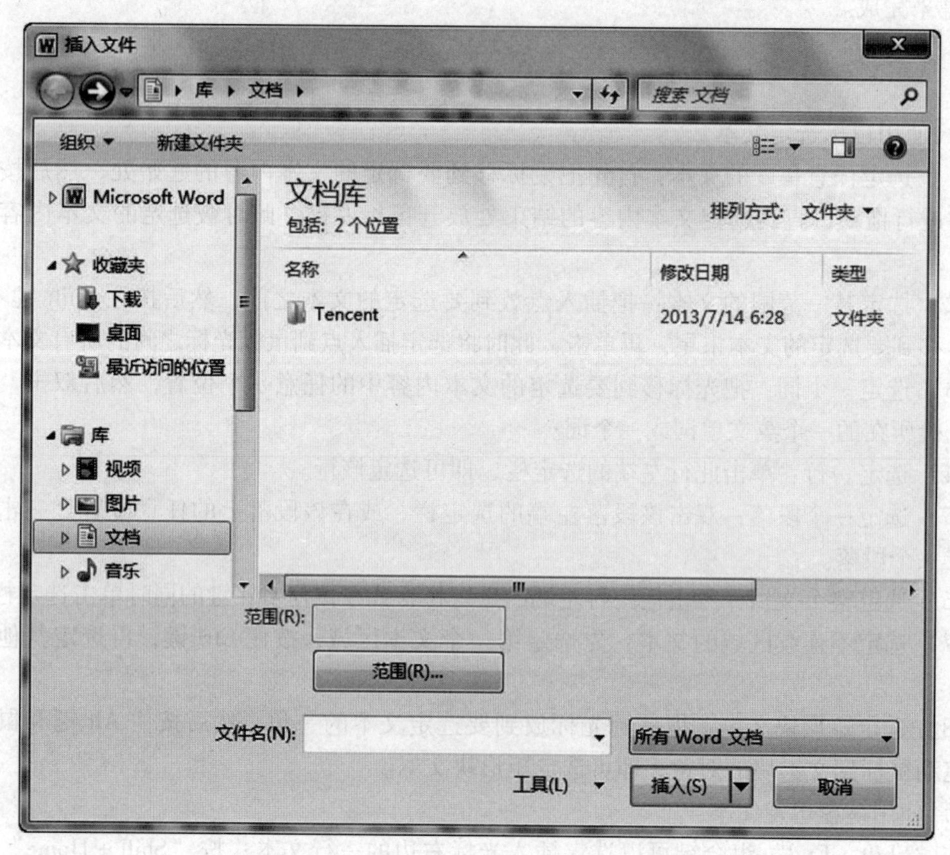

图 3.27 “插入文件”对话框

4. 删除

下面列举两种删除文本的方法：

方法 1：选定要删除的文本，按 Delete 键，把选定的文本一次性全部删除。Delete 操作是选择“编辑”→“清除”→“内容”命令的快捷操作方法。

方法 2：选定要删除的文本后，选择“开始”→“剪切”命令（或单击快速访问工具栏的“剪切”按钮，或使用“Ctrl + X”组合键）。

5. 复制

在 Word 中复制文本的基本做法是先将已选定的文本复制到 Office 剪贴板上，再将其粘贴到文档的另一位置。复制操作的常用方法如下。

1）利用剪贴板复制

选定要复制的文本，单击快速访问工具栏中的“复制”按钮，或按“Ctrl + C”组合键，或选择“开始”→“复制”命令，此时系统将选定的文本复制到剪贴板上。把插入点移到文本复制的目的地，单击快速访问工具栏中的“粘贴”按钮，或按“Ctrl + V”组合键，或选择“开始”→“粘贴”命令，将剪贴板中的剪贴内容可以任意多次地粘贴到文档中。

Office 剪贴板可以保存多达 24 次剪贴内容，并能在 Office 2010 各应用程序中共享剪贴内容。选择“开始”→“剪贴板”命令，即可打开“剪贴板”任务窗格，如图 3. 28 所示。

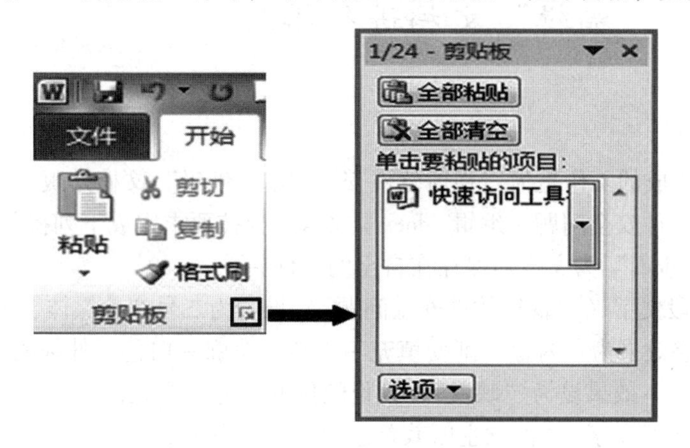

图 3. 28 “剪贴板”任务窗格

2）利用鼠标拖放复制文本

选定要复制的文本，把鼠标指针移到选定的文本处，然后在按住 Ctrl 键的同时，将文本拖动到目的地（此时光标为），放开鼠标左键，即完成复制操作。

6. 移动

移动文本的操作步骤与复制文本基本相同。其常用操作方法有以下两种：

1）利用剪贴板移动文本

选定要移动的文本，单击快速访问工具栏中的“剪切”按钮，或按“Ctrl + X”组合键，或选择“开始”菜单→“剪切”命令，此时所选定的文本即从文档中消除，并存放在剪贴板上。把插入点移至文本移动的目的地，单击快速访问工具栏中的“粘贴”按钮，或按“Ctrl + V”组合键，或选择“开始”菜单→“粘贴”命令，完成移动操作。

2）利用鼠标拖放移动文本

选定要移动的文本，把鼠标指针移到选定的文本处，然后按住鼠标左键，将文本拖到目的地（此时光标为），释放鼠标则完成移动操作。

7. 撤销与恢复

在编辑文档的过程中，可能会发生一些误操作，如输入出错或误删了不该删除的内容等。这时，可以使用 Word 提供的撤销与恢复功能修改文档。其中，“撤销”是取消上一步的操作结果，“恢复”与撤销相反，是将撤销的操作恢复。

1）“撤销”操作

选择“开始”→“撤销”命令，或单击快速访问工具栏中的“撤销”按钮，或按“Ctrl + Z”组合键，完成撤销操作。

2）“恢复”操作

选择“开始”→“恢复”命令，或单击快速访问工具栏中的“恢复”按钮，或按“Ctrl + Y”组合键，进行撤销操作之后，恢复操作才可用。

3.4 【案例 3】对“视窗软件安全问题 - 编辑”文档进行排版

案例分析

本案例主要完成的工作是为“视窗软件安全问题 - 编辑”文档排版，具体要求如下：

打开“视窗软件安全问题 - 编辑 . docx”文档，并按要求完成下列操作后以“视窗软件安全问题 - 格式 . docx”为文件名保存在自己的文件夹下。

（1）将标题段文字（“视窗软件安全问题”）设置为二号红色黑体、加下划线、字符间距加宽 4 磅，文字效果为：内置“渐变填充 - 黑色，轮廓 - 白色，外部阴影”，将标题段文字“安全”两字文本效果设为“映像”，预设映像变体为“全映像，4pt 偏移量”。

（2）将正文各段文字（“微软主席兼首席软件设计师比尔 · 盖茨……2012 - 4 - 16”）设置为小四号，中文字体为仿宋，西文字体为 Arial。

（3）将标题设为居中对齐；正文各段设置（“微软主席兼首席软件设计师比尔 · 盖茨……将补丁分发的方式改为分布式等多项措施。”）为两端对齐；将日期设置为右对齐。

（4）将正文第一段行距设置为 28 磅，其余各段落行距为 1. 5 倍。

（5）将标题段后间距设置为 1 行，将正文各段落（“微软主席兼首席软件设计师比尔 · 盖茨……2018 - 4 - 12”）段前间距设置为 0. 5 行。

（6）将正文第一段设置左右缩进 5 字符，悬挂缩进 2 字符，设置其他段落为首行缩进 2 字符。

（7）设置正文第四段（“由于相信黑客……并不担心微软最新补丁软件的推迟。”）为“段前分页”。

（8）设置正文的第一段为首字下沉 2 行，距正文 0.1 厘米。

（9）为 3 项措施的段落（“实施更加严格的软件开发及错误检查技术……将补丁分发的方式改为分布式等多项措施。”）添加项目符号“◆”。

（10）将标题段文字添加图案为“浅色棚架/自动”的蓝色（标准色）底纹，并添加浅蓝色 1.5 磅双实线的方框。

（11）将正文第二段分为等宽的两栏，栏宽为 18 字符，栏间添加分隔线。

通过该任务读者应学会使用 Word 2010 进行文档排版，重点掌握 Word 2010 字符排版、段落排版、段落或文字的边框和底纹设置、首字下沉设置、分栏设置等操作方法，最后完成一份完整、美观的文档。

案例完成后效果如图 3.29 所示。

视窗软件安全问题

微软主席兼首席软件设计师比尔·盖茨（Bill Gates）表示，企业界将会在 8 个月内看到视窗软件的安全问题得到“翻天覆地的改进”。分节符(连续)

尽管微软的可信赖计算计划是其多年来努力的目标，但盖茨还是表示，深受微软软件 BUG 之苦的消费者将有望在几个月摆脱困扰。盖茨在接受《资讯周刊》(Information Week)调查公司的采访时表示，到明年年中，微软公司一定会就软件安全问题做出令众人信服的改进。

由于相信黑客无法轻易地利用该补丁软件修正的缺陷，安全专家在很大程度上并不担心微软最新补丁软件的推迟。

微软公司的安全改进计划包括实施下列多项措施：

◆实施更加严格的软件开发及错误检查技术

◆推出新型安全产品

◆将补丁分发的方式改为分布式等多项措施。

2018 年 4 月 12 日

图 3.29　案例 3 的最终效果

（1）掌握 Word 2010 设置字符格式化的方法。

（2）掌握 Word 2010 设置段落格式化的方法。

（3）掌握 Word 2010 设置编号、项目符号的方法。

（4）掌握 Word 2010 设置段落、文字边框和底纹的方法。

（5）掌握 Word 2010 设置首字下沉、分栏的方法。

实施过程

（1）打开“视窗软件安全问题 - 编辑 .docx”文档。

（2）设置标题文字常规格式。

①设置字符常规格式。

选中标题段文字，打开“开始”选项卡，在“字体”分组上，设置字体为“黑体”，字号为“二号”，字体颜色为“红色（标准色）”，单击“下划线”按钮 **U** 设置下划线。

②设置标题文字字符间距。

单击“字体”对话框启动器，打开“字体”对话框，单击“高级”选项卡，如图 3.30 所示。在“间距”下拉列表中选择“加宽”，调整“磅值”大小为 4 磅。

③设置标题文字文本效果。

在“字体”分组中单击“文本效果”按钮，在弹出的选项框中选择“渐变填充 - 黑色，轮廓 - 白色，外部阴影”，如图 3.31 所示。

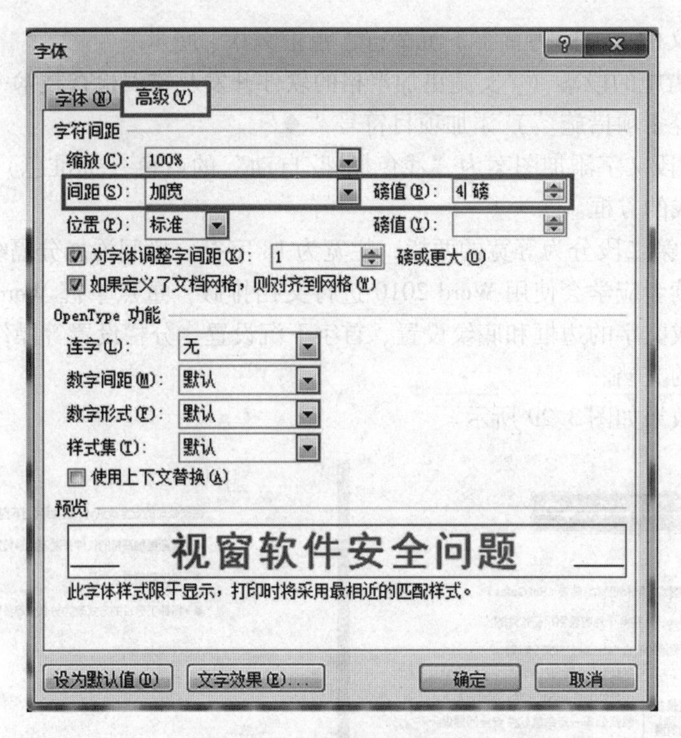

图 3.30　设置标题字符间距

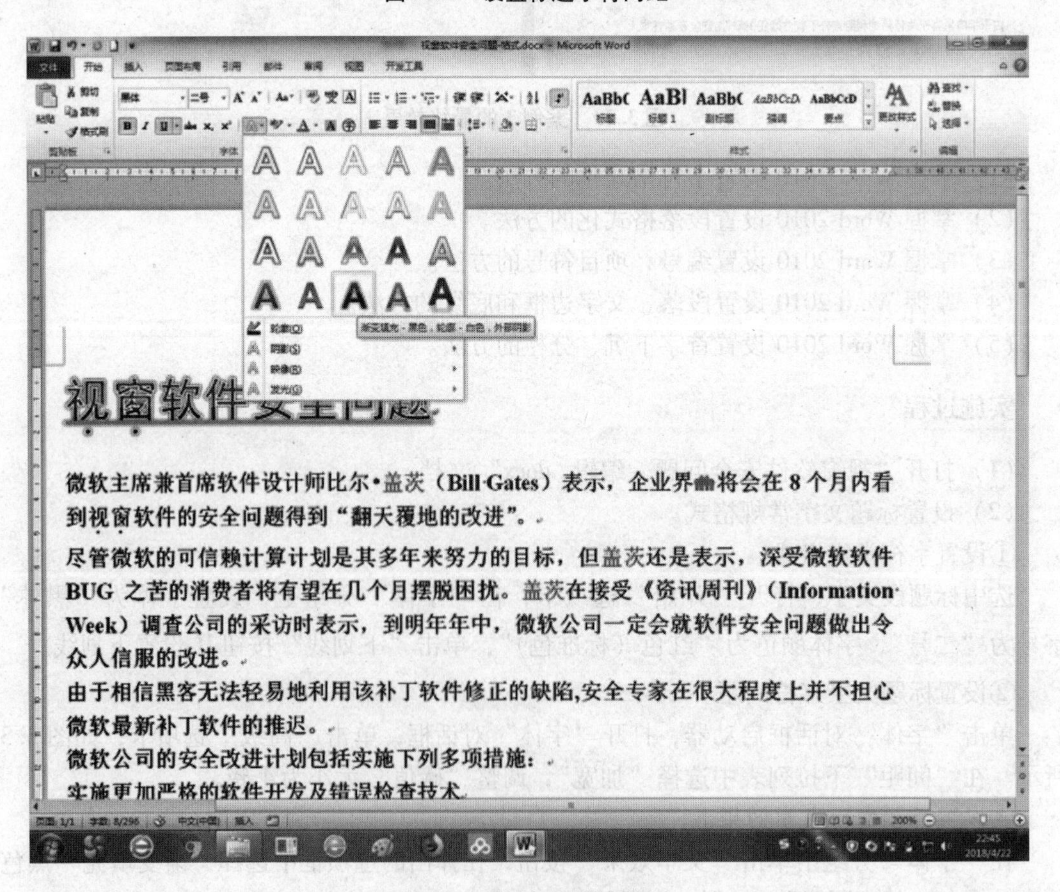

图 3.31　设置标题文本效果

④设置标题文字“安全”两字的文本效果为“映像”。

选择标题段文字“安全”两字，在“开始”→“字体”分组中选择“文本效果”→“映像”→“全映像，4pt 偏移量”，如图 3.32 所示。

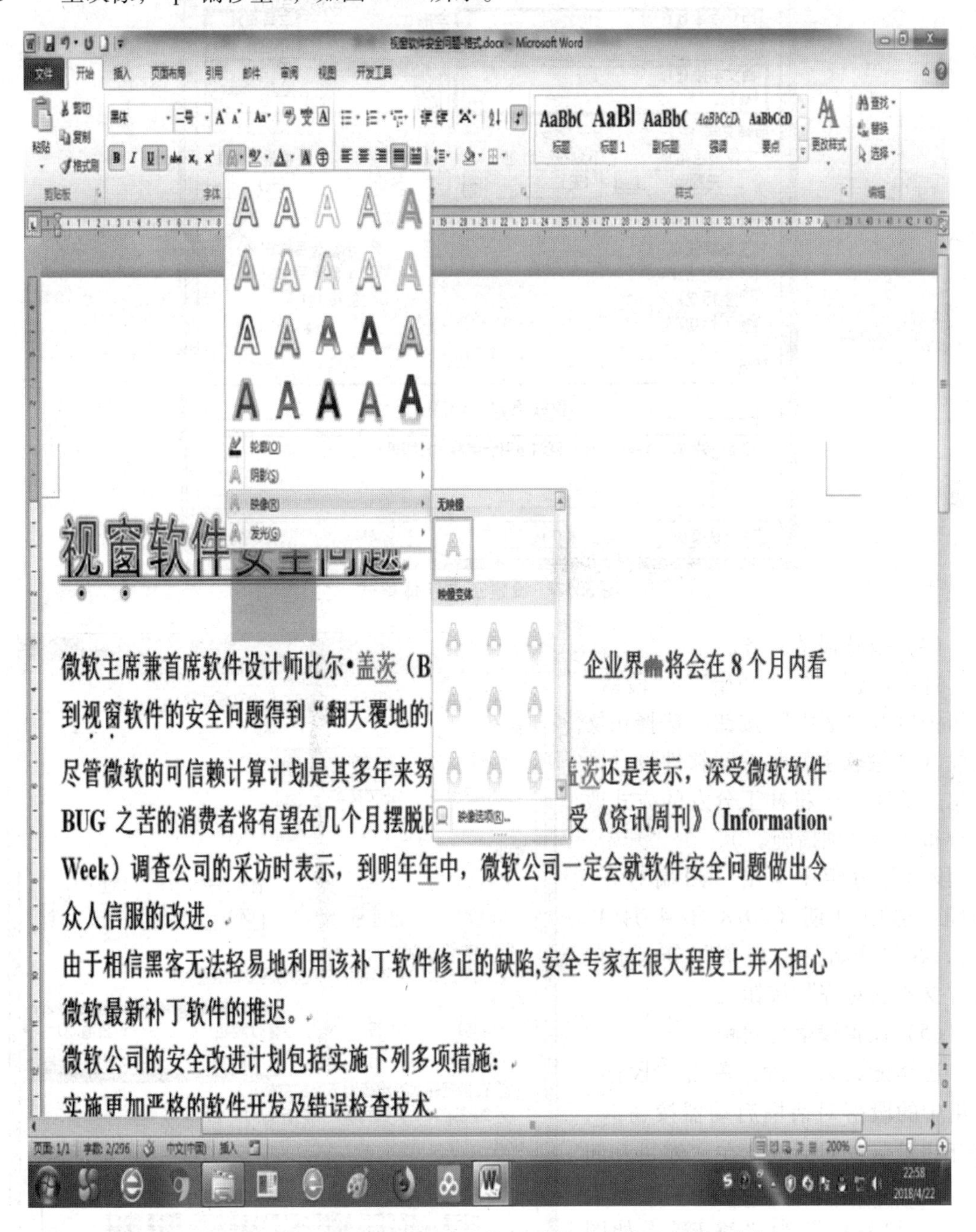

图 3.32　设置标题段“安全”两字的文本效果为“映像”

(3) 设置正文格式。

选中正文，单击“字体”对话框启动器，打开“字体”对话框。在“字体”对话框中选择“字体”选项卡，设置中文字体为“宋体”，西文字体为“Arial”，字号为“小四号”，如图 3.33 所示。

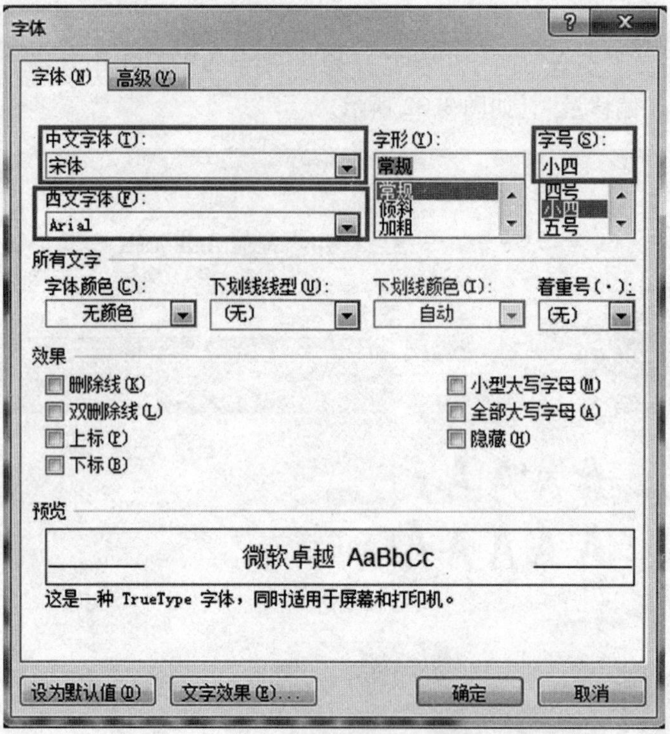

图 3.33　设置正文字体格式

（4）设置段落对齐。

选中标题，在“开始”→“段落”分组中单击“居中”按钮。选择正文各段（“微软主席兼首席软件设计师比尔·盖茨……将补丁分发的方式改为分布式等多项措施。”），在“开始”→“段落”分组中单击“两端对齐”按钮。选中日期（2018 年 4 月 12 日），在“开始”→“段落”分组中单击“文本右对齐”按钮。

（5）设置段落行间距。

选择正文第一段，单击“段落”分组中的段落对话框启动器按钮，打开“段落”对话框，在“缩进和间距”选项卡下设置“行距”为固定值，“设置值”为“28 磅”，如图 3.34 所示，单击“确定”按钮。选择其余各段落，在“段落”对话框的“缩进和间距”选项卡下设置“行距”为“1.5 倍行距”，如图 3.35 所示，单击“确定”按钮。

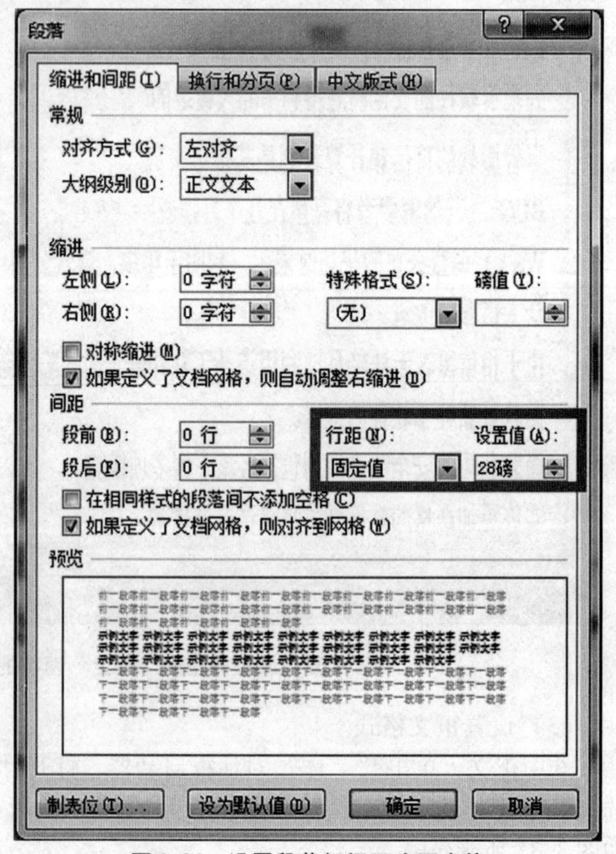

图 3.34　设置段落行间距为固定值

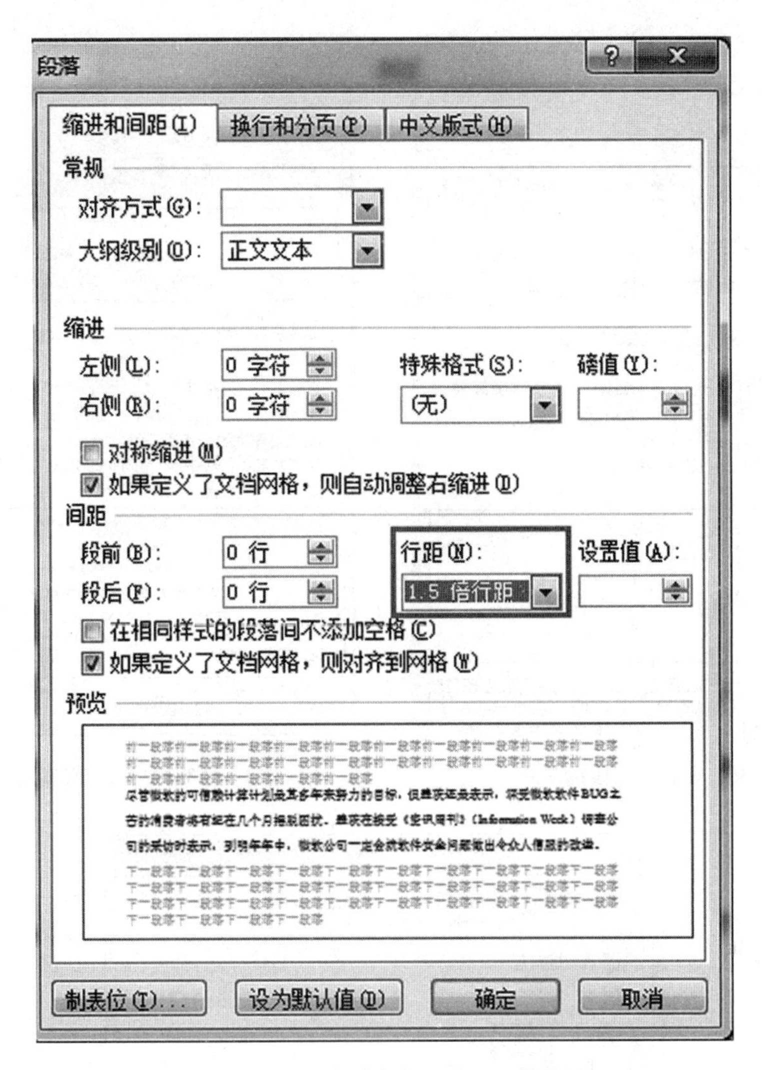

图 3.35　设置段落行间距为 1.5 倍行距

(6) 设置段落段前段后间距。

选中标题段，在“段落”对话框的“缩进和间距”选项卡下设置“间距”为段后 1 行，选中正文各段落（“微软主席兼首席软件设计师比尔·盖茨……2018－4－12”），在“段落”对话框的“缩进和间距”选项卡下设置“间距”为段前 0.5 行，如图 3.36 所示。

(7) 设置段落缩进。

选择正文第一段，在“段落”对话框的“缩进和间距”选项卡下设置“缩进”为左侧 5 字符，右侧 5 字符，在“特殊格式”下拉列表中选择“悬挂缩进”，“磅值”为“2 字符”；选中正文其余段落，在“段落”对话框的“缩进和间距”选项卡下“缩进”的“特殊格式”列表中选择“首行缩进”，“磅值”为“2 字符”，如图 3.37 所示。

(8) 设置段前分页。

选中正文第四段（“由于相信黑客……并不担心微软最新补丁软件的推迟。”），在“段落”对话框中单击“换行和分页”标签，勾选“段前分页”复选框，如图 3.38 所示。单击“确定”按钮关闭对话框。

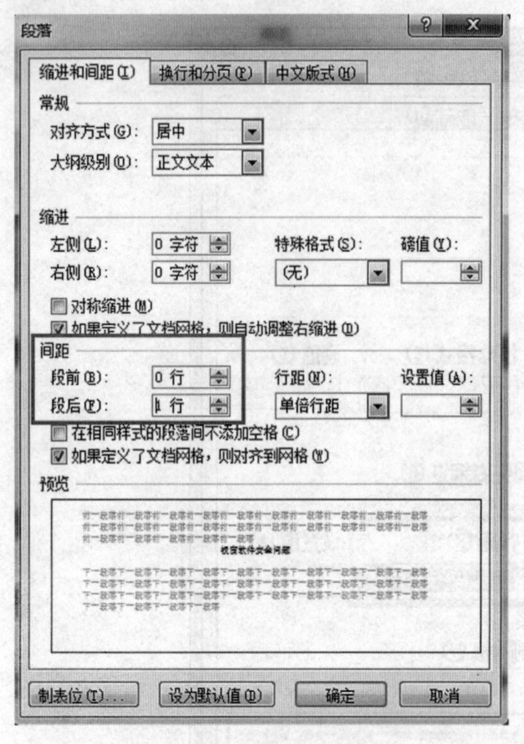

图 3.36　设置段前段后间距

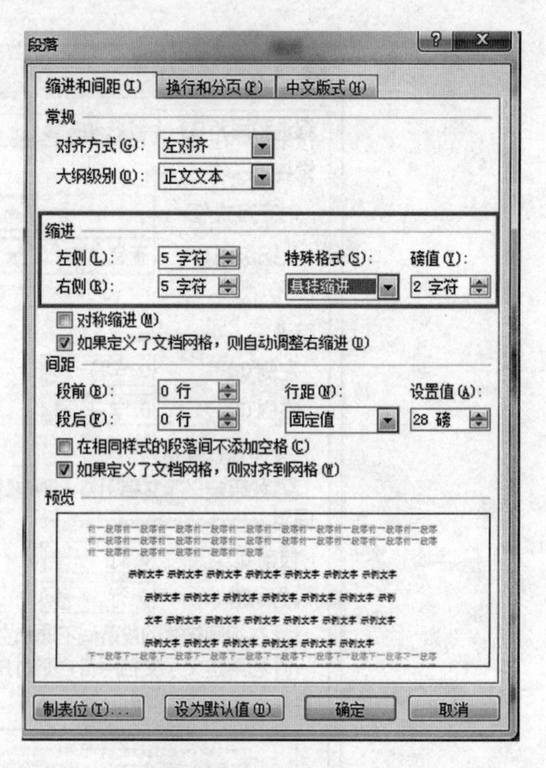

图 3.37　设置段落缩进

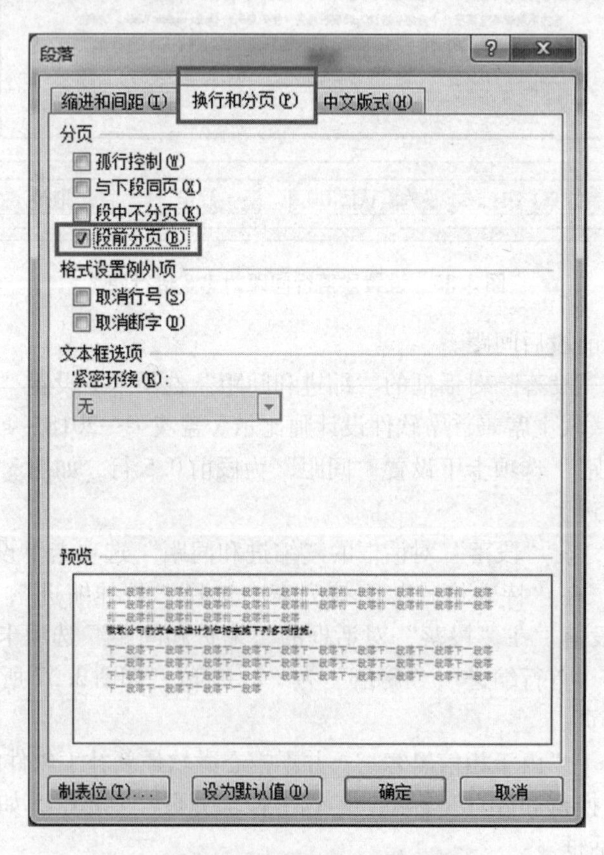

图 3.38　设置段落段前分页

(9) 设置段落首字下沉。

选中正文第一段文字，单击“插入”→“文本”分组下的“首字下沉”按钮，在弹出的菜单中选择“首字下沉”选项，打开“首字下沉”对话框，在该对话框中设置“位置”为“下沉”，“下沉行数”为“2”，“距正文”为“0.1 厘米”，如图 3.39 所示。

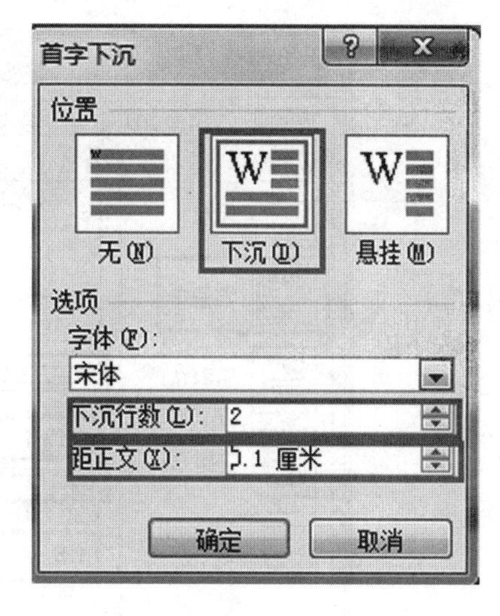

图 3.39　设置首字下沉

(10) 段落添加项目符号。

选中 3 项措施的段落（“实施更加严格的软件开发及错误检查技术……将补丁分发的方式改为分布式等多项措施。”)，在“开始”→“段落”分组中单击“项目符号”按钮右侧的下拉箭头，在弹出的“项目符号”中选择“◆”。

(11) 为文字添加边框、底纹。

选中标题段，在“开始”→“段落”分组中单击“边框”的下拉按钮，选择“边框和底纹”，打开“边框和底纹”对话框，在“底纹”选项卡的“图案”选项组中选择“样式”为“浅色棚架”，“颜色”为蓝色（标准色），如图 3.40 所示；在“应用于”下拉列表框中选择“文字”；在“边框和底纹”对话框中单击“边框”选项卡，在“边框”选项下依次选择“设置”为“方框”，“样式”为双线，“颜色”为浅蓝色（标准色），“宽度”为“1.5 磅”，在“应用于”下拉列表框中选择“文字”，如图 3.41 所示，单击“确定”按钮。

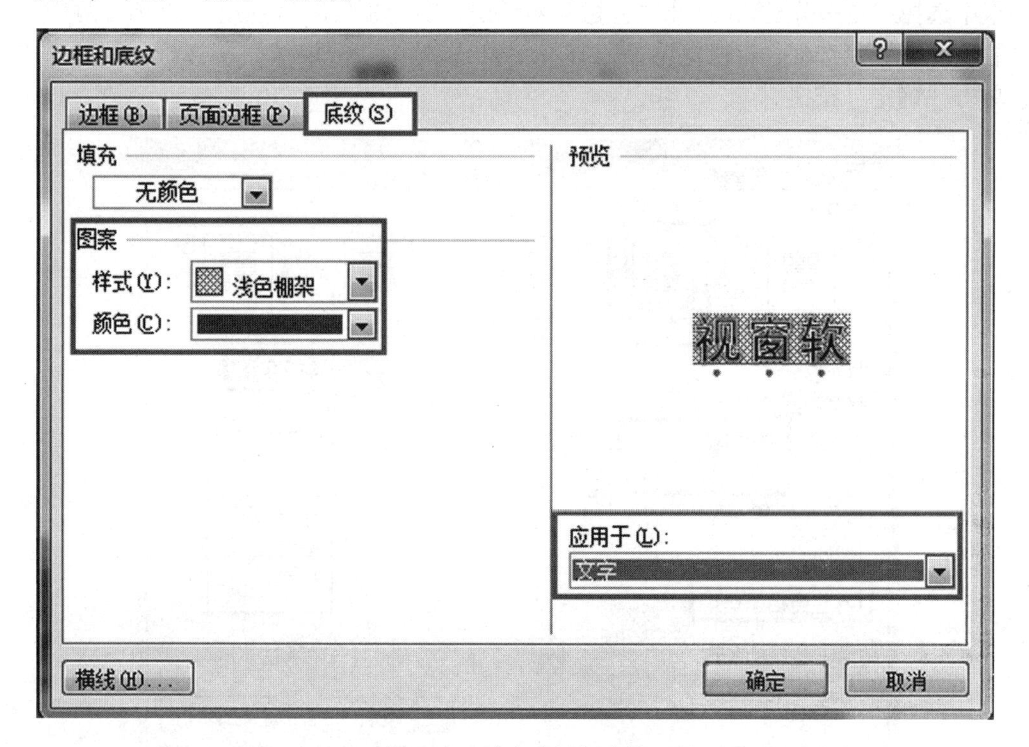

图 3.40　为文字添加底纹

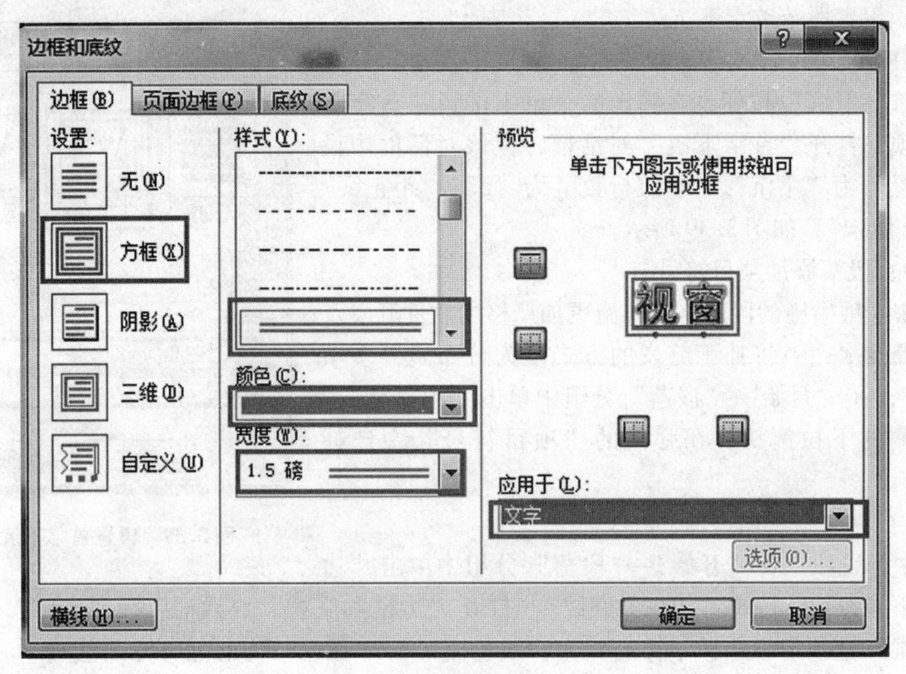

图 3.41　为文字添加边框

（12）分栏。

选中正文第二段，在“页面布局”→“页面设置”分组中单击“分栏”按钮，在弹出的选项卡中选择“更多分栏”，打开“分栏”对话框，在“预设”选项组中选择“两栏”，选中“栏宽相等”复选框，将栏宽设置为 18（字符），选中“分隔线”复选框，如图 3.42 所示，单击“确定”按钮。

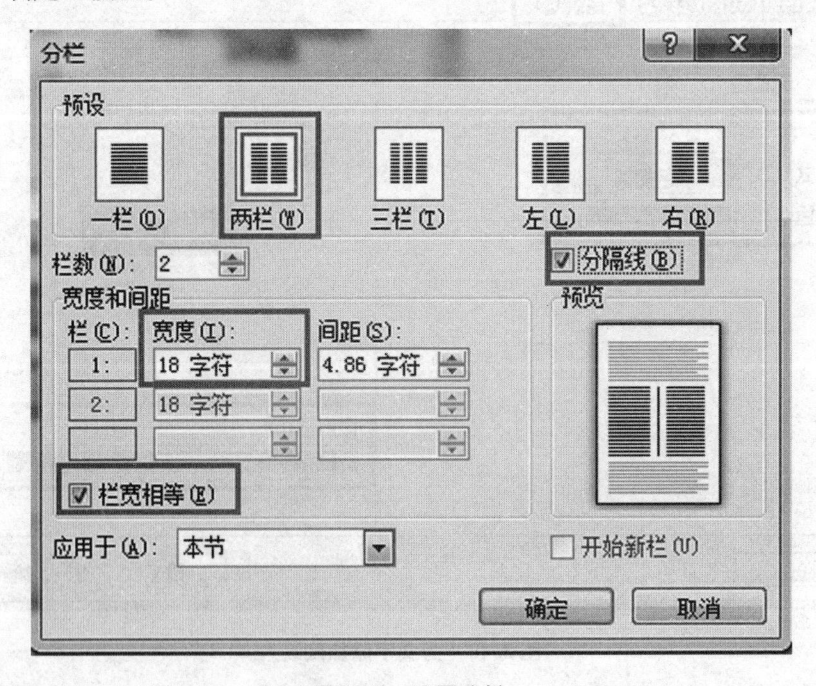

图 3.42　设置分栏

1. 字符格式设置

字符格式设置主要包括：字体、字号、字体颜色、下划线、字符间距等。

1）字符格式

在文档中，文字、数字、标点符号及特殊字符统称为字符。对字符的格式设置包括选择字体、字形、字号、字符颜色以及处理字符的升降、间距等。下面是 Word 2010 提供的几种字符格式示例：

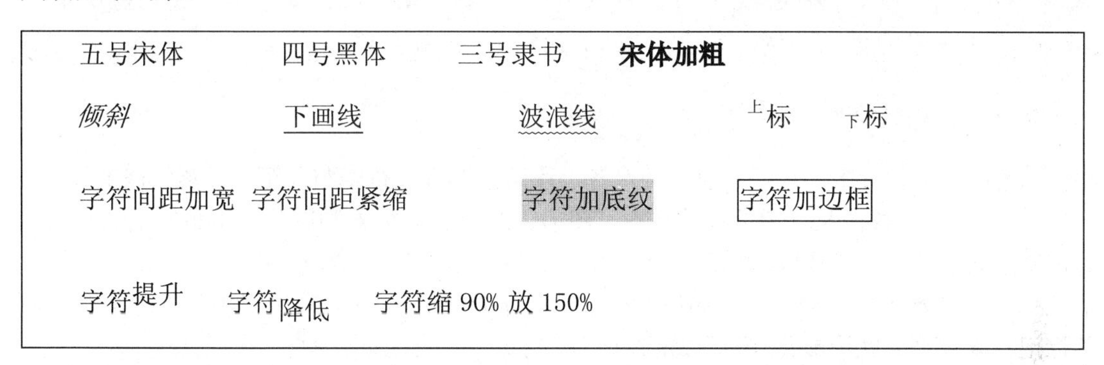

可以先输入文本，再对输入的字符设置格式；也可以先设置字符格式，再输入文本，这时所设置的格式只对设置后输入的字符有效。如果要对已输入的字符设置格式，则必须先选定需要设置格式的字符。

2）设置字符格式

选定文本，单击“开始”→“字体”组中的按钮，弹出“字体”对话框，如图 3.43 所

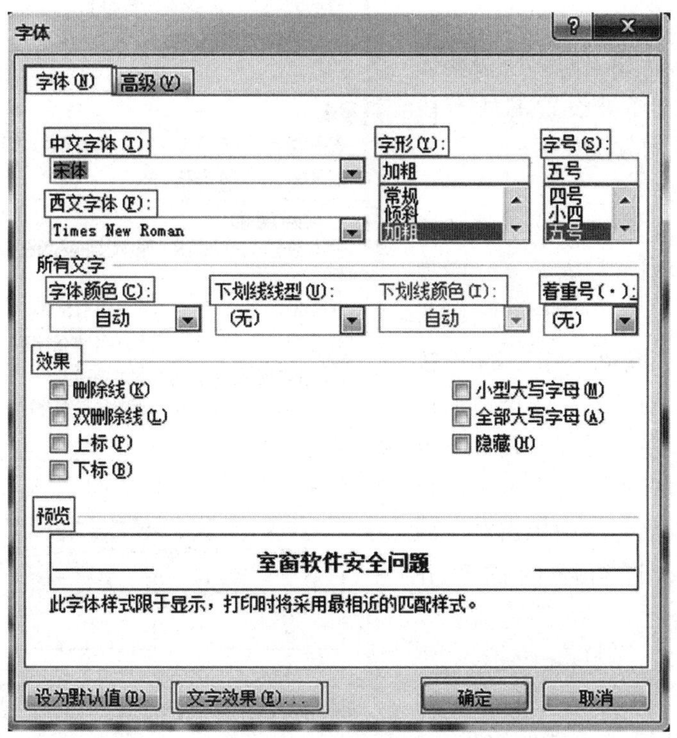

图 3.43　“字体”对话框

示。“字体”对话框中有“字体”和“高级”两个选项卡，在“字体”选项卡下可以设置字体、字号、字型等，在“高级”选项卡下可以设“字符间距”，在“预览”框可以看到格式设置的效果。

注意：①英文字符以磅为单位，磅的数值范围是 1～1 638。中文字号按中国人的习惯以号为单位，分为初号、小初、一号、小一、二号等 16 种。②选中文字后按“Ctrl + [”或“Ctrl +]”组合键，选中的文字以 1 磅为单位缩小或放大，运用此方法可在“字号”栏中看到字号的变化情况；按“Ctrl + Shift + <”或“Ctrl + Shift + >”组合键以磅或号为单位大范围缩小或放大字体，这样可以轻松找到合适的字号。

2. 段落的格式设置

段落的格式设置主要包括：段落的对齐、段落的缩进、行距与段距、段落的修饰等。

在 Word 中，段落是一定数量的文本、图形、对象（如公式和图片）等的集合，以段落标记结束。要显示或隐藏段落标记符，选择“文件”→“选项”命令，弹出“Word 选项”对话框，选择“显示”选项，在“始终在屏幕上显示这些格式标记”区域中勾选或取消“段落标记”复选框，就可显示/隐藏段落标记。

同其他格式设置一样，用户可以先输入，再设置段落格式；也可以先设置段落格式，再输入文本，这时设置的段落格式只对设置后输入的段落有效。如果要对已输入的某一段落设置格式，只要把插入点定位在该段落内的任意位置，即可进行操作；也可选中段落结尾的段落标记符，表示选中整个段落。如果对多个段落设置格式，则应先选择被设置的所有段落。设置段落格式的方法如下。

1）段落的对齐

在 Word 中，文本对齐的方式有 5 种：左对齐、居中对齐、右对齐、两端对齐、分散对齐。在选中要设置的段落后单击“开始”→“段落”组中的按钮，弹出“段落”对话框，选择“缩进和间距”选项卡，在“对齐方式”下拉列表中选择需要的对齐方式，如图 3.44 所示。也可在“段落”组中单击对应的按钮，进行不同的对齐操作。

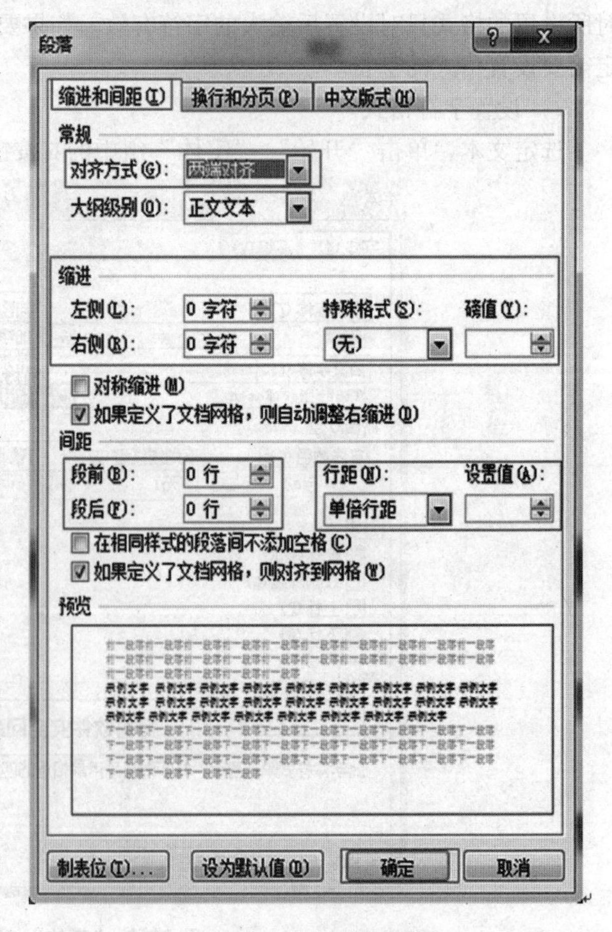

图 3.44 “段落”对话框

2）段落的缩进

段落的缩进方式分为 4 种：左缩进、右缩进、首行缩进、悬挂缩进。4 种缩进方式示例如图 3.45 所示。设置

缩进的常用方法有：

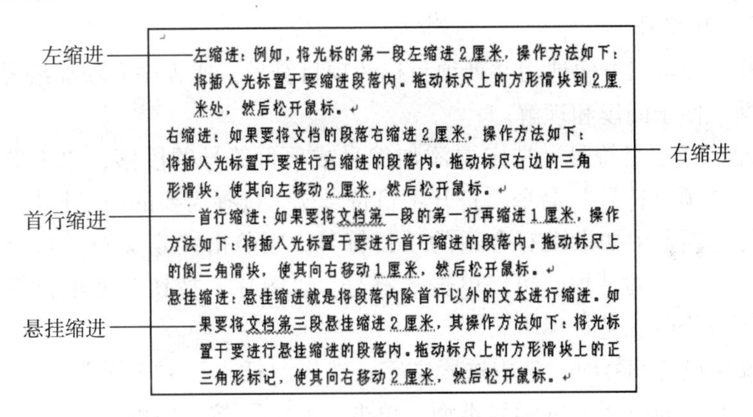

图 3.45　缩进方式示例

（1）使用“格式”工具栏缩进。在“格式”工具栏中有两个缩进按钮，它们分别是：①减少缩进量：减少文本的缩进量或将选定的内容提升一级；②增加缩进量：增加文本的缩进量或将选定的内容降低一级。每单击一次缩进按钮，所选文本的缩进量为增加或减少一个汉字。

（2）使用标尺缩进正文。移动标尺上的缩进标记也可以改变文本的缩进量。利用水平标尺，可以对文本进行左缩进、右缩进、首行缩进、悬挂缩进等操作，如图 3.46 所示。

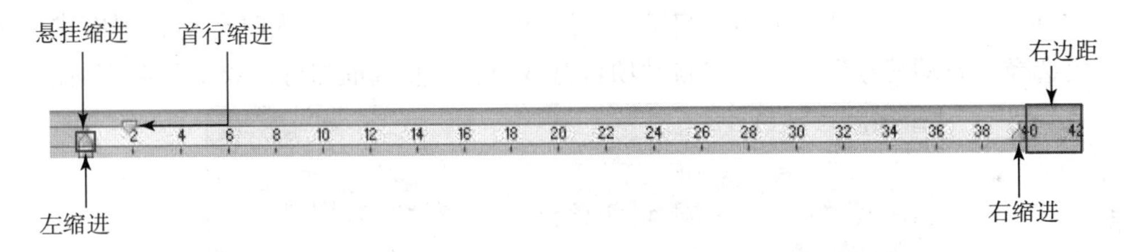

图 3.46　使用标尺缩进

（3）用“段落”对话框控制缩进。以上介绍的几种缩进方式只能粗略地进行缩进，如果想精确地缩进文本，可以使用“段落”对话框中的“缩进和间距”选项卡进行设置，其操作方法如下：

将光标置于要进行缩进的段落内，单击“开始”→“段落”组中的按钮，弹出“段落”对话框，如图 3.44 所示。在“缩进”和“间距”区域进行设置即可。或选择所需要的数值设置段落的缩进。

3）间距

（1）行间距。行间距是指一个段落内行与行之间的距离，在 Word 2010 中默认的行间距为单倍行距。行间距的具体值是根据字体的大小来决定的。例如，对于五号字的文本，单倍行距的大小比五号字的实际大小稍大一些。如果不想使用默认的单倍行距，可以在“段落”对话框中设置，如图 3.44 所示。

（2）段落间距。选定要修改段落间距的段落，单击“开始”→“段落”组中的按钮，弹出“段落”对话框。选择“缩进和间距”选项卡，在“段前”框中可以输入或选择段落前面的间距，而在“段后”框中可以设置段落后面的间距，在“预览”框中，可以查看调

整后的效果。

4）项目符号和编号

在 Word 2010 中可以方便地为并列项目标注项目符号，或为序列项加编号，使文章层次分明，条例清楚，便于阅读和理解。

（1）添加编号或项目符号。选定要添加编号或项目符号的段落，单击鼠标右键，弹出快捷菜单，选择“项目符号”命令，打开项目符号库，选择需要的项目符号。

在项目符号选项卡中如果没有合适的项目符号，则单击“定义新项目符号”命令，弹出“定义新项目符号”对话框，可以单击“符号”“图片”按钮改变项目符号，单击“字体”按钮，也可以修改缩进。

要对一段文字设置编号时，选中这段文字，选择“插入”→“符号”→“编号”命令，弹出“编号”对话框，选择需要的编号类型，单击“确定”按钮即可。

（2）自动创建编号或项目列表。Word 2010 延续了 2003 版的“自动编号列表”和“自动项目符号列表”两项功能。如果在段落开始输入一个数字或者字母，后面跟一个圆点、空格或制表符，段落结束按 Enter 键后，Word 将在下一段落开始自动插入编号。如果用户在段首输入“ * ”或连字号“-”，后边跟空格或制表符，则段落结束按 Enter 键后，Word 在下一段落开始自动插入项目符号。按两次 Enter 键可结束插入，也可按“Ctrl + Z”组合键取消插入项目符号。

若要取消这两项自动功能，可选择“文件”→“选项”命令，弹出“Word 选项”对话框，单击“自动更正选项”按钮，弹出“自动更正”对话框，选择“键入时自动套用格式”选项卡，取消选择“自动编号列表”和“自动项目符号列表”复选框即可，如图 3.47 所示。

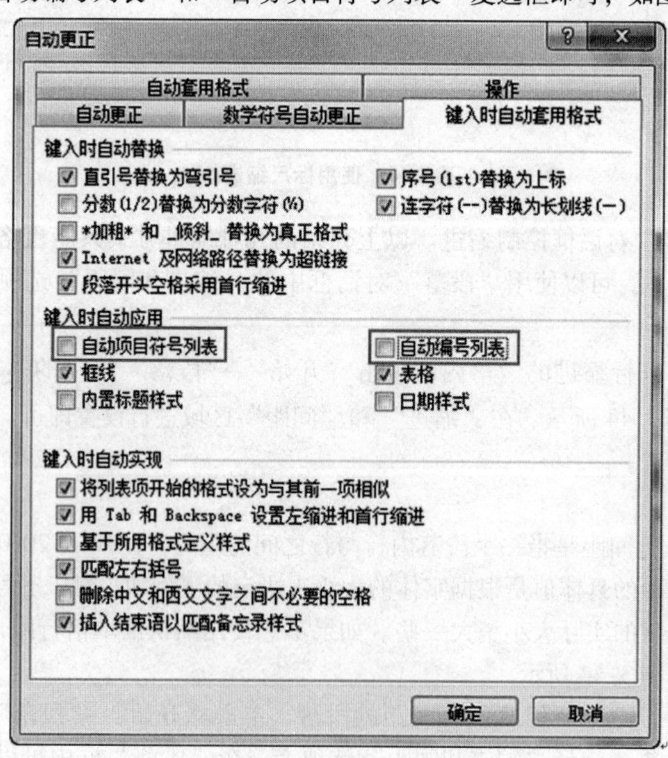

图 3.47 “自动更正”对话框

5）格式刷

用户在使用 Word 编辑文档的过程中，可以使用 Word 提供的“格式刷”功能快速、多次复制 Word 中的格式。使用方法如下：

（1）首先选中设置好格式的文字，单击“开始”选项卡中的“格式刷”按钮，光标将变成格式刷的样式。拖动鼠标，选中需要设置同样格式的文字，即可将选定格式复制到该位置，光标变回“I”状态。

（2）选中设置好格式的文字，双击“格式刷”按钮，光标将变成格式刷的样式。选中需要设置同样格式的文字，或在需要复制格式的段落内单击，即可将选定格式复制到多个位置。取消格式刷时，再次单击“格式刷”按钮，或者按 Esc 键即可。

3.5 【案例 4】制作计算机网络专业学时表

案例分析

该案例让读者掌握 Word 2010 中表格的建立、编辑、格式化，公式计算，排序，具体要求如下：

（1）使用 Word 创建“计算机网络专业学时表.docx”文档，文档内容如图 3.48 所示。

	理论学时	实践学时
第一学年	592	144
第二学年	608	168
第三学年	624	192

图 3.48　新建的“计算机网络专业学时表”

（2）利用“根据内容调整表格”选项自动调整表格。

（3）在表格的上方添加表题：计算机网络专业学时表，并设为四号、居中、加粗，字符间距加宽 0.9 磅，位置设置为提升 4 磅。

（4）在表格第 1 行上方插入一行，在表格最右边增加一列，在表格的底部增加一行；合并第 1、2 行的第 1 列单元格，第 1 行的第 2、3 列单元格，第 4 列的第 1、2 行单元格；在 A1 单元格输入“学年”，在 B1 单元格输入“学时”，在 D1 单元格输入“总学分”，在 A6 单元格输入“学时总计”。

（5）设置表中文字为五号仿宋。

（6）设置表格居中对齐。

（7）设置表格各行行高为 0.7 厘米，各列列宽为 2.7 厘米，单元格左、右边距格为 0.25 厘米。

（8）设置表格第 1、2 行文字水平居中，其他各行的第 1 列文字为“中部两端对齐”，其他各行的第 2、3、4 列文字为“中部右对齐”。

（9）设置表格的外框线为 1.5 磅红色（标准色）单实线，内框线为 0.5 磅蓝色（标准色）单实线；设置表格的第 2 行与第 3 行间的内框线为 1.5 磅红色（标准色）双窄线，为表格添加“橄榄色，强调文字颜色 3，淡色 60%”底纹。

（10）计算各学年的总学分 =（理论学时/16 + 实践学时/24），将计算结果填入相应单元格；分别计算4年的理论、实践总学时，将计算结果填入相应单元格内。

（11）按“总学分”列依据“数字”类型降序排列表格内容（不包括学时合计）。

案例完成后效果如图3.49所示。

计算机网络专业学时表

学年	学时		总学分
	理论学时	实践学时	
第三学年	624	192	47
第二学年	608	168	45
第一学年	592	144	43
学时合计	1824	504	

图3.49　案例4的最终效果

案例目标

（1）能熟练地在文档中建立表格并输入数据。

（2）能熟练地对表格进行编辑。

（3）能熟练地对表格进行格式化。

（4）能熟练地对表格进行公式计算。

（5）能熟练地对表格排序。

实施过程

（1）使用Word创建“计算机网络专业学时表.docx”文档，文档内容如图3.48所示。

在“插入”→“表格”分组中单击“表格”按钮，在弹出的菜单中移动鼠标到4行3列的位置并按下鼠标左键插入表格，如图3.50所示。输入表格内容，如图3.48所示。

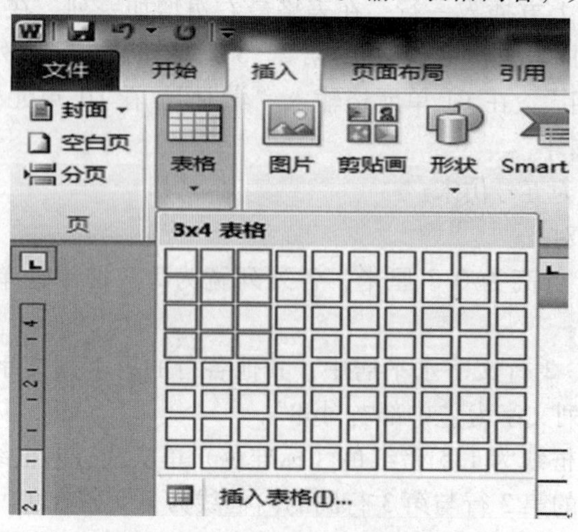

图3.50　插入表格

（2）利用“根据内容调整表格”选项自动调整表格。

选中整个表格，在“布局”→“对齐方式”分组中选择“自动调整”→“根据内容自动调整表格”命令，实现表格的自动调整，如图 3. 51 所示。

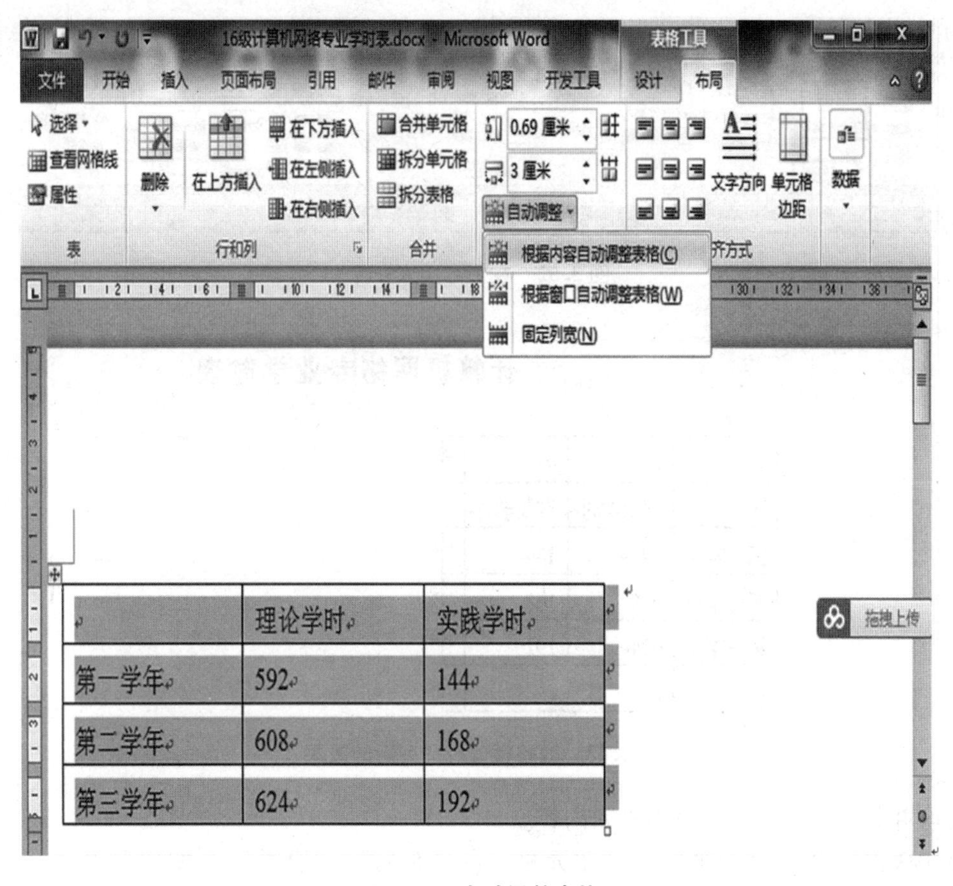

图 3. 51　自动调整表格

（3）在表格的上方添加表题：计算机网络专业学时表，并设为四号、居中、加粗，字符间距加宽 0. 9 磅，位置设置为提升 4 磅。

将光标插入第 1 行第 1 列单元格文字的前面，再按 Enter 键，即可在表格上方添加空行，输入表格标题“计算机网络专业学时表”。选中表格标题“计算机网络专业学时表”，单击“开始”→“字体”分组中的对话框启动器，打开“字体”对话框，设置字体为四号、加粗，在“高级”选项卡的“字符间距”选项组中，设置“间距”为“加宽”，“磅值”为 0. 9 磅，“位置”为“提升”，“磅值”为 4 磅。

（4）在表格第 1 行上方插入一行，在表格最右边增加一列，在表格的底部增加一行；合并第 1、2 行的第 1 列单元格，第 1 行的第 2、3 列单元格，第 4 列的第 1、2 行单元格；在 A1 单元格输入“学年”，在 B1 单元格输入“学时”，在 D1 单元格输入“总学分”，在 A6 单元格输入“学时总计”。

①插入行、列。

选中表格第 1 行，单击“布局”→“行和列”分组中的“在上方插入”按钮，将会在表格的第 1 行的上方插入一个新行，如图 3. 52 所示。选中表格最后一列，单击“布局”→“行和列”分组中的“在右侧插入”按钮，将会在表格的最后一列的右侧插入一个新列；选中表格最后一行，单击“布局”→“行和列”分组中的“在下方插入”按钮，将会在表格的最后一行的下面插入一个新行。插入行、列后，表格如图 3.53 所示。

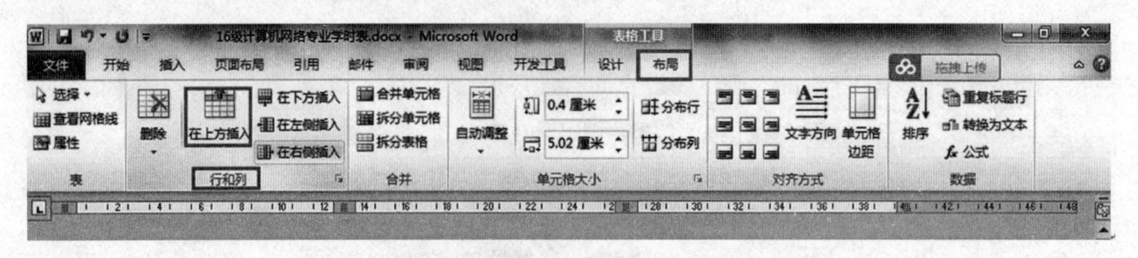

图 3.52　在上方插入一行

计算机网络专业学时表

	理论学时	实践学时	
第一学年	592	144	
第二学年	608	168	
第三学年	624	192	

图 3.53　表格插入行、列后的效果

②合并单元格，在单元格中输入内容。

选中表格的第 1、2 行的第 1 列单元格，在“布局”→“合并”分组中单击“合并单元格”按钮，将单元格合并，如图 3.54 所示。用同样的方法，合并第 1 行的第 2、3 列单元格，第 4 列的第 1、2 行单元格。在 A1（表格第 1 行第 1 列）单元格输入“学年”，在 B1（表格第 1 行第 2 列）单元格输入“学时”，在 D1（表格第 1 行第 4 列）单元格输入“总学分”，在 A6（表格第 6 行第 1 列）单元格输入“学时总计”，效果如图 3.55 所示。

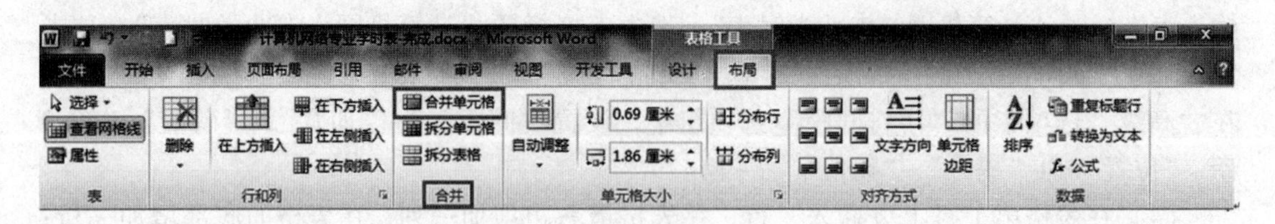

图 3.54　合并单元格

（5）设置表中文字为五号、仿宋。

选中整个表格，在“开始”→“字体”分组中，设置表格文字为五号、仿宋。

（6）设置表格居中对齐。

选中整个表格，在“开始”→“段落”分组中单击“居中”按钮。

计算机网络专业学时表

学年	学时		总学分
	理论学时	实践学时	
第一学年	592	144	
第二学年	608	168	
第三学年	624	192	
学时合计			

图 3.55　合并单元格并输入单元格内容后的效果

（7）设置表格各行行高为 0.7 厘米，各列列宽为 2.7 厘米，单元格左、右边距格为 0.25 厘米。

选中整个表格，在“布局”→“表”分组中，单击“属性”按钮，弹出“表格属性”对话框，在其中设置行高为 0.7 厘米，列宽为 2.7 厘米，如图 3.56 所示；在“单元格”选项卡中单击“选项”按钮，打开“单元格选项”对话框，在其中设置单元格左、右边距各为 0.25 厘米，如图 3.57 所示。

图 3.56　设置行高

（8）设置表格第 1、2 行文字水平居中，其他各行的第 1 列文字为“中部两端对齐”，其他各行的第 2、3、4 列文字为“中部右对齐”。

打开“布局”→“对齐方式”选项组，选中表格第 1、2 行文字，单击“水平居中”按钮。如图 3.58 所示。用同样的方法，选中其他各行第 1 列文字，单击“中部两端对齐”按钮；选中其他各行的 2、3、4 列文字，单击“中部右对齐”按钮。

（9）设置表格的外框线为 1.5 磅红色（标准色）单实线，内框线为 0.5 磅蓝色（标准色）单实线；设置表格的第 2 行与第 3 行间的内框线为 1.5 磅红色（标准色）双窄线，为表格添加“橄榄色，强调文字颜色 3，淡色 60%”底纹。

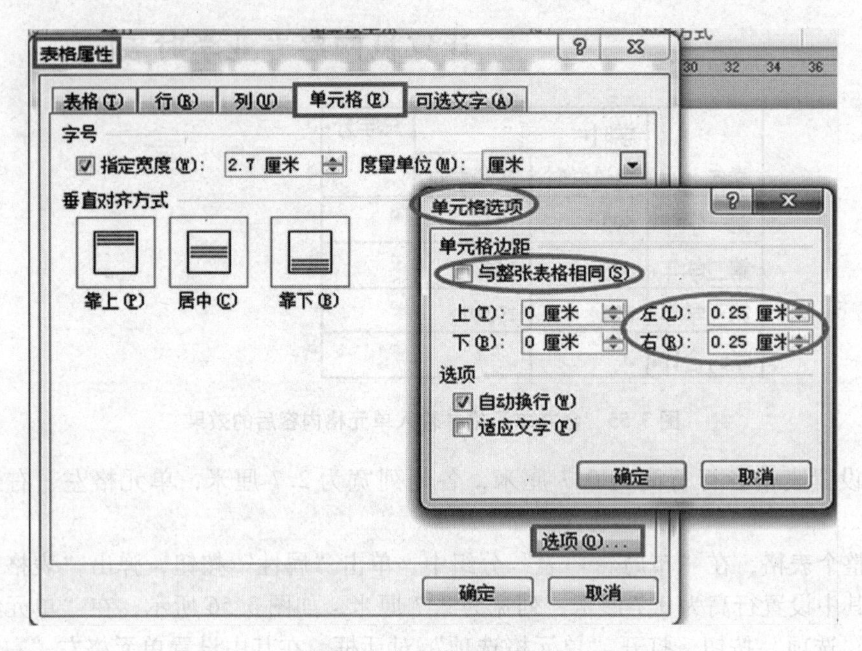

图 3.57 设置单元格边距

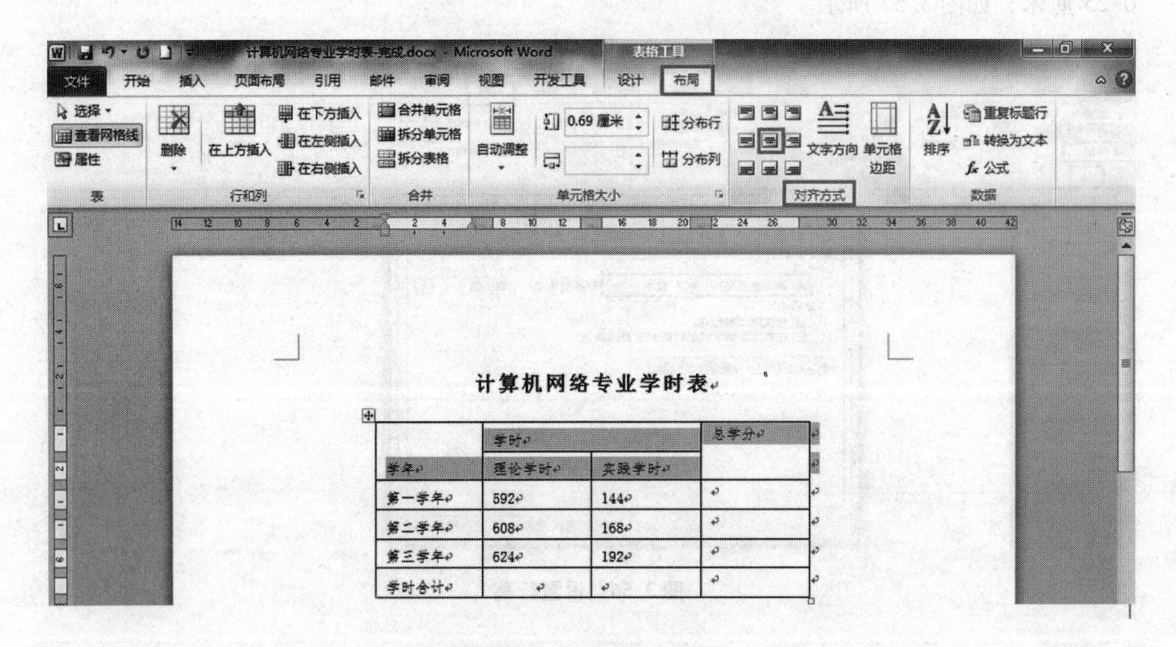

图 3.58 设置单元格对齐

①设置表格的外框线为 1.5 磅红色（标准色）单实线，内框线为 0.5 磅蓝色（标准色）单实线。

选中整个表格，在“设计”→“表格样式”选项组中单击“边框”旁边的下三角按钮，在弹出的选项框中选择“边框和底纹”，打开“边框和底纹”对话框的“边框”选项卡，在“设置”选项组中单击“自定义”按钮，在“样式”选项组中设置单实线、红色、1.5 磅，在“预览”选项组中单击各外框线按钮，然后在“样式”选项组中设置单实线、蓝色、0.5 磅，在“预览”选项组中单击“内部横框线”和“内部竖框线”按钮，在“应用于”

下拉列表中选择“表格”，如图 3.59 所示，单击“确定”按钮。

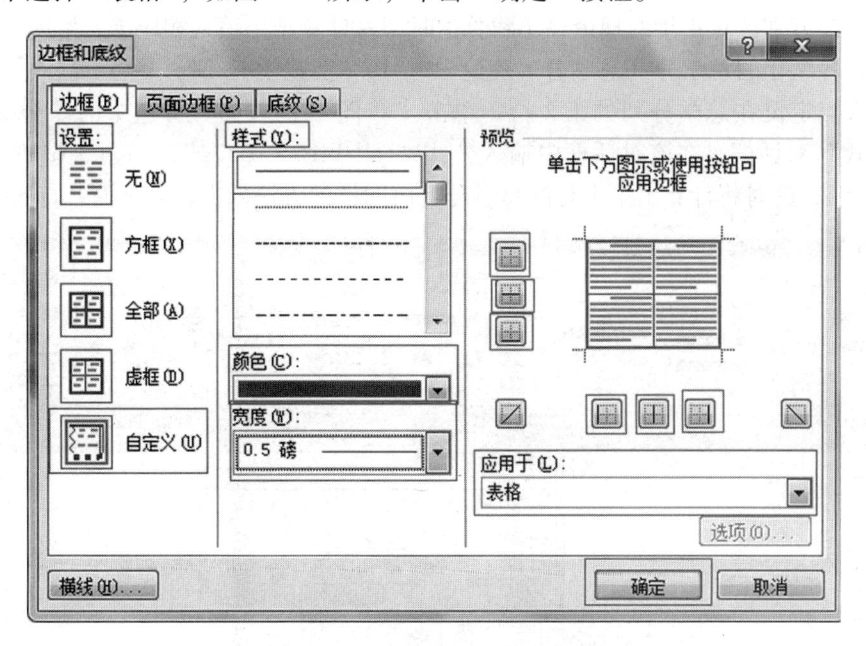

图 3.59　设置表格内、外边框线

②设置表格的第 2 行与第 3 行间的内框线为 1.5 磅红色（标准色）双窄线。

选中第 3 行，用同样的方法，在“边框和底纹”对话框的“边框”选项卡的“设置”选项组中单击“自定义”按钮，在“样式”选项组中设置双窄线、红色、1.5 磅，在“预览”选项组中单击“上边线”按钮，在“应用于”下拉列表中选择“单元格”，单击“确定”按钮。

③为表格添加“橄榄色，强调文字颜色 3，淡色 60%”底纹。

选中表格，在“边框和底纹”对话框的“底纹”选项卡的“填充”下拉列表框中选择“橄榄色，强调文字颜色 3，淡色 60%”，如图 3.60 所示，单击“确定”按钮。

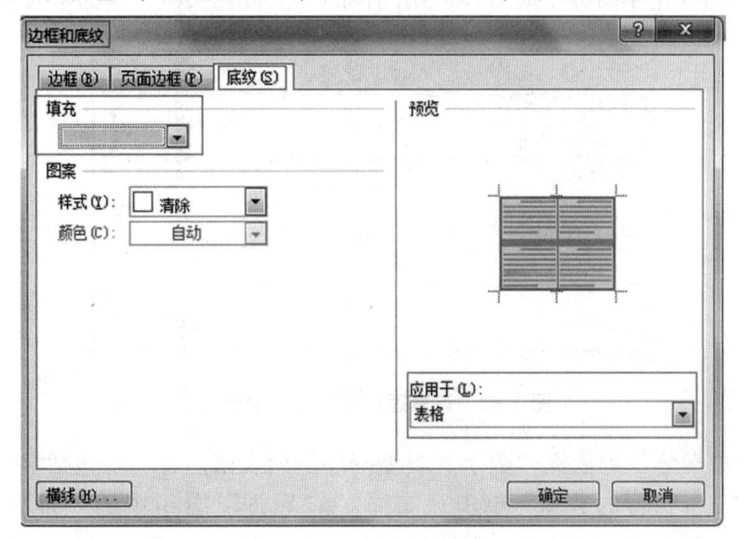

图 3.60　设置表格底纹

（10）计算各学年的总学分（总学分 = 理论学时/16 + 实践学时/24），将计算结果填入相应单元格；分别计算 4 年的理论、实践总学时，将计算结果填入相应单元格内。

①计算各学年的总学分（总学分 = 理论学时/16 + 实践学时/24）。

将插入点定位在总学分列的第 2 行，单击“布局”→“数据”分组中的“公式”按钮，弹出“公式”对话框，在该对话框中输入公式“ = b3/16 + c3/24”，如图 3.61 所示，单击“确定”按钮，此时将计算出第 1 行的总学分，用同样的方法依次计算下面各行的总学分。

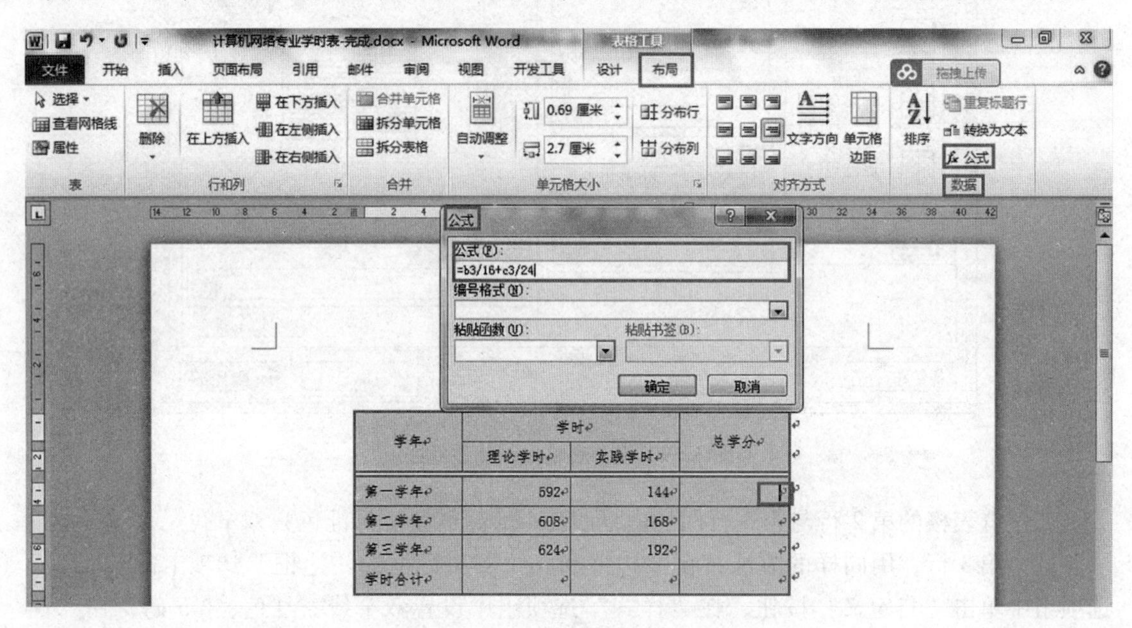

图 3.61　计算第 1 学年的总学分

②计算 4 年的理论、实践总学时，将计算结果填入相应单元格内。

单击第 6 行第 2 列单元格，单击“布局”→“数据”分组中的“公式”按钮，弹出“公式”对话框，在该对话框中输入公式“ = SUM（ABOVE）”，如图 3.62 所示，单击“确定”按钮，此时计算出理论学时的学时合计，用同样的方法计算实践学时的学时合计。

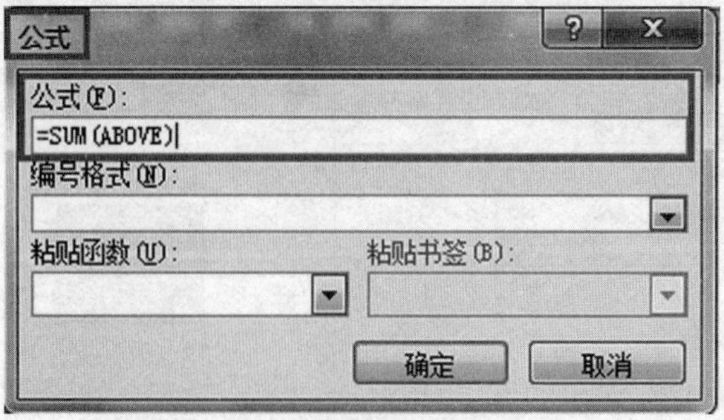

公式
公式(F):
=SUM(ABOVE)
编号格式(N):
粘贴函数(U):
粘贴书签(B):
确定
取消

图 3.62　计算理论学时的学时合计

（11）按“总学分”列依据“数字”类型降序排列表格内容（不包括学时合计）。

选择表格第 3 ~ 5 行的数据，单击“布局”→“数据”分组中的“排序”按钮，打开“排序”对话框，在“主要关键字”下拉列表中选择“列 4”，在“类型”下拉列表中选择

"数字"，选中"降序"单选按钮，如图 3.63 所示，单击"确定"按钮。

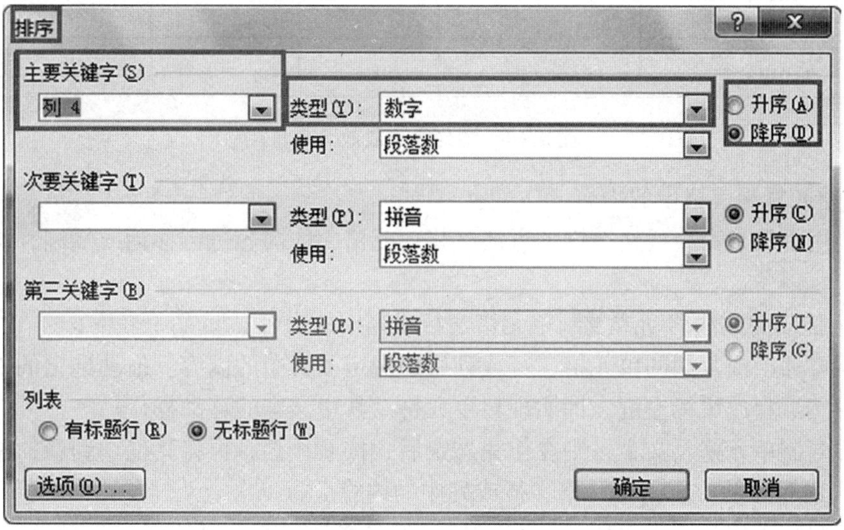

图 3.63　表格数据排序

知识链接

1. 文字转换成表格

选中要转换为表格的文字，单击"插入"→"表格"分组中的"表格"按钮，在弹出的选项列表中选择"文本转换成表格"命令，弹出"将文本转换成表格"对话框，按照需求完成对话框操作即可。

2. 编辑表格

编辑表格包括添加或删除单元格、行或列，移动或复制单元格、行或列中的内容等操作。

1）选定单元格

（1）用鼠标选定表格：

选定一个单元格：将鼠标指针移到该单元格左边，当光标为↗时单击。

选定表格中一行：将鼠标指针移到整个表格的最左边，当光标为↗时单击。

选定表格中一列：将鼠标指针移到该列上方，当光标为⬇时单击。

选定多个单元格、或多行、或多列：按住鼠标左键拖动；或先选定开始的单元格，再按 Shift 键并选定最后的单元格。也可以将鼠标指针移到表格的上方，当指针变成⬇时单击，并左右拖动就可以选定表格的一列、多列及整个表格，同理也可选中多个单元格或多行。

选定整个表格：当鼠标指针指向表格线的任意地方，表格的左上角会出现表格移动手柄⊞，单击可以选定整个表格。同时单击右下角出现的小方框标记□，沿着对角线方向，可以均匀缩小或放大表格的行宽或列宽，如图 3.64 所示。

（2）用"表格工具"选定表格。将插入点移到选定表格的位置上，选择"表格工具"→"布局"→"选择"命令，弹出"选择"子菜单，可根据需要进行选择。

↵	↵	↵	↵	↵
↵	↵	↵	↵	↵

图 3.64　均匀缩小或放大表格

2）移动或复制表格中的内容

可以使用拖动、命令或快捷键的方法，将单元格中的内容进行移动或复制，与操作文本的方法相同。

（1）用拖动的方法移动或复制单元格、行或列中的内容。

选定所要移动或复制的单元格、行或列，即选定了其中的内容。拖动选定的单元格到新的位置上，然后释放鼠标左键，即实现对单元格及其中文本的移动操作。

如果要复制单元格及文本，则在作完选定后，按 Ctrl 键，再将其拖动到新的位置上。

（2）用命令移动或复制单元格、行或列中的内容。

选定所要移动或复制的单元格、行或列。若要移动文本，可选择“开始”→“剪切”命令，或单击快速访问工具栏中的“剪切”按钮；若要复制文本，可选择“开始”→“复制”命令，或单击快速访问工具栏中的“复制”按钮。

（3）用快捷键移动或复制单元格、行或列中的内容。

选定所要移动或复制的单元格、行或列。若要移动其中文本，可按“Ctrl + X”组合键；若要复制文本，可按“Ctrl + C”组合键。将光标移到所要移动到或复制到的位置，按“Ctrl + V”组合键。这时，就完成了所选文本的移动或复制操作。

3）删除表格、行、列和单元格

删除表格中的文本内容与删除一般文本的方法相同。当建立好一个表格后，如果对其不满意，就可以将其中部分单元格、行、列或整个表格删除，以实现对表格结构的调整，达到最佳效果。删除表格中各内容的具体操作如下：

先选定要删除表格的选项：“表格”、“行”、“列”或“单元格”，选择“表格工具”→“布局”→“行和列”→“删除”命令，弹出“删除”子菜单，选择其中一个选项即可完成删除命令。

3. 表格公式计算

1）按列求和

将光标移到存放求和的单元格中，选择“表格工具”→“布局”→“数据”→“公式”命令，弹出“公式”对话框，在“公式”文本框中的内容默认为“= SUM（ABOVE）”。其中 SUM 表示求和，ABOVE 表示对当前单元格上面的数据求和。

若对左边（同一行）的数据求和，计算公式为“= SUM（LEFT）”。

2）按行求平均值

将光标移到存放求平均值的单元格中，选择“表格工具”→“布局”→“数据”→“公式”命令，弹出“公式”对话框。此时，“公式”文本框中的内容默认为“= SUM（ABOVE）”。需要修改公式，单击“粘贴函数”右侧的小箭头，在下拉列表中选择“AVERAGE”，它表示求平均分，在括号“（　）”中输入“LEFT”，表示对选定单元格左边（同一行）的数据

求平均分，则“公式”文本框中的内容为“ = AVERAGE（LEFT）”，单击“编号格式”下拉列表，选择或输入一种格式，如“0”表示小数点后没有数值，“0.0”表示小数点后面保留一位。

4. 使用表格自动套用格式

在绘制表格时，除了自己设计表格的格式外，Word 2010 还提供了 98 种表格样式，设置了一套完整的字体、边框、底纹等格式，用户可以选择适合的表格样式快速完成表格的设置。

1）套用边框和底纹

将插入点放置于欲设置自动套用格式的表格中，选择“表格工具”→“设计”→“表格样式”中的多款样式模板，如图 3.65 所示。在 Word 2010 中，“表格样式”列表框中的表格样式是可以预览的，选择一种格式，例如选择“浅色列表”，单击即可套用。

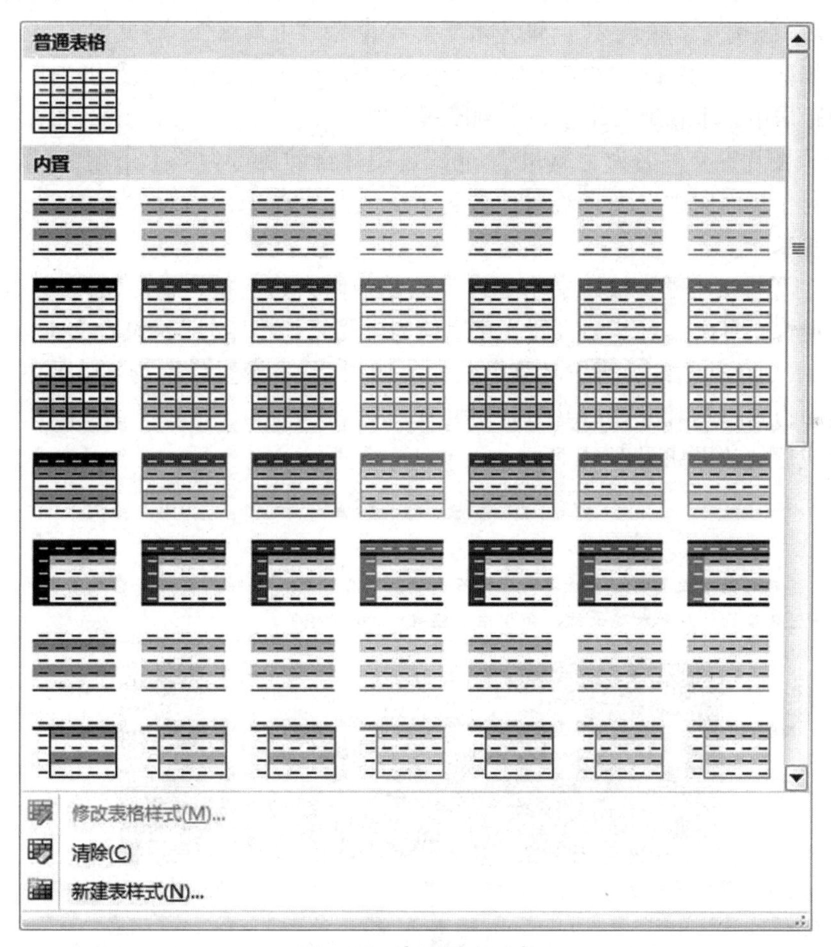

图 3.65　表格样式列表

2）表格样式使用说明

“表格样式”列表框中预定义了 98 种表格样式，选定一种，其下边的“预览”框中就会显示一种格式的效果，每种预定义的格式都包含已设置的边框、底纹、字体、颜色、自动调整信息，并对特殊格式有具体规定。用户也可以按列表下方的“自定义表样式”命令以预定格式为基础重新设定格式，还可以对原来的格式用“清除”命令进行删除。

3.6 【案例5】制作一张宣传海报

案例分析

本案例主要完成一张宣传海报的设计，通过本案例读者应学会使用 Word 2010 进行文档编辑，字体和字号设置，图片和艺术字、文本框的插入，重点在于图片、文本框、艺术字的插入与格式设置。具体操作如下：

（1）打开“赵州桥.docx”文档，按照下列要求操作完毕后以“赵州桥-图文混排.docx”为文件名保存。

（2）将标题转换成艺术字，设置艺术字填充和颜色样式为“填充-红色，强调文字颜色2，双轮廓，强调文字颜色2”；将艺术字形状设为“上弯弧”，将文本效果设为“阴影：外部：向左偏移”；将艺术字文字环绕方式设为“上下型”，将位置设为“水平对齐方式：相对于页边距居中，垂直绝对位置：下侧段落1厘米”。

（3）插入图片，文件名为“赵州桥.jpg”，图片自动换行为“上下型”，图片的水平对齐方式为相对于页面居中，垂直绝对位置为下侧段落4厘米，绝对大小为高度4.89厘米、宽度11.22厘米。

（4）绘制竖排文本框，输入文本框内容“赵州南去访名桥，秋尽洨河树未凋。初诧苍龙腾水面，继惊新月出云霄。”，设置文字字体为“仿宋，小四号”；设置文本框图案填充为纹理“羊皮纸”，无边框线，设置环绕方式为“四周型”，设置位置为“水平对齐方式：相对于页面居中；垂直绝对位置：下侧上边距12.5厘米”。

案例完成后的效果如图3.66所示。

图3.66　案例5效果

案例目标

（1）能熟练插入艺术字、图片、文本框等对象。
（2）能熟练设置艺术字、图片、文本框等对象的格式。

实施过程

（1）双击打开“赵州桥.docx”文档，另存为“赵州桥－图文混排.docx”。

（2）将标题转换成艺术字，设置艺术字填充和颜色样式为“填充－红色，强调文字颜色 2，双轮廓，强调文字颜色 2”；将艺术字形状设为“上弯弧”，将文本效果设为“阴影：外部：向左偏移”；将艺术字文字环绕方式设为“上下型”，将位置设为“水平对齐方式：相对于页边距居中，垂直绝对位置：下侧段落 1 厘米”。

①插入艺术字。

选中标题文字“赵州桥”，单击“插入”→“文本”分组中的“艺术字”按钮，选择“填充－红色，强调文字颜色 2，双轮廓，强调文字颜色 2”样式，如图 3.67 所示。

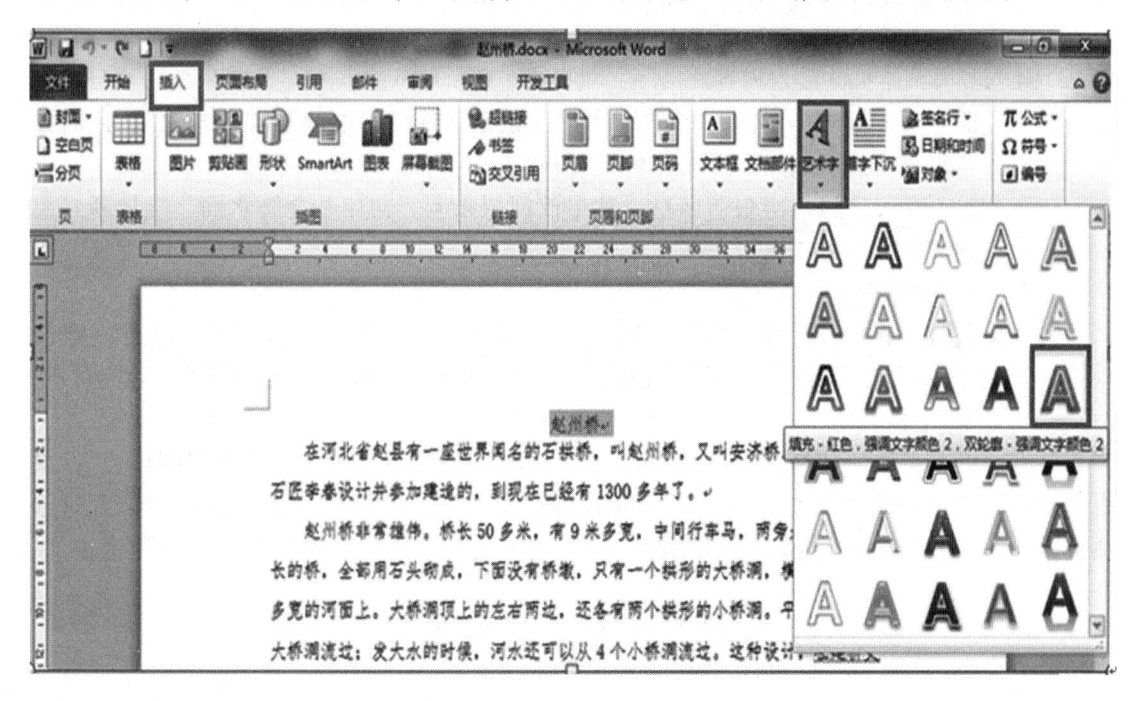

图 3.67　插入艺术字

②设置艺术字格式。

单击艺术字，使艺术字处于选中状态，单击“绘图工具”→“格式”→“艺术字样式”分组中的“文本效果”按钮，选择“转换”→“跟随路径”→“上弯弧”按钮。单击“绘图工具”→“格式”→“排列”分组中的“自动换行”，选择“上下型环绕”。单击“绘图工具”→“格式”→“排列”分组中的“位置”，选择“其他位置选项”，打开“布局”对话框的“位置”选项页面，设置“水平对齐方式：相对于页面居中，垂直绝对位置：下侧段落/厘米”。

（3）插入图片，文件名为“赵州桥.jpg”，图片自动换行为“上下型”，图片的水平对齐方式为相对于页面居中，垂直绝对位置为下侧段落 4 厘米，绝对大小为高度 4.89 厘米、宽度 11.22 厘米。

①插入图片。

单击“插入”→“插图”分组中的“图片”按钮，打开“插入图片”对话框，选择要插入的图片文件，单击“插入”按钮。

②设置图片格式。

选中图片，选中“图片工具”→“格式”→“排列”分组中的“自动换行”，选择“上下型环绕”。单击“图片工具”→“格式”→“排列”分组中的“位置”，选择“其他位置选项”，打开“布局”对话框的“位置”选项页面，设置水平对齐方式为相对于页面居中，垂直绝对位置为下侧段落 4 厘米。单击“图片工具”→“格式”→“大小”分组中的对话框启动器，打开“布局”对话框的“大小”选项页面，勾掉“锁定纵横比”选项，设置绝对大小为高度 4.89 厘米、宽度 11.22 厘米。

（4）绘制竖排文本框，输入文本框内容“赵州南去访名桥，秋尽洨河树未凋。初诧苍龙腾水面，继惊新月出云霄。”，设置文字字体为“仿宋，小四号”；设置文本框图案填充为纹理“羊皮纸”，无边框线，设置环绕方式为“四周型”，设置位置为“水平对齐方式：相对于页面居中，垂直绝对位置：下侧上边距 12.5 厘米”。

①插入竖排文本框并输入内容。

单击“插入”→“文本”分组中的“文本框”按钮，选择“绘制竖排文本框”，此时鼠标变成“+”形状，按下鼠标，画出文本框大小。

在文本框中输入“赵州南去访名桥，秋尽洨河树未凋。初诧苍龙腾水面，继惊新月出云霄。”，设置文字字体为“仿宋，小四号”。

②设置文本框格式。

选中文本框，单击“绘图工具”→“格式”→“形状大小”分组中的“形状填充”→“纹理”→“羊皮纸”；单击“绘图工具”→“格式”→“形状大小”分组中“形状填充”→“形状轮廓”→“无轮廓”。

单击“绘图工具”→“格式”→“排列”分组中的“自动换行”，选择“四周型环绕”；单击“排列”分组中的“位置”，选择“其他位置选项”，打开“布局”对话框的“位置”选项页面，设置水平对齐方式为相对于页面居中，垂直绝对位置为下侧上边距 12.5 厘米。

3.7 【案例 6】页面排版及其他功能

案例分析

本案例主要完成一张宣传海报的设计，通过该案例读者应学会使用 Word 2010 进行文档的编辑，字体和字号的设置，图片和艺术字、文本框的插入，重点在于图片、文本框、艺术字的插入与格式设置。具体操作如下：

打开“视窗软件安全问题 - 格式”文档，按下列要求操作完毕后以“视窗软件安全问题 - 页面排版”为文件名保存在自己的文件夹中。

（1）设置文档页面纸张大小为“16 开（18.4 × 26 厘米）”；左、右页边距各为 3 厘米，上、下页边距各为 2.8 厘米；装订线位置为“上”，页面垂直对齐方式为“顶端对齐”。

(2) 在页面顶端居中位置插入“空白型”页眉，小五号宋体，文字内容为“软件世界”。

(3) 在页面底端插入内置“普通数字 2”型页码，并设置页码编号格式为“Ⅰ、Ⅱ、Ⅲ、……”，起始页码为“Ⅴ”。

(4) 为第三段中的“微软最新补丁软件”添加脚注，脚注内容为“源自新浪网”。

(5) 为第二段中的“微软公司”一词添加超链接，链接地址为“https：//www. microsoft. com。”

(6) 为页面添加内容为“软件安全”的红色（标准色）水印。

(7) 将页面颜色设置为“橙色，强调文字颜色 6，淡色 80%”，并添加浅蓝色阴影边框。

(8) 进行文档打印预览及打印。

案例完成后效果如图 3. 68 所示。

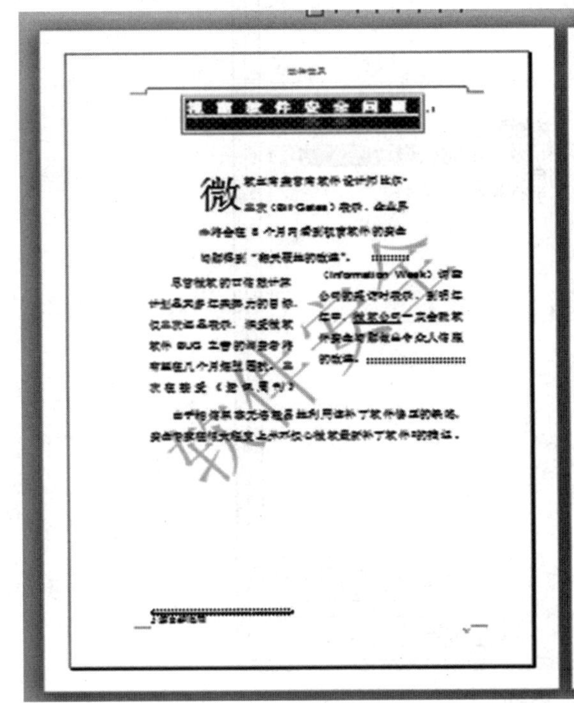

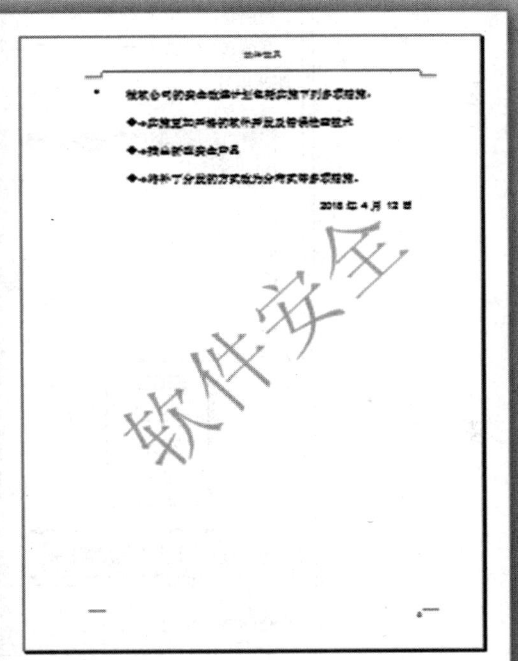

图 3. 68　案例 6 效果

案例目标

(1) 能熟练设置页面尺寸。

(2) 能熟练添加页码、页眉页脚内容、脚注或尾注、超级链接、页面水印、页面边框及颜色。

(3) 能设置文档打印及预览。

实施过程

打开“视窗软件安全问题 - 格式”文档，按下列要求操作完毕后以“视窗软件安全问题－页面排版”为文件名保存在自己的文件夹中。

1）页面设置

设置文档页面纸张大小为“16 开（18.4 厘米×26 厘米）”；左、右页边距各为 3 厘米，上、下页边距各为 2.8 厘米；装订线位置为“上”，页面垂直对齐方式为“顶端对齐”。

（1）设置纸张大小。

单击“页面布局”→“页面设置”对话框启动器，打开“页面设置”对话框的“页面设置”页面。在该页面中选择“纸张大小”→“16 开（18.4×26 厘米）”，在“应用于”下拉列表中选择“整篇文档”，如图 3.69 所示。

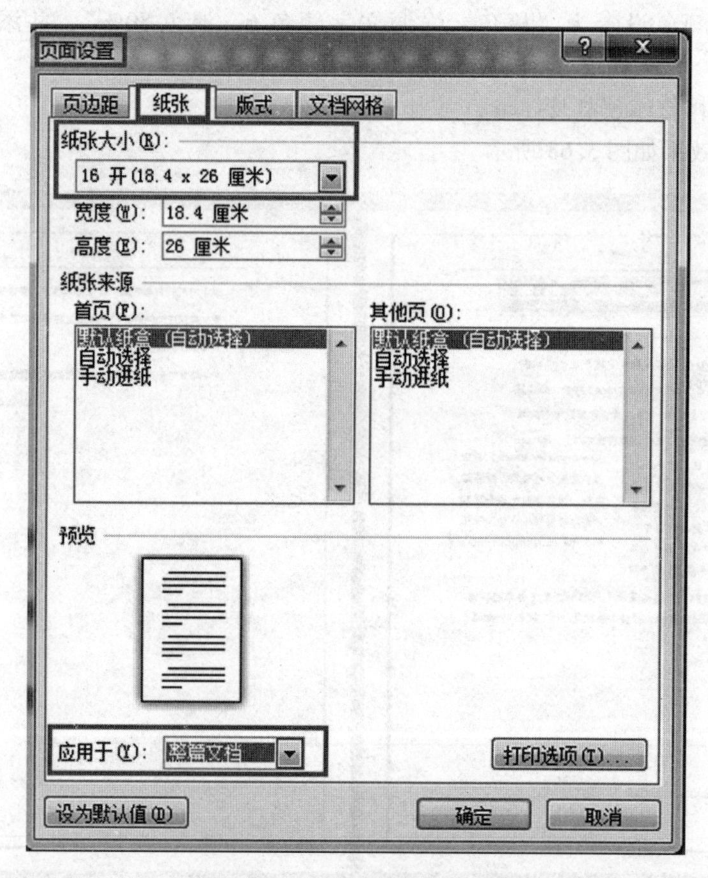

图 3.69 “页面设置”对话框

（2）设置页边距。

在“页面布局”→“页面设置”分组中选择“页边距”→“自定义边距”命令，打开“页面设置”对话框，如图 3.69 所示。选择“页边距”选项卡，在该页面中设置左、右页边距各为 3 厘米，上、下页边距各为 2.8 厘米。设置装订线位置为“上”，页面垂直对齐方式为“顶端对齐”。

2）插入页眉

在页面顶端居中位置插入“空白型”页眉，小五号宋体，文字内容为“软件世界”。

在“插入”→“页眉和页脚”分组中单击“页眉”按钮，在弹出的菜单中选择“空白”型，打开页眉输入区。在页眉输入区的“键入文字”区域输入文本“软件世界”，选中文

字，在“开始”→“字体”分组中把字体设置为小五号宋体，如图 3.70 所示。双击文档正文空白处恢复到正文编辑状态。

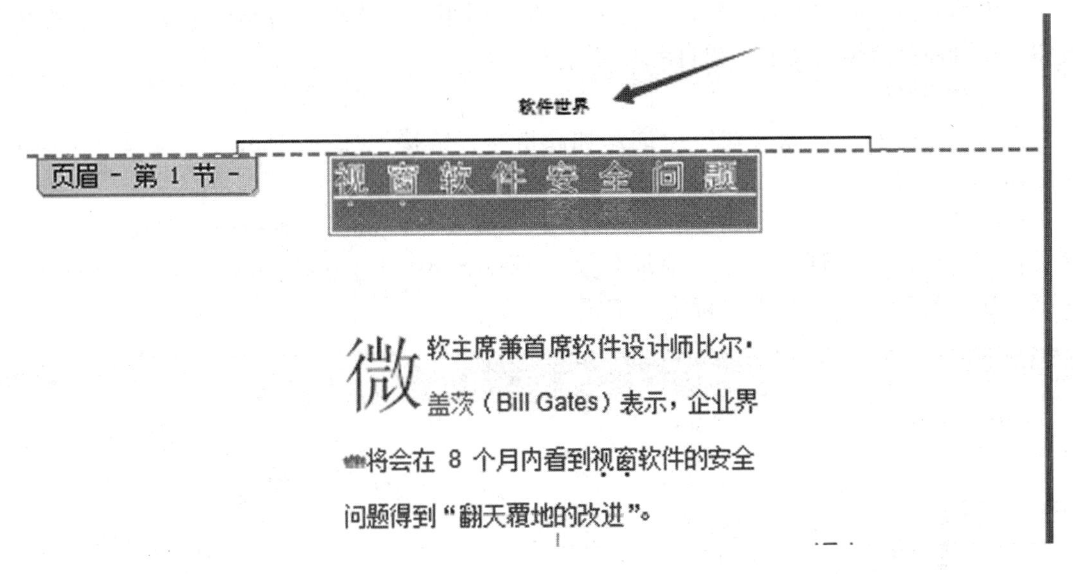

图 3.70　插入页眉

3）插入页码

在页面底端插入内置“普通数字 2”型页码，并设置页码编号格式为“Ⅰ、Ⅱ、Ⅲ、……”，起始页码为“V”。

在“插入”→“页眉和页脚”分组中单击“页码”按钮，在弹出的选项框中选择“页面底端”→“普通数字 2”选项，然后在“页眉页脚工具”→“设计”→“页眉和页脚”分组中单击“页码”→“设置页面格式”命令，弹出“页码格式”对话框，在“编码格式”下拉列表框中选择罗马数字，在“页码编号”选项组中选中“起始页码”单选按钮，设置为“V”，如图 3.71 所示。

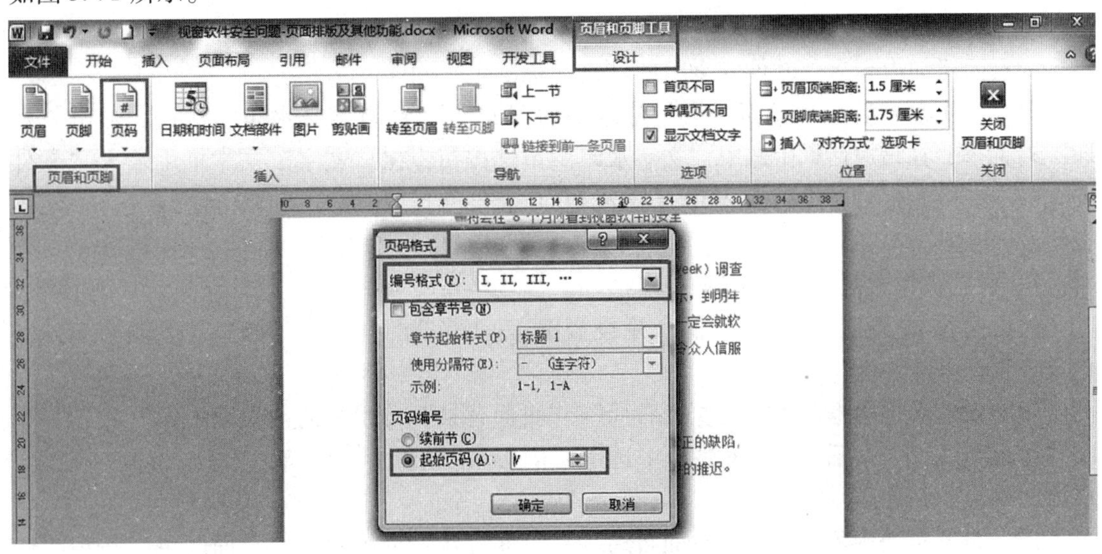

图 3.71　设置页码格式

4）添加脚注

为第三段中的“微软最新补丁软件”添加脚注，脚注内容为“源自新浪网”。

选中第三段中的“微软最新补丁软件”，在“引用”→“脚注”分组中单击“插入脚注”按钮，在脚注位置输入文字“源自新浪网”。

5）添加超链接

为第二段中的“微软公司”一词添加超链接，链接地址为“https：//www. microsoft. com/zh－cn/。”

选中第二段中的“微软公司”一词，单击“插入”→“链接”分组中的“超链接”，打开“插入超链接”对话框，在“地址”文本框中输入“https：//www. microsoft. com/zh－cn/”，如图 3. 72 所示，单击“确定”按钮。

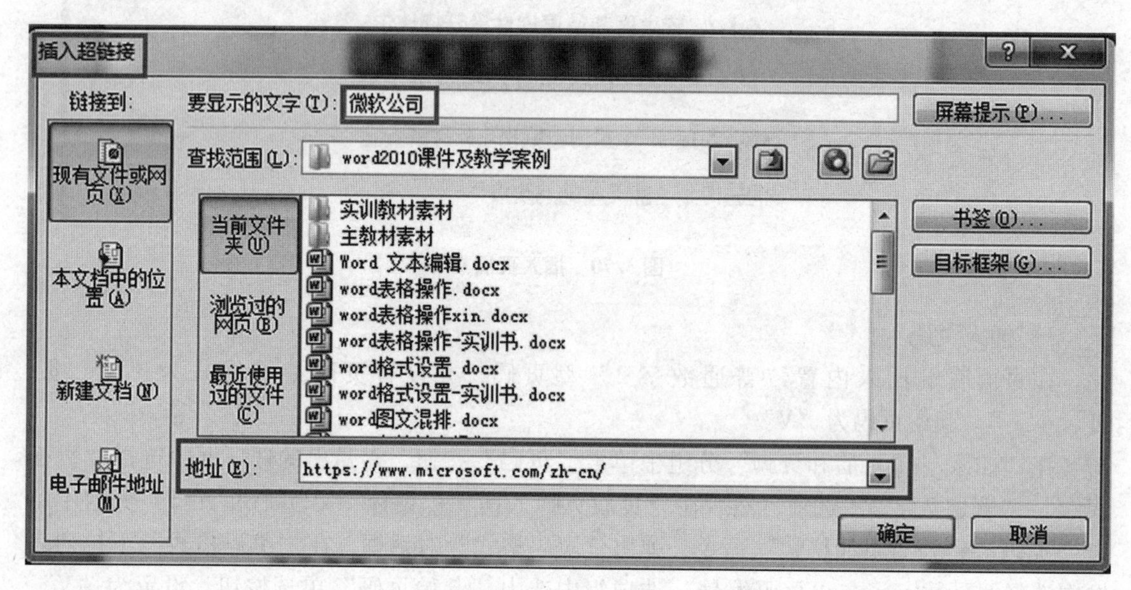

图 3. 72　插入超链接

6）添加水印

为页面添加内容为“软件安全”的红色（标准色）水印。

单击“页面布局”→“页面背景”分组中的“水印”→“自定义水印”按钮，弹出“水印”对话框，在该对话框中选中“文字水印”单选按钮，在“文字”文本框中输入“软件安全”，在“颜色”下拉列表框中选择红色（标准色），如图 3. 73 所示，单击“确定”按钮。

7）设置页面边框及页面颜色

为页面添加浅蓝色阴影边框，并设置页面颜色为“橙色，强调文字颜色 6，淡色 80%”。

（1）设置页面边框。单击“页面布局”→“页面背景”分组中的“页面边框”按钮，弹出“边框和底纹”对话框。在对话框中选定“阴影”，颜色为“浅蓝色”，如图 3. 74 所示，单击“确定”按钮。

（2）设置页面颜色：单击“页面布局”→“页面背景”分组中的“页面颜色”按钮，选择“橙色，强调文字颜色 6，淡色 80%”。

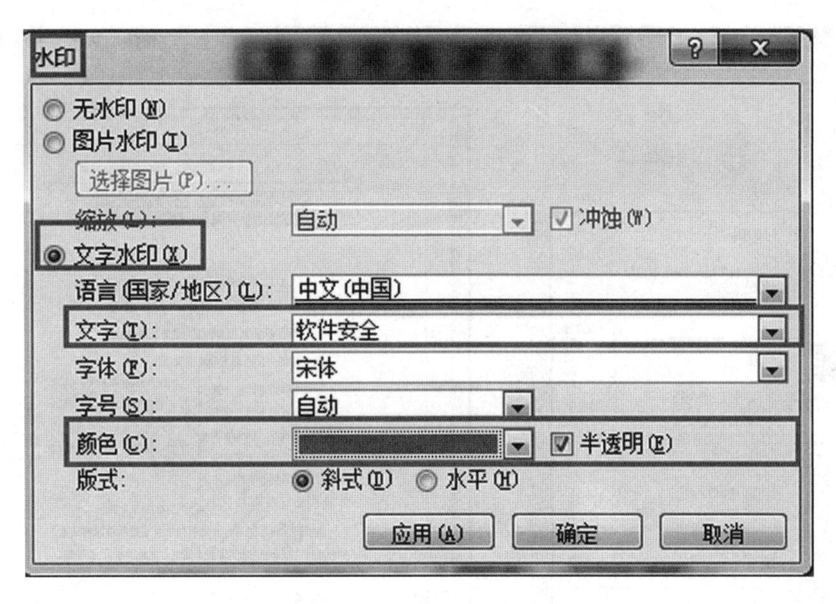

图 3.73　添加文字水印

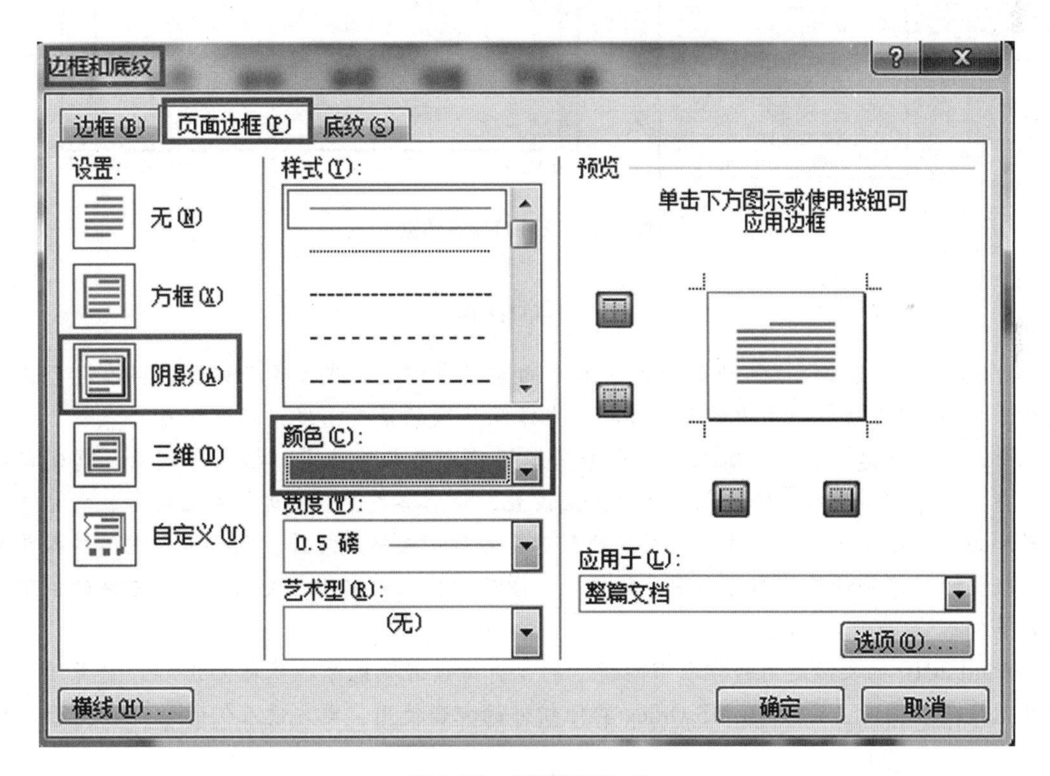

图 3.74　设置页面边框

8）进行文档打印预览及打印

选择“文件”→“打印”菜单，打开“打印预览和打印”窗口，该窗口主要分为 3 个区域，分别为选择打印机、打印设置和打印预览，如图 3.75 所示。

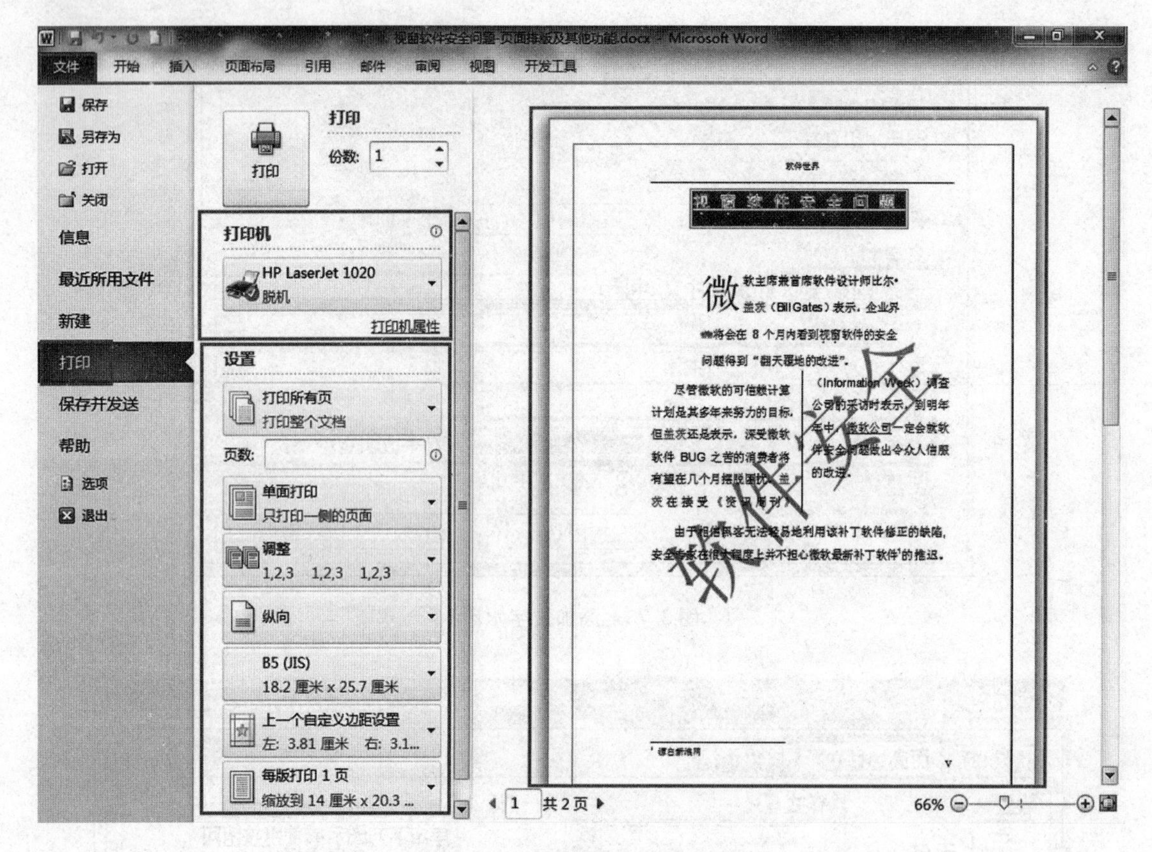

图 3.75　文件打印及预览

本章小结

Word 是现代办公必不可少的软件，本章的学习应该是实践大于理论，这样有利于读者熟练掌握 Word 在实际应用中的各种技巧。本章从实践的角度出发，精选了 6 个案例，知识点包含文档的创建、打开、输入、保存等基本操作，文本的选定、插入与删除、复制与移动、查找与替换等基本编辑技术，字体格式设置、段落格式设置、文档页面设置、文档背景设置和文档分栏等基本排版技术，表格的创建、修改，表格的修饰，表格中数据的输入与编辑，数据的排序和计算，图形和图片的插入，图形的建立和编辑，文本框、艺术字的使用和编辑等知识。

Word 2010 的实际运用并非本书能讲完的，有待读者熟练掌握基础知识后，更灵活地运用其他技巧。同时，Word 与 MS Office 其他组件的配合使用，更方便人们的学习和生活。

课后练习

一、填空题

1. Word 2010 是办公套装软件________中的一个组件。

2. Word 2010 的 8 个选项为：“开始”选项卡、________、“页面布局”选项卡、________、“邮件”选项卡、“审阅”选项卡、“视图”选项卡、“加载项”选项卡。

3. 在 Windows 资源管理器中双击某个 Word 文档名，可以打开________，同时启动 Word 2010。

4. Word 2010 的“插入”选项卡包括页、表格、插图、链接、________、文本、符号和特殊符号 8 个功能组。

5. Word 2010 的“邮件”选项卡包括创建、开始邮件合并、________、预览结果和完成 5 个组。

6. 可以通过在 Word 2010 的“打开”对话框的“文件名”框中输入要搜索文件名的通配符________来搜索文件。

二、操作题

请将下面的文字输入 Word 2010 并编辑排版：

Wi－Fi

Wi－Fi 是一种可以将个人计算机、手持设备（如 PDA、手机）等终端以无线方式互相连接的技术。

Wi－Fi 的英文全称为 Wireless Fidelity，在无线局域网的范畴是指“无线相容性认证”，实质上是一种商业认证，同时也是一种无线联网技术。

Wi－Fi 无线上网目前在大城市比较常用，Wi－Fi 最主要的优势在于不需要布线，可以不受布线条件的限制，因此非常适合移动办公用户的需要，并且由于发射信号功率低于 100 MW，低于手机发射功率，所以 Wi－Fi 上网相对也较为安全健康的。

要求：

1. 输入以上文字，并将其保存为以“Wi－Fi”为文件名的 Word 文件。

2. 排版设计。

（1）纸张：16 开；边距：左、右页边距均为 1.8 厘米，上、下页边距均为 2.0 厘米。

（2）标题：黑体三号，居中对齐，段前段后间隔 0.5 行。

（3）正文：将所输入的文字复制三份。

①第一段设置为宋体四号、蓝色。

②第二、三段设置为仿宋小四号、深红色；第二段首字下沉 2 行；第三段分为两栏，中间加分栏线。

3. 格式操作

（1）将所有“Wi－Fi”设置为红色、加粗。

（2）页眉为“计算机应用习题”，小五号宋体居中；页脚为“第 X 页/共 Y 页”，小五号宋体右对齐。

4. 将“Wi－Fi”制作为图 3.76 所示的艺术字。艺术字版式为紧密型，置于第一、二段之间居右。

5. 再次保存文件。

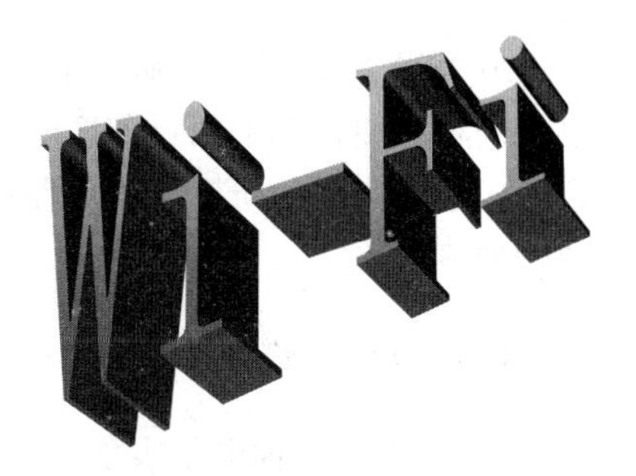

图 3.76　艺术字

第 4 章

Excel 2010 电子表格软件

Microsoft Office Excel 是微软公司出品的 Office 系列办公软件中的一个组件，主要用于创建和编辑电子表格，进行数据的复杂运算、分析和预测，完成各种统计图表的绘制。另外，运用打印功能还可以将数据以各种统计报表和统计图的形式打印出来。目前，该软件广泛应用于金融、财务、企业管理和行政管理等各领域。

学习目标

☑ 了解 Excel 的工作界面及特点。
☑ 能够创建 Excel 工作表。
☑ 掌握 Excel 图标的编辑。
☑ 掌握 Excel 中基本函数的应用。
☑ 熟练应用 Excel 的各种数据功能。

4.1 Excel 简介

Excel 在 Office 办公软件中的功能是统计和分析数据信息。它是一个二维电子表格软件，能以快捷方便的方式建立报表、图表和数据库。利用 Excel 2010 平台提供的函数（表达式）与丰富的功能对电子表格中的数据进行统计和数据分析，为用户在日常办公中从事一般的数据统计和分析提供了一个简易快速的平台。因此，在本章的学习中，必须掌握如何快捷地建立表格，运用函数和功能区进行统计和数据分析，掌握建立图表的技能以形象地说明数据趋势。

从 1985 年的第一个版本 Excel 1.0 到现在的 Excel 2010，Excel 的功能越来越丰富，操作也越来越简便，本书以目前广泛使用的 Excel 2010 为基础进行介绍（考虑到文档使用时的兼容性，本书建立的所有文档均保存为 Excel 93－2003 工作簿，扩展名为“＊.xls”），其主要功能如下所述。

1. 数据库的管理

Excel 作为一种电子表格工具，对数据库进行管理是其最有特色的功能之一。系统提供了大量的处理数据库的相关命令和函数，用户可以方便地组织和管理数据库。

2. 数据分析和图表管理

除了可以做一般的计算工作之外，Excel 还以其强大的功能、丰富的格式设置选项为直观化的数据分析提供了有效的途径。用户可以进行大量的分析与决策方面的工作，并对用户

的数据进行优化。此外，用户还可以根据工作表中的数据源迅速生成二维或三维的统计图表，并对图表中的文字、图案、色彩、位置和尺寸等进行编辑和修改。

3. 在一个单元格中创建数据图表

迷你图是 Excel 的新功能，可使用它在一个单元格中创建小型图表来快速发现数据的变化趋势。这是一种突出显示重要数据趋势（如季节性升高或下降）的快速简便的方法，可节省大量时间。

4. 快速定位正确的数据点

Excel 2010 具有全新的切片和切块功能。切片器在数据透视表视图中提供了丰富的可视化功能，方便动态分割和筛选数据以显示需要的内容。使用搜索筛选器，可用较少的时间审查表和数据透视表视图中的大量数据集，而将更多时间用于分析。

5. 对象的链接和嵌入

利用 Windows 操作系统的链接和嵌入技术，用户可以将其他软件制作的内容插入 Excel 的工作表中。当需要更改图案时，在图案上双击鼠标，制作该图案的软件就会自动打开，修改或编辑后的图形也会在 Excel 中显示出来。

6. 数据清单管理和数据汇总

可通过记录单添加数据用户或对清单中的数据进行查找和排序，并对查找到的数据自动进行分类汇总。

7. 交互性强和动态的数据透视图

可以从数据透视图快速获得更多认识，还可以直接在数据透视图中显示不同的数据视图，这些视图与数据透视表视图相互独立，可为数字分析捕获最有说服力的视图。

4.1.1　Excel 2010 的启动与退出

1. 启动 Excel 2010

Excel 2010 的启动方法与 Word 2010 的启动方法完全一致，同样可以通过以下几种方式完成：
（1）从“开始”菜单中启动 Excel 2010。
（2）通过快捷图标启动 Excel。
（3）通过已存在的文档启动 Excel 2010。
（4）开机自动启动 Excel 2010。

2. 退出 Excel 2010

Excel 2010 的退出方法也与 Word 2010 的退出方法完全一致，包括：
（1）双击 Excel 2010 工作窗口左上角的控制菜单图标。
（2）单击 Excel 2010 程序窗口右上角的“关闭”按钮。

(3) 选择“文件”→“退出”命令。

(4) 使用“Alt + F4”组合键。

4.1.2 Excel 2010 的工作界面

启动 Excel 后，其工作界面如图 4.1 所示。Excel 的窗口主要包括快速访问工具栏、标题栏、窗口控制按钮、选项卡、功能区、名称框、编辑栏、工作区、行号、列标、状态栏和滚动条等。

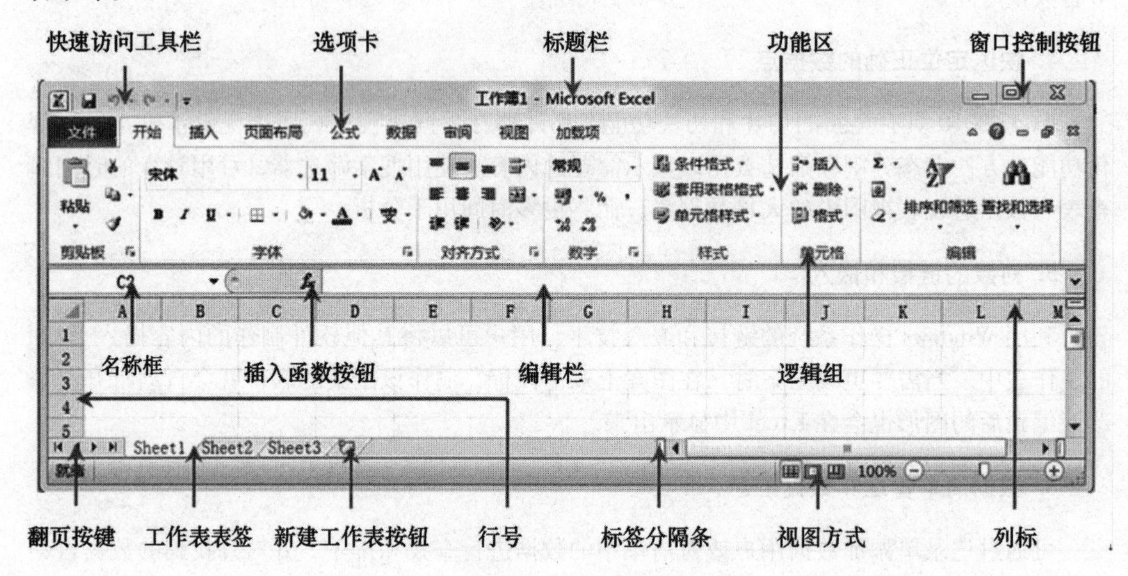

图 4.1　Excel 2010 的工作界面

1. 标题栏

标题栏用于标识当前窗口程序或文档窗口所属程序或文档的名字，如“工作簿 1 - Microsoft Excel”。此处“工作簿 1”是当前工作簿的名称，“Microsoft Excel”是应用程序的名称。如果同时又建立了另一个新的工作簿，Excel 自动将其命名为“工作簿 2”，依此类推。在其中输入信息后，需要保存工作簿时，用户可以另取一个与表格内容相关的更直观的名字。

2. 选项卡

选项卡包括“文件”“开始”“插入”“页面布局”“公式”“数据”“审阅”“视图”“加载项”等。用户可以根据需要单击选项卡进行切换，不同的选项卡对应不同的功能区。

3. 功能区

每个选项卡都对应一个功能区，功能区命令按逻辑组的形式组织，旨在帮助用户快速找到完成某一任务所需的命令。为了使屏幕更为整洁，可以使用窗口右上角控制按钮下的按钮打开/关闭功能区。

4. 快速访问工具栏

快速访问工具栏位于窗口的左上角（也可以将其放在功能区的下方），

通常放置一些最常用的命令按钮，可单击自定义工具栏右边的 ▾ 按钮，根据需要删除或添加常用命令按钮。

5. 名称框

名称框用于显示（或定义）活动单元格或区域的地址（或名称）。单击名称框旁边的下拉按钮可弹出一个下拉列表，列出所有已自定义的名称。

6. 编辑栏

编辑栏用于显示当前活动单元格中的数据或公式。可在编辑栏中输入、删除或修改单元格的内容。编辑栏中显示的内容与当前活动单元格的内容相同。

7. 工作区

在编辑栏下面是 Excel 的工作区，在工作区窗口中，列标和行号分别标在窗口的上方和左边。列标用英文字母 A ~ Z、AA ~ AZ、BA ~ BZ 命名，共 16 348 列；行号用数字 1 ~ 1 048 576 标识，共 1 048 576 行。行号和列标的交叉处就是一个表格单元（简称单元格）。整个工作表包括 16 348 × 1 048 576 个单元格。

8. 工作表标签

工作表的名称（或标题）出现在屏幕底部的工作表标签上。在默认情况下，名称是 Sheet1、Sheet2 等，用户也可以为任何工作表指定一个更恰当的名称。

4.2 【案例 1】创建一个公司员工档案信息表

案例分析

员工信息一般包括员工的工号、姓名、性别、出生日期、部门、职务、职称、学历、联系电话、基本工资等信息。使用 Excel 制作表格，可以利用自动填充功能、数据有效性等技巧使数据输入速度提高同时防止输入错误。

案例目标

（1）熟练启动与退出 Excel 2010 以及工作簿的建立与保存。

（2）熟练输入与编辑不同类型的数据。

（3）掌握自动填充功能。

（4）掌握数据有效性的设置。

实施过程

（1）启动 Excel 2010 新建一个工作簿，并保存在 E 盘中的“工作文件”文件夹内，文件名为“员工档案信息表 . xls”。

（2）选中 A1 单元格，输入表格标题“公司员工档案信息表”。

（3）依次在 A2 ~ H2 中输入工作表的列标题，如图 4.2 所示。

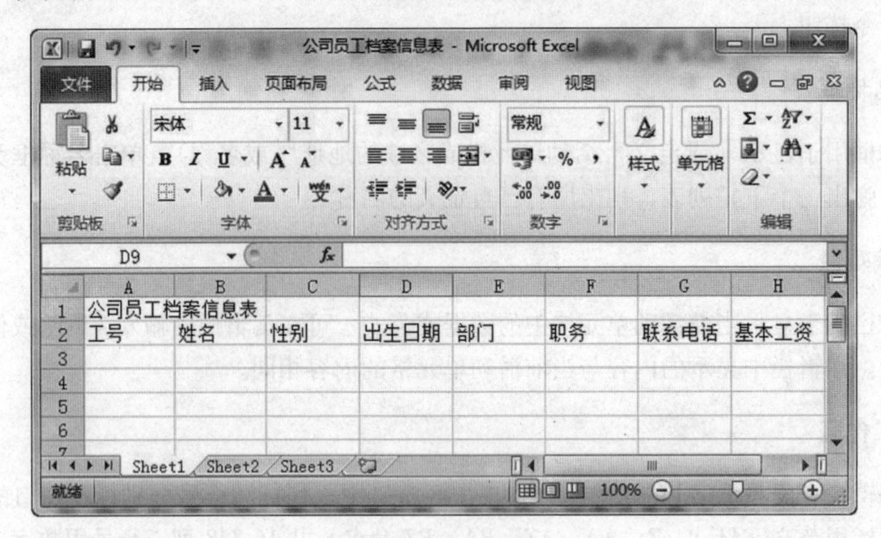

图 4.2　表格表头

（4）选中 A3 单元格，在 A3 单元格中输入“'4009001”。将鼠标指针指向 A3 单元格右下角的填充柄上，如图 4.3 所示，鼠标指针由空心“十”字变成实心“十”字时，按住鼠标左键向下拖动填充柄，则从单元格 A4 ~ A20 自动填充员工工号“4009002 ~ 4009018”。

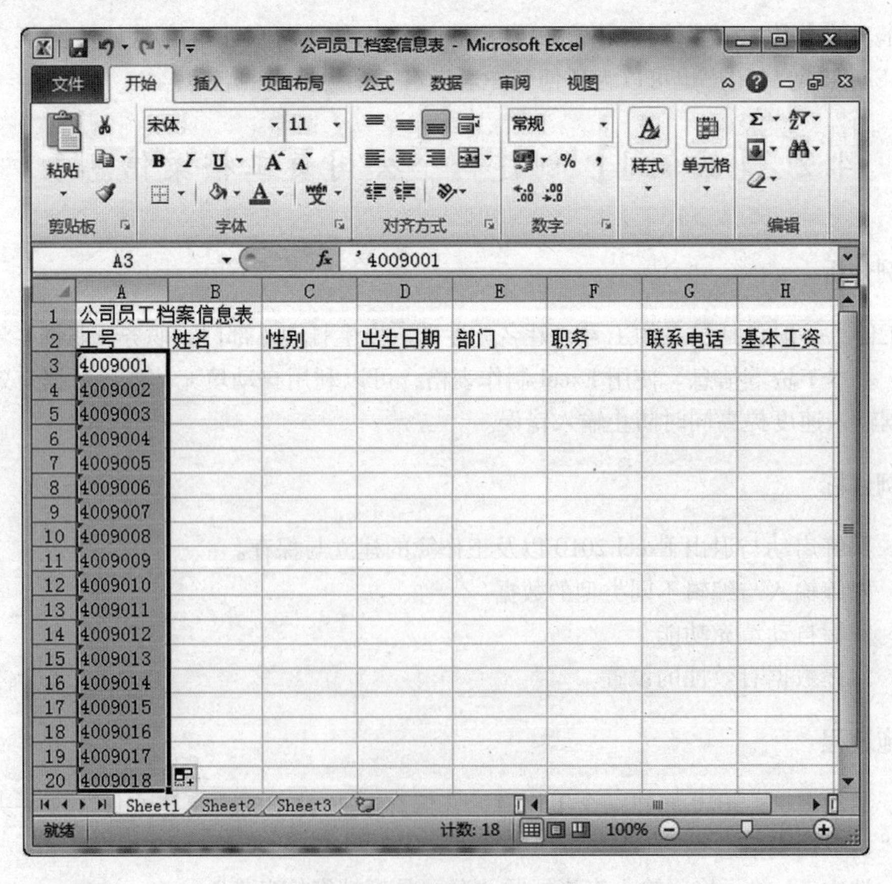

图 4.3　自动填充员工工号

（5）在 B 列中输入“姓名”列的内容。

（6）输入“性别”内容。

①选中 C3 单元格，输入“男”，将鼠标指针移至该单元格右下角，用鼠标左键拖拽填充柄。

②单击性别应该为“女”的单元格，输入“女”代替“男”。

（7）输入“出生日期”列的数据，年月日之间用“-”隔开。

（8）应用数据有效性设置，强制从指定的下拉列表中选择输入“部门“和“职务”列的数据。

①单击“部门”列第一个要输入的单元格 E3。

②单击“数据”→“数据工具”→“数据有效性”命令。在弹出的“数据有效性”对话框中，选择“设置”选项卡，在“允许”下拉列表中选择“序列”选项，在“来源”文本框中输入各个部门的名称：“行政部，办公室，销售部，人事部，财务部，研发部，客服部”，如图 4.4 所示，单击“确定”按钮。

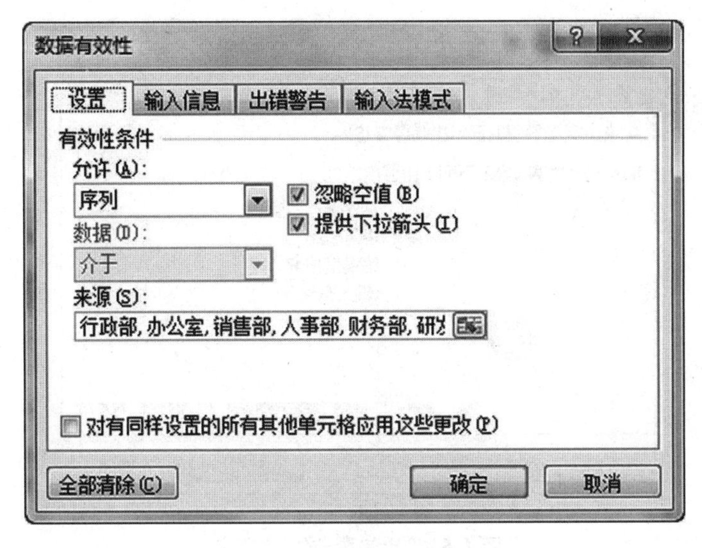

图 4.4 “设置”选项卡

注意：部门之间用英文半角的逗号隔开。

③在“数据有效性”对话框中，如图 4.5 所示，选择“输入信息”选项卡，在“标题”文本框中输入“部门”，在“输入信息”文本框中输入“请从下拉列表中选择输入部门”。

④选择“出错警告”选项卡，如图 4.6 所示，设置出错提示信息。在“标题”文本框中输入“部门”，在“错误信息”文本框中输入“输入有误!”。

⑤选中 E3 单元格，拖动填充柄，将数据有效性设置复制到其他单元格。

⑥从下拉列表中选择每个职员的部门，如图 4.7 所示。

（9）利用相同的方法对“职务”进行有效性设置，从“经理，副经理，职员”中选择输入数据。

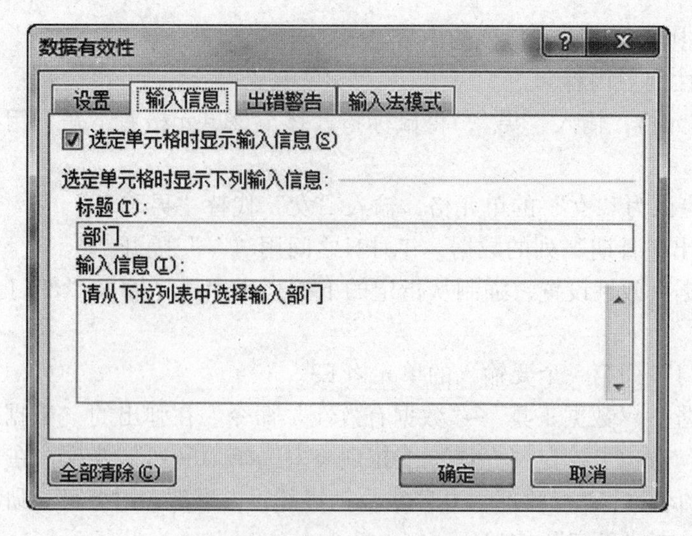

图 4.5 “输入信息”选项卡

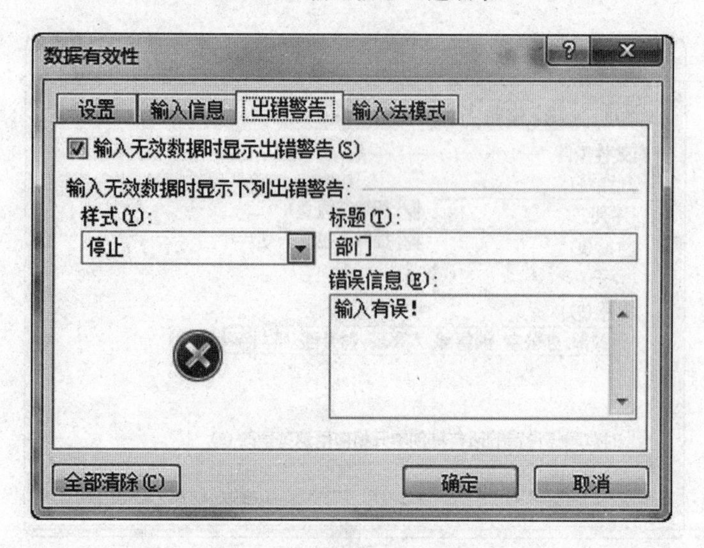

B	C	D	E	F
档案信息表				
姓名	性别	出生日期	部门	职务
张英	女	1974-7-6		
王振才	男	1963-5-7		
马建民	男	1968-7-7		
王　霞	女	1979-9-9		
王建美	女	1971-2-9		
王　磊	男	1983-1-10		
艾晓敏	女	1979-12-12		
刘方明	男	1981-9-12		
刘大力	男	1976-8-13		
刘国强	男	1980-2-14		
刘凤昌	男	1971-12-16		
刘国明	男	1973-1-13		

行政部
办公室
销售部
人事部
财务部
研发部
客服部

图 4.7 “部门”下拉列表

（10）输入员工的联系电话。由于手机号码位数是 11 位，为了防止输错位数，在输入号码前先用有效性限定手机号码为 11 位，具体步骤如下：

①单击 G3 单元格。

②单击“数据”→“数据工具”→“数据有效性”命令，在弹出的“数据有效性”对话框中，选择“设置”选项卡，在“允许”下拉列表中选择“文本长度”选项，在“数据”下拉列表中选择“等于”选项，在“长度”文本框中设置“11”，如图 4.8 所示，单击“确定”按钮。

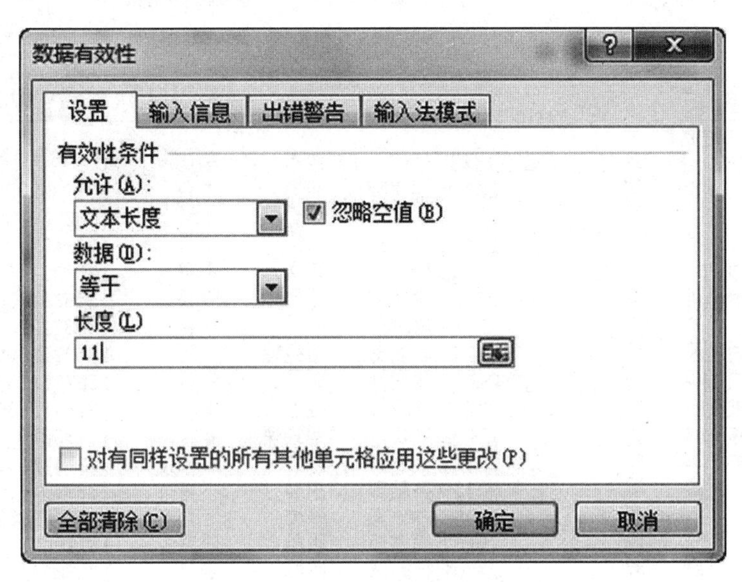

图 4.8　“数据有效性”对话框

③依次输入员工的手机号码。当输错位数时，如输入“139123456789”，系统会弹出报错信息，如图 4.9 所示。

图 4.9　出错信息

（11）在 H3 ~ H20 单元格中依次输入员工的基本工资。

（12）在“联系电话”列左边插入“学历”列。

①选中 G 列，单击“插入”→“行和列”→“列”命令，这样就在“联系电话”左边插入一个空列。

②将同一工作簿中的“员工学历情况表”中的“学历”一列复制到刚刚插入的空列中。

(13) 将工作表 Sheet1 重名为“员工档案信息表”，效果如图 4.10 所示。

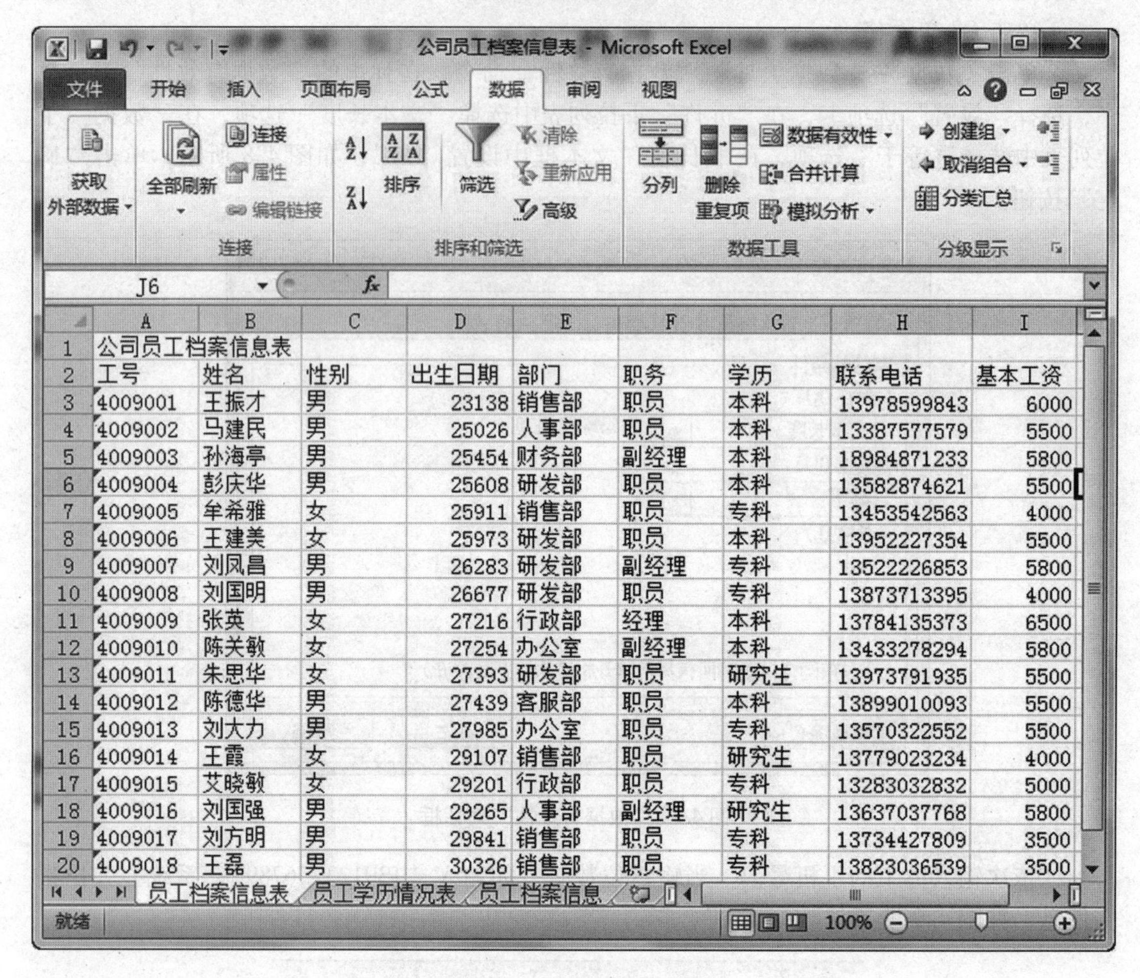

	A	B	C	D	E	F	G	H	I
1	公司员工档案信息表								
2	工号	姓名	性别	出生日期	部门	职务	学历	联系电话	基本工资
3	4009001	王振才	男	23138	销售部	职员	本科	13978599843	6000
4	4009002	马建民	男	25026	人事部	职员	本科	13387577579	5500
5	4009003	孙海亭	男	25454	财务部	副经理	本科	18984871233	5800
6	4009004	彭庆华	男	25608	研发部	职员	本科	13582874621	5500
7	4009005	牟希雅	女	25911	销售部	职员	专科	13453542563	4000
8	4009006	王建美	女	25973	研发部	职员	本科	13952227354	5500
9	4009007	刘凤昌	男	26283	研发部	副经理	专科	13522226853	5800
10	4009008	刘国明	男	26677	研发部	职员	专科	13873713395	4000
11	4009009	张英	女	27216	行政部	经理	本科	13784135373	6500
12	4009010	陈关敏	女	27254	办公室	副经理	本科	13433278294	5800
13	4009011	朱思华	女	27393	研发部	职员	研究生	13973791935	5500
14	4009012	陈德华	男	27439	客服部	职员	本科	13899010093	5500
15	4009013	刘大力	男	27985	办公室	职员	专科	13570322552	5500
16	4009014	王霞	女	29107	销售部	职员	研究生	13779023234	4000
17	4009015	艾晓敏	女	29201	行政部	职员	专科	13283032832	5000
18	4009016	刘国强	男	29265	人事部	副经理	研究生	13637037768	5800
19	4009017	刘方明	男	29841	销售部	职员	专科	13734427809	3500
20	4009018	王磊	男	30326	销售部	职员	专科	13823036539	3500

图 4.10　员工档案信息表

知识链接

1. 工作簿的基本操作

工作簿是 Excel 2010 用来处理和存储数据的文件，类似于 Word 2010 的文档。工作簿文件的扩展名是“. xlsx”，而 Word 文档的扩展名是“. docx”(本书建立文档采用兼容性处理，工作簿文件的扩展名仍是“. xls”，而 Word 文档的扩展名仍是“. doc”)。工作簿是由若干(1 ~ 255) 张工作表组成，即工作表是构成工作簿文件的基本单位。Excel 2010 的工作簿文件默认由 3 张工作表组成，可以通过“文件”→“选项”命令，在“常规”选项中更改默认的工作表个数。

1) 新建工作簿

Excel 2010 中通过如下 3 种方法建立一个新的工作簿：

(1) 在启动 Excel 2010 后，将自动建立一个全新的工作簿 1。

(2) 选择“文件”→“新建”命令，通过“新建”界面创建，如图 4.11 所示。

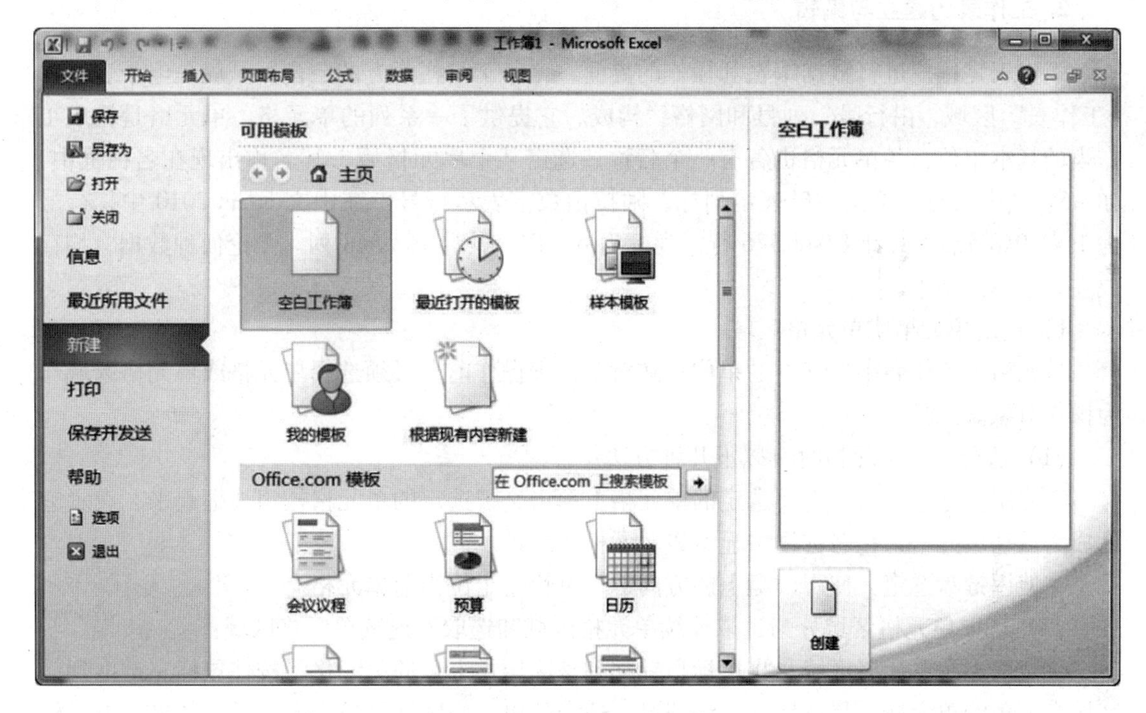

图 4.11　新建空白工作簿

(3) 按“Ctrl + N”组合键，或单击快速访问工具栏中的“新建”按钮直接创建空白工作簿。

2) 打开工作簿

打开一个已有工作簿，可以通过下面的几种方法：

(1) 单击快速访问工具栏中的“打开”按钮。

(2) 选择“文件”→“打开”命令。

(3) 在“计算机”窗口中找到需要打开的工作簿，双击即可将其打开。

(4) 如果“开始”→“最近使用的文档”级联菜单中有需要打开的工作簿，单击即可打开。

3) 保存工作簿

用户在建立、编辑完一个工作簿文件后，通常要将它保存在磁盘上，以便今后继续使用。这里有两种保存方式，一种是针对未命名的工作簿，一种是针对已存在的工作簿。

(1) 保存新建立的工作簿。

单击快速访问工具栏中的“保存”按钮，或者选择“文件”→“保存”或“另存为”命令，或者按“Ctrl + S”组合键，在弹出的“另存为”对话框中，确定“保存位置”和“文件名”后，单击“保存”按钮。

(2) 保存已有的工作簿。

单击快速访问工具栏中的“保存”按钮，或者选择“文件”→“保存”命令，或者按“Ctrl + S”组合键即可。

2. 工作表的建立与编辑

工作表是用户进行数据编辑和操作的界面，位于工具栏下方的空白区域就是电子表格的“工作表”区域，由行号、列号和网格线构成。它提供了一系列的单元格，单元格是构成工作表的基本单位，各单元格也各有一个名称。选定某个单元格后，其名称出现在名称框中，如 A5。其中大写的英文字母表示列标，阿拉伯数字表示行号。在中文 Excel 2010 中，行号为 1 ~ 1 048 576，共计 1 048 576 行，列标为 A ~ IV，共计 163 348 列。无论何种数据，均存放在某个单元格中。

1）选定单元格或单元格区域

单元格是工作表中最基本的单位，在对工作表操作前，必须选择单元格或单元格区域作为操作对象。

（1）选取一个单元格时有以下几种方法：

①使用鼠标选定：在需要选定的单元格上单击，被选定的单元格被粗线框起来，表示它已成为活动单元格，在名称框中显示该单元格的地址。

②使用键盘选定：使用键盘上的方向键，可快速定位当前单元格。

（2）选取单元格区域分为选取连续单元格区域和选取不连续单元格区域：

①选取连续单元格区域：将鼠标指针移到该区域左上角的单元格，按住鼠标左键拖到该区域右下角的单元格，释放鼠标左键即可。选定的单元格区域将呈高亮显示。如果该单元格区域较大，可先单击该区域左上角的单元格后，在按住 Shift 键的同时单击该区域右下角的单元格，这样就可以快速方便地选定相邻的单元格区域。

②选取多个不连续的单元格区域：按住鼠标左键并拖动选定第一个单元格区域，按住 Ctrl 键，然后使用鼠标选定其他单元格或连续的单元格区域即可。

2）工作表中数据的输入

在数据的输入过程中，系统会自行判断用户输入数据的所属类型，并进行适当处理。在工作表中输入数据常常可以通过以下几种方法来实现：

①选择需要输入数据的单元格，然后直接输入数据，输入的内容将直接显示在单元格及编辑栏中。

②单击单元格，然后单击编辑栏，在编辑栏中输入或编辑当前单元格的数据。

③双击单元格，单元格内弹出插入光标，移动光标到所需位置，即可进行数据的输入或编辑修改。

（1）文本型数据的输入。

文本型数据包括字符、数字、汉字、符号及其组合等。用户在输入文本型数据时需注意以下几点：

①在当前单元格中，一般文字如字母、汉字等直接输入即可。

②若输入数据值文本（如身份证号码、电话号码、学号等），应先输入英文半角状态下的“'”，再输入相应的数字，Excel 会自动在该单元格左上角加上绿色的三角标记，说明该单元格中的数据为文本，如图 4. 12 所示。

③若一个单元格中输入的文本过长，Excel 允许其覆盖右边相邻的无数据的单元格；若相邻单元格中有数据，则过长的文本将被截断，但在编辑栏中可以看到该单元格中输入的全

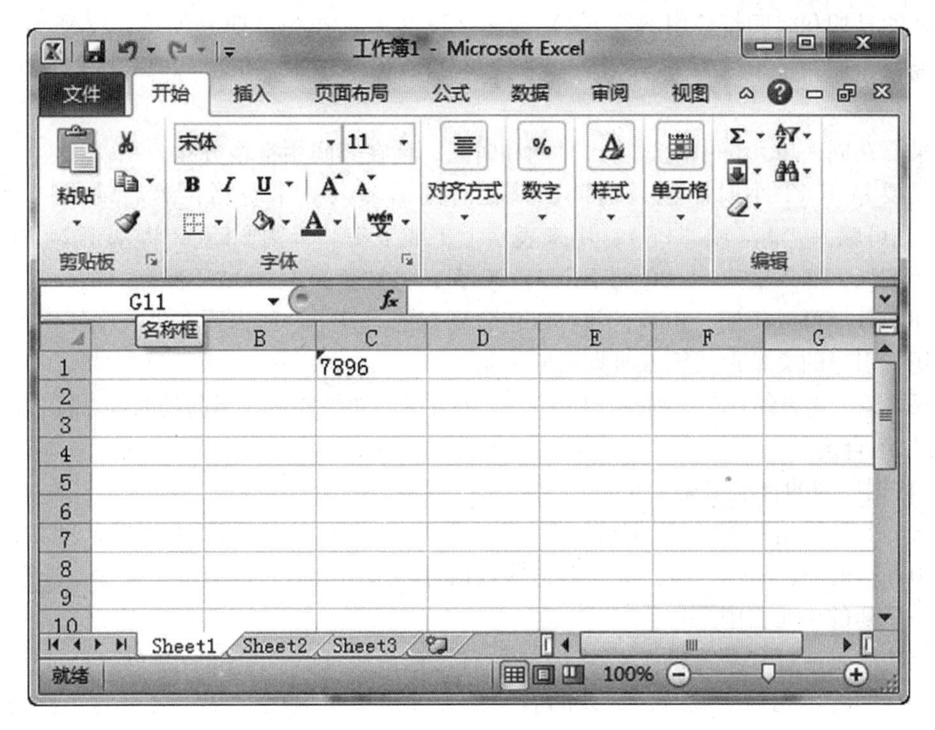

图 4.12　数值型文本

部文本。

（2）数值型数据的输入。

在 Excel 2010 中，数值型数据可以是数字 0 ~ 9、+、-、（、）、千分位号、.（小数点）、/、$、%、E、e 等的组合。

输入数值型数据时，需注意以下几点：

①用户输入分数时，为了避免与日期型数据混淆，应在分数前先输入“0”及一个空格。如用户需要得到分数 2/5，应输入“0 2/5”。如果直接输入“2/5”，则系统将把它视为日期，显示成 2 月 5 日。

②输入负数时，应在负数前输入负号，或将其置于括号中。如 -8 应输入 -8 或（8）。

③在数字间可以用千分位号“,”隔开，如输入“12，002”。

④单元格中的数字格式决定 Excel 2010 在工作表中显示数字的方式。如果在“常规”格式的单元格中输入数字，Excel 2010 会将数字显示为整数、小数，或者当数字长度超出单元格宽度时以科学计数法的形式来表示。采用“常规”格式的数字长度为 11 位，其中包括小数点和类似 E 和“+”这样的字符。如果要输入并显示多于 11 位的数字，可以使用内置的科学记数格式（即指数格式）或自定义的数字格式。

（3）日期时间型数据的输入

Excel 2010 将日期和时间视为数字处理。工作表中的时间或日期的显示方式取决于所在单元格中的数字格式。在输入了 Excel 可以识别的日期或时间数据后，单元格格式会从“常规”数字格式改为某种内置的日期或时间格式。

在默认状态下，日期和时间项在单元格中右对齐。如果 Excel 不能识别输入的日期或时间格式，输入的内容将被视为文本，并在单元格中左对齐。

默认的日期和时间符号用斜线（/）和连字符（-）作为日期分隔符，冒号（:）用作时间分隔符。例如，2014/6/6、2014-6-6、6/Jun/2014 或 16-Jun-2014 都表示 2014 年 6 月 6 日。

如果要在同一单元格中同时输入日期和时间，请在其间用空格分隔。

如果要基于 12 小时制输入时间，请在时间后输入一个空格，然后输入“AM”或“PM”（也可输入“A”或“P”），用来表示上午或下午。否则，Excel 将基于 24 小时制计算时间。例如，如果输入 3:00 而不是 3:00PM，将被视为 3:00AM 保存。

时间和日期可以相加、相减，并可以包含到其他运算中。如果要在公式中使用日期或时间，请用带引号的文本形式输入日期或时间值。

如果要输入当天的日期，则按“Ctrl+;”组合键。如果要输入当前的时间，则按“Ctrl+Shift+:”组合键。

3）数据序列的自动填充

在 Excel 单元格中填写数据时，经常会遇到一些结构有规律的数据，例如，2009、2010、2011；周一、周二、周三等。对这些数据可以采用数据的自动填充技术，让它们自动弹出在一系列的单元格中。

填充功能是通过“填充柄”或“序列”对话框来实现的。单击一个单元格或拖动鼠标选定一个连续的单元格区域时，框线的右下角会弹出一个黑色“+”号，这个黑色“+”号就是填充柄，如图 4.13 所示。打开“序列”对话框的方法是：选择“开始”→“编辑”→“填充”→“系列”命令，如图 4.14 所示。

I	J
到款时间	金额（元）
2012-7-10	7300
2012-7-13	5625
2012-7-17	3565
2012-7-17	11100
2012-7-20	2500
2012-7-26	250
2012-7-31	1875
	32215

图 4.13　填充柄

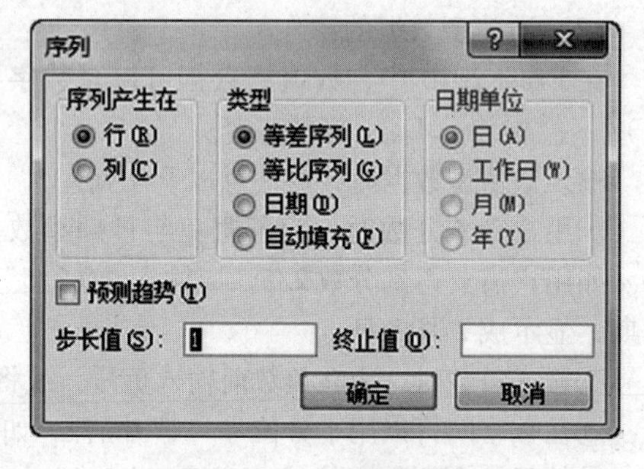

图 4.14　“序列”对话框

(1) 数字的填充方式：等差序列、等比序列、日期、自动填充。

以等差或等比序列方式填充需要输入步长值（步长值可以是负值，也可以是小数，并不一定要为整数）和终止值（如果所选范围还未填充完就已到终止值，那么余下的单元格将不再填充；如果填充完所选范围还未达到终止值，则到此为止）。自动填充功能的作用是将所选范围内的单元全部用初始单元格的数值填充，也就是填充相同的数值。

例如，从工作表初始单元格 A1 开始沿列方向填入 2、4、6、8、10 这样一组数字序列，这是一个等差序列，初值为 2，步长为 2，可以采用以下几种办法填充：

①利用鼠标拖动法。鼠标拖动法是利用鼠标按住填充柄向上、下、左、右 4 个方向拖动来填充数据。填充方法为：在初始单元格 A1 中输入 2，再在单元格 A2 中输入 4，用鼠标选

定单元格 A1、A2 后按住填充柄向下拖动至单元格 A5 时放手即可，如图 4.15 所示。

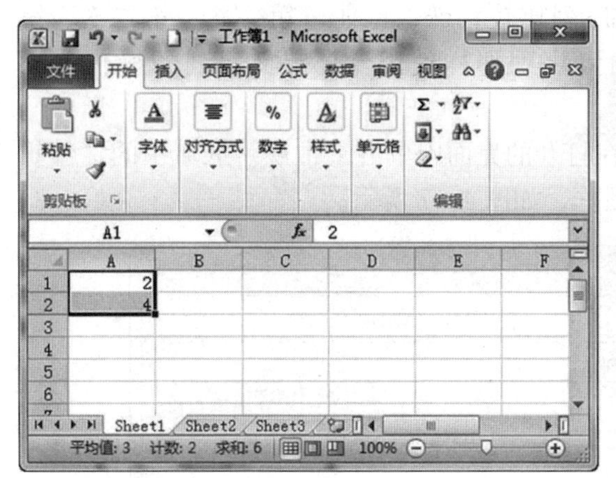

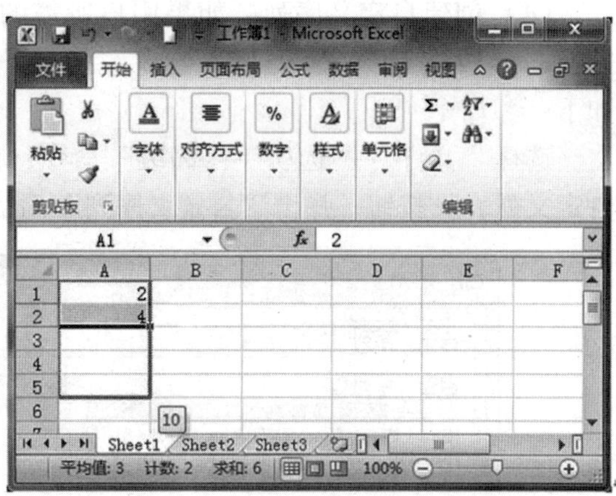

图 4.15　自动填充

②利用“序列”对话框。在初始单元格 A1 中输入“2”，选择“开始”→“编辑”→“填充”→“系列”命令，弹出“序列”对话框。在“序列产生在”区域选择“列”单选按钮，在“类型”区域选择“等差序列”单选按钮，在“步长值”数值框中输入“2”，在“终止值”数值框中输入“10”，然后单击“确定”按钮，如图 4.16 所示。

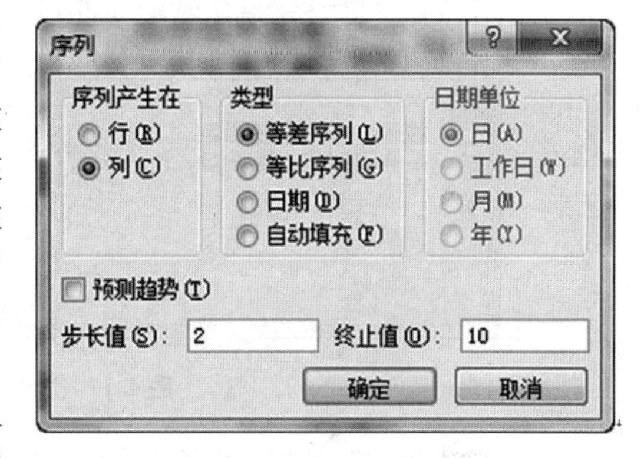

图 4.16　“序列”对话框

③利用鼠标右键。在初始单元格 A1 中输入“2”，用鼠标右键按住填充柄向下拖动到单元格 A5 时放手，这时会弹出一个快捷菜单，选择“序列”命令，以下操作同利用“序列”对话框操作的方法一样。

（2）日期序列填充。日期序列包括日期和时间。当初始单元格中的数据格式为日期时，利用“序列”对话框进行自动填写，“类型”自动设定为“日期”，“日期单位”中有 4 种单位按步长值（默认为 1）进行填充选择：“日”“工作日”“月”“年”。

如果选择“自动填充”单选按钮，则无论是日期还是时间，填充结果相当于按步长为 1 的等差序列填充。利用鼠标拖动填充的结果与“自动填充”相同。

（3）文本填充。在涉及文本填充时，需注意以下 3 点：

①文本中没有数字。填充操作都是复制初始单元格的内容，“序列”对话框中只有自动填充功能有效，其他方式无效。

②文本中全为数字。在文本单元格格式中，数字作为文本处理的情况下，填充时将按等差序列进行。

③文本中含有数字。无论采用何种方法填充，字符部分不变，数字按等差序列、步长为 1（从初始单元格开始向右或向下填充步长为正 1，从初始单元格开始向左或向上填充步长为负 1）变化。如果文本中仅含有一个数字，数字按等差序列变化，与数字所处的位置无关；当文本中有两个或两个以上数字时，只有最后面的数字才能按等差序列变化，其余数字

不发生变化。

（4）创建自定义序列。如果用户所需的序列比较特殊，比如“第一次、第二次、第三次、第四次”，可以先加以定义，再像内置序列那样使用。自定义序列的操作步骤如下：

选择“文件”→“选项”→“高级”命令，在打开的界面中单击“常规”区域中的“编辑自定义列表”按钮，弹出“自定义序列”对话框，如图 4.17 所示。

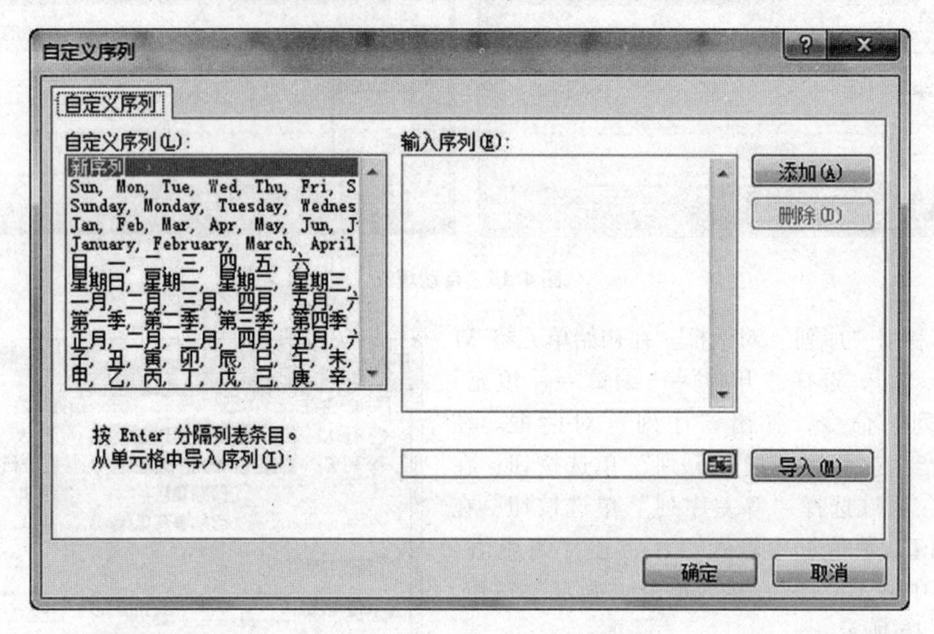

图 4.17 “自定义序列”对话框

在“输入序列”列表框中输入自定义序列的全部内容，每输入一条按一次 Enter 键，完成后单击“添加”按钮。整个序列输入完毕后，单击“确定”按钮。

4）工作表的编辑

（1）单元格的复制与移动。这里所说的数据移动或复制是将单元格或单元格区域中的数据移动或复制到另一单元格或单元格区域中。在 Excel 2010 中，数据的复制可以利用剪贴板，也可以用鼠标拖放操作。

①单元格中部分数据的移动或复制。

双击要编辑的单元格，选中要移动或复制的数据并单击鼠标右键，弹出快捷菜单，若要复制数据，就选择“复制”命令或按“Ctrl + C”组合键；若要移动数据，就选择“剪切”命令或按“Ctrl + X”组合键。然后选中要粘贴数据的单元格，单击鼠标右键，在弹出的快捷菜单中选择“粘贴”命令或按“Ctrl + V”组合键，再按 Enter 键即可。

②移动或复制单元格或单元格区域。

选中需要移动或复制的单元格或单元格区域，单击鼠标右键，在弹出的快捷菜单中选择“剪切”命令（用户移动单元格或单元格区域）或“复制”命令（用户复制单元格或单元格区域），然后选中需要粘贴单元格或单元格区域的位置，单击鼠标右键，在弹出的快捷菜单中选择“粘贴”命令即可。

③选择性粘贴。

一个单元格含有多种特性，如内容、格式、批注等，可以使用选择性粘贴复制它的部分特性。选择性粘贴的操作步骤为：先将数据复制到剪贴板，再选择待粘贴目标区域中的第一个单元格。选择“开始”→“剪贴板”→“粘贴”→“选择性粘贴”命令，弹出图 4. 18 所示的对话框。选择相应选项后，单击“确定”按钮即可完成选择性粘贴。

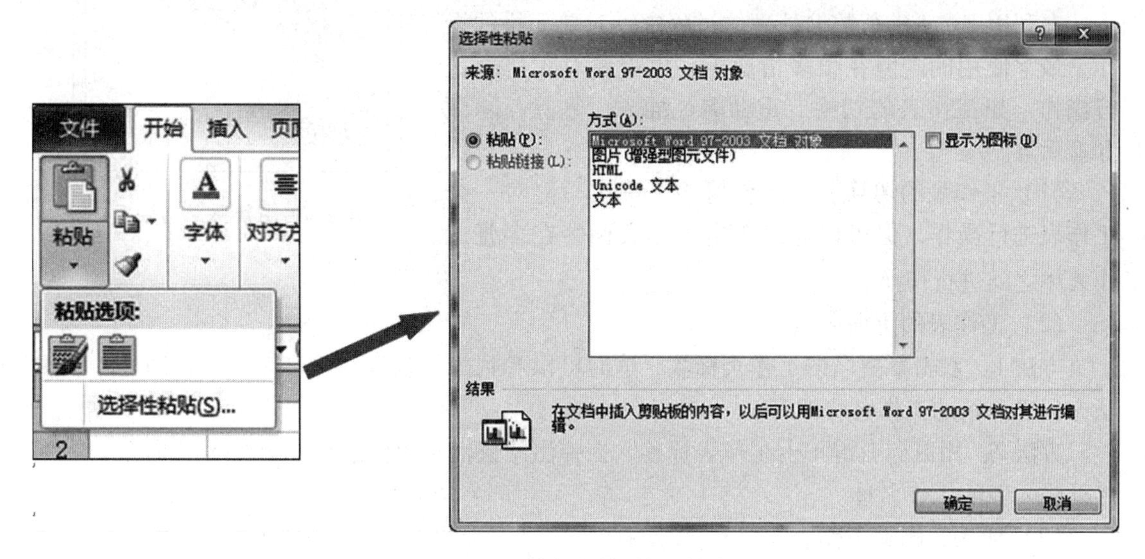

图 4. 18　“选择性粘贴”对话框

（2）插入单元格、行和列。

①插入单元格。在需要插入空白单元格的位置选中相应的单元格区域。注意，选中的单元格数目应与待插入的空白单元格数目相同。选择“开始”→“单元格”→“插入”→“插入单元格”命令，弹出“插入”对话框，如图 4. 19 所示。在该对话框中，根据需要选择“活动单元格右移”或“活动单元格下移”单选按钮，单击“确定”按钮。

图 4. 19　“插入”对话框

②插入行或列。如果要在某行上方插入新的一行，则选中该行或其中的任意单元格，然后选择“插入”→“行”命令，或单击鼠标右键，在弹出的快捷菜单中选择“开始”→“单元格”→“插入”→“插入工作表行”命令。如果要在某行上方插入 n 行，则选中需要插入的新行之下相邻的 n 行，然后选择“插入”→“插入工作表行”命令。

如果只需要插入一列，则选中需要插入的新列右侧相邻列或其任意单元格，然后选择“插入”→“插入工作表列”命令，或单击鼠标右键，在弹出的快捷菜单中选择“插入”→“整列”命令。如果需要插入 n 列，则选定需要插入的新列右侧相邻的 n 列，然后选择“插入”→“插入工作表列”命令。

（3）删除单元格、行和列。

①删除单元格。选中要删除的单元格，选择“开始”→“单元格”→“删除”→“删除单元格”命令，弹出图 4. 20 所示的“删除”对话框。在该对话框中，根据需要选择相应的选项，然后单击“确定”按钮，周围的单元格将依次移动并填补删除后的空缺。

②删除行或列。选中要删除的行或列，然后选择“开始”→“单元格”→“删除”命令，下边的行或右边的列将自动移动并依次填补删除后的空缺。

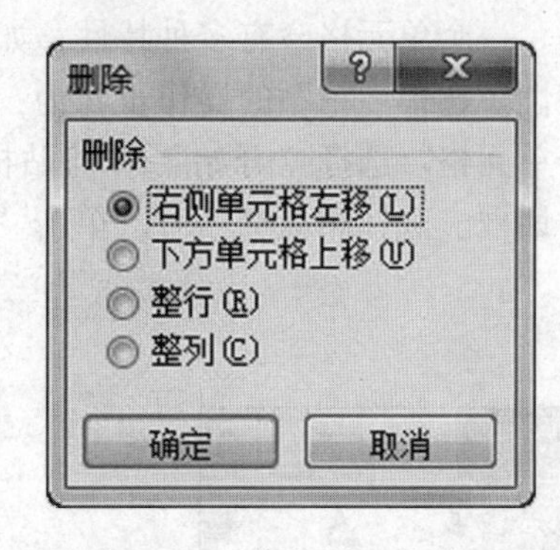

图 4.20 “删除”对话框

5）工作表的操作

在利用 Excel 进行数据处理的过程中，对单元格的操作是最常使用的。但在很多情况下，也需要对工作表进行操作，如工作表的切换、重命名、插入、删除、隐藏和显示等。

（1）工作表的切换。在工作簿中，一次只能对一个工作表进行操作，但可以通过单击工作表标签在多张工作表中之间进行切换。

（2）工作表的重命名：

方法 1：双击要更名的工作表标签，这时可以看到工作表标签呈高亮显示，即处于编辑状态，输入新的工作名称即可。

方法 2：用鼠标右键单击工作表标签，在弹出的快捷菜单中选择“重命名”命令，在标签处输入新的工作名称。

（3）插入、删除工作表。

①插入新工作表，具体步骤如下：

a. 选定当前工作表。

b. 用鼠标右键单击该工作表标签，在弹出的快捷菜单中选择“插入”命令。

c. 在弹出的“插入”对话框中选择工作表的模板，然后单击“确定”按钮，新的工作表就会插入到当前工作表的前面。

②删除工作表，具体步骤如下：

a. 单击需要删除的工作表的标签，选定当前工作表。

b. 用鼠标右键单击当前工作表的标签，在弹出的快捷菜单中选择“删除”命令。

c. 弹出确认删除的对话框，单击“确定”按钮，即可删除当前工作表。

（4）复制和移动工作表。选择要移动或复制的工作表标签，如果要移动，拖动所选标签到目的位置；如果要复制，则在按住 Ctrl 键的同时拖动工作表标签。

4.3 【案例 2】美化公司员工档案信息表

案例分析

将员工信息输入和整理完成后，为了美观和显示清晰，以便于查阅，需要对该工作表进行一些格式设置。

案例目标

（1）掌握格式的设置。

（2）掌握条件格式的设置。

实施过程

（1）选中 A1：I1 单元格区域，单击“开始”→“对齐方式”→“合并且居中”按钮。

（2）选中标题文字，选择“开始”→“字体”组，设置字体为黑体，字号为 24。

（3）选中 A2：I2 单元格区域，用相同的方法设置列标题文字格式为宋体，12 号，加粗且倾斜。其余文字使用默认格式。

（4）选中第 1 行，选择“开始”→“单元格”→“格式”→“自动调整行高”命令，如图 4.21 所示。利用同样的办法，调整各列为最合适列宽。

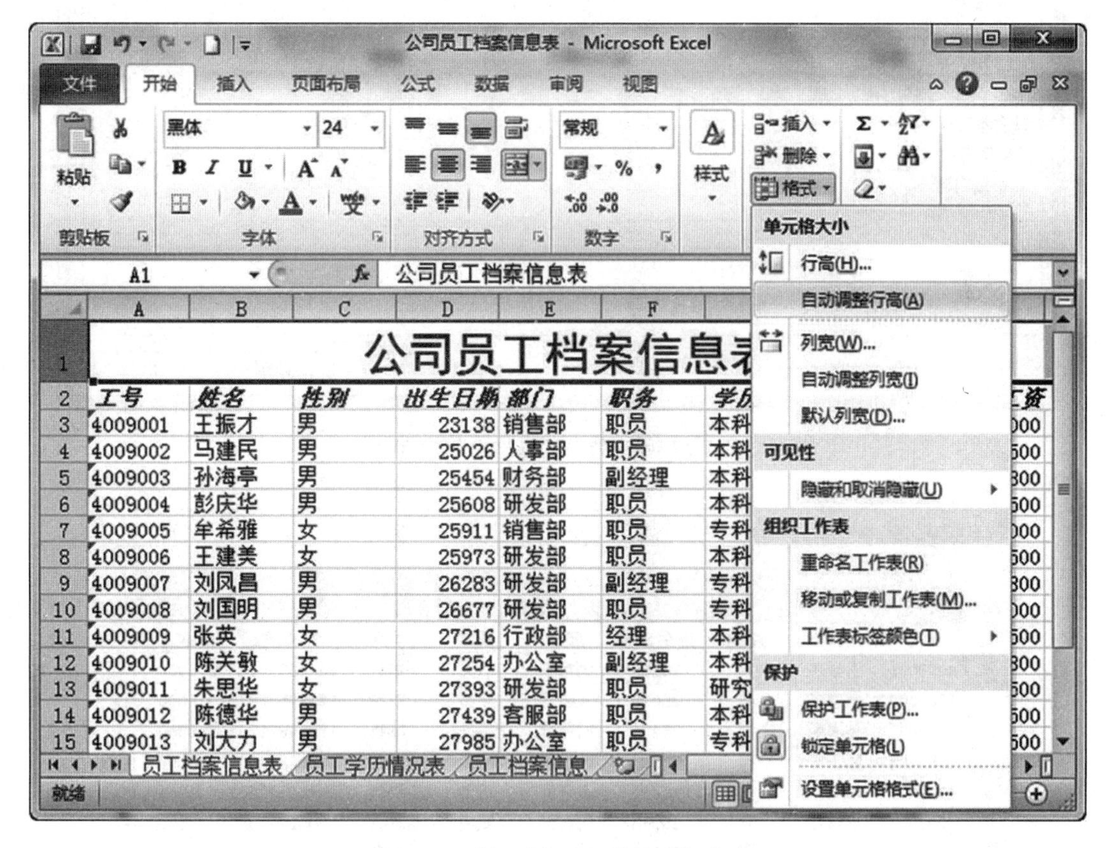

图 4.21　选择“自动调整行高”命令

（5）选中第 2～第 20 行，选择“开始”→“单元格”→“格式”→“行高”命令，在弹出的“行高”对话框中，输入行高值“18”。

（6）选中 A2：I20 单元格区域，选择“开始”→“单元格”→“格式”→“设置单元格格式”命令，在弹出的“设置单元格格式”对话框中选择“对齐”选项卡，在“水平对齐”方式中选择“居中”，同样在“垂直对齐”方式中也选择“居中”，如图 4.22 所示。

（7）选中 I3：I20 单元格区域，选择“开始”→“样式”→“条件格式”→“新建规则”命令，弹出“新建格式规则”对话框，设置条件为“单元格数字”、“大于”5 500 用红色原点标注。

（8）选中 A1 单元格，选择“开始”→“字体”组，单击“填充颜色”按钮旁的黑色小三角，在弹出的面板中选择“海绿”色填充底纹。完成效果如图 4.23 所示。

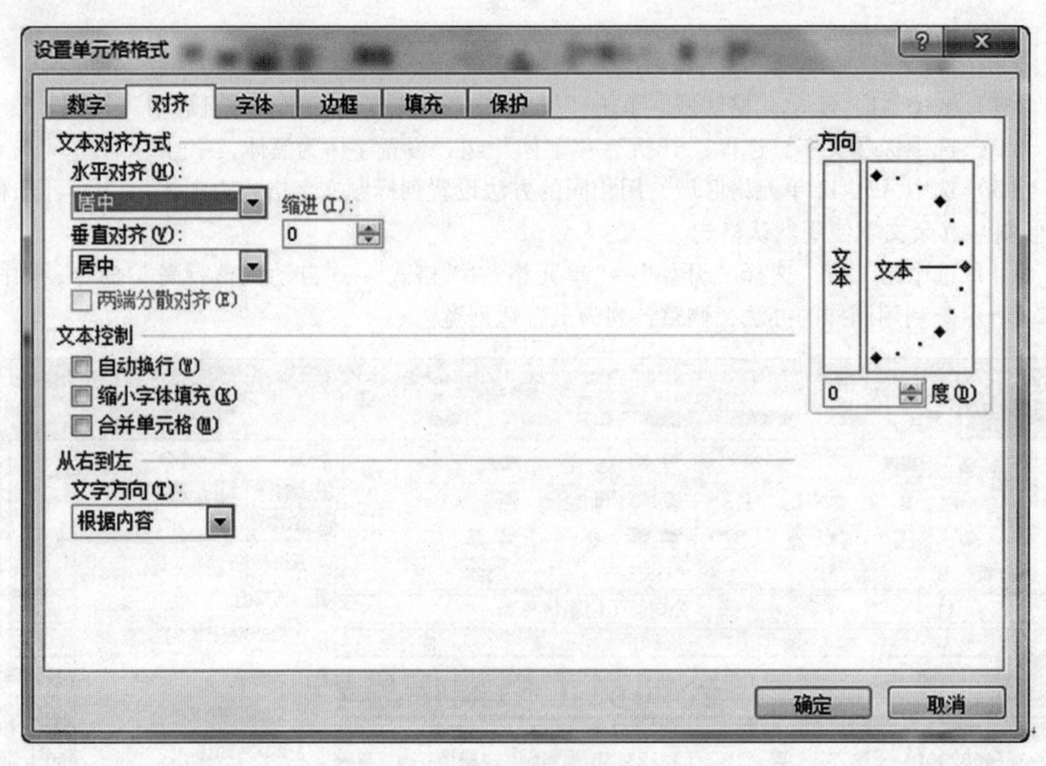

图 4.22 “设置单元格格式”对话框

公司员工档案信息表

	A	B	C	D	E	F	G	H	I
1	公司员工档案信息表								
2	工号	姓名	性别	出生日期	部门	职务	学历	联系电话	基本工资
3	4009001	王振才	男	23138	销售部	职员	本科	13978599843	● 6000
4	4009002	马建民	男	25026	人事部	职员	本科	13387577579	5500
5	4009003	孙海亭	男	25454	财务部	副经理	本科	18984871233	● 5800
6	4009004	彭庆华	男	25608	研发部	职员	本科	13582874621	5500
7	4009005	牟希雅	女	25911	销售部	职员	专科	13453542563	4000
8	4009006	王建美	女	25973	研发部	职员	本科	13952227354	5500
9	4009007	刘凤昌	男	26283	研发部	副经理	专科	13522226853	● 5800
10	4009008	刘国明	男	26677	研发部	职员	专科	13873713395	4000
11	4009009	张英	女	27216	行政部	经理	本科	13784135373	● 6500
12	4009010	陈关敏	女	27254	办公室	副经理	本科	13433278294	● 5800
13	4009011	朱思华	女	27393	研发部	职员	研究生	13973791935	5500
14	4009012	陈德华	男	27439	客服部	职员	本科	13899010093	5500
15	4009013	刘大力	男	27985	办公室	职员	专科	13570322552	5500
16	4009014	王霞	女	29107	销售部	职员	研究生	13779023234	4000
17	4009015	艾晓敏	女	29201	行政部	职员	专科	13283032832	5000
18	4009016	刘国强	男	29265	人事部	副经理	研究生	13637037768	● 5800
19	4009017	刘方明	男	29841	销售部	职员	专科	13734427809	3500
20	4009018	王磊	男	30326	销售部	职员	专科	13823036539	3500

员工档案信息表 / 员工学历情况表 / 员工档案信息

图 4.23 美化工作表效果

知识链接

1. 字符格式设置

字符格式包括字体、字号、字形、字体颜色等，可以使用"开始"→"单元格"→"格式"命令单来完成。

（1）选定要设置字符的单元格或单元格区域。

（2）单击"开始"→"字体"组中的按钮，弹出"设置单元格格式"对话框，选择"字体"选项卡，如图4.24所示，在"字体"列表框中选择相应的选项。

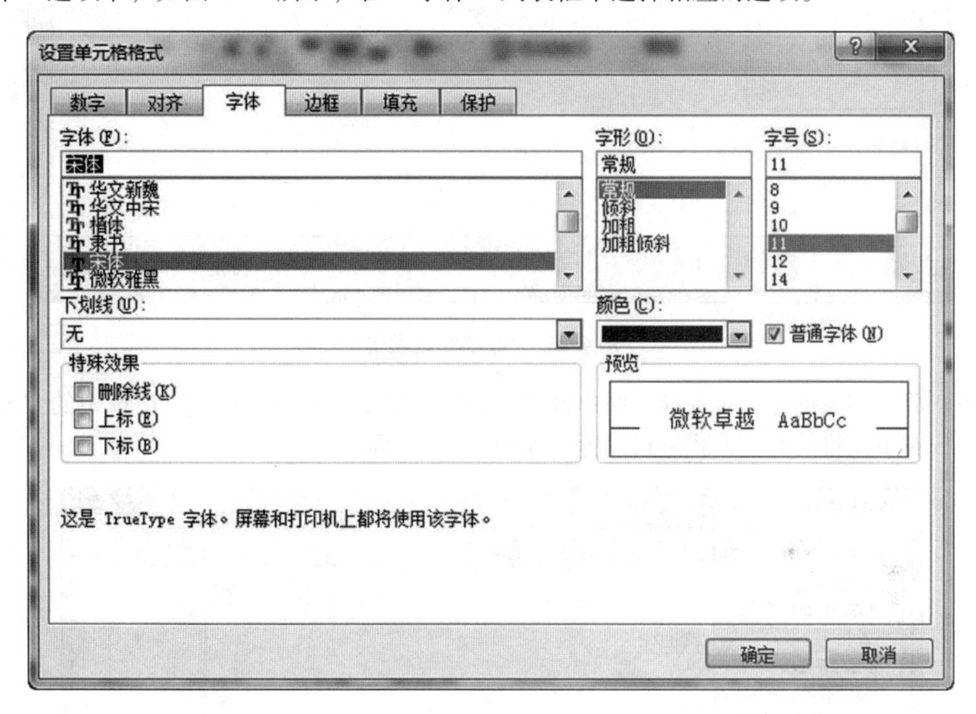

图4.24 "字体"选项卡

（3）单击"确定"按钮。

2. 数字格式的设置

在工作表的单元格中输入的数字通常按默认显示，但有时对单元格中的数据格式有一定的要求，比如保留一位小数，表示成货币符号等。Excel中数字格式的分类如图4.25所示。

（1）选定需要格式化数字的单元格或单元格区域。

（2）用同样的方法打开"设置单元格格式"对话框，选择"数字"选项卡，如图4.25所示，在"分类"中选择要设置的类别。

3. 数据对齐格式的设置

在默认情况下，Excel 2010根据输入的数据自动调节数据的对齐格式，比如文本内容是

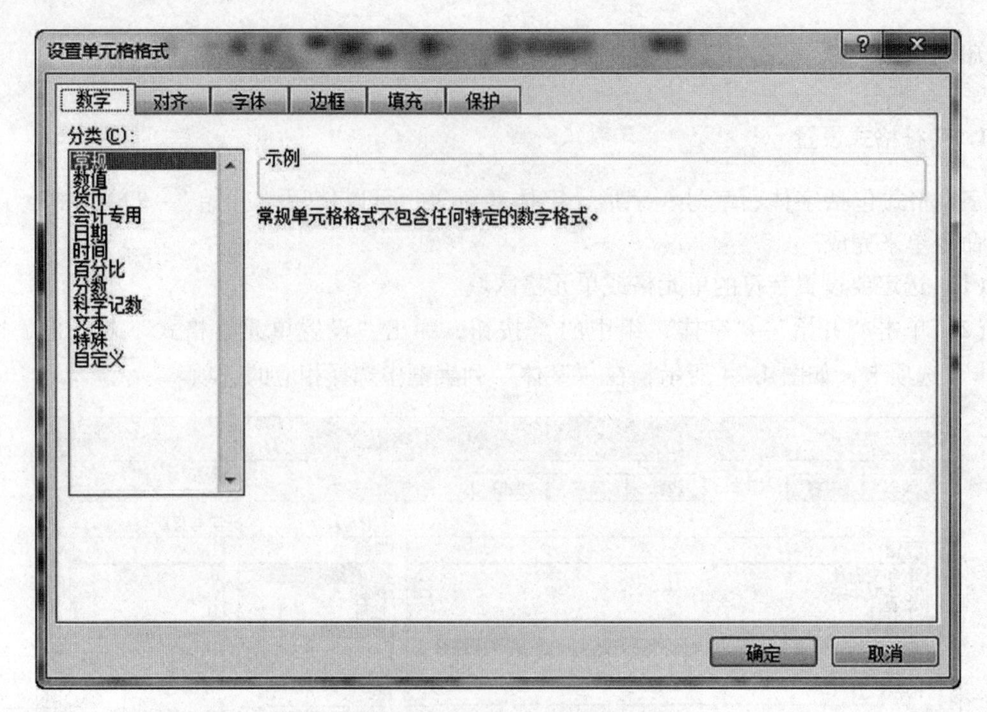

图 4.25 “数字”选项卡

左对齐、数值型数据是右对齐等。用户也可以通过“设置单元格格式”对话框中的“对齐”选项卡，对单元格的对齐方式进行设置，如图 4.26 所示。

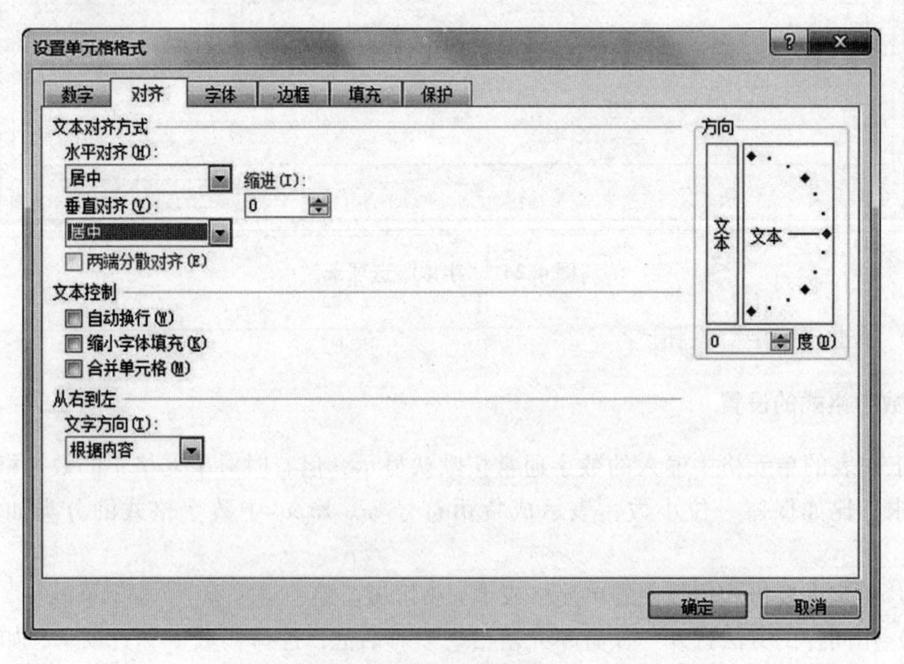

图 4.26 “对齐”选项卡

(1)“水平对齐”下拉列表：包括“常规”“靠左”“居中”“靠右”“填充”“两端对齐”“跨列居中”“分散对齐”等方式；其中“靠左”“靠右”“分散对齐”还可进一步设置

缩进量。

（2）“垂直对齐”下拉列表：包括“靠上”“居中”“靠下”“两端对齐”“分散对齐”等方式。

（3）“自动换行”：该复选框被选择后，当列宽不足时，输入的文本会自动换行。

（4）“合并单元格”：将选中的单元格区域进行合并。

也可用“开始”→“对齐方式”组中的“左对齐”按钮、“居中对齐”按钮、“右对齐”按钮和“合并及居中”按钮进行设置。

4. 设置行高与列宽

对 Excel 2010 中数据表行高和列宽的设置通常有 3 种方法：拖拉法、双击法、设置法。

（1）拖拉法：将鼠标移到行（列）标题的交界处，呈双向拖拉箭头状时，按住鼠标左键向右（下）或向左（上）拖拉，即可调整行（列）高（宽）。

（2）双击法：将鼠标移到行（列）标题的交界处，双击，即可快速将行（列）的行高（列宽）调整为“最合适的行高（列宽）”。

（3）选择“开始”→“单元格”→“格式”→“行高”（“列宽”）命令，在弹出的“行高”（“列宽”）对话框中输入相应的值。

5. 条件格式的设置

条件格式是指选定的单元格或单元格区域满足特定的条件，那么 Excel 2010 将格式应用到该单元格（单元格区域）中。设置条件格式的一般步骤如下：

（1）选定需要设置条件格式的单元格区域。

（2）选择“开始”→“样式”→“条件格式”命令，在下拉菜单中选择“新建规则”命令，打开“新建格式规则”对话框，设置需要格式化数据的条件，如图 4.27 所示。

图 4.27 “新建格式规则”对话框（1）

(3) 单击“格式”按钮，弹出“设置单元格格式”对话框，对满足条件的单元格设置格式，如在“字形”列表框中选择相应的字形，在“颜色”调色板中选择需要的颜色等。

(4) 单击“确定”按钮，返回“新建格式规划”对话框，通过“选择规则类型”区域可进行其他设置，如选择“基于各自值设置所有单元格的格式”选项，如图 4. 28 所示。

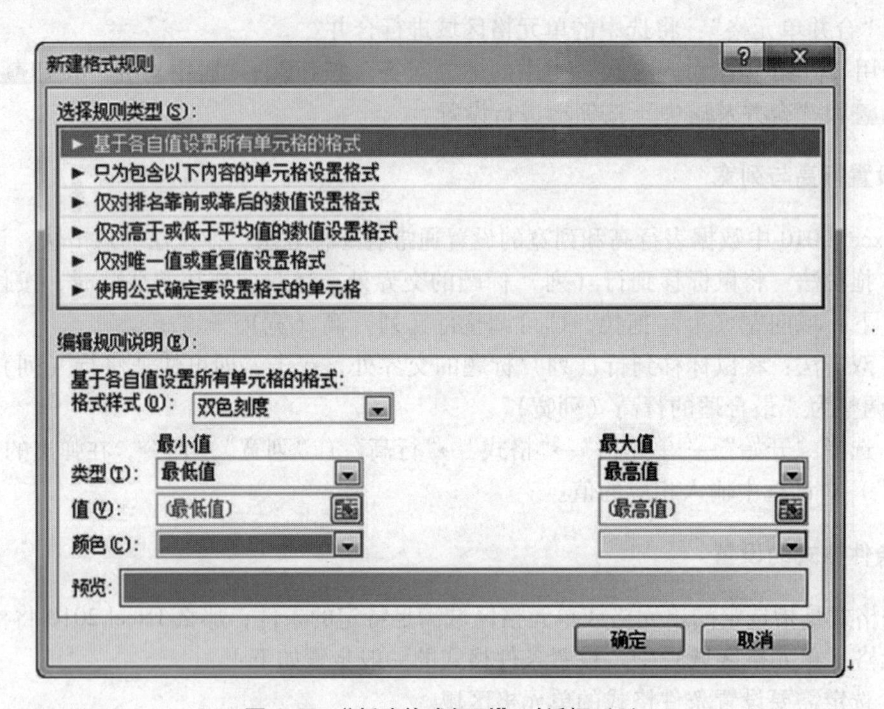

图 4. 28 “新建格式规则”对话框 (2)

(5) 依次单击“确定”按钮，返回工作表。

需要注意的是，只有单元格中的值满足条件或公式返回逻辑值真时，Excel 才应用选定的格式。

对已设置的条件格式可以利用“删除”按钮进行格式删除。

6. 边框和底纹的设置

在默认情况下，工作表中默认的边框在打印时是不能显示的，它的作用是区隔行、列和单元格。为了使单元格中的数据显示更加清晰，增加工作表的视觉效果，可以对单元格进行边框和底纹的设置。

1) 给单元格添加边框

给单元格或单元格区域添加边框一般有两种方法：

(1) 单击“开始”→“字体”组中田按钮的下三角按钮，弹出边框面板，选择需要的框线。

(2) 选择“开始”→“字体”组中的按钮，弹出“设置单元格格式”对话框，选择“边框”选项卡，如图 4. 29 所示，先选择线条的样式和颜色，然后在“预置”区域选择“外边框”或“内部”，或在“边框”区域中选择对应位置的选项，单击“确定”按钮，将该线条应用于这些边框。

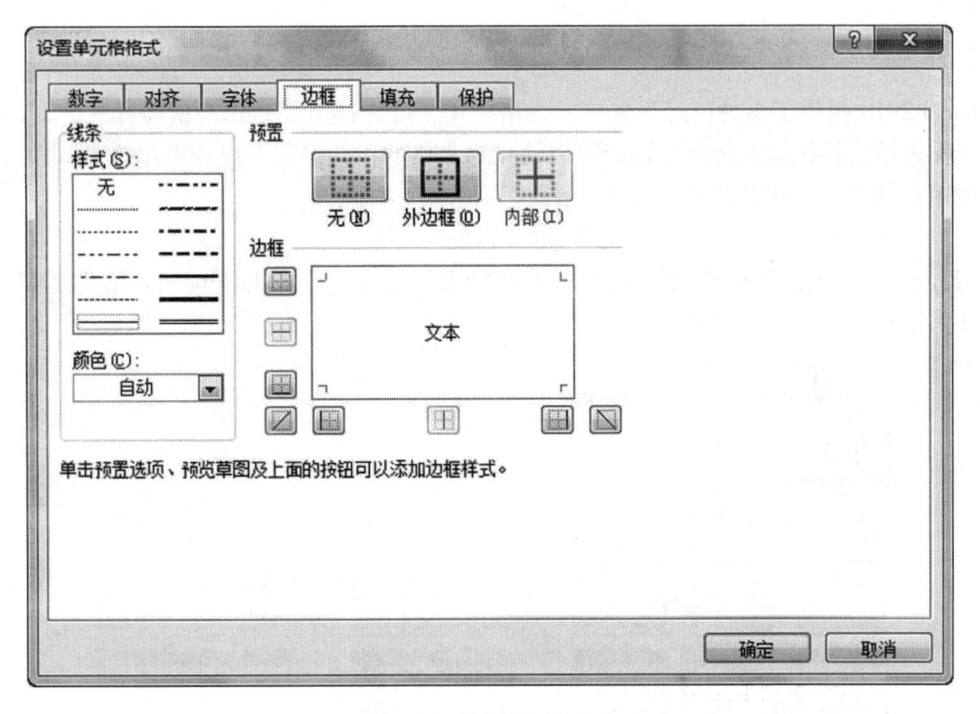

图 4.29　“边框”选项卡

2）给单元格添加底纹

底纹是指单元格区域的填充颜色，在底纹上添加合适的图案可使工作表显得更为生动。一般可以使用以下两种方法给单元格添加底纹：

（1）通过“开始”→“字体”组中的“填充颜色”按钮为所选区域添加一种底纹颜色。

（2）通过“设置单元格格式”对话框中的“填充”选项卡，如图 4.30 所示，为单元格设置底纹颜色，并可在“图案样式”下拉列表中为单元格选择图案及图案颜色。

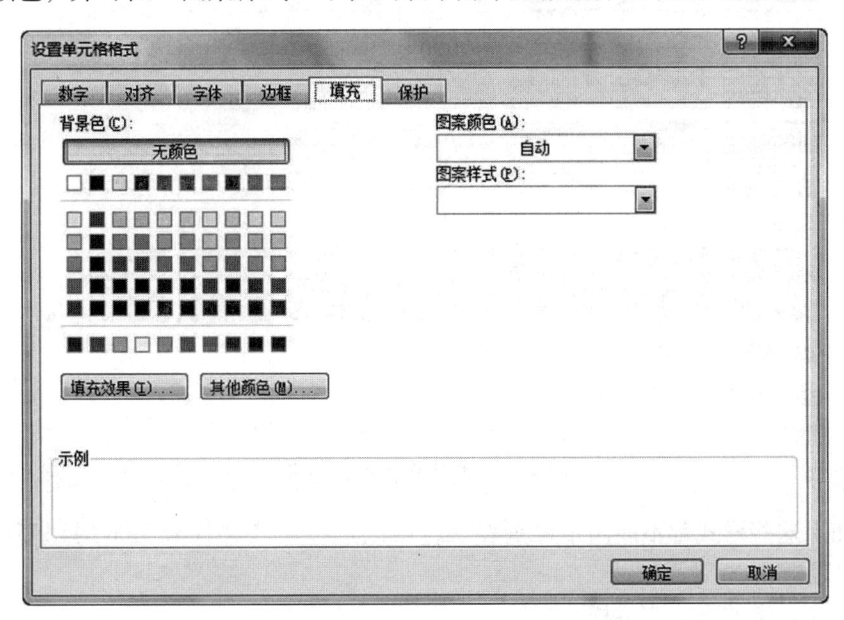

图 4.30　“填充”选项卡

7. 自动套用格式

Excel 2010 提供了多种已经设置好的表格格式，可以很方便地选择所需样式，套用到选中的工作表单元格区域。因此，用户可以简化对表格的格式设置，提高工作效率。

使用自动套用格式的具体步骤如下：

（1）选定要自动套用表格格式的单元格区域。

（2）选择“开始”→“样式”→“套用表格格式”命令，弹出的下拉列表给出了 60 种表格样式供选择，如图 4. 31 所示。

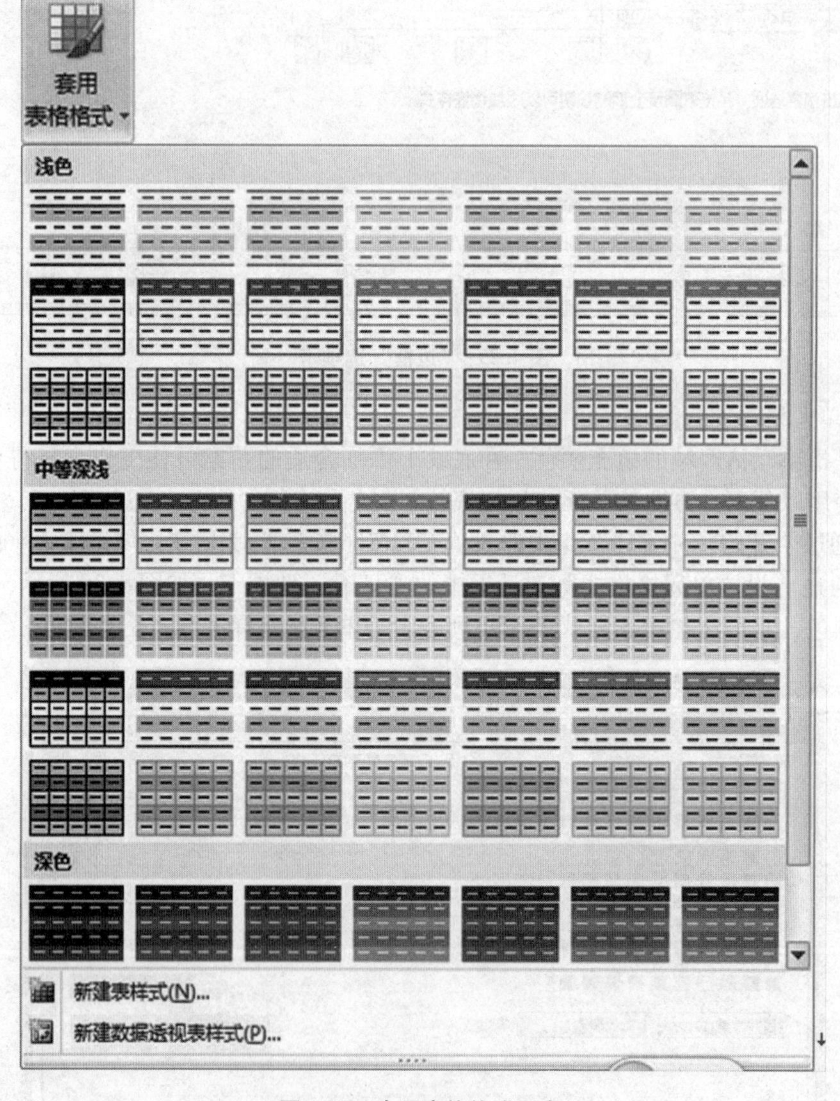

图 4. 31　套用表格格式列表

（3）如果这些样式都不能满足设置要求，可以选择“表格样式”下的“新建表样式”命令来新建表样式。

（4）单击选定的样式完成样式套用。

4.4 【案例 3】打印公司员工档案信息表

案例分析

为了查看方便，公司需要把员工的信息表打印出来，分发到各个部门。

案例目标

（1）熟练掌握工作表的页面设置。
（2）熟练掌握工作表的打印。

实施过程

（1）单击工作表标签，选中要打印的单元格区域 A1：I20，选择“页面布局”→“页面设置”→“打印区域”→“设置打印区域”命令。

（2）依然选中打印区域，单击“页面布局”→“页面设置”→对话框启动器按钮，弹出“页面设置”对话框。在“页面”选项卡中设置纸张大小为 A4 纸，纵向打印；在“页边距”选项卡中，设置上、下、左、右的页边距分别为 2.5、2、2、2；在“工作表”选项卡中，设置“顶端标题行”为 $2：$2，即选中工作表中的第 2 行，单击“确定”按钮。

（3）选择“文件”→“打印”命令，查看打印效果。

（4）设置打印份数为“10”，单击“打印”按钮，开始打印。

知识链接

1. 设置打印区域

先选定需要打印的区域，然后选择“页面布局”→“页面设置”→“打印区域”→“设置打印区域”命令，如图 4.32 所示。

2. 页面设置

设置好打印区域后，为了使打印出的页面更加美观、符合要求，需要对打印页面的页边距、纸张大小、页眉页脚等项目进行设定。

单击“页面布局”→“页面设置”组中的按钮，弹出“页面设置”对话框，对各个选项卡进行相关的设置，如图 4.33 所示。对话框中有 4 个选项卡：

（1）页面：对打印方向、打印比例、打印质量、纸张大小、起始页码等进行设置。

（2）页边距：对表格在纸张上的位置进行设置，如上、下、左、右的边距，页眉，页脚与边界的距离等。

（3）页眉/页脚：对页眉/页脚进行设置。

（4）工作表：对打印区域、重复标题、打印顺序等进行设置。

图 4.32　选择“设置打印区域“命令

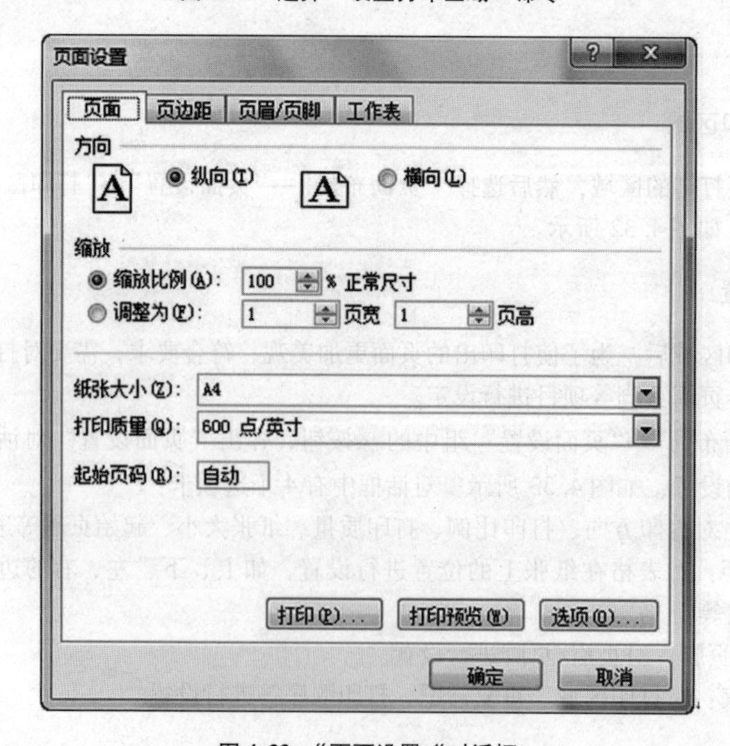

图 4.33　“页面设置“对话框

3. 页码的设置

在 Excel 的表格处理中，页码和总页数的打印设置是通过对页眉和页脚的设置实现的。现在以页眉和页脚的设置为例进行相关参数的介绍。

打开“页面设置”对话框，选择“页眉/页脚”选项卡。其中有“页眉”“页脚”下拉列表，在下拉列表中包含预先定义好的页眉或页脚，如图 4. 34 所示。如果这些形式能满足要求，则可以进行简单的选择。如果不满意，可自行定义，下面对页眉进行定义。

图 4. 34　预设好的页眉列表

单击“自定义页眉”按钮后，弹出“页眉”对话框。

在对话框中，可以看到 7 个按钮，其功能从左到右分别是设置字体大小、增加页码、增加总页数、增加日期、增加时间、增加文件名、增加工作表名，如图 4. 35 所示。

在对话框中，有左、中、右 3 个部分，对每一部分要分别进行设置。具体方法是先单击要设置的区域，然后再单击相应的按钮，对每一个部分，还可以输入字符或字符串。如果 Excel 默认的间距过小，还可以通过在几个项目中间加入空格进行区分。如果使用对话框中的下拉列表来选择，则可以利用“自定义页眉”或“自定义页脚”按钮进行修改，从而获得令人满意的页眉或页脚效果。

4. 打印预览

预览打印效果的方法如下：

选择“文件”→“打印”命令，如图 4. 36 所示。

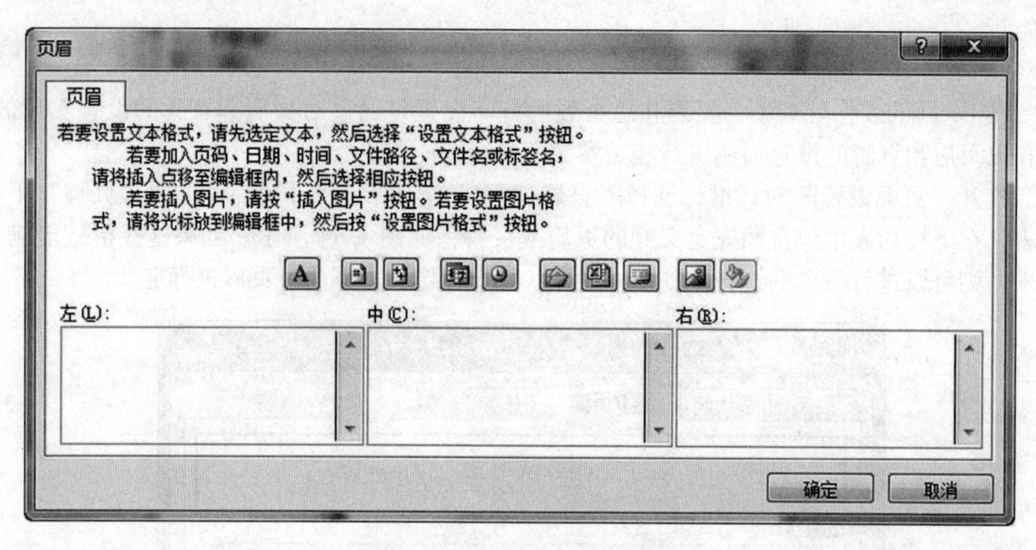

图 4.35　自定义页眉的对话框

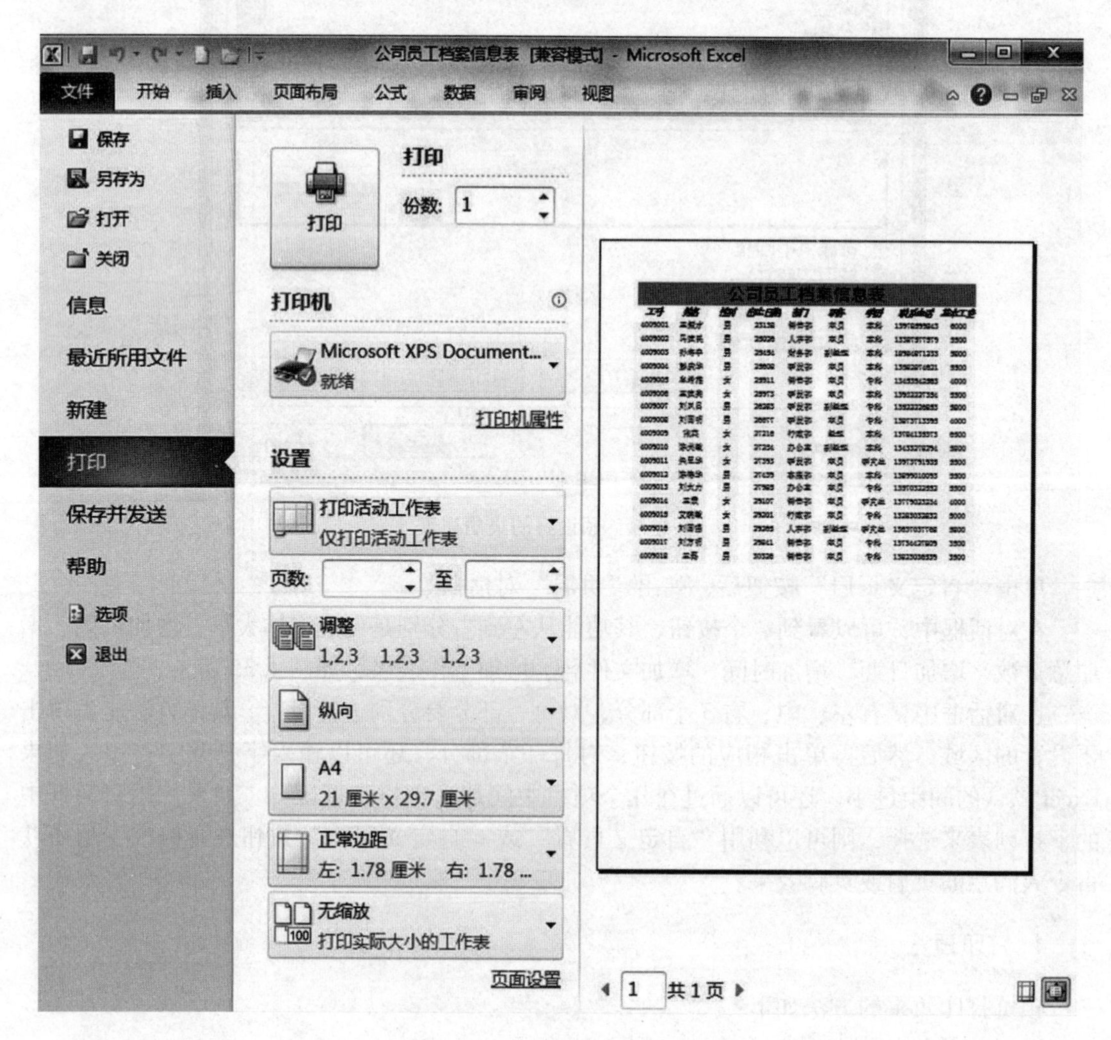

图 4.36　“打印预览”窗口

在“打印预览”窗口中，用户可以预览所设置的打印选项的实际打印效果，对打印选项作最后的修改和调整。

5. 正式打印

用户对打印预览中显示的效果满意后就可以进行打印输出了，方法是：选择“文件”→“打印”命令，在图 4. 36 所示的窗口中单击“打印”按钮即可。

4. 5 【案例 4】计算总成绩

案例分析

员工参加完考试后，需要对成绩进行统计，最基本的统计就是算出每个员工成绩的总分，也就是对每科成绩求和，在本案例中将使用公式来进行计算。

案例目标

（1）了解各类运算符。
（2）能够熟练运用各类运算符编辑公式。
（3）能够正确地使用公式计算出结果。

实施过程

（1）启动 Excel 2010 新建一个工作簿，并保存在 E 盘中的“工作文件”文件夹内，文件名为“在职培训成绩统计表 . xls”。
（2）在 A1 单元格输入表格标题“公司员工在职培训成绩统计表”。
（3）在 A2：K20 单元格区域输入相关数据并进行简单的格式设置，如图 4. 37 所示。
（4）选中 K3 单元格，在其中输入计算公式“ = F3 + G3 + H3 + I3 + J3”，如图 4. 38 所示，按 Enter 键确认，得到运算结果。
（5）选中 K3 单元格，利用填充柄填充 K4：K20 单元格，计算出所有人的总分，如图 4. 39 所示。
（6）保存文件，退出 Excel 2010。

知识链接

在 Excel 中，各种运算都可通过公式来完成。公式是在工作表中对数据进行分析计算的等式，它可对工作表的数值进行加法、减法、乘法、除法和乘方运算等。四则运算是最基本的运算，在一个公式中可能包含多种运算，进行计算时，必须遵从一定的顺序，这就是根据运算的级别来确定的运算顺序。

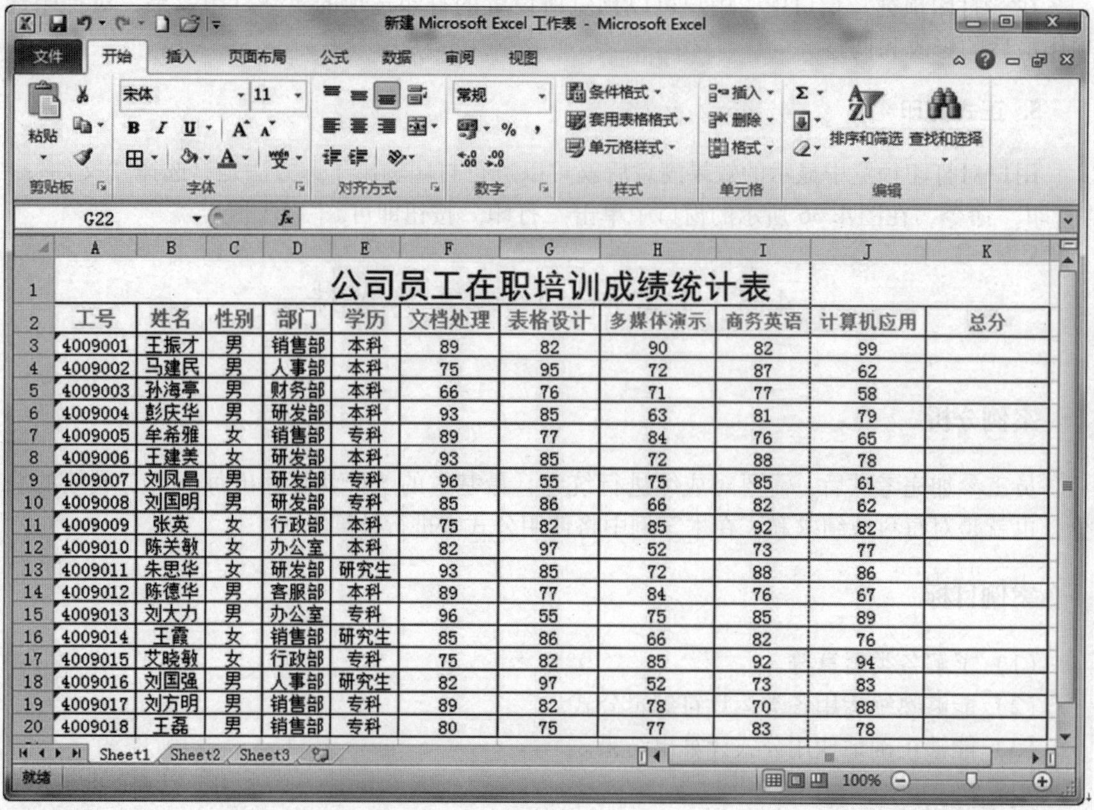

公司员工在职培训成绩统计表

工号	姓名	性别	部门	学历	文档处理	表格设计	多媒体演示	商务英语	计算机应用	总分
4009001	王振才	男	销售部	本科	89	82	90	82	99	
4009002	马建民	男	人事部	本科	75	95	72	87	62	
4009003	孙海亭	男	财务部	本科	66	76	71	77	58	
4009004	彭庆华	男	研发部	本科	93	85	63	81	79	
4009005	牟希雅	女	销售部	专科	89	77	84	76	65	
4009006	王建美	女	研发部	本科	93	85	72	88	78	
4009007	刘凤昌	男	研发部	专科	96	55	75	85	61	
4009008	刘国明	男	研发部	专科	85	86	66	82	62	
4009009	张英	女	行政部	本科	75	82	85	92	82	
4009010	陈关敏	女	办公室	本科	82	97	52	73	77	
4009011	朱思华	女	研发部	研究生	93	85	72	88	86	
4009012	陈德华	男	客服部	本科	89	77	84	76	67	
4009013	刘大力	男	办公室	专科	96	55	75	85	89	
4009014	王霞	女	销售部	研究生	85	86	66	82	76	
4009015	艾晓敏	女	行政部	专科	75	82	85	92	94	
4009016	刘国强	男	人事部	研究生	82	97	52	73	83	
4009017	刘方明	男	销售部	专科	89	82	78	70	88	
4009018	王磊	男	销售部	专科	80	75	77	83	78	

图 4.37　输完信息的表格

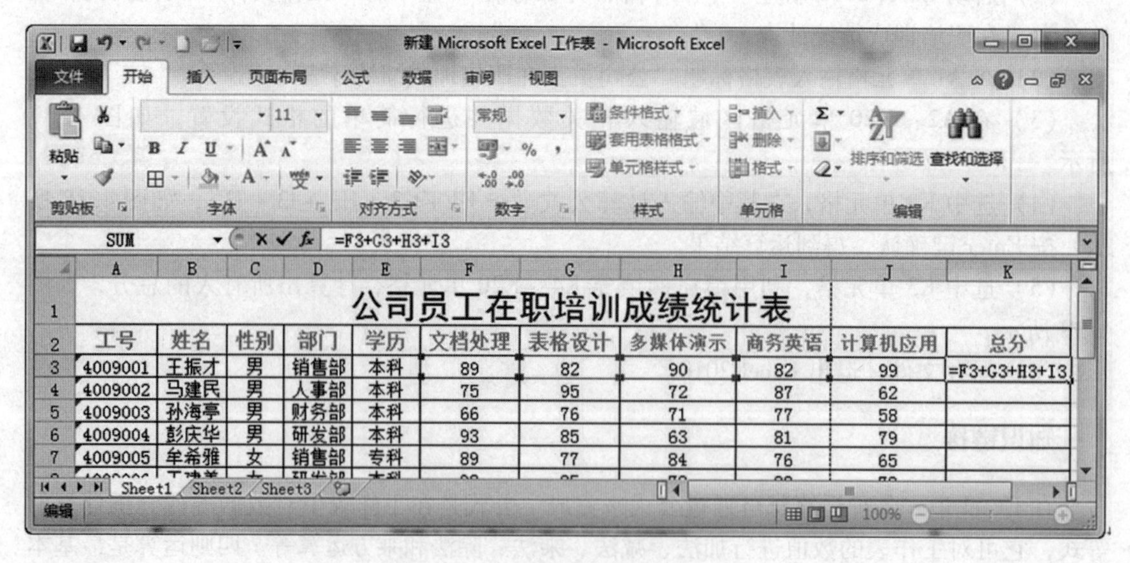

公司员工在职培训成绩统计表

工号	姓名	性别	部门	学历	文档处理	表格设计	多媒体演示	商务英语	计算机应用	总分
4009001	王振才	男	销售部	本科	89	82	90	82	99	=F3+G3+H3+I3
4009002	马建民	男	人事部	本科	75	95	72	87	62	
4009003	孙海亭	男	财务部	本科	66	76	71	77	58	
4009004	彭庆华	男	研发部	本科	93	85	63	81	79	
4009005	牟希雅	女	销售部	专科	89	77	84	76	65	

图 4.38　手工输入总分的计算公式

1. 公式

Excel 的公式是以等号（“=”）开头的式子，后面是参与计算的元素（运算数），这些

公司员工在职培训成绩统计表

工号	姓名	性别	部门	学历	文档处理	表格设计	多媒体演示	商务英语	计算机应用	总分
4009001	王振才	男	销售部	本科	89	82	90	82	99	343
4009002	马建民	男	人事部	本科	75	95	72	87	62	329
4009003	孙海亭	男	财务部	本科	66	76	71	77	58	290
4009004	彭庆华	男	研发部	本科	93	85	63	81	79	322
4009005	牟希雅	女	销售部	专科	89	77	84	76	65	326
4009006	王建美	女	研发部	本科	93	85	72	88	78	338
4009007	刘凤昌	男	研发部	专科	96	55	75	85	61	311
4009008	刘国明	男	研发部	专科	85	86	66	82	62	319
4009009	张英	女	行政部	本科	75	82	85	92	82	334
4009010	陈关敏	女	办公室	本科	82	97	52	73	77	304
4009011	朱思华	女	研发部	研究生	93	85	72	88	86	338
4009012	陈德华	男	客服部	本科	89	77	84	76	67	
4009013	刘大力	男	办公室	专科	96	55	75	85	89	
4009014	王霞	女	销售部	研究生	85	86	66	82	76	
4009015	艾晓敏	女	行政部	专科	75	82	85	92	94	
4009016	刘国强	男	人事部	研究生	82	97	52	73	83	
4009017	刘方明	男	销售部	专科	89	82	78	70	88	
4009018	王磊	男	销售部	专科	80	75	77	83	78	

图 4.39　自动填充得到所有人的总分

参与计算的元素又是通过运算符隔开的。每个运算数可以是不改变的数值（常量数值）、单元格或引用单元格区域、标志、名称或工作表函数。

2. 运算符

运算符是对公式中的元素进行特定类型运算的。Excel 有 4 种类型的运算符：算术运算符、比较运算符、文本运算符和引用运算符。

（1）算术运算符：是进行基本的数学运算，如加法、减法和乘法以及连接数字和产生数字结果等的运算符。算术运算符有：加“+”（加号）、减“-”（减号）、乘“*”（星号）、除“/”（斜杠）、百分比“%”（百分号）和乘方“^”（脱字符）6 种。如 2^3 的运算结果为 8（即 2 的 3 次方），5 +2 的运算结果为 7。

（2）比较运算符：是用于比较两个值的运算符，其比较的结果是一个逻辑值，即比较结果是 TRUE 或 FALSE。比较运算符有：等于“=”（等号）、大于“>”（大于号）、小于“<”（小于号）、大于等于“> =”（大于等于号）、小于等于“< =”（小于等于号）和不等于“< >”6 种。如 2 > =3 的运算结果为 FALSE，4 <5 的结果为 TRUE。

（3）文本运算符：是使用连字符（&）加入或连接一个或多个字符串而形成一个长的字符串的运算符。如“计算机”&“应用基础”的运算结果是“计算机应用基础”。

（4）引用运算符：引用运算符可以将单元格区域合并计算。引用运算符有：区域运算符“:”（冒号）和联合运算符“,”（逗号）2 种。区域运算符是对指定区域运算符之间，包括两个引用在内的所有单元格进行引用。如 B2：B6 区域是引用 B2、B3、B4、B5、B6 共 5 个单元格。联合运算符将多个引用合并为一个引用。如 SUM（B2：B6，D5，F5：F8）是对 B2、B3、B4、B5、B6、F5、F6、F7、F8 及 D5 共 10 个单元格进行求和的运算。

3. 运算顺序

在 Excel 中，公式是在工作表中对数据进行分析的等式。在单元格中输入公式时必须以等号“=”为前导符。在公式中，运算符的运算顺序是不同的，以四则运算为例，其运算级别从高到低为：

括号（）→百分比%→乘方^→乘 *、除/→加 +、减 -

对同一运算级别，则按从左到右的顺序进行，如公式“=B3+（A2-B2）*3/C3^2”，其运算顺序为：

（1）计算 A2-B2；

（2）计算 C3^2；

（3）进行乘法运算；

（4）进行除法运算；

（5）进行加法运算。

4. 运算的复制

在 Excel 中，运算的复制操作十分简便，既可通过正常的方式进行复制，也可通过填充柄对相邻单元格进行运算式的填充。在 Excel 运算中，通常某个单元格的值与其他单元格之间有一定的关系，进行复制时，这些依赖关系也将随之发生变化，这就是后面将要介绍的单元格引用。

4.6 【案例 5】掌控职工培训成效

案例分析

本案例主要完成对“员工在职培训统计表”中员工的平均分，所有员工平均分的最高分、最低分，参加培训考试的人数进行统计。通过该任务，读者应掌握使用常用函数的方法。

案例目标

（1）了解 Excel 中的常用函数。

（2）掌握使用函数计算的一般过程。

（3）能够使用 SUM、AVERAGE、MAX、MIN、COUNT 等函数计算相应结果。

实施过程

（1）打开“员工在职培训统计表.xls”，单击 Sheet1 标签。

（2）在 G 列前插入一个空列，在 F2 单元格中输入“平均分”作为该列列名。在 E21

单元格中输入“平均分最高分”，在 E22 单元格中输入“平均分最低分”，在 K21 单元格中输入“参加考试人数”，如图 4.40 所示。

	A	B	C	D	E	F	G	H	I	J	K	L
1	公司员工在职培训成绩统计表											
2	工号	姓名	性别	部门	学历	平均分	文档处理	表格设计	多媒体演示	商务英语	计算机应用	总分
3	4009001	王振才	男	销售部	本科		89	82	90	82	99	
4	4009002	马建民	男	人事部	本科		75	95	72	87	62	
5	4009003	孙海亭	男	财务部	本科		66	76	71	77	58	
6	4009004	彭庆华	男	研发部	本科		93	85	63	81	79	
7	4009005	牟希雅	女	销售部	专科		89	77	84	76	65	
8	4009006	王建美	女	研发部	本科		93	85	72	88	78	
9	4009007	刘凤昌	男	研发部	专科		96	55	75	85	61	
10	4009008	刘国明	男	研发部	专科		85	86	66	82	62	
11	4009009	张英	女	行政部	本科		75	82	85	92	82	
12	4009010	陈关敏	女	办公室	本科		82	97	52	73	77	
13	4009011	朱思华	女	研发部	研究生		93	85	72	88	86	
14	4009012	陈德华	男	客服部	本科		89	77	84	76	67	
15	4009013	刘大力	男	办公室	专科		96	55	75	85	89	
16	4009014	王霞	女	销售部	研究生		85	86	66	82	76	
17	4009015	艾晓敏	女	行政部	专科		75	82	85	92	94	
18	4009016	刘国强	男	人事部	研究生		82	97	52	73	83	
19	4009017	刘方明	男	销售部	专科		89	82	78	70	88	
20	4009018	王磊	男	销售部	专科		80	75	77	83	78	
21					平均分最高分						参加考试人数	
22					平均分最低分							

图 4.40　插入“平均分”列后的效果

（3）选中单元格 F3。选择“公式”→“函数库”→“插入函数”命令，在弹出的“插入函数”对话框的“选择函数”列表中选择 AVERAGE 函数。单击“确定”按钮，弹出“函数参数”对话框，单击“Number1”文本框右侧的折叠面板按钮，将“函数参数”对话框折叠起来，用鼠标拖动选中 G3：K3 单元格区域，按两次 Enter 键，得出计算结果。

（4）通过拖动填充柄复制公式，自动计算出其他员工的平均分。

（5）选中单元格 L3。单击“公式”→“函数库”功能区中的“Σ”按钮，这时自动构造的公式如图 4.41 所示。使用鼠标重新选择 G3：K3 单元格区域作为 SUM 函数的参数，如图 4.42 所示，按 Enter 键，得到计算结果。通过自动填充，计算其他员工的总分。

（6）选中 F21 单元格，在“公式”→“函数库”→“自动求和”下拉列表中选择“最大值”选项，系统自动选取 F3：F20 作为函数的参数，按 Enter 键，计算出结果。

（7）重复步骤（6），用同样的方法计算出“平均分最高分”和“参加考试人数”，如图 4.43 所示。

（8）保存文件，退出 Excel。

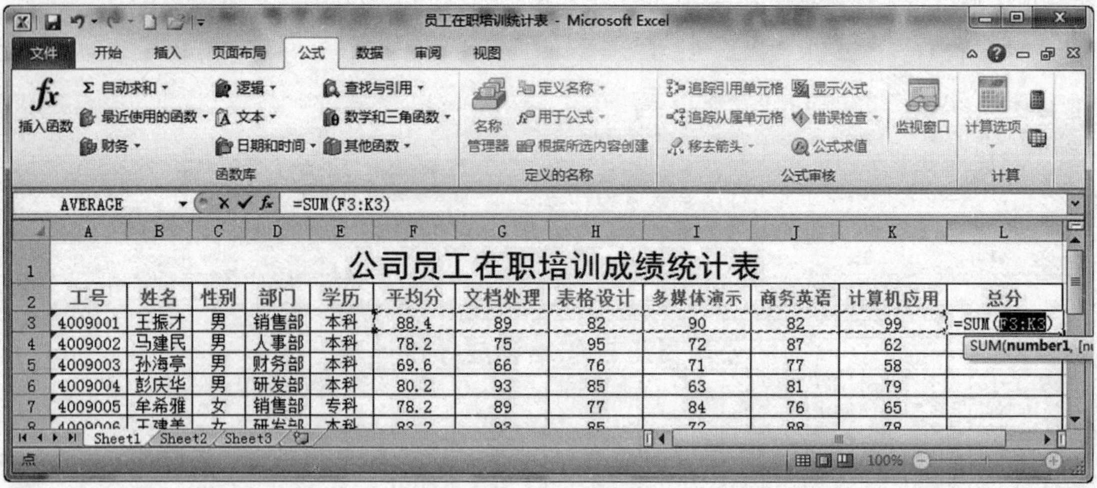

图 4.41 系统自动构造求和公式

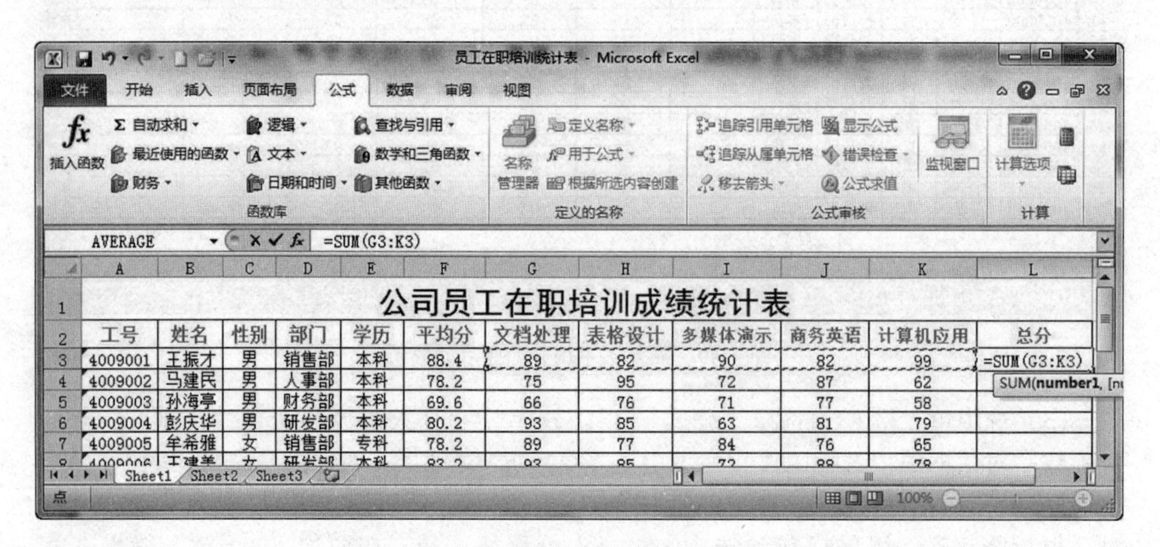

图 4.42 重新选取函数的参数

知识链接

Excel 中所提的函数其实是一些预定义的公式，它们使用一些称为参数的特定数值按特定的顺序或结构进行计算。用户可以直接用它们对某个区域内的数值进行一系列运算，如分析和处理日期值和时间值、确定贷款的支付额、确定单元格中的数据类型、计算平均值、排序显示和运算文本数据等。例如，SUM 函数对单元格或单元格区域进行加法运算。

1. Excel 中的常用函数

Excel 函数一共有 11 类，分别是数据库函数、日期与时间函数、工程函数、财务函数、信息函数、逻辑函数、查询和引用函数、数学和三角函数、统计函数、文本函数以及用户自

公司员工在职培训成绩统计表

工号	姓名	性别	部门	学历	平均分	文档处理	表格设计	多媒体演示	商务英语	计算机应用	总分
4009001	王振才	男	销售部	本科	88.4	89	82	90	82	99	442
4009002	马建民	男	人事部	本科	78.2	75	95	72	87	62	391
4009003	孙海亭	男	财务部	本科	69.6	66	76	71	77	58	348
4009004	彭庆华	男	研发部	本科	80.2	93	85	63	81	79	401
4009005	牟希雅	女	销售部	专科	78.2	89	77	84	76	65	391
4009006	王建美	女	研发部	本科	83.2	93	85	72	88	78	416
4009007	刘凤昌	男	研发部	专科	74.4	96	55	75	85	61	372
4009008	刘国明	男	研发部	专科	76.2	85	86	66	82	62	381
4009009	张英	女	行政部	本科	83.2	75	82	85	92	82	416
4009010	陈关敏	女	办公室	本科	76.2	82	97	52	73	77	381
4009011	朱思华	女	研发部	研究生	84.8	93	85	72	88	86	424
4009012	陈德华	男	客服部	本科	78.6	89	77	84	76	67	393
4009013	刘大力	男	办公室	专科	80	96	55	75	85	89	400
4009014	王霞	女	销售部	研究生	79	85	86	66	82	76	395
4009015	艾晓敏	女	行政部	专科	85.6	75	82	85	92	94	428
4009016	刘国强	男	人事部	研究生	77.4	82	97	52	73	83	387
4009017	刘方明	男	销售部	专科	81.4	89	82	78	70	88	407
4009018	王磊	男	销售部	专科	78.6	80	75	77	83	78	393
				平均分最高	88.4					参加考试人数	18
				平均分最低	69.6						

图 4.43　函数求值后的效果

定义函数。下面介绍一些常用函数。

1）ABS 函数

函数名称：ABS。

主要功能：求出相应数字的绝对值。

使用格式：ABS（number）

参数说明：number 代表需要求绝对值的数值或引用的单元格。

应用举例：如果在单元格 B2 中输入公式“=ABS（A2）”，则在 A2 单元格中无论输入正数（如 100）还是负数（如 -100），B2 中均显示出正数（如 100）。

特别提醒：如果 number 参数不是数值，而是一些字符（如 A 等），则 B2 中返回错误值“#VALUE!”。

2）AND 函数

函数名称：AND。

主要功能：返回逻辑值：如果所有参数值均为逻辑“真（TRUE）”，则返回逻辑“真（TRUE）”，反之返回逻辑“假（FALSE）”。

使用格式：AND（logical1，logical2，……）

参数说明：“logical1，logical2，logical3……”表示待测试的条件值或表达式，最多包含 30 个条件。

应用举例：在单元格 C5 输入公式“=AND（A5>=60，B5>=60）”，确认。如果 C5

中返回 TRUE，说明 A5 和 B5 中的数值均大于等于 60，如果返回 FALSE，说明 A5 和 B5 中的数值至少有一个小于 60。

特别提醒：如果指定的逻辑条件参数中包含非逻辑值，则函数返回错误值“#VALUE!”或“#NAME”。

3）AVERAGE 函数

函数名称：AVERAGE。

主要功能：求出所有参数的算术平均值。

使用格式：AVERAGE（number1，number2，……）

参数说明：“number1，number2，……”为需要求平均值的数值或引用单元格（区域），参数不超过 30 个。

应用举例：在单元格 B8 中输入公式“=AVERAGE（B7：D7，F7：H7，7，8）”，确认后，即可求出 B7~D7 区域、F7~H7 区域中的数值和 7、8 的平均值。

特别提醒：如果引用区域中包含“0”值单元格，则计算在内；如果引用区域中包含空白或字符单元格，则不计算在内。

4）COUNT 函数

函数名称：COUNT。

主要功能：统计某个单元格区域中的单元格数目。

使用格式：COUNT（value1，value2，……）

参数说明：“value1，value2，……”为 1~30 个可以包含或引用各种不同类型数据的参数，但只对数字型数据进行计数。

应用举例：在单元格 L21 中输入公式“=COUNT（L3：L20）”，确认后，即可统计出 L3~L20 单元格区域中的单元格数目。

5）DATE 函数

函数名称：DATE。

主要功能：给出指定数值的日期。

使用格式：DATE（year，month，day）

参数说明：year 为指定的年份数值（小于 9 999）；month 为指定的月份数值（可以大于 12）；day 为指定的天数。

应用举例：在单元格 C20 中输入公式“=DATE（2012，13，35）”，确认后，显示“2013-2-4”。

特别提醒：由于上述公式中月份为 13，多了 1 个月，顺延至 2013 年 1 月；天数为 35，比 2013 年 1 月的实际天数又多了 4 天，故又顺延至 2013 年 2 月 4 日。

6）MAX 函数

函数名称：MAX。

主要功能：求出一组数中的最大值。

使用格式：MAX（number1，number2，……）

参数说明：“number1，number2，……”代表需要求最大值的数值或引用单元格（区域），参数不超过 30 个。

应用举例：输入公式“=MAX（E44：J44，7，8，9，10）”，确认后即可显示 E44~

J44 单元和区域和数值 7，8，9，10 中的最大值。

特别提醒：如果参数中有文本或逻辑值，则忽略。

7）MIN 函数

函数名称：MIN。

主要功能：求出一组数中的最小值。

使用格式：MIN（number1，number2，……）

参数说明："number1，number2，……"代表需要求最小值的数值或引用单元格（区域），参数不超过 30 个。

应用举例：输入公式"=MIN（E44：J44，7，8，9，10）"，确认后即可显示 E44 ~ J44 单元和区域和数值 7，8，9，10 中的最小值。

特别提醒：如果参数中有文本或逻辑值，则忽略。

8）MOD 函数

函数名称：MOD。

主要功能：求出两数相除的余数。

使用格式：MOD（number，divisor）

参数说明：number 代表被除数，divisor 代表除数。

应用举例：输入公式"=MOD（13，4）"，确认后显示结果"1"。

特别提醒：如果 divisor 参数为零，则显示错误值"#DIV/0!"。

9）SUM 函数

函数名称：SUM。

主要功能：计算所有参数数值的和。

使用格式：SUM（Number1，Number2，……）

参数说明："Number1、Number2，……"代表需要计算的值，可以是具体的数值、引用的单元格（区域）、逻辑值等。

应用举例：如图 4.44 所示，在单元格 L1 中输入公式"=SUM（G3：K3）"，确认后即可求出该员工的总分。

图 4.44　SUM 函数的使用

特别说明：如果参数为数组或引用，只有其中的数字将被计算。数组或引用中的空白单元格、逻辑值、文本或错误值将被忽略。

10）INT 函数

函数名称：INT。

主要功能：将数值向下取整为最接近的整数。

使用格式：INT（number）

参数说明：number 表示需要取整的数值或包含数值的引用单元格。

应用举例：输入公式"=INT（18.89）"，确认后显示"18"。

特别提醒：在取整时，不进行四舍五入；如果输入的公式为"=INT（-18.89）"，则返回结果为-19。

2. 使用函数的步骤

使用函数进行计算一般有两种方法：

（1）单击"公式"→"函数库"→"自动求和"按钮，从下拉列表中选择需要的函数，如图 4.45 所示。

（2）选定需要输入函数的单元格，选择"公式"→"函数库"→"插入函数"命令，弹出"插入函数"对话框。在"选择函数"列表框中选择相应的函数，如图 4.46 所示，单击"确定"按钮。弹出"函数参数"对话框，如图 4.47 所示，在该对话框中输入相应的参数，单击"确定"按钮，在选定的单元格中会显示计算结果。

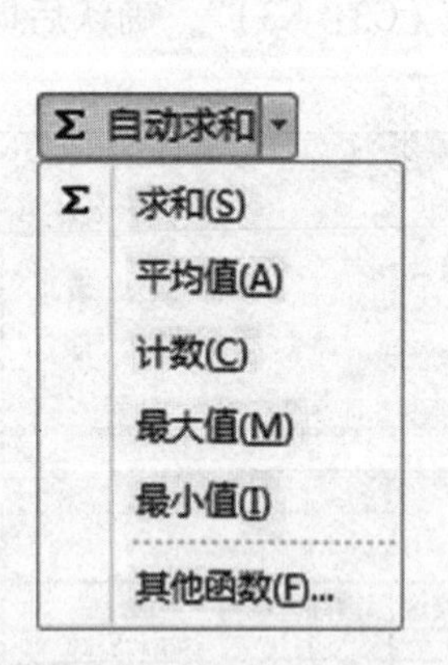

图 4.45 "自动求和"下拉列表

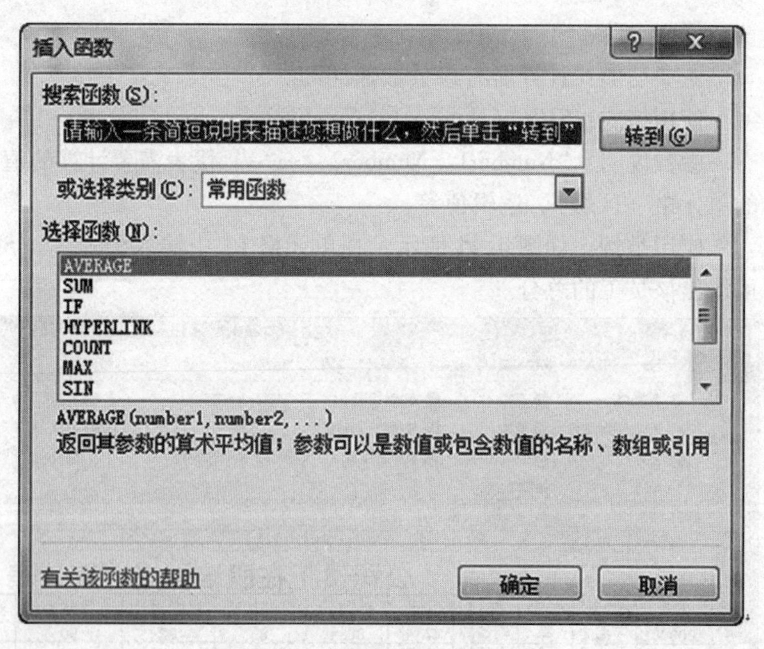

图 4.46 "插入函数"对话框

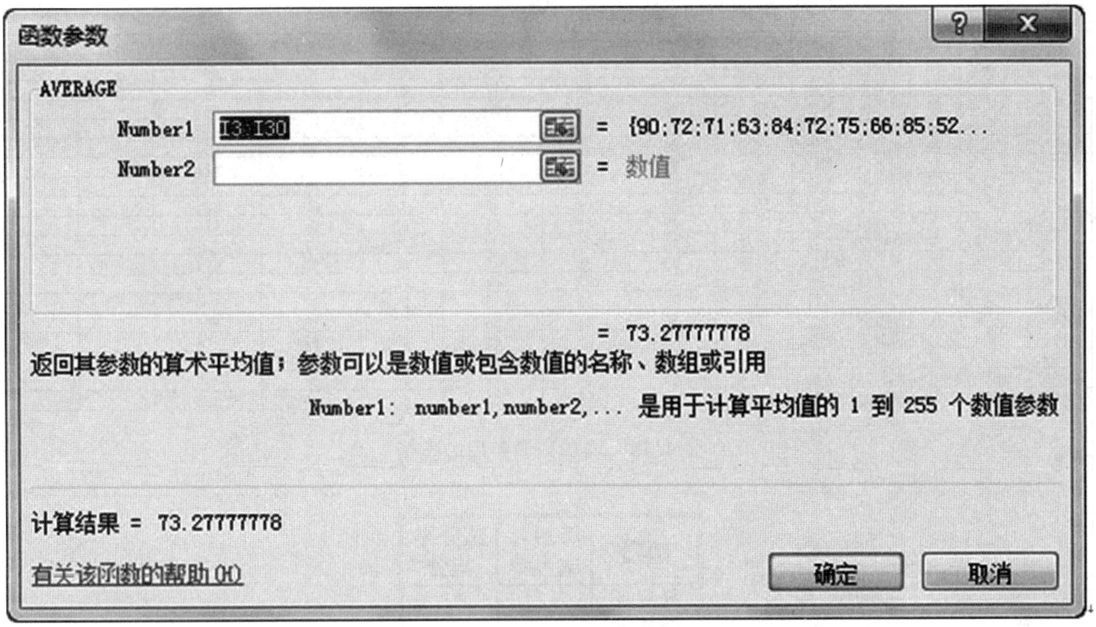

函数参数

AVERAGE

Number1　I3:I30　=　{90;72;71;63;84;72;75;66;85;52...

Number2　=　数值

= 73.27777778

返回其参数的算术平均值；参数可以是数值或包含数值的名称、数组或引用

Number1:　number1,number2,...　是用于计算平均值的 1 到 255 个数值参数

计算结果 = 73.27777778

有关该函数的帮助(H)　确定　取消

图 4.47　“函数参数”对话框

4.7　【案例 6】按部门分析培训效果

案例分析

本案例主要完成对员工成绩的排名；以“400”分作为标准，判断员工考试成绩是否合格；统计各个部门参加考试的人数和总分的平均分。

案例目标

（1）掌握单元格地址的概念，会正确引用单元格地址。

（2）掌握 RANK、IF、SUMIF、COUNTIF 等函数的使用。

实施过程

（1）对“公司员工在职培训成绩统计表”进行调整，增加“排名”和“是否合格”两列，如图 4.48 所示。

（2）在 D22：F29 单元格区域中创建“部门成绩统计”的表格，如图 4.49 所示。

（3）选中单元格 M3，选择“公式”→“函数库”→“插入函数”命令，弹出“插入函数”对话框，在“或选择类别”的下拉列表中选择“全部”，在“选择函数”列表框中选择“RANK”函数，单击“确定”按钮。

（4）在“函数参数”对话框中设置各个参数的值，如图 4.50 所示，单击“确定”按钮，得到第一名员工的排名。

A	B	C	D	E	F	G	H	I	J	K	L	M	N
公司员工在职培训成绩统计表													
工号	姓名	性别	部门	学历	平均分	文档处理	表格设计	多媒体演示	商务英语	计算机应用	总分	排名	是否合格
4009001	王振才	男	销售部	本科	88.4	89	82	90	82	99	442		
4009002	马建民	男	人事部	本科	78.2	75	95	72	87	62	391		
4009003	孙海亭	男	财务部	本科	69.6	66	76	71	77	58	348		
4009004	彭庆华	男	研发部	本科	80.2	93	85	63	81	79	401		
4009005	牟希雅	女	销售部	专科	78.2	89	77	84	76	65	391		
4009006	王建美	女	研发部	本科	83.2	93	85	72	88	78	416		
4009007	刘凤昌	男	研发部	专科	74.4	96	55	75	85	61	372		
4009008	刘国明	男	研发部	专科	76.2	85	86	66	82	62	381		
4009009	张英	女	行政部	本科	83.2	75	82	85	92	82	416		
4009010	陈关敏	女	办公室	本科	76.2	82	97	52	73	77	381		
4009011	朱思华	女	研发部	研究生	84.8	93	85	72	88	86	424		
4009012	陈德华	男	客服部	本科	78.6	89	77	84	76	67	393		
4009013	刘大力	男	办公室	专科	80	96	55	75	85	89	400		
4009014	王霞	女	销售部	研究生	79	85	86	66	82	76	395		
4009015	艾晓敏	女	行政部	专科	85.6	75	82	85	92	94	428		
4009016	刘国强	男	人事部	研究生	77.4	82	97	52	73	83	387		
4009017	刘方明	男	销售部	专科	81.4	89	82	78	70	88	407		
4009018	王磊	男	销售部	专科	78.6	80	75	77	83	78	393		

图 4.48　增加列调整后的表格

部门	参加考试人数	总分平均分
行政部		
销售部		
人事部		
研发部		
财务部		
客服部		
办公室		

图 4.49　“部门成绩统计”表格

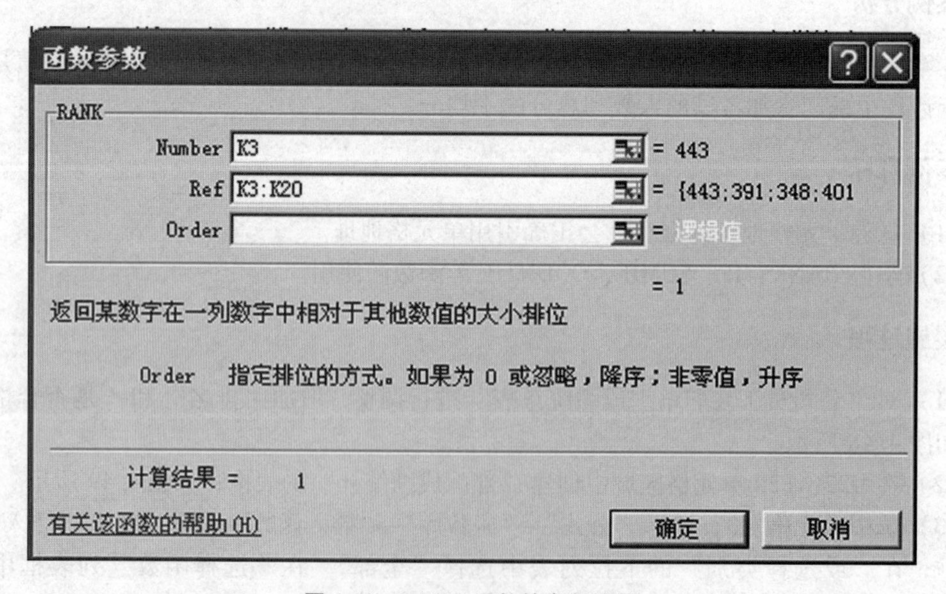

图 4.50　RANK 函数的参数设置

（5）选中单元格 M3，在编辑栏中修改 RANK 函数中 Ref 参数的值为“＄K＄3：＄K＄20”，按 Enter 键。将鼠标移至单元格 L3 的右下角，拖动填充柄，自动生成其他员工的排名，如图 4.51 所示。

A	B	C	D	E	F	G	H	I	J	K	L	M	N
公司员工在职培训成绩统计表													
工号	姓名	性别	部门	学历	平均分	文档处理	表格设计	多媒体演示	商务英语	计算机应用	总分	排名	是否合格
4009001	王振才	男	销售部	本科	88.4	89	82	90	82	99	442	1	
4009002	马建民	男	人事部	本科	78.2	75	95	72	87	62	391	12	
4009003	孙海亭	男	财务部	本科	69.6	66	76	71	77	58	348	18	
4009004	彭庆华	男	研发部	本科	80.2	93	85	63	81	79	401	7	
4009005	牟希雅	女	销售部	专科	78.2	89	77	84	76	65	391	12	
4009006	王建美	女	研发部	本科	83.2	93	85	72	88	78	416	4	
4009007	刘凤昌	男	研发部	专科	74.4	96	55	75	85	61	372	17	
4009008	刘国明	男	研发部	专科	76.2	85	86	66	82	62	381	15	
4009009	张英	女	行政部	本科	83.2	75	82	85	92	82	416	4	
4009010	陈关敏	女	办公室	本科	76.2	82	97	52	73	77	381	15	
4009011	朱思华	女	研发部	研究生	84.8	93	85	72	88	86	424	3	
4009012	陈德华	男	客服部	本科	78.6	89	77	84	76	67	393	10	
4009013	刘大力	男	办公室	专科	80	96	55	75	85	89	400	8	
4009014	王霞	女	销售部	研究生	79	85	86	66	82	76	395	9	
4009015	艾晓敏	女	行政部	专科	85.6	75	82	85	92	94	428	2	
4009016	刘国强	男	人事部	研究生	77.4	82	97	52	73	83	387	14	
4009017	刘方明	男	销售部	专科	81.4	89	82	78	70	88	407	6	
4009018	王磊	男	销售部	专科	78.6	80	75	77	83	78	393	10	

图 4.51　自动填充生成排名

（6）选中单元格 N3，插入 IF 函数，参数设置如图 4.52 所示。拖动填充柄，自动填充，统计出其他员工的成绩是否合格。

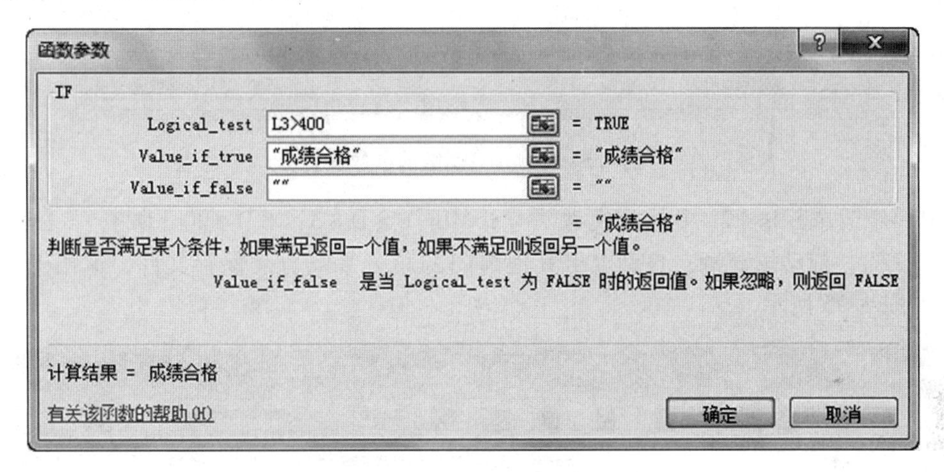

图 4.52　IF 函数的参数设置

（7）选中单元格 E23，插入 COUNTIF 函数，参数设置如图 4.53 所示，单击“确定”按钮，得出“行政部”参加考试的人数。

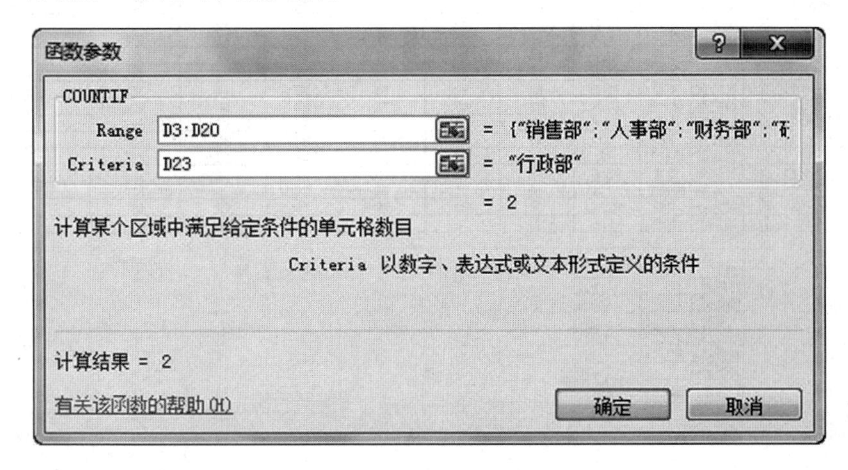

图 4.53　COUNTIF 函数的参数设置

（8）修改 COUNTIF 函数的 Rang 参数为“＄D＄3：＄D＄20”，绝对引用 D3：D20 单元格区域，再拖动填充柄，计算出其他部门参加考试的人数。

（9）选中单元格 F23，在编辑栏中输入“=”，选择“公式”→“函数库”→“插入函数”命令，在弹出对话框的“或选择类别”下拉列表中选择“全部”，然后在“选择函数”列表框中选择 SUMIF 函数，设置参数如图 4.54 所示。在编辑栏中修改公式为“=SUMIF（D3：D20，D23，L3：L20）/E23”，按 Enter 键，得出行政部的总分平均分。

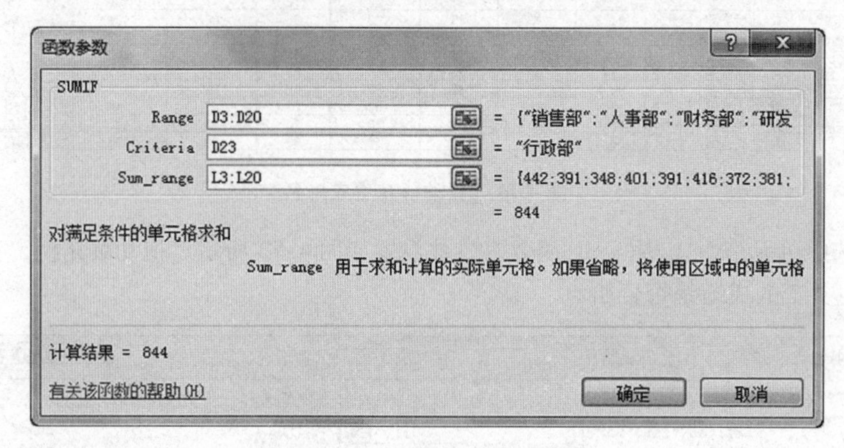

图 4.54　SUMIF 函数的参数设置

（10）修改单元格 F23 中的公式为“=SUMIF（＄D＄3：＄D＄20，D23，＄L＄3：＄L＄20）/E23”，拖动填充柄，自动求出其他部门的总分平均分。保存文件，退出 Excel。最终效果如图 4.55 所示。

	A	B	C	D	E	F	G	H	I	J	K	L	M	N
3	4009001	王振才	男	销售部	本科	88.4	89	82	90	82	99	442	1	成绩合格
4	4009002	马建民	男	人事部	本科	78.2	75	95	72	87	62	391	12	不合格
5	4009003	孙海亭	男	财务部	本科	69.6	66	76	71	77	58	348	18	不合格
6	4009004	彭庆华	男	研发部	本科	80.2	93	85	63	81	79	401	7	成绩合格
7	4009005	牟希雅	女	销售部	专科	78.2	89	77	84	76	65	391	12	不合格
8	4009006	王建美	女	研发部	本科	83.2	93	85	72	88	78	416	4	成绩合格
9	4009007	刘凤昌	男	研发部	专科	74.4	96	55	75	85	61	372	17	不合格
10	4009008	刘国明	男	研发部	专科	76.2	85	86	66	82	62	381	15	不合格
11	4009009	张英	女	行政部	本科	83.2	75	82	85	92	82	416	4	成绩合格
12	4009010	陈关敏	女	办公室	本科	76.2	82	97	52	73	77	381	15	不合格
13	4009011	朱思华	女	研发部	研究生	84.8	93	85	72	88	86	424	3	成绩合格
14	4009012	陈德华	男	客服部	本科	78.6	89	77	84	76	67	393	10	不合格
15	4009013	刘大力	男	办公室	专科	80	96	55	75	85	89	400	8	不合格
16	4009014	王霞	女	销售部	研究生	79	85	86	66	82	76	395	9	不合格
17	4009015	艾晓敏	女	行政部	专科	85.6	75	82	85	92	94	428	2	成绩合格
18	4009016	刘国强	男	人事部	研究生	77.4	82	97	52	73	83	387	14	不合格
19	4009017	刘方明	男	销售部	专科	81.4	89	82	78	70	88	407	6	成绩合格
20	4009018	王磊	男	销售部	专科	78.6	80	75	77	83	78	393	10	不合格
21														
22				部门	参加考试人数	总分平均分								
23				行政部	2	422								
24				销售部	5	405.6								
25				人事部	2	389								
26				研发部	5	398.8								
27				财务部	1	348								
28				客服部	1	393								
29				办公室	2	390.5								

图 4.55　最终效果

知识链接

1. 高级函数

除了上一节介绍的常用函数以外，在平时的工作学习中还会用到以下函数。

1）RANK 函数

函数名称：RANK。

主要功能：返回某一数值在一列数值中的相对于其他数值的排位。

使用格式：RANK（Number，ref，order）

参数说明：Number 代表需要排序的数值；ref 代表排序数值所处的单元格区域；order 代表排序方式参数（如果为“0”或者忽略，则按降序排名，即数值越大，排名结果数值越小；如果为非“0”值，则按升序排名，即数值越大，排名结果数值越大）。

应用举例：如在单元格 C2 中输入公式“=RANK（B2，B2：B31，0)”，确认后即可得单元格 B2 中的数值在 B2~B31 单元格区域中由高到低的排名结果。

特别提醒：在上述公式中，Number 参数采取了相对引用形式，而 ref 参数采取了绝对引用形式（增加了一个“$”符号），这样设置后，选中单元格 C2，将鼠标移至该单元格右下角，成细“十”字线状时（通常称之为“填充柄”），按住左键向下拖拉，即可将上述公式快速复制到 C 列下面的单元格中，完成其他数据的排名统计。

2）SUMIF 函数

函数名称：SUMIF。

主要功能：计算符合指定条件的单元格区域内的数值和。

使用格式：SUMIF（Range，Criteria，Sum_ Range）

参数说明：Range 代表条件判断的单元格区域；Criteria 为指定条件表达式；Sum_Range 代表需要计算的数值所在的单元格区域。

应用举例：在单元格 D64 中输入公式“=SUMIF（C2：C63，"男"，D2：D63)”，确认后即可求出男生的语文成绩和。

特别提醒：如果把上述公式修改为“=SUMIF（C2：C63，"女"，D2：D63)”，即可求出女生的语文成绩和；其中“男”和“女”由于是文本型的，需要放在英文半角状态下的双引号中（“男”、“女”）。

3）COUNTIF 函数

函数名称：COUNTIF。

主要功能：统计某个单元格区域中符合指定条件的单元格数目。

使用格式：COUNTIF（Range，Criteria）

参数说明：Range 代表要统计的单元格区域，Criteria 表示指定的条件表达式。

应用举例：在单元格 C17 中输入公式“=COUNTIF（B1：B13，">=80")”，确认后，即可统计出 B1~B13 单元格区域中数值大于等于 80 的单元格数目。

特别提醒：允许引用的单元格区域中有空白单元格出现。

4）IF 函数

函数名称：IF。

主要功能：根据对指定条件的逻辑判断的真假结果，返回相对应的内容。

使用格式：IF（Logical，Value_ if_ true，Value_ if_ false）

参数说明：Logical 代表逻辑判断表达式；Value_ if_ true 表示当判断条件为逻辑“真（TRUE）”时的显示内容，如果忽略返回“TRUE”；Value_ if_ false 表示当判断条件为逻辑“假（FALSE）”时的显示内容，如果忽略返回“FALSE”。

应用举例：在单元格 C29 中输入公式“ = IF （C26 > = 18," 符合要求"," 不符合要求")”，确定以后，如果单元格 C26 中的数值大于或等于 18，则单元格 C29 显示“符合要求”字样，反之显示“不符合要求”字样。

特别提醒：类似“在单元格 C29 中输入公式”中指定的单元格，读者在使用时，并不需要受其约束，此处只是配合本书所附的实例需要而给出的相应单元格，具体请读者参考所附的实例文件。

2. 单元格地址的引用

Excel 单元格的引用包括相对引用、绝对引用和混合引用 3 种。

1）相对引用

公式中的相对单元格引用（例如“A1”）是基于包含公式和单元格引用的单元格的相对位置。如果公式所在单元格的位置改变，引用也随之改变。如果多行或多列地复制公式，引用会自动调整。在默认情况下，新公式使用相对引用。例如，如果将单元格 B2 中的相对引用复制到单元格 B3，将自动从“ = A1” 调整到“ = A2”。

2）绝对引用

单元格中的绝对单元格引用（例如“ $ A $ 1”）总是在指定位置引用单元格。如果公式所在单元格的位置改变，绝对引用保持不变。如果多行或多列地复制公式，绝对引用将不作调整。在默认情况下，公式使用相对引用，需要时将它们转换为绝对引用。例如，如果将单元格 B2 中的绝对引用复制到单元格 B3，则在两个单元格中一样，都是“ $ A $ 1。”

3）混合引用

混合引用具有绝对列和相对行，或绝对行和相对列。绝对引用列采用 $ A1、 $ B1 等形式。绝对引用行采用 A $ 1、B $ 1 等形式。如果公式所在单元格的位置改变，则相对引用改变，而绝对引用不变。如果多行或多列地复制公式，相对引用自动调整，而绝对引用不作调整。例如，如果将一个混合引用从单元格 A2 复制到单元格 B3，它将从“ = A $ 1” 调整到“ = B $ 1”。

在 Excel 中输入公式时，只要正确使用 F4 键，就能简单地对单元格的相对引用和绝对引用进行切换。现举例说明。

对于某单元格所输入的公式“ = SUM（B4：B8）”：

选中整个公式，按下 F4 键，该公式内容变为“ = SUM（ $ B $ 4： $ B $ 8）”，表示对横、纵行单元格均进行绝对引用。

第二次按下 F4 键，公式内容又变为“ = SUM（B $ 4：B $ 8）”，表示对横行进行绝对引用，对纵行进行相对引用。

第三次按下 F4 键，公式则变为“ = SUM（ $ B4： $ B8）”，表示对横行进行相对引用，

对纵行进行绝对引用。

第四次按下 F4 键时，公式变回到初始状态“ = SUM（B4：B8）”，即对横行、纵行的单元格均进行相对引用。

需要说明的一点是，F4 键的切换功能只对所选中的公式段有作用。

4.8 【案例 7】统计与分析销售业绩

案例分析

本案例利用 Excel 强大的数据筛选、排序、分类汇总等功能，对销售业绩进行如下统计与分析：获取产品订单排行榜，用来分析产品的销售情况；汇总销售员的第四季度销售业绩并制作排行榜，以激励员工提高销售业绩。

案例目标

（1）了解数据清单的概念。

（2）掌握数据的简单排序、多关键字排序和自定义排序的方法。

（3）掌握数据的自动筛选和高级筛选的方法。

（4）掌握分类汇总的方法。

实施过程

（1）打开“销售业绩统计与分析 . xls”工作簿，将“产品销售记录表”复制成 6 份。

（2）对交易金额进行降序排列，获取本季度订单排行榜。

①选中工作表标签“产品销售记录表（2）”，并重命名为“订单排行榜”。

②单击交易金额列中的任意一单元格。

③单击“开始”→“段落”组中的“降序”按钮，记录按照交易金额由大到小排列。

完成效果如图 4. 56 所示。

（3）获得同种产品的订单排行榜。

①选中工作表标签“产品销售记录表（3）”，并重命名为“同种产品订单排行榜”。

②单击数据清单中的任一单元格。

③选择“数据”→“排序和筛选”→“排序”命令，弹出“排序”对话框。

④在“排序”对话框中，单击“主要关键字”下拉列表，选择“产品名称”，在“次序”下拉列表中选择“升序”，如图 4. 57 所示；单击“添加条件”按钮，出现“次要关键字”，在其中选择“数量”，在“次序”下拉列表中选择“降序”。

⑤单击“确定”按钮，结果如图 4. 58 所示。

（4）获得前六名订单名单。

①选中工作表标签“产品销售记录表（4）”，并重命名为“前六名订单”。

②单击数据清单中的任一单元格。

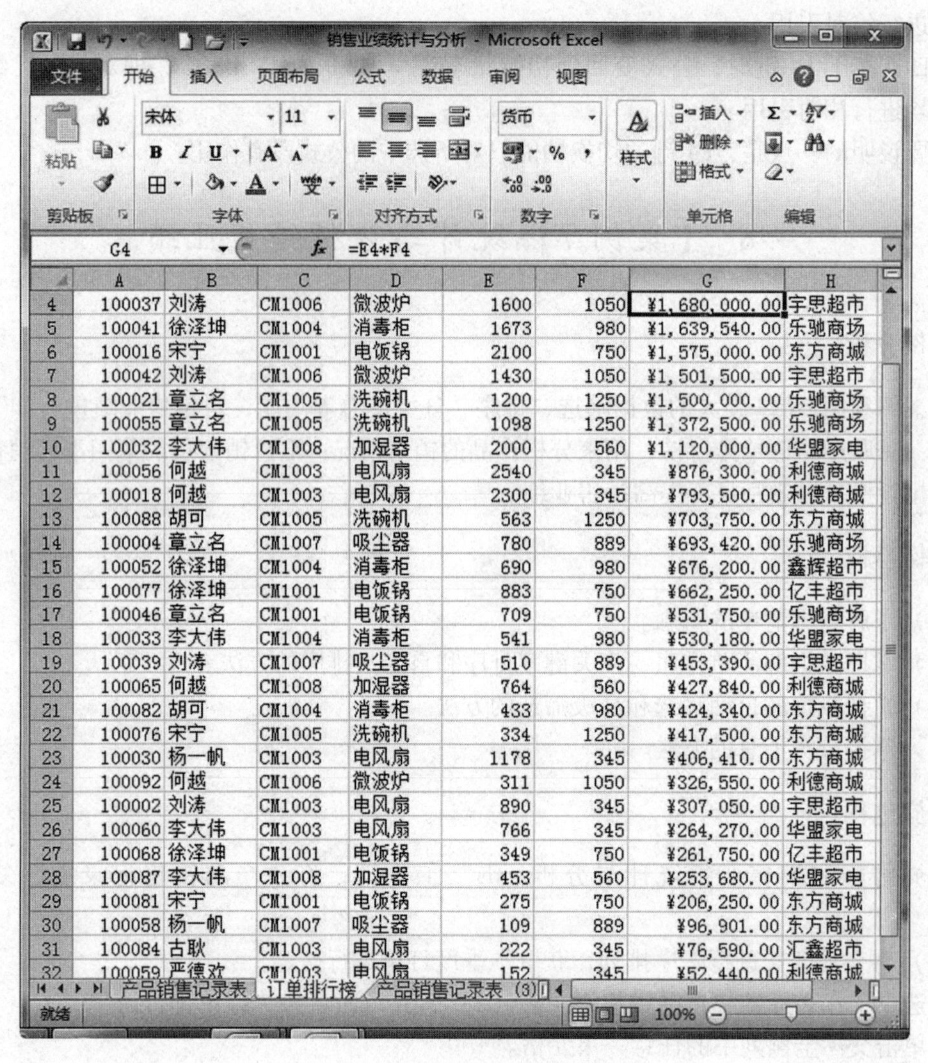

	A	B	C	D	E	F	G	H
4	100037	刘涛	CM1006	微波炉	1600	1050	¥1,680,000.00	宇思超市
5	100041	徐泽坤	CM1004	消毒柜	1673	980	¥1,639,540.00	乐驰商场
6	100016	宋宁	CM1001	电饭锅	2100	750	¥1,575,000.00	东方商城
7	100042	刘涛	CM1006	微波炉	1430	1050	¥1,501,500.00	宇思超市
8	100021	章立名	CM1005	洗碗机	1200	1250	¥1,500,000.00	乐驰商场
9	100055	章立名	CM1005	洗碗机	1098	1250	¥1,372,500.00	乐驰商场
10	100032	李大伟	CM1008	加湿器	2000	560	¥1,120,000.00	华盟家电
11	100056	何越	CM1003	电风扇	2540	345	¥876,300.00	利德商城
12	100018	何越	CM1003	电风扇	2300	345	¥793,500.00	利德商城
13	100088	胡可	CM1005	洗碗机	563	1250	¥703,750.00	东方商城
14	100004	章立名	CM1007	吸尘器	780	889	¥693,420.00	乐驰商场
15	100052	徐泽坤	CM1004	消毒柜	690	980	¥676,200.00	鑫辉超市
16	100077	徐泽坤	CM1001	电饭锅	883	750	¥662,250.00	亿丰超市
17	100046	章立名	CM1001	电饭锅	709	750	¥531,750.00	乐驰商场
18	100033	李大伟	CM1004	消毒柜	541	980	¥530,180.00	华盟家电
19	100039	刘涛	CM1007	吸尘器	510	889	¥453,390.00	宇思超市
20	100065	何越	CM1008	加湿器	764	560	¥427,840.00	利德商城
21	100082	胡可	CM1004	消毒柜	433	980	¥424,340.00	东方商城
22	100076	宋宁	CM1005	洗碗机	334	1250	¥417,500.00	东方商城
23	100030	杨一帆	CM1003	电风扇	1178	345	¥406,410.00	东方商城
24	100092	何越	CM1006	微波炉	311	1050	¥326,550.00	利德商城
25	100002	刘涛	CM1003	电风扇	890	345	¥307,050.00	宇思超市
26	100060	李大伟	CM1003	电风扇	766	345	¥264,270.00	华盟家电
27	100068	徐泽坤	CM1001	电饭锅	349	750	¥261,750.00	亿丰超市
28	100087	李大伟	CM1008	加湿器	453	560	¥253,680.00	华盟家电
29	100081	宋宁	CM1001	电饭锅	275	750	¥206,250.00	东方商城
30	100058	杨一帆	CM1007	吸尘器	109	889	¥96,901.00	东方商城
31	100084	古耿	CM1003	电风扇	222	345	¥76,590.00	汇鑫超市
32	100059	严德欢	CM1003	电风扇	152	345	¥52,440.00	利德商城

图 4.56　简单排序效果

图 4.57　“排序”对话框

	A	B	C	D	E	F	G	H
1	订单编号	销售人员	产品编号	产品名称	数量	单价	交易金额	客户
2	100099	李大伟	CM1001	电饭锅	3408	750	¥2,556,000.00	华盟家电
3	100016	宋宁	CM1001	电饭锅	2100	750	¥1,575,000.00	东方商城
4	100077	徐泽坤	CM1001	电饭锅	883	750	¥662,250.00	亿丰超市
5	100046	章立名	CM1001	电饭锅	709	750	¥531,750.00	乐驰商场
6	100068	徐泽坤	CM1001	电饭锅	349	750	¥261,750.00	亿丰超市
7	100081	宋宁	CM1001	电饭锅	275	750	¥206,250.00	东方商城
8	100056	何越	CM1003	电风扇	2540	345	¥876,300.00	利德商城
9	100018	何越	CM1003	电风扇	2300	345	¥793,500.00	利德商城
10	100030	杨一帆	CM1003	电风扇	1178	345	¥406,410.00	东方商城
11	100002	刘涛	CM1003	电风扇	890	345	¥307,050.00	宇思超市
12	100060	李大伟	CM1003	电风扇	766	345	¥264,270.00	华盟家电
13	100084	古耿	CM1003	电风扇	222	345	¥76,590.00	汇鑫超市
14	100059	严德欢	CM1003	电风扇	152	345	¥52,440.00	利德商城
15	100073	何越	CM1008	加湿器	3008	560	¥1,684,480.00	利德商城
16	100032	李大伟	CM1008	加湿器	2000	560	¥1,120,000.00	华盟家电
17	100065	何越	CM1008	加湿器	764	560	¥427,840.00	利德商城
18	100087	李大伟	CM1008	加湿器	453	560	¥253,680.00	华盟家电
19	100037	刘涛	CM1006	微波炉	1600	1050	¥1,680,000.00	宇思超市
20	100042	刘涛	CM1006	微波炉	1430	1050	¥1,501,500.00	宇思超市
21	100092	何越	CM1006	微波炉	311	1050	¥326,550.00	利德商城
22	100004	章立名	CM1007	吸尘器	780	889	¥693,420.00	乐驰商场
23	100039	刘涛	CM1007	吸尘器	510	889	¥453,390.00	宇思超市
24	100058	杨一帆	CM1007	吸尘器	109	889	¥96,901.00	东方商城
25	100021	章立名	CM1005	洗碗机	1200	1250	¥1,500,000.00	乐驰商场
26	100055	章立名	CM1005	洗碗机	1098	1250	¥1,372,500.00	乐驰商场
27	100088	胡可	CM1005	洗碗机	563	1250	¥703,750.00	东方商城
28	100076	宋宁	CM1005	洗碗机	334	1250	¥417,500.00	东方商城
29	100041	徐泽坤	CM1004	消毒柜	1673	980	¥1,639,540.00	乐驰商场

图 4.58　多关键字排序效果

③选择“数据”→“排序和筛选”→“筛选”命令，工作表处于筛选状态，每个字段旁出现一个下拉的黑色三角箭头。

④单击“交易金额”的下拉箭头，在下拉列表中选择“数字筛选”→“前 10 个最大值”命令，弹出“自动筛选前 10 个”对话框。

⑤在弹出的“自动筛选前 10 个”对话框中，在“显示”中设置“最大”“6”“项”。

⑥单击“确定”按钮，结果如图 4.59 所示。

订单编号	销售人员	产品编号	产品名称	数量	单价	交易金额	客户
100016	宋宁	CM1001	电饭锅	2100	750	¥1,575,000.00	东方商城
100037	刘涛	CM1006	微波炉	1600	1050	¥1,680,000.00	宇思超市
100042	刘涛	CM1006	微波炉	1430	1050	¥1,501,500.00	宇思超市
100041	徐泽坤	CM1004	消毒柜	1673	980	¥1,639,540.00	乐驰商场
100073	何越	CM1008	加湿器	3008	560	¥1,684,480.00	利德商城
100099	李大伟	CM1001	电饭锅	3408	750	¥2,556,000.00	华盟家电

图 4.59　简单筛选效果

(5) 查看新进员工“何越”的销售情况。

主要查看数量在 1 500 以上或交易金额在 500 000 元以上的订单信息。

①选中工作表标签“产品销售记录表 (5)”，并重命名为“何越销售情况”。

②单击数据清单中的任一单元格。

③复制 A1：H1 单元格区域至 A51：H51，并设置筛选条件，如图 4. 60 所示。

52								
53	订单编号	销售员姓名	产品编号	产品名称	数量	单价	交易金额	客户
54		宋辉			>1500			
55		宋辉					>500000	

图 4. 60　筛选条件区域

④选择“数据”→“排序和筛选”→“高级筛选”命令，在弹出的“高级筛选”对话框中设置“方式”“数据区域”“条件区域”“复制到”等各项内容，如图 4. 61 所示。

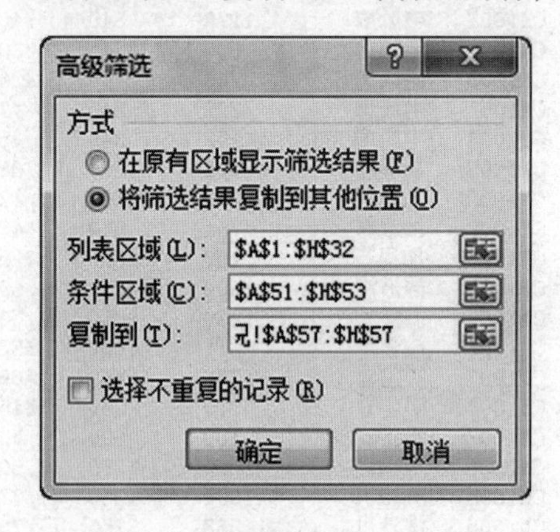

图 4. 61　“高级筛选”对话框

⑤单击“确定”按钮，得到图 4. 62 所示的筛选结果。

订单编号	销售人员	产品编号	产品名称	数量	单价	交易金额	客户
	何越			>1500			
	何越					>50000	
订单编号	销售人员	产品编号	产品名称	数量	单价	交易金额	客户
100018	何越	CM1003	电风扇	2300	345	¥793, 500. 00	利德商城
100056	何越	CM1003	电风扇	2540	345	¥876, 300. 00	利德商城
100065	何越	CM1008	加湿器	764	560	¥427, 840. 00	利德商城
100073	何越	CM1008	加湿器	3008	560	¥1, 684, 480. 00	利德商城
100092	何越	CM1006	微波炉	311	1050	¥326, 550. 00	利德商城

图 4. 62　高级筛选效果

(6) 汇总每位销售员的总销售额。

①选中工作表标签“产品销售记录表 (6)”，并重命名为“员工销售业绩汇总”。

②选中数据清单中“销售人员”列的任一单元格，单击“排序”按钮 (升序或降序均可)。

③选择“数据”→“分级显示”→“分类汇总”命令，弹出“分类汇总”对话框，设置

“分类字段”为“销售员姓名”，“汇总方式”为“求和”，“选定汇总项”为“交易金额”，如图 4.63 所示。

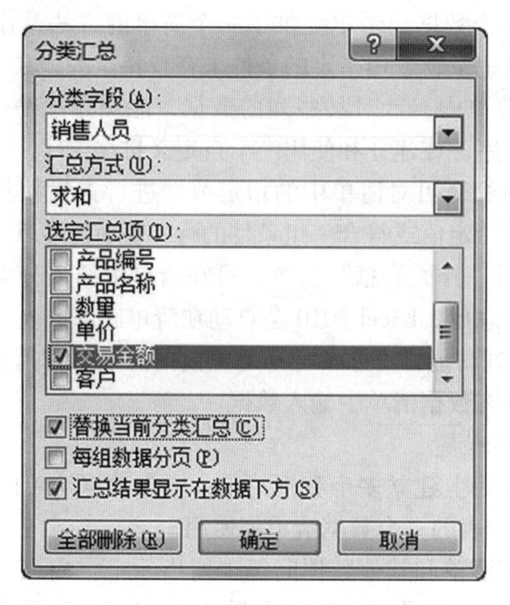

图 4.63　“分类汇总”对话框

④单击“确定”按钮。

⑤单击汇总显示结果左上角分级显示按钮中的“2”，显示效果如图 4.64 所示。

	A	B	C	D	E	F	G	H
1	订单编号	销售人员	产品编号	产品名称	数量	单价	交易金额	客户
3		古耿 汇总					¥76,590.00	
9		何越 汇总					¥4,108,670.00	
12		胡可 汇总					¥1,128,090.00	
18		李大伟 汇总					¥4,724,130.00	
23		刘涛 汇总					¥3,941,940.00	
27		宋宁 汇总					¥2,198,750.00	
32		徐泽坤 汇总					¥3,239,740.00	
34		严德欢 汇总					¥52,440.00	
37		杨一帆 汇总					¥503,311.00	
42		章立名 汇总					¥4,097,670.00	
43		总计					¥24,071,331.00	

图 4.64　分类汇总结果

知识链接

1. 数据清单

一个数据库（Excel 中的一个表）是以具有相同结构方式存储的数据集合，例如电话簿、公司的客户名录、库存账等。利用数据库技术能方便地管理这些数据，例如对数据库排序和查找那些满足指定条件的数据等。

在 Excel 2010 中，数据库是作为一个数据清单被看待的。在一个数据清单中，信息按记录存储。每个记录中包含信息内容的各项，称为字段。例如，公司的客户名录中，每一条客户信息就是个记录，它由字段组成。所有记录的同一字段存放相似的信息（例如公司名称、街道地址、电话号码等）。Excel 2010 提供了一整套功能强大的命令集，使管理数据清单（数据库）变得非常容易。人们能完成下列工作：

（1）数据记录单：一个数据记录单提供了一个简单的方法，让人们从清单或数据库中查看、更改、增加和删除记录，或用指定的条件来查找特定的记录。

（2）排序：在数据清单中，针对某些列的数据，能用排序命令来重新组织行的顺序；能选择数据和选择排序次序，或建立和使用一个自定义排序次序。

（3）筛选：利用筛选命令可对清单中的指定数据进行查找和其他操作。一个经筛选的清单仅显示那些包含某一特定值或符合一组条件的行，暂时隐藏其他行。

（4）分类汇总：利用“分类汇总”命令，可在清单中插入分类汇总行，汇总用户所选的任意数据。插入分类汇总后，Excel 2010 会自动在清单底部插入一个“总计”行。

Excel 2010 提供一系列功能，可非常容易地在数据清单中处理和分析数据。在运用这些功能时，请根据下述准则在数据清单中输入数据。

1）数据清单的大小和位置

（1）避免在一个工作表上建立多个数据清单，因为数据清单的某些处理功能（如筛选等），一次只能在同一工作表的一个数据清单中使用。

（2）在工作表的数据清单和其他数据间至少留出一个空白列和一个空白行。在执行排序、筛选、插入或自动汇总等操作时，这将有利于 Excel 检测和选定数据清单。

（3）避免在数据清单中放置空白行和列，这将有利于 Excel 检测和选定数据清单。

（4）避免将关键数据放到数据清单的左、右两侧，因为这些数据在筛选数据清单时可能会被隐藏。

2）列标志

（1）在数据清单的第一行中创建列标志。Excel 使用这些标志创建报告，并查找和组织数据。

（2）列标志使用的字体、对齐方式、格式、图案、边框或大小写样式，应当和数据清单中其他数据的格式相差别。

（3）如果要将标志和其他数据分开，应使用单元格边框（而不是空格或短划线），在标志行下插入一行直线。

3）行和列内容

（1）在设计数据清单时，应使同一列中的各行有近似的数据项。

（2）在单元格的开始处不要插入多余的空格，因为多余的空格影响排序和查找。不要使用空白行将列标志和第一行数据分开。

2. 数据排序

1）简单排序

如果希望对员工资料按某列属性（如“出生日期”）进行排列，可以这样操作：选中“出生日期”列任意一个单元格，然后单击“降序排序”按钮即可。

> **提示：**①如果排序的对象是数值和日期，则按数值大小进行排序。
> ②如果排序的对象是中文字符，则按“汉语拼音”顺序排序。
> ③如果排序的对象是西文字符，则按“西文字母”顺序排序。

2）多关键字排序

如果需要按“工号、出生年月、职务”对数据进行排序，可以这样操作：选中数据表格中任意一个单元格，选择“数据”→“排序和筛选”→“排序”命令，弹出“排序”对话框，如图 4.65 所示，将“主要关键字”“次要关键字”“次要关键字”（第三关键字）分别设置为“销售人员、产品名称、交易金额”，并设置好排序方式（“升序”或“降序”），单击“确定”按钮即可。

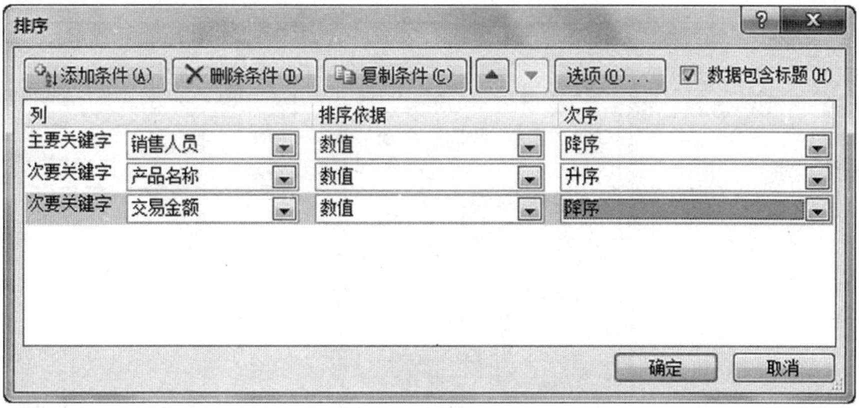

排序

添加条件(A)　删除条件(D)　复制条件(C)　选项(O)...　数据包含标题(H)

列		排序依据	次序
主要关键字	销售人员	数值	降序
次要关键字	产品名称	数值	升序
次要关键字	交易金额	数值	降序

确定　取消

图 4.65　“排序”对话框

3）自定义排序

当对“职务”列进行排序时，无论是按“拼音”还是按“笔划”，都不符合要求。对于这个问题，可以通过自定义序列来进行排序：

选择“文件”→“选项”命令，弹出“Excel 选项”对话框，选择“高级”选项卡，单击“编辑自定义列表”按钮，弹出“自定义序列”对话框。选中左边“自定义序列”列表框中的“新序列”，光标就会在右边的“输入序列”框内闪动，此时就可以输入“职员，副经理，经理”等自定义序列，如图 4.66 所示，输入的每个序列之间要用英文逗号分隔，或者每输入一个序列就按两次 Enter 键。

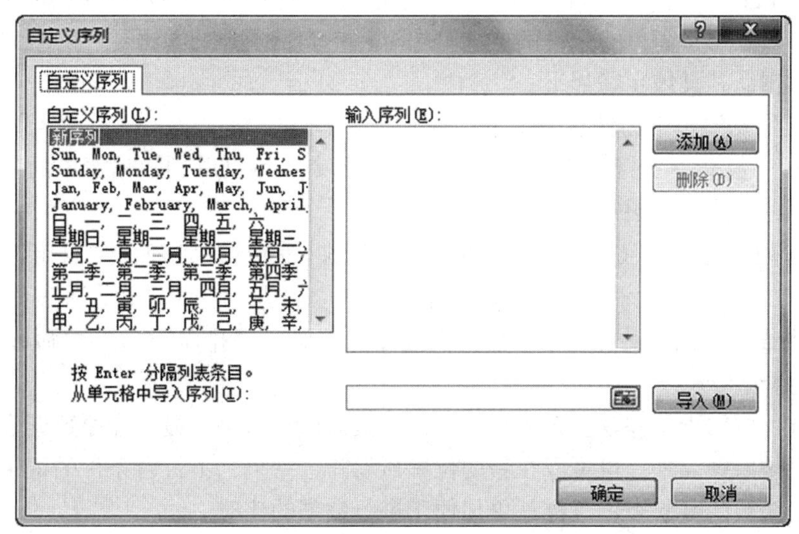

图 4.66　“自定义序列”对话框

如果序列已经存在于工作表中，可以选中序列所在的单元格区域，然后单击“导入”按钮，这些序列就会自动加入“输入序列”框中。无论采用以上哪种方法，单击“添加”按钮即可将序列放入“自定义序列”中备用。

然后单击图4.65中的“选项”按钮，弹出“排序选项”对话框，如图4.67所示，选中前面定义的排序规则，其他选项保持不动。返回“排序”对话框，根据需要选择“升序”或“降序”，单击“确定”按钮即可完成数据的自定义排序。

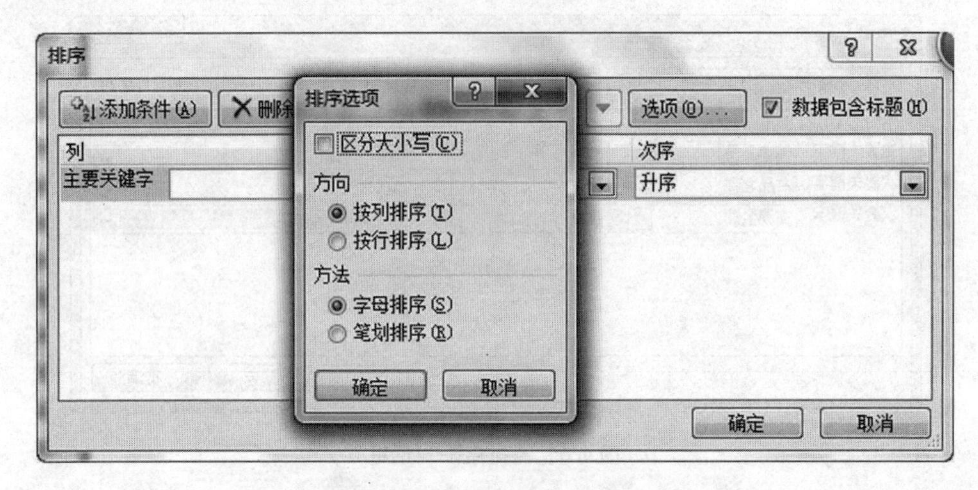

图4.67 “排序选项”对话框

需要说明的是：显示在“自定义序列”选项卡中的序列（如“一、二、三”等），均可按以上方法参与排序，请注意Excel 2010提供的自定义序列类型。

3. 数据筛选

筛选在Excel中是一个不可缺少的功能，综合利用好各种筛选方法可以为数据处理工作带来极大的方便，提高工作效率。Excel提供了两种筛选命令：自动筛选和高级筛选。

1）自动筛选

自动筛选一般用于简单的条件筛选，筛选时将不满足条件的数据暂时隐藏起来，只显示符合条件的数据。其具体步骤如下：

（1）选定数据清单中的任意一个单元格。

（2）选择“数据”→“排序和筛选”→“筛选”命令，可以看到数据清单的列标题全部变成下拉列表框的形式，如图4.68所示。

（3）单击列标题的下拉列表，如果选择“自定义”选项，则弹出“自定义自动筛选方式”对话框，如图4.69所示，在此对话框中输入相应的值，单击“确定”按钮。

（4）如果需要取消自动筛选，可以再次选择“数据”→“排序筛选”→“筛选”命令。

2）高级筛选

高级筛选一般用于条件较复杂的筛选操作，其筛选的结果可显示在原数据表格中，不符合条件的记录被隐藏起来；也可以在新的位置显示筛选结果，不符合条件的记录同时保留在数据表中而不会被隐藏起来，这样就更加便于进行数据的比对。

使用高级筛选功能，必须先建立一个条件区域，其具体要求如下：

	A	B	C	D	E	F	G	H	I
1	公司员工档案信息表								
2	工号	姓名	性别	出生日期	部门	职务	学历	联系电话	基本工资
3	4009002	王振才	男	1963-5-7	销售部	职员	本科	13978851122	(全部) (前 10 个...)
4	4009003	马建民	男	1968-7-7	人事部	职员	本科	13319551133	(自定义...) 3500
5	4009013	孙海亭	男	1969-9-8	财务部	副经理	本科	18954330908	4000 5000 5500
6	4009018	彭庆华	男	1970-2-9	研发部	职员	本科	13508066768	5800 6000 6500
7	4009014	牟希雅	女	1970-12-9	销售部	职员	专科	13408090999	4000
8	4009005	王建美	女	1971-2-9	研发部	职员	本科	13973118283	5500
9	4009011	刘凤昌	男	1971-12-16	研发部	副经理	专科	13548955678	5800

图 4.68　“自动筛选”下拉列表

图 4.69　“自定义自动筛选方式”对话框

（1）条件区域与数据清单之间至少留一个空白行。

（2）条件区域可以包含若干列，列标题必须是数据清单中某列的列标题。

（3）条件区域可以包含若干行，每行为一个筛选条件（称为条件行），条件行与条件行之间为“或”关系，即数据清单中的记录只要满足其中一个条件行的条件，筛选时就显示。

（4）如果一个条件行的多个单元格输入了条件，这些条件为“与”关系，即这些条件都满足时，该条件行的条件才算满足。

（5）条件行单元格中条件的格式是在比较运算符后面跟一个数据。无运算符表示“=”，无数据表示 0。

要在图 4.70 所示的公司员工档案信息表中筛选出“基本工资”介于 3 000 和 6 000 之间（不包括 3 000 和 6 000）的男职工的数据，使用高级筛选来实现，其具体步骤如下：

（1）设置条件区域：在单元格 C23 中输入“性别”，在它下面的单元格中输入“男”（这里所输入的“性别”要与原数据区中的“性别”完全相同，如两字中间有空格，仍保留空格）。在 D23、E23 两单元格中分别输入“基本工资”，在其下面的单元中输入“>3000”“<6000”（3 个条件在同一行，表示同时成立，即要求条件是基本工资为 3 000 ~ 6 000 的男性），如图 4.71 所示。

A	B	C	D	E	F	G	H	I
公司员工档案信息表								
工号	姓名	性别	出生日期	部门	职务	学历	联系电话	基本工资
4009001	王振才	男	23138	销售部	职员	本科	13978599843	6000
4009002	马建民	男	25026	人事部	职员	本科	13387577579	5500
4009003	孙海亭	男	25454	财务部	副经理	本科	18984871233	5800
4009004	彭庆华	男	25608	研发部	职员	本科	13582874621	5500
4009005	牟希雅	女	25911	销售部	职员	专科	13453542563	4000
4009006	王建美	女	25973	研发部	职员	本科	13952227354	5500
4009007	刘凤昌	男	26283	研发部	副经理	专科	13522226853	5800
4009008	刘国明	男	26677	研发部	职员	专科	13873713395	4000
4009009	张英	女	27216	行政部	经理	本科	13784135373	6500
4009010	陈关敏	女	27254	办公室	副经理	本科	13433278294	5800
4009011	朱思华	女	27393	研发部	职员	研究生	13973791935	5500
4009012	陈德华	男	27439	客服部	职员	本科	13899010093	5500
4009013	刘大力	男	27985	办公室	职员	专科	13570322552	5500
4009014	王霞	女	29107	销售部	职员	研究生	13779023234	4000
4009015	艾晓敏	女	29201	行政部	职员	专科	13283032832	5000
4009016	刘国强	男	29265	人事部	副经理	研究生	13637037768	5800
4009017	刘方明	男	29841	销售部	职员	专科	13734427809	3500
4009018	王磊	男	30326	销售部	职员	专科	13823036539	3500

图 4.70　公司员工档案信息表

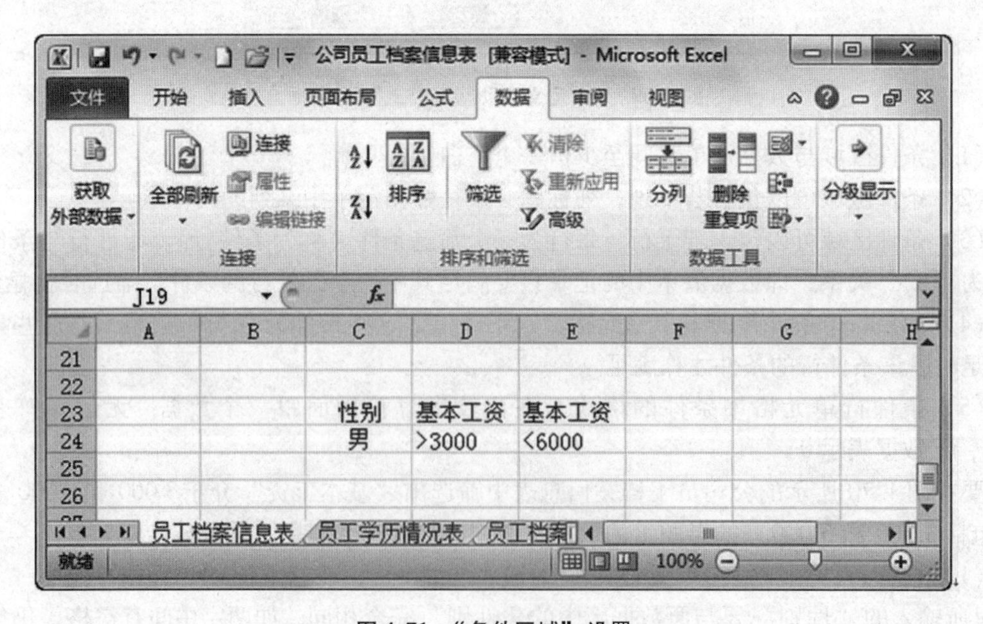

图 4.71　“条件区域”设置

（2）进行高级筛选：单击数据区的任意一单元格，然后选择“数据”→“排序和筛选”→“高级”命令，如图 4.72 所示。

（3）弹出“高级筛选”对话框，在“方式”区域选择“将结果复制到其他位置”单选按钮，“列表区域”默认是整个数据区域，不用处理。单击“条件区域”右侧的折叠按钮，如图 4.73 所示。

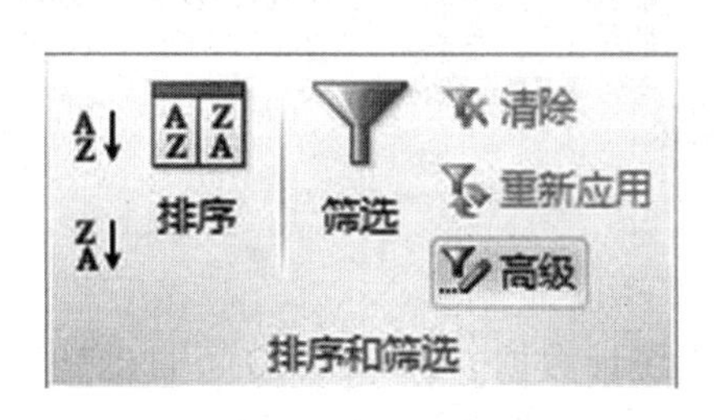

图 4.72　排序和“筛选”组

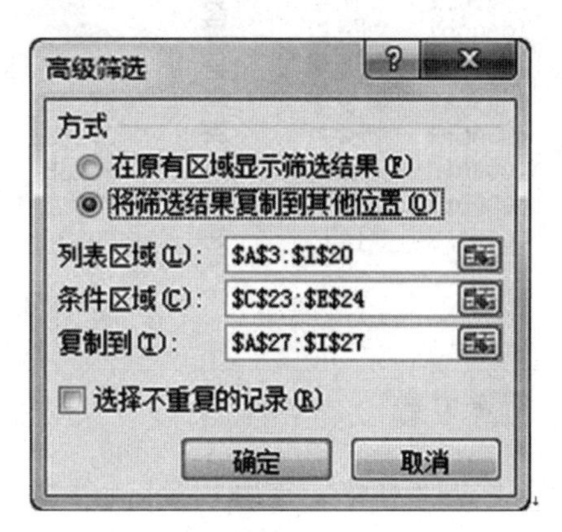

图 4.73　“高级筛选”对话框

（4）拖动鼠标选择 C23：E24 单元格区域，选中第（1）步输入的条件区域，如图 4.74 所示，单击箭头所指的折叠按钮返回。

图 4.74　“条件区域”对话框

（5）单击“复制到”右侧的折叠按钮，如图 4.75 所示。

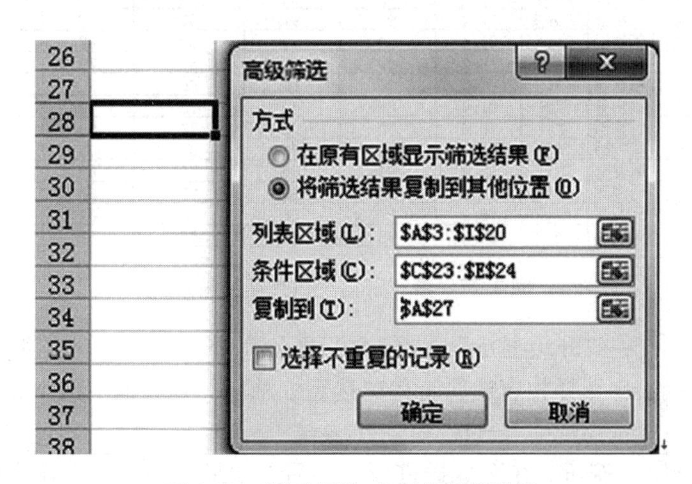

图 4.75　“复制到”右侧的折叠按钮

（6）单击单元格 A27，筛选结果所放的位置，再单击折叠按钮返回。

（7）返回后单击“确定”按钮，得到筛选结果，如图 4.76 所示。

27	工号	姓名	性别	出生日期	部门	职务	学历	联系电话	基本工资
28	4009002	马建民	男	25026	人事部	职员	本科	13387577579	5500
29	4009003	孙海亭	男	25454	财务部	副经理	本科	18984871233	5800
30	4009004	彭庆华	男	25608	研发部	职员	本科	13582874621	5500
31	4009007	刘凤昌	男	26283	研发部	副经理	专科	13522226853	5800
32	4009008	刘国明	男	26677	研发部	职员	专科	13873713395	4000
33	4009012	陈德华	男	27439	客服部	职员	本科	13899010093	5500
34	4009013	刘大力	男	27985	办公室	职员	专科	13570322552	5500
35	4009016	刘国强	男	29265	人事部	副经理	研究生	13637037768	5800
36	4009017	刘方明	男	29841	销售部	职员	专科	13734427809	3500
37	4009018	王磊	男	30326	销售部	职员	专科	13823036539	3500

图 4.76　筛选结果

4. 分类汇总

在日常的工作中，常用 Excel 的分类汇总功能来统计数据。Excel 2010 可自动计算列表中的分类汇总和总计值。当插入自动分类汇总时，Excel 2010 将分级显示列表，以便为每个分类汇总显示和隐藏明细数据行。

具体步骤如下：

（1）选定数据清单中进行分类汇总的分类字段列中的“部门”单元格，单击“开始”→“编辑”→“排序和筛选”下拉列表中的“升序”按钮，排序后结果如图 4. 77 所示。

	A	B	C	D	E	F	G	H	I	J	K	L
1	公司员工在职培训成绩统计表											
2	工号	姓名	性别	部门	学历	平均分	文档处理	表格设计	多媒体演示	商务英语	计算机应用	总分
3	4009010	陈关敏	女	办公室	本科	76.2	82	97	52	73	77	381
4	4009013	刘大力	男	办公室	专科	80	96	55	75	85	89	400
5	4009003	孙海亭	男	财务部	本科	69.6	66	76	71	77	58	348
6	4009009	张英	女	行政部	本科	83.2	75	82	85	92	82	416
7	4009015	艾晓敏	女	行政部	专科	85.6	75	82	85	92	94	428
8	4009012	陈德华	男	客服部	本科	78.6	89	77	84	76	67	393
9	4009002	马建民	男	人事部	本科	78.2	75	95	72	87	62	391
10	4009016	刘国强	男	人事部	研究生	77.4	82	97	52	73	83	387
11	4009001	王振才	男	销售部	本科	88.4	89	82	90	82	99	442
12	4009005	牟希雅	女	销售部	专科	78.2	89	77	84	76	65	391
13	4009014	王霞	女	销售部	研究生	79	85	86	66	82	76	395
14	4009017	刘方明	男	销售部	专科	81.4	89	82	78	70	88	407
15	4009018	王磊	男	销售部	专科	78.6	80	75	77	83	78	393
16	4009004	彭庆华	男	研发部	本科	80.2	93	85	63	81	79	401
17	4009006	王建美	女	研发部	本科	83.2	93	85	72	88	78	416
18	4009007	刘凤昌	男	研发部	专科	74.4	96	55	75	85	61	372
19	4009008	刘国明	男	研发部	专科	76.2	85	86	66	82	62	381
20	4009011	朱思华	女	研发部	研究生	84.8	93	85	72	88	86	424

图 4.77　按“部门”排序后的结果

（2）选择“数据”→“分级显示”→“分类汇总”命令，弹出“分类汇总”对话框，在“汇总方式”下拉列表中选择相应选项，在“选定汇总项”列表框中选中需要的汇总项，如图 4. 78 所示。

（3）单击“确定”按钮。在对数据进行汇总后，如果需要恢复工作表的原始数据，方法为：再次选定工作区域，选择“数据”→“分级显示”→“分类汇总”命令，在弹出的“分类汇总”对话框中单击“全部删除”按钮，即可将汇总结果删除，恢复原始数据。

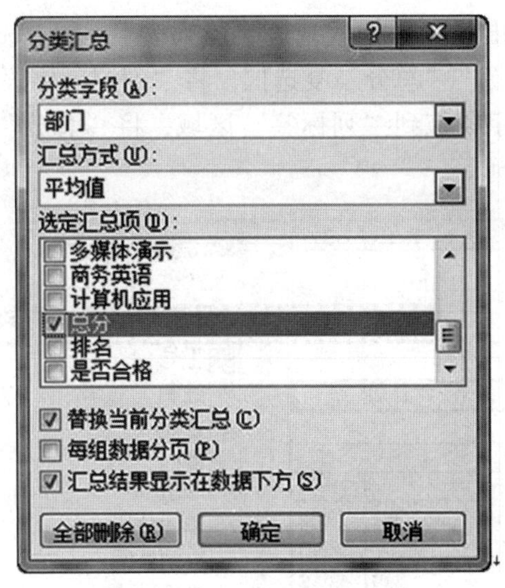

图 4.78　“分类汇总”对话框

5. 建立数据透视表

前面介绍的分类汇总适合对一个字段进行分类，对一个或多个字段进行汇总。若要按多个字段进行分类并汇总，则分类汇总就有困难了。Excel 的“数据透视表”可以解决此类问题。数据透视表是从工作表的数据清单中提取信息，对数据清单进行布局和分类汇总。使用数据透视表可以快速汇总大量数据，建立交叉列表表格。

具体步骤如下：

(1) 在“插入”→“表格”分组中的“数据透视表”下拉列表中选择“数据透视表”，打开“创建数据透视表”对话框，选中“选择一个表或区域”单选按钮，单击“表或区域”文本框右侧的按钮压缩对话框，在工作表上选中 A2：L20 单元格区域，再次单击按钮展开对话框，在“选择放置数据透视表的位置”选项组中选中“现有工作表”，然后在“位置”文本框输入“P6：S15”，如图 4.79 所示，单击“确定”按钮，则在指定位置生成数据透视表模板。

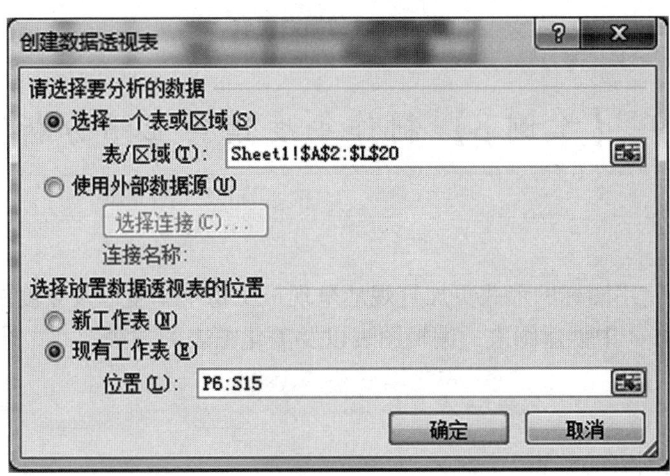

图 4.79　“创建数据透视表”对话框

（2）在工作界面右侧出现“数据透视表字段列表”，在“选择要添加到报表的字段”列表框中选中“部门”“性别”“总分”复选框，将“部门”字段拖到下方布局部分的“行标签”区域，将“性别”字段拖到“列标签”区域，将“总分”字段拖到“数值”区域，如图 4.80 所示，保存工作簿。

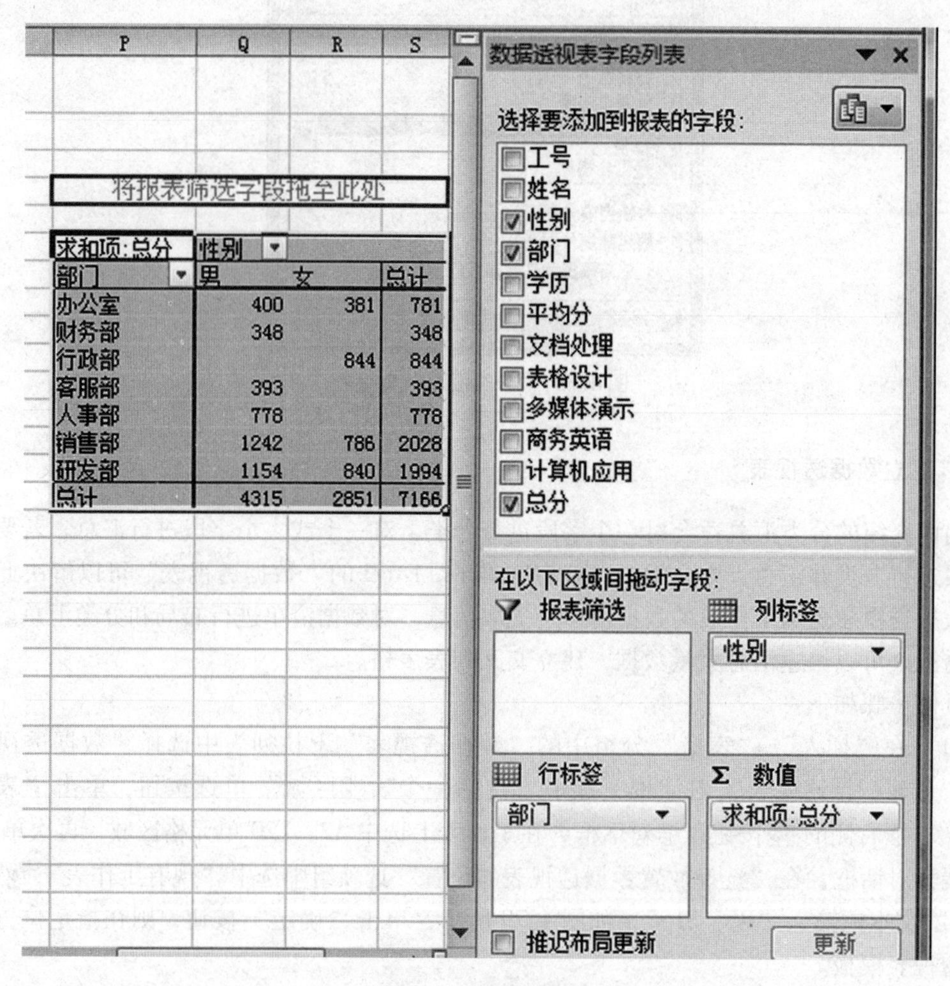

图 4.80　数据透视表

4.9 【案例 8】制作年度销售业绩分析图

案例分析

本案例主要是使用图标的形式更加直观地呈现员工每个季度以及年度销售情况。通过该案例读者应掌握 Excel 中创建图表、编辑图表以及美化图表的方法。

案例目标

（1）掌握创建图表的方法。

（2）掌握编辑图表的方法。

（3）掌握美化图表的方法。

实施过程

（1）打开“1 月 ~4 月全体销售员业绩 . xls”。

（2）选中单元格 A1：K5，单击“插入”→“图表”→“柱形图”下拉列表中的“簇状柱形图”按钮，在表中建立一个柱形图，如图 4. 81 所示。

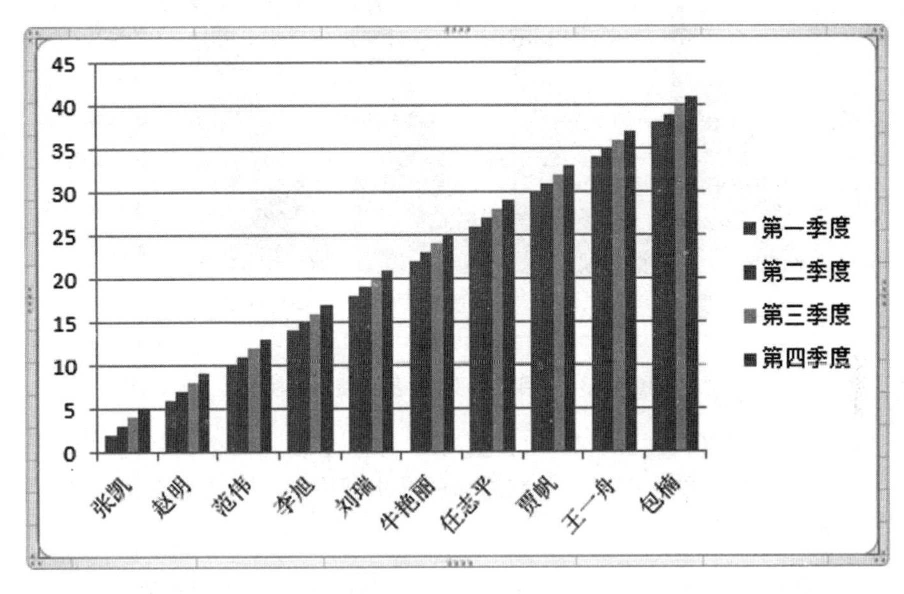

图 4. 81　插入柱形图

（3）单击“图表工具”→“设计”→“数据”→“切换行/列”命令，柱形图变为以时间为横坐标、以销量为纵坐标的形式，如图 4. 82 所示。

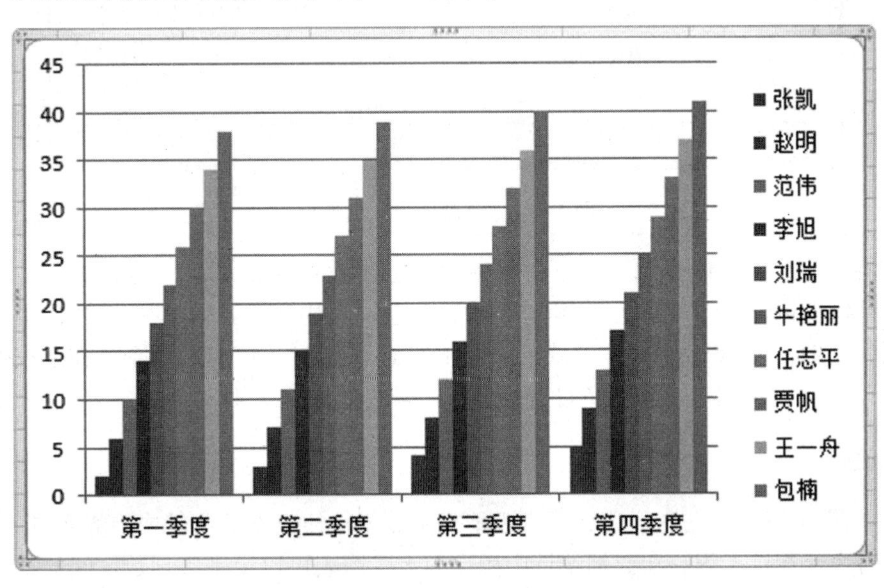

图 4. 82　切换行/列后的柱形图

（4）单击“图表工具”→“布局”→“标签”→“图表标题”下拉列表中的“图表上方”

按钮，在“图表标题”文本框中输入“1 月 ~4 月销售员业绩排行榜”，如图 4.83 所示。

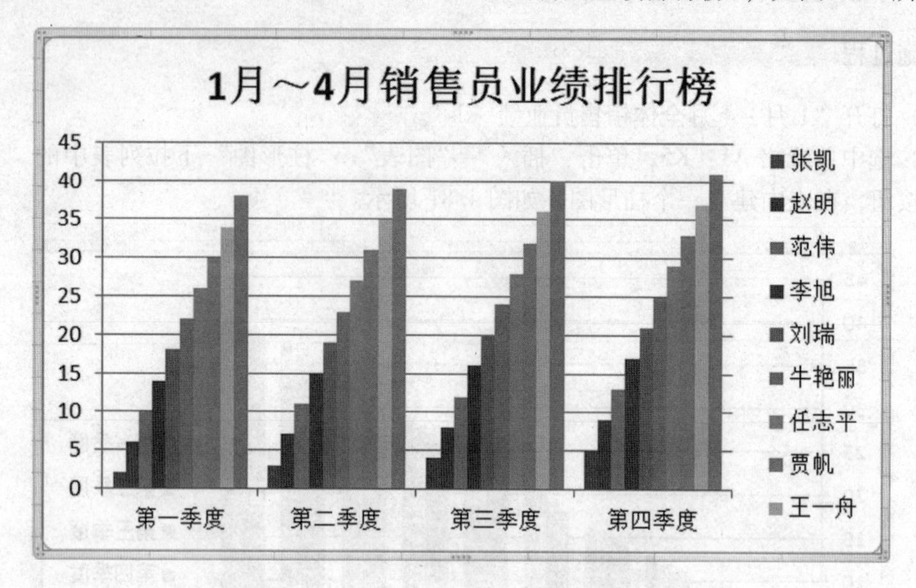

图 4.83　1 月 ~4 月销售员业绩排行榜

（5）选择“图表工具”→“设计”→“位置”→“移动图表”命令，弹出“移动图表”对话框，选中“新工作表”单选按钮，并在后面的文本框中输入新工作表的名称，如图 4.84 所示，单击“确定”按钮。

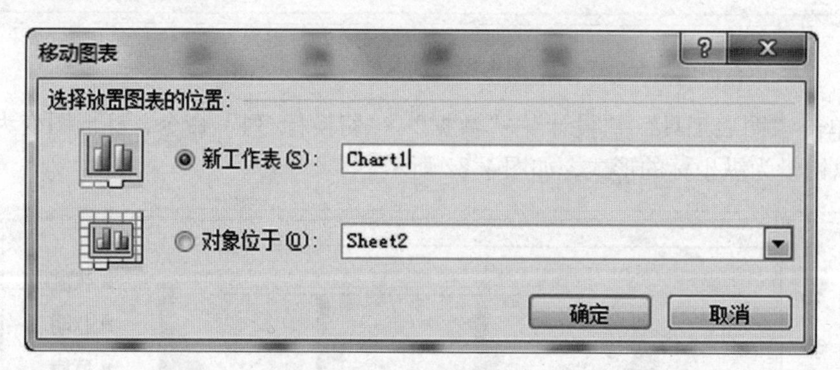

图 4.84　“移动图表”对话框

（6）在图表中，选中标题文本框，将标题的字体设置为黑体，18 号，白色；选中横坐标区域，将横坐标轴字体设置为楷体，16 号，白色；选中图例区域，将图例字体设置为楷体，14 号。选择“图表工具”→“格式”→“形状样式”→“形状填充”命令，在下拉列表中选择“黑色”选项，将图表背景颜色设置为黑色。最终效果如图 4.85 所示。

知识链接

Excel 图表可以将数据图形化，更直观地显示数据，使数据的比较或趋势变得一目了然，从而更容易表达观点。图表在数据统计中用途很大。图表可以用来表现数据间的某种相对关系，在常规状态下一般运用柱形图比较数据间的多少关系；用折线图反映数据间的趋势关系；用饼图表现数据间的比例分配关系。

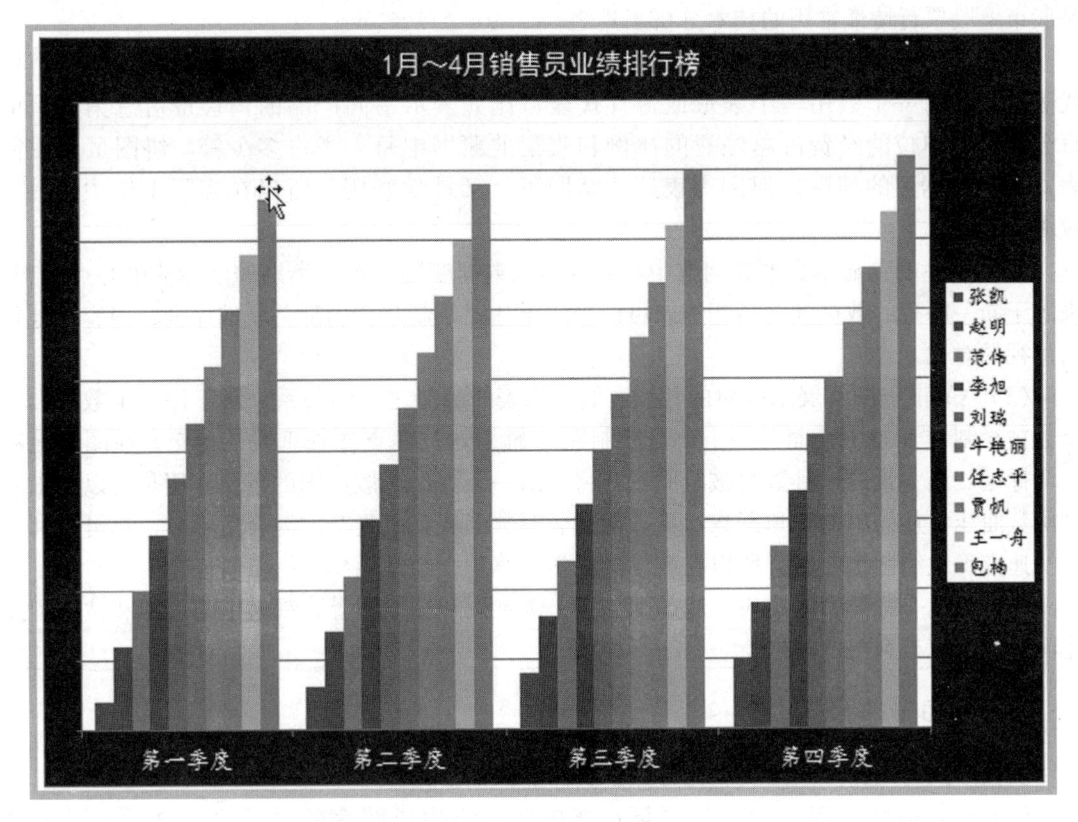

图 4.85　图表完成效果

1. 图表类型

运用 Excel 的图表制作功能可以生成 14 种类型的图表：

（1）面积图：显示一段时间内变动的幅值。当有几个部分正在变动，而用户对那些部分总和感兴趣时，面积图特别有用。面积图能使用户单独看见各部分的变动，同时也能看到总体的变化。

（2）条形图：由一系列水平条组成，使得对于时间轴上的某一点，两个或多个项目的相对尺寸具有可比性。比如，它可以比较每个季度 3 种产品中任意一种的销售数量。条形图中的每一条在工作表上是一个单独的数据点或数。因为它与柱形图的行和列刚好相反，所以有时可以互换使用。

（3）柱形图：由一系列垂直条组成，通常用来比较一段时间中两个或多个项目的相对尺寸。例如，不同产品季度或年销售量对比、在几个项目中不同部门的经费分配情况和每年各类资料的数目等。条形图是应用较广的图表类型，很多人用图表都是从它开始的。

（4）折线图：用来显示一段时间内的趋势，比如数据在一段时间内呈增长趋势，在另一段时间内处于下降趋势时，可以通过折线图对将来作出预测。

（5）股价图：它是一类比较复杂的专用图形，通常需要特定的几组数据。主要用来研判股票或期货市场的行情，描述一段时间内股票或期货的价格变化情况。股价图共有 4 种子图表类型：盘高 – 盘低 – 收盘图、开盘 – 盘高 – 盘低 – 收盘图、成交量 – 盘高 – 盘低 – 收盘图和成交量 – 开盘 – 盘高 – 盘低 – 收盘图。其中的开盘 – 盘高 – 盘低 – 收盘图也称 K 线图，

是股市上股票行情最常用的技术分析工具之一。

（6）饼图：用于对比几个数据在其形成的总和中所占的百分比值时最有用。整个饼代表总和，每一个数用一个楔形或薄片代表，比如表示不同产品的销售量占总销售量的百分比、各单位的经费占总经费的比例和收集的藏书中每一类占多少等。饼图虽然只能表达一个数据列的情况，但因为表达清楚明了，又易学好用，所以在实际工作中用得比较多。

（7）雷达图：显示数据如何按中心点或其他数据变动。每个类别的坐标从中心点辐射，来源于同一序列的数据同线条相连。可以采用雷达图绘制几个内部关联的序列，很容易地作出可视的对比。

（8）XY 散点图：展示成对的数和它们所代表的趋势之间的关系。对于每一个数对，一个数被绘制在 X 轴上，而另一个数被绘制在 Y 轴上。过两点作轴垂线，相交处在图表上有一个标记。当大量的这种数对被绘制后，将弹出一个图形。散点图的重要作用是可以用来绘制函数曲线，从简单的三角函数、指数函数、对数函数到更复杂的混合型函数，都可以利用它快速准确地绘制出曲线，所以在教学、科学计算中会经常用到。

还有其他一些类型的图表，比如圆柱图、圆锥图和棱锥图等，都是由条形图和柱形图变化而来的，没有突出的特点。

2. 创建图表

以柱形图为例，介绍图表制作方法，具体步骤如下：

（1）选定需生成图表的数据区域：拖拉选取要生成图表的单元格区域，如图 4.86 所示。

	A	B	C	D	E	F	G
1	成绩统计表						
2	编号	姓名	性别	语文	数学	英语	总分
3	1	张明	男	85	99	87	271
4	2	李凯	男	94	95	78	267
5	3	王璐	女	78	93	67	238
6	4	赵敏	女	69	89	65	223
7	5	黄艾	男	82	92	88	262
8	6	陈川	男	90	78	89	257
9	7	白帆	女	88	69	91	248
10	8	贺娟	女	76	85	84	245

图 4.86　选中制作图表的单元格区域

（2）设置图表的类型：单击“插入”→“图表”→“柱形图”下拉列表中的“簇状柱形图”按钮，在表中建立一个柱形图，如图 4.87 所示。

（3）设置数据源：选择“图表工具”→“设计”→“数据”→“选择数据”命令，弹出“选择数据源”对话框，如图 4.88 所示，可根据需要对行/列进行切换。

（4）设置图表选项：在“图表工具”→“布局”选项卡中，通过“标签”“坐标轴”“背景”组中的按钮或命令，可对图表标题、坐标轴标题、图例、数据标签、坐标轴、网格线、绘图区等进行设置，如图 4.89 所示。

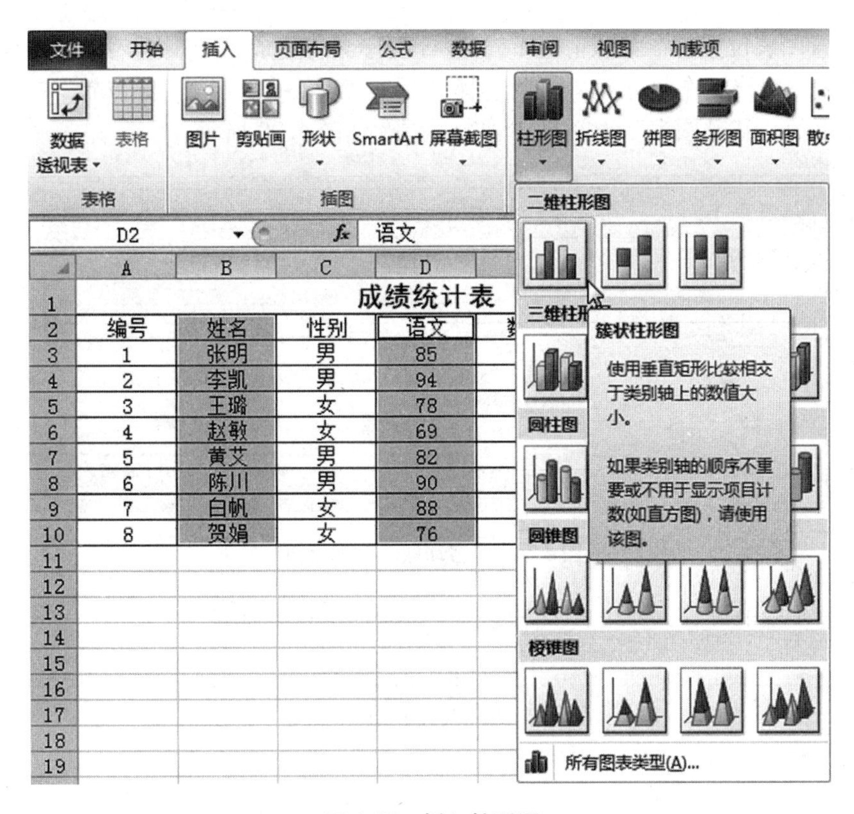

图 4.87　插入柱形图

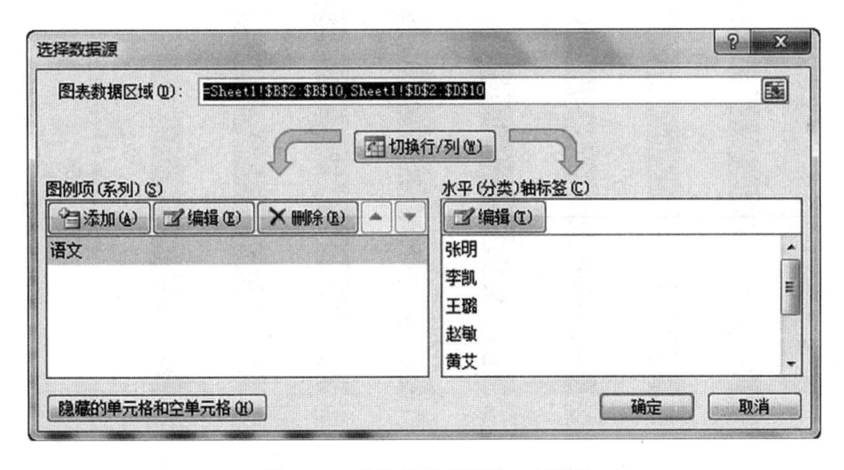

图 4.88　“选择数据源”对话框

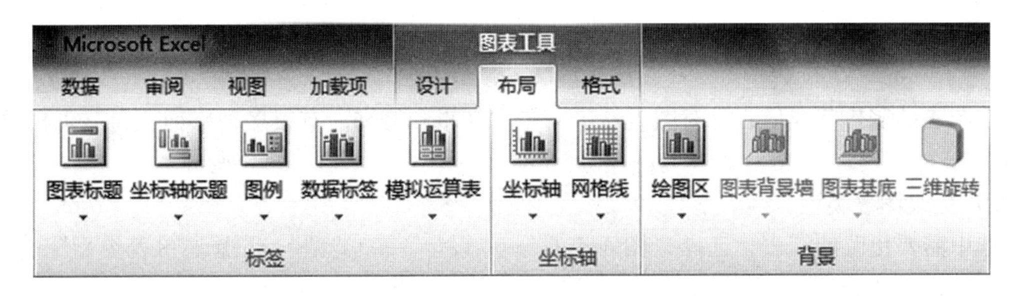

图 4.89　“布局”选项卡

（5）设置图表位置：在默认情况下，Excel 程序会将生成的图表嵌入当前工作表中。如果希望将图表与表格工作区分开，可以选择“图表工具”→“设计”→“位置”→“移动图表”命令，在弹出的“移动图表”对话框中进行设置，如图 4. 90 所示。

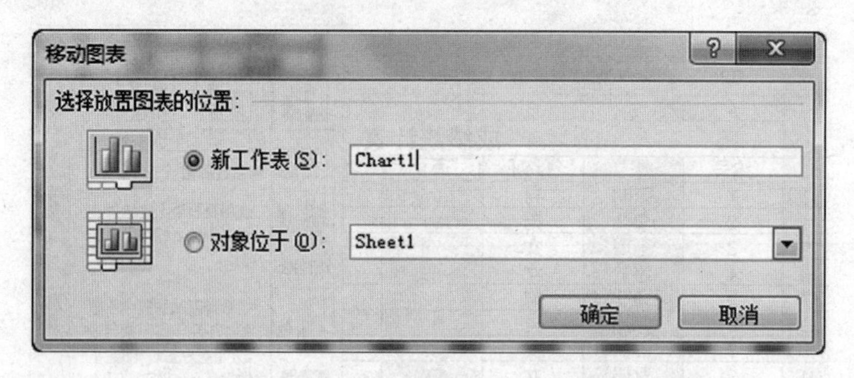

图 4. 90 “移动图表”对话框

经过上述步骤的设置，就生成了需要的柱形图，如图 4. 91 所示。

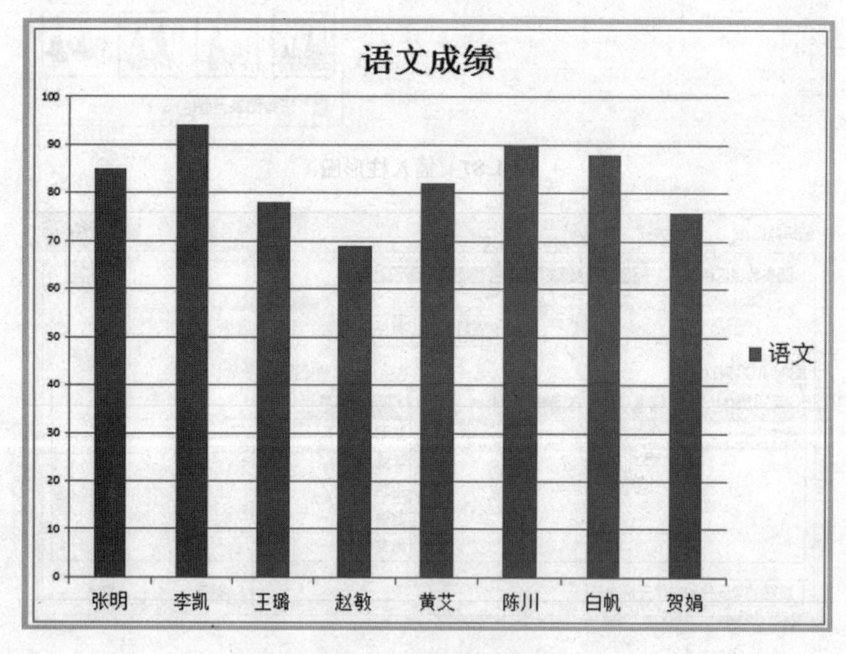

图 4. 91 创建的图表

3. 编辑图表

在图表的制作完成后，可对图表作进一步的编辑和修饰。有很多种修饰项目，可根据需要逐一修改。

1）更改图表类型

选中需要更改的图表，选择“图表工具”→“设计”→“类型”→“更改图表类型” 命令，弹出“更改图表类型” 对话框，如图 4. 92 所示，进行选择即可。

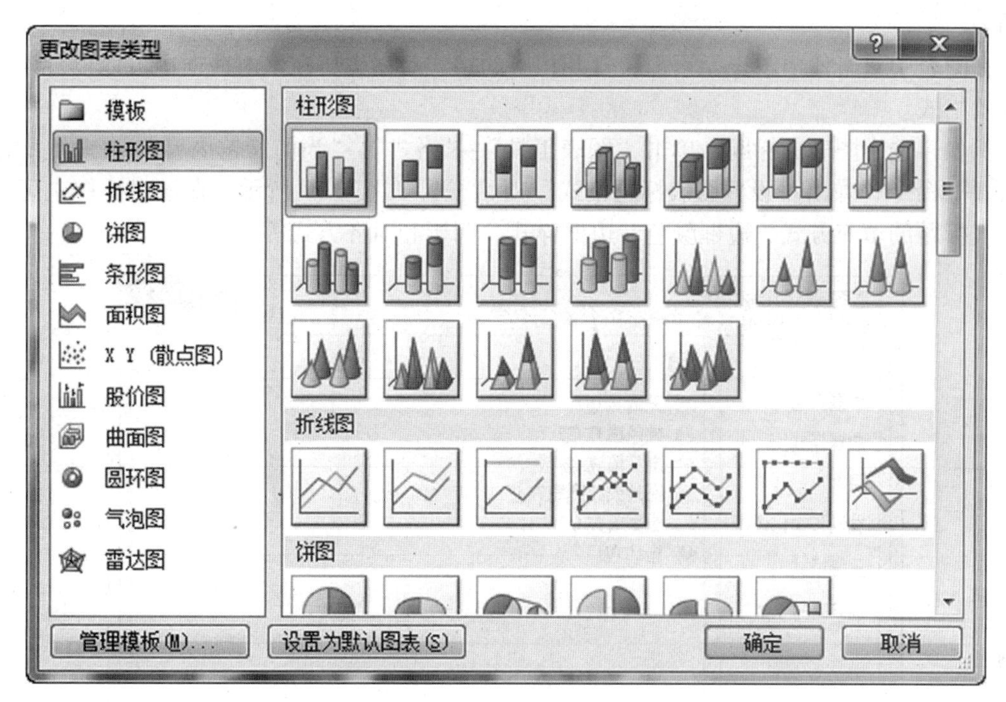

图 4.92 “更改图表类型”对话框

2）更改图表元素

组成图表的元素，包括图表标题、坐标轴、网格线、图例、数据标志等，用户均可添加或重新设置。

例如，添加标题的方法是：单击“图表工具”→“布局”→“图表标题”下拉按钮，然后在弹出的列表中选择一种图表标题样式，如“居中覆盖标题”，然后在“图表标题”文本框中输入标题文字即可。

3）调整图表大小

拖动图表区的框线可改变图表的整体大小。改变图例区、标题区、绘图区等大小的方法相同，即在相应区的空白处单击，出现边框线后，拖动框线即可。

4）动态更新图表中的数据

生成图表后，若发现需要修改表格数据，修改后没必要重新生成图表，图表会自动更新。

5）移动图表

经常需要移动图表到恰当的位置，让工作表看起来更美观。移动图表的步骤为：首先单击图表的边框，图表的四角和四边上将出现 8 个黑色的小正方形，接着一直按住鼠标左键不放并拖动，这时鼠标指针会变成四向箭头和虚线，拖动鼠标将图表移动到恰当的位置，松开鼠标即可。

6）删除图表

删除图表时，单击图表的边框选中它，然后按 Delete 键即可删除它。

4. 美化图表

图表制作完成后，可根据需要，按照提示，选择满意的背景、色彩、子图表、字体等美化图表。

在图表中双击任何图表元素都会打开相应的格式对话框，在该对话框中可以设置该图表元素的格式。

例如，选中图表的标题，单击“图表工具”→“格式”→“当前所选内容”→“设置所选内容格式”命令，弹出“设置图表标题格式”对话框，如图4.93所示，在该对话框中可以设置图表标题的填充方式、边框颜色、边框样式、阴影和对齐方式等。

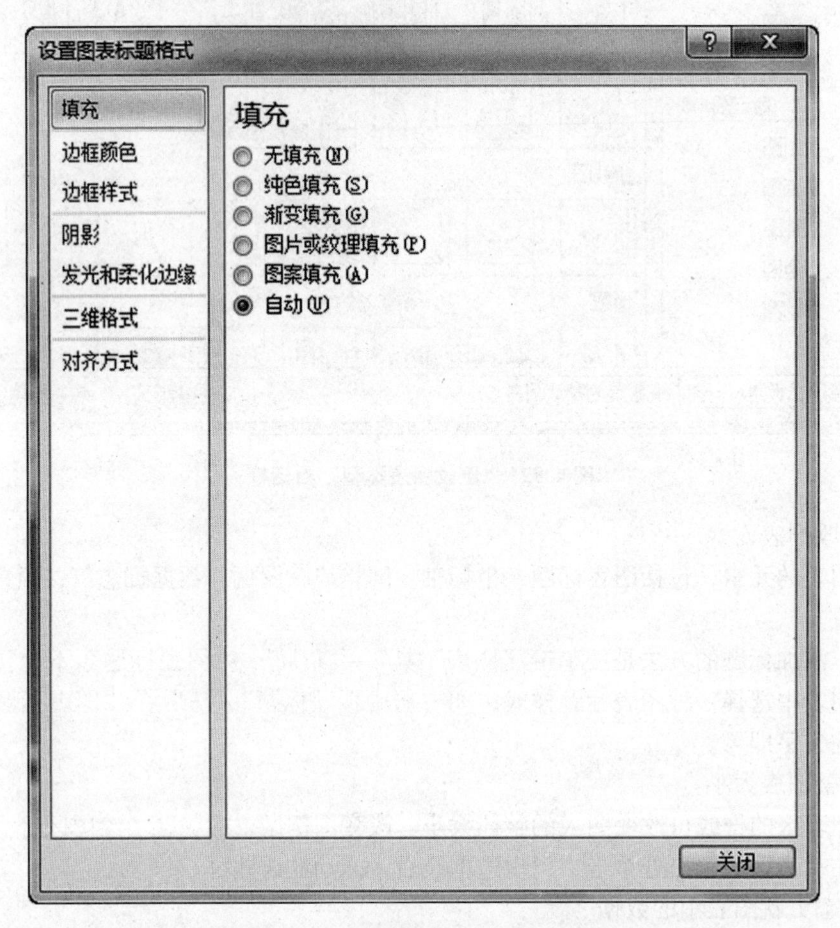

图4.93 “设置图表标题格式”对话框

又如，选中图表中的坐标轴，单击“图表工具”→“格式”→“当前所选内容”→“设置所选内容格式”命令，弹出“设置坐标轴格式”对话框，如图4.94所示，在该对话框中可以设置坐标轴选项、数字、填充、线条颜色、线性和对齐方式等。

本章小结

Excel虽然只是MS Office中的一个组件，但它的使用范围越来越广，其功能也越来越强大，已经可以媲美一个小型的数据库。Excel不仅界面简捷、使用方便，而且使用户无须深厚的计算机专业能力就能成为一个出色的数据分析员，所以学好Excel可以为今后的工作打下必备基础。

本章简单介绍了Excel理论方面的知识，主体内容用了8个案例对Excel工作表的基本

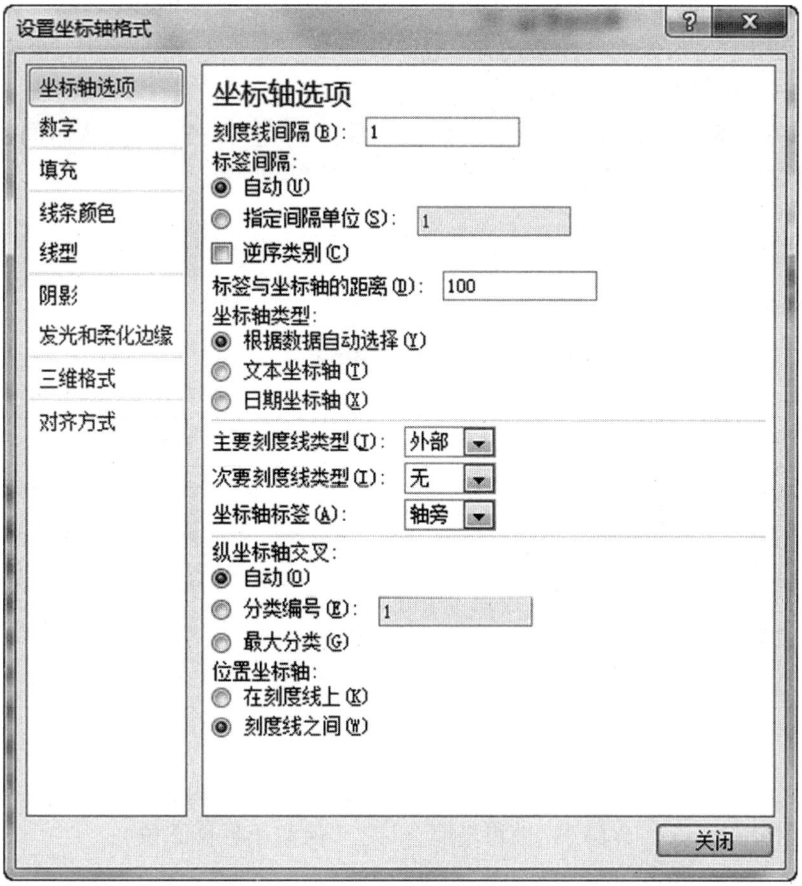

图 4.94　"设置坐标轴格式"对话框

操作、工作表和工作簿的应用、数据输入、单元格设置、公式和函数、排序与筛选、透视表、图表等知识模块的实际应用进行讲解，每个案例分为案例分析、案例目标、实施过程和知识链接 4 个部分进行了介绍，每个案例都具有实操性。虽然每个案例都能大幅度地提升工作效率，但仍有更多的 Excel 知识等着读者去学习。

课后练习

一、填空题

1. 在 Excel 中，若在某单元格内输入"5"，则会显示为________。

2. 在 Excel 中，若要在某单元格内显示分数"1/2"，应输入________。

3. 在 Excel 中，在单元格 E5 内输入公式" = sum（A $5：D $5）"，向下拖动填充柄后，则在单元格 E7 内的公式为________。

4. 若要引用 Sheet1 工作表中的单元格"a6"，应输入________。

5. 在 Excel 中的某个单元格中输入文字，若要文字能自动换行，可在"开始"→________组中，选择"自动换行"命令。

6. 除了直接在单元格中编辑内容外，还可以使用________进行编辑。

7. 向 Excel 单元格中输入由数字组成的文本数据，应在数字前加________。

8. 向单元格中输入公式时，公式前应冠以________或________。

9. 公式 SUM（"3"，2，TRUE）=________。

10. Excel 单元格中，在默认方式下，数值数据________对齐，日期和时间数据________对齐，文本数据靠________对齐，逻辑值________对齐。

二、操作题

1. 在 Excel 软件中按以下要求完成（图 4. 95）：

二季度电器销售表

制表单位：××商场　　　　制表时间：2013－05－07

电器名称	四月	五月	六月	单价	金额
电视	60	55	72	2500	467500. 00
冰箱	48	56	63	2200	367400. 00
洗衣机	55	66	62	2600	475800. 00
空调	45	53	78	3000	528000. 00
销售金额合计	1838700. 00				

图 4. 95　操作题图（1）

（1）按以下样例格式建立表格（表格线为细线），并输入内容；

（2）利用公式计算“金额”“销售金额合计”（保留小数位 2 位）；

（3）制作包括电器名称和金额的柱状图，图表中要有图例；

（4）表头设置为浅表绿色底纹图案、“销售表”为蓝色三号隶书字体。

2. 在 Excel 系统中按以下要求完成，文件保存在“考试”文件夹中，文件名为“SJLX3. xls”（图 4. 96）：

电脑设备销售统计表（台）

编号	商品名称	一季度	二季度	三季度	四季度	全年销售
00306	内存	389	328	207	152	
00592	主板	206	645	283	270	
00807	硬盘	280	510	292	283	
00912	U 盘	952	482	386	392	

图 4. 96　操作题图（2）

（1）建立以上表格，要求外框用粗线，中间用细线；

（2）标题：楷体、加粗、大小 16 磅、居中，其他为 12 磅宋体；

（3）利用公式计算“全年销售”，并按“全年销售”数据降序排序；

（4）制作包括“商品名称”和“全年销售”的簇状柱形图，图表中要有图例。

第 5 章

PowerPoint 2010 演示文稿软件

PowerPoint 是微软公司 Office 套件中非常著名的一个应用软件，它的主要功能是制作和演示幻灯片，可有效帮助用户进行演讲、教学和产品演示等，更多地应用于企业和学校等教育机构。

学习目标

☑ 了解 PowerPoint 的界面以及功能特点；
☑ 熟悉 PowerPoint 菜单栏各项功能的应用；
☑ 能够创建 PowerPoint 并对其进行编辑；
☑ 熟练应用 PowerPoint 主题功能并能对幻灯片进行美化；
☑ 能够打包 PowerPoint 演示文稿。

5.1 PowerPoint 简介

演示文稿是应用信息技术，将文字、图片、声音、动画和电影等多种媒体有机结合在一起形成的多媒体幻灯片，广泛应用于会议报告、课程教学、广告宣传、产品演示等方面。学习制作多媒体演示文稿是大学计算机基础课程的一个重要内容。本章以 PowerPoint 2010 为例，讲解演示文稿的制作、编辑以及打包等内容。

PowerPoint 2010 与之前版本相比，具有如下新功能。

1. 插入、剪辑视频和音频功能

用户可以直接在 PowerPoint 2010 中轻松嵌入和编辑视频，而不需要其他软件。用户可以剪裁、添加效果，甚至可以在视频中包括书签以播放动画。

2. 左侧面板的分节功能

PowerPoint 2010 新增加了分节功能。在左侧面板中，用户可以将幻灯片分节，以便方便地管理幻灯片。

3. 广播幻灯片功能

广播幻灯片功能允许其他用户通过互联网同步观看主机的幻灯片播放。

4. 过渡时间精确设置功能

为了更加方便地控制幻灯片的切换时间，在 PowerPoint 2010 中摒弃了原来的“快中慢”

设置，变成了精确地设置。用户可以自定义精确的时间。

5. 录制演示功能

“录制演示”功能可以说是“排练计时”的强化版，它不仅能够自动记录幻灯片的播放时长，还允许用户直接使用激光笔（可用“Ctrl 键 + 鼠标左键”在幻灯片上标记）或麦克风为幻灯片加入旁白注释，并将其全部记录到幻灯片中，大大提高了新版幻灯片的互动性。这项功能不仅能够使用户观看幻灯片，还能够使用户听到讲解等，给用户以身临其境，如同身处会议现场的感受。

6. 图形组合功能

制作图形时，可能需要使用不同的组合形式，例如，联合、交集、打孔和裁切等。在 PowerPoint 中也加入了这项功能，只不过默认没有显示在 Ribbon 工具条中而设置在了文件按钮的选项中。

7. 合并和比较演示文稿功能

使用 PowerPoint 中的合并和比较功能，可以对当前演示文稿和其他演示文稿进行比较，并可以将它们合并。

8. 将演示文稿转换为视频功能

将演示文稿转换为视频是分发和传递它的一种新方法。如果希望为同事或客户提供演示文稿的高保真版本（通过电子邮件附件形式、发布到网站，或者刻录 CD 或 DVD），就可以选择将其保存为视频文件。

9. 将鼠标转变为激光笔功能

在“幻灯片放映”视图中，只需按住 Ctrl 键并单击，即可开始标记。

5.1.1 PowerPoint 的启动与退出

1. 启动 PowerPoint

可以通过以下几种方式启动 PowerPoint：

（1）在 Windows 7 界面下，单击“开始”按钮，选择“所有程序”→“Microsoft Office”→“Microsoft Office PowerPoint”命令，即进入 PowerPoint 界面，如图 5.1 所示。

（2）直接双击桌面上的 PowerPoint 快捷图标，也可以进入图 5.1 所示的初始界面。

（3）双击一个 PowerPoint 文件，可以在启动 PowerPoint 的同时打开这个演示文稿文件。

2. 退出 PowerPoint

可以通过以下几种方式退出 PowerPoint：

（1）单击 PowerPoint 窗口右上角的“关闭”按钮。

（2）直接窗口标题栏左端的控制菜单图标。

（3）单击“文件”→“退出”命令。

（4）按组合键“Alt + F4”。

5.1.2　基本操作界面和基本操作

1. 基本操作界面

PowerPoint 的窗口界面由标题栏、菜单栏、工具栏、窗格、状态栏等部分组成，使用方法与 Word 2010 应用程序中相对应部分的使用方法相同。PowerPoint 2010 的工作界面如图 5.1 所示。

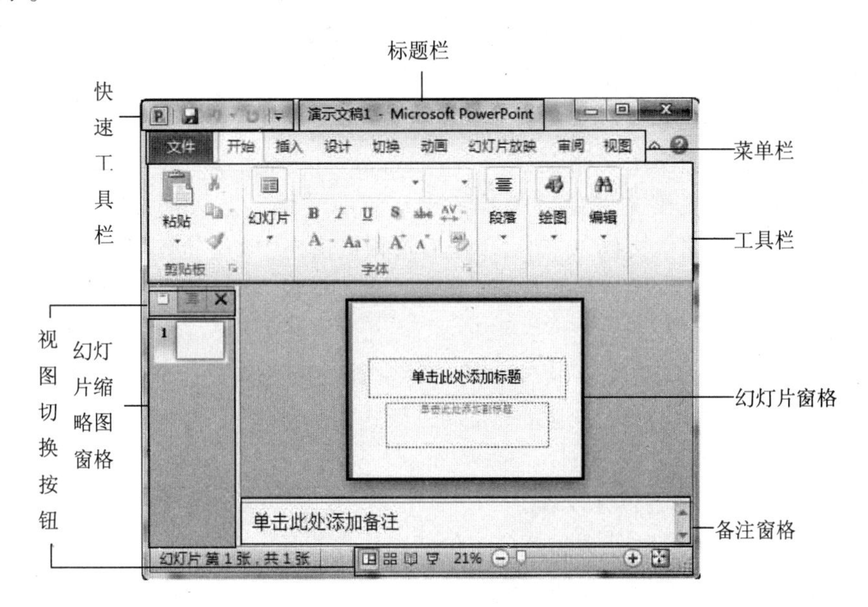

图 5.1　PowerPoint 2010 工作界面

1）标题栏

标题栏显示打开的文件名称和软件名称“Microsoft PowerPoint”共同组成的标题内容。右边是 3 个窗口控制按钮。

2）菜单栏

菜单栏提供了“文件”命令以及“开始”“插入”“设计”“切换”“动画”“幻灯片放映”“审阅”和“视图”8 个选项卡。

3）工具栏

工具栏提供对应菜单常用功能的快捷方式。

4）窗格

PowerPoint 窗口界面中有幻灯片窗格、幻灯片缩略图窗格和备注窗格。

（1）幻灯片窗格。在 PowerPoint 中打开的第一个窗口有一块较大的工作空间，该空间位于窗口中部，除右侧外其周围有多个小区域。这块中心空间就是幻灯片区域，其正式名称为“幻灯片窗格”。

（2）幻灯片缩略图窗格。幻灯片窗格左侧是幻灯片缩略图窗格，它是正在使用的幻灯片的缩略图。它的顶端和右下端都有视图切换按钮。在普通视图时，任意选择“幻灯片”选项卡和“大纲”选项卡，单击此处的幻灯片缩略图即可在幻灯片之间导航。

（3）备注窗格。幻灯片窗格下面是备注窗格，用于输入在演示时要使用的备注。如果需要在备注中加入图形，则必须转入备注页才能实现。

拖动窗格边框可调整各个窗格的大小。

2. 基本操作

演示文稿的基本操作包括新建演示文稿和保存演示文稿。

在“新建演示文稿”任务窗格中，有 7 种方式可实现演示文稿新建：空白演示文稿、最近打开的模板、样本模板、主题、我的模板、根据现有内容新建和 Office. com 模板，选择以上 7 种方式的任意一种后单击“创建”按钮即可新建演示文稿。

新建空演示文稿有两种方式：

（1）如果没有打开演示文稿文件，启动 PowerPoint 程序后，系统自动新建一个名称为“演示文稿 1. ppt”的空白演示文稿。

（2）在打开的演示文稿文件窗口中要新建空演示文稿，方法是：选择“文件”→“新建”命令，选择“空白演示文稿”，然后单击右边预览窗格中的“创建”按钮即建立一个新的、名称为“演示文稿×”的新演示文稿。“×”为正整数，按钮根据当前打开的演示文稿数量自动确定。

幻灯片版式是 PowerPoint 2010 软件中的一种常规排版的格式，通过幻灯片版式的应用可以对文字、图片等更加合理简洁地完成布局，版式由文字版式、内容版式、文字和内容版式与其他版式 4 种版式组成。

1）根据模板和主题新建演示文稿

模板和主题决定幻灯片的外观和颜色，包括幻灯片背景、项目符号以及字形、字体颜色和字号、占位符位置和各种设计强调内容。

PowerPoint 提供了多种模板和主题，同时可在线搜索合适的模板和主题。此外，用户也可以根据自身的需要自建模板和主题。

根据模板和主题建立新演示文稿的方法如下：

选择“文件”→“新建”命令，在“可用模板和主题”栏和 Office. com 提供的在线模板子菜单栏中选择所需模板，然后在右边的预览窗口中单击“创建”按钮即可建立一个新的、名称为“演示文稿×”的新演示文稿，“×”为正整数，系统根据当前打开的演示文稿数量自动确定。

2）根据现有内容新建演示文稿

选择“文件”→“新建”命令，在“可用的模板和主题”栏中选择“根据现有内容新建”命令，则弹出“根据现有演示文稿新建”对话框，选择一个存在的演示文稿文件，单击“新建”按钮。打开的演示文稿内容不变，系统将名称自动更改为“演示文稿×”，“×”为正整数，由系统自动确定。

3）相册

在 PowerPoint 中也可以快速创建相册，它是一个演示文稿，由标题幻灯片和图形图像集组成，每个幻灯片包含一个或多个图像。可以从图形文件、扫描仪或与计算机相连的数码照相机获取图像。创建相册，其具体操作如下：

（1）选择“插入”→“图像”→“相册”命令，弹出“相册”对话框，如图 5. 2 所示。

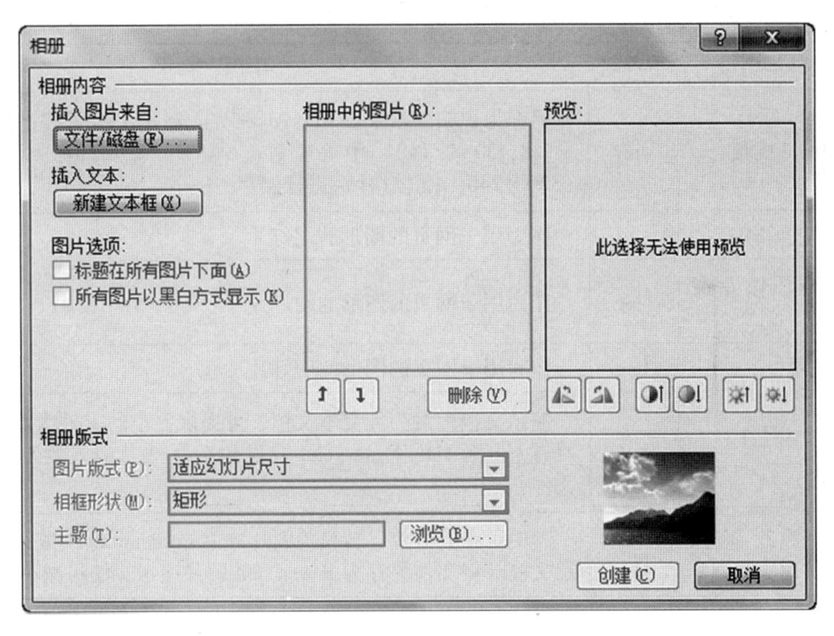

图 5.2 “相册”对话框

（2）在“相册”对话框中构建相册演示文稿。可以使用控件插入图片，插入文本框（用于显示文本的幻灯片），预览、修改或重新排列图片，调整幻灯片上图片的布局以及添加标题。

（3）单击“创建”（引号为西文格式）按钮创建已构建的相册。

3. 保存演示文稿

演示文稿的保存方式与 Word 文档的保存方式类似。用户可以通过选择“文件”→“保存”或者“另存为”命令进行保存，PowerPoint 演示文稿可以保存的主要文件格式见表 5.1。

表 5.1　PowerPoint 的主要文件格式

保存为文件类型	扩展名	用于保存
PowerPoint 演示文稿	.pptx	PowerPoint 2007 以上版本的演示文稿，默认为支持 XML 的文件格式
启用宏的 PowerPoint 演示文稿	.pptm	包含 Visual Basic for Applications（VBA）[Visual Basic for Applications（VBA）：Microsoft Visual Basic 的宏语言版本，用于编写基于 Microsoft Windows 的应用程序，内置于多个微软程序中] 代码的演示文稿
PDF 文档格式	.pdf	由 Adobe Systems 开发的基于 PostScript 的电子文件格式，该格式保留了文档格式并允许共享文件
启用宏的 PowerPoint 放映	.ppsm	包含预先批准的宏的幻灯片放映，可以从幻灯片放映中运行这些宏
PowerPoint 加载项	.ppam	用于存储自定义命令、Visual Basic for Applications（VBA）代码和特殊功能（例如加载项）的加载项

续表

保存为文件类型	扩展名	用于保存
Windows Media 视频	wmv	另存为视频的演示文稿。PowerPoint 演示文稿可按高质量（1 024×768，30 帧/秒）、中等质量（640×480，24 帧/秒）和低质量（320×240，15 帧/秒）进行保存
GIF（图形交换格式）	. gif	作为用于网页的图形的幻灯片
JPEG（联合图像专家组）文件格式	. jpg	作为用于网页的图形的幻灯片
设备无关位图	. bmp	作为用于网页的图形的幻灯片
大纲/RTF	. rtf	演示文稿大纲为纯文本文档，可提供更小的文件大小，并能和与具有不同版本的 PowerPoint 或操作系统的其他人共享不包含宏的文件
PowerPoint 图片演示文稿	. pptx	其中每张幻灯片已转换为图片的 PowerPoint 2007 或以上版本的演示文稿。将文件另存为 PowerPoint 图片演示文稿将减小文件的大小

5.1.3 视图模式

视图是 PowerPoint 为用户提供的查看和使用演示文稿的方式，一共有 4 种，即普通视图、幻灯片浏览视图、阅读视图和幻灯片放映。用户可以单击图 5.1 中的视图切换按钮来切换不同的视图。

1. 普通视图

当 PowerPoint 启动后，一般都进入普通视图状态。普通视图是最常用的一种视图模式，是一个“三框式”结构的视图。它包含 3 种窗格：幻灯片窗格、幻灯片缩略图窗格和备注窗格。

PowerPoint 将大纲视图和幻灯片视图组合到普通视图中，通过幻灯片缩略图窗格顶端的视图切换按钮进行这两种视图界面之间的切换。

1）大纲视图

单击“幻灯片缩略图窗格”顶端的“大纲”标签，视图方式切换为大纲视图方式。在左边的窗格内显示演示文稿所有幻灯片上的全部文本，并保留除色彩以外的其他属性。通过大纲窗格，可以浏览整个演示文稿内容的纲目结构全局，其是综合编辑演示文稿内容的最佳视图方式。

在“大纲”窗格内选择一个幻灯片，则显示该幻灯片的全部详细情况，且可以对其进行操作。如用鼠标右键单击某个幻灯片即可出现操作菜单进行编辑操作，如图 5.3 所示。

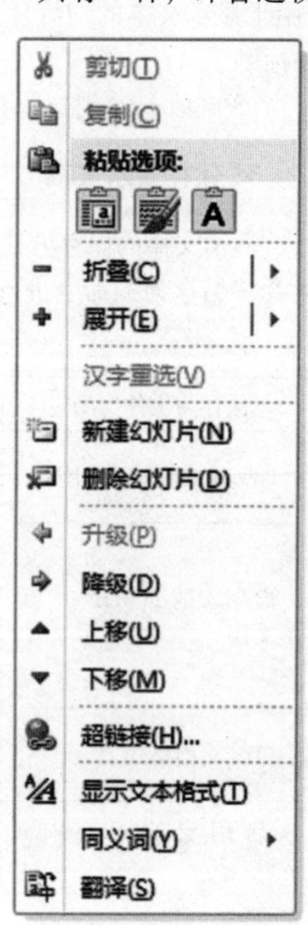

图 5.3　大纲视图右键菜单

2）幻灯片视图

单击“幻灯片缩略图窗格”顶端的“幻灯片”标签，视图

方式切换为幻灯片视图方式。在左边的窗格内显示演示文稿所有幻灯片的缩略图。

幻灯片的编辑和制作均在普通视图下进行。其中幻灯片的选择、插入、删除、复制一般在普通视图的“幻灯片缩略图窗格”中进行，而每一张幻灯片内容的添加、删除等操作均在“幻灯片窗格”中进行。

2. 幻灯片浏览视图

幻灯片浏览视图是一种观察文稿中所有幻灯片的视图，如图 5.4 所示。在幻灯片浏览视图中，按缩小后的形态显示文稿中的所有幻灯片，每个幻灯片下方显示该幻灯片的演示特征（如定时、切入等）图标。在该视图中，用户可以检查文稿在总体设计上设计方案的前后协调性，重新排列幻灯片的顺序，设置幻灯片切换和动画效果，设置（排练）幻灯片放映时间等。但要注意的是：在该视图中不能对每张幻灯片中的内容进行操作。

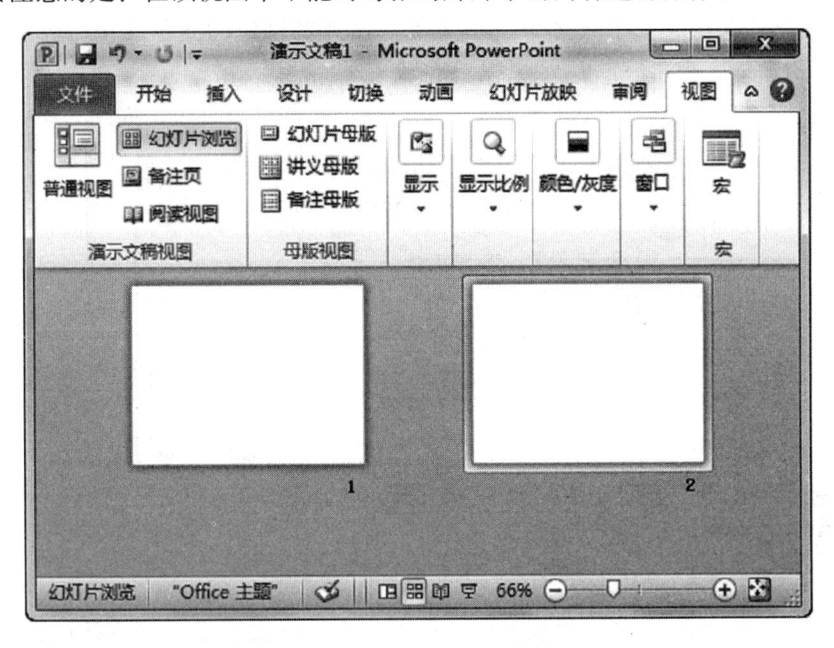

图 5.4　幻灯片浏览视图

3. 幻灯片放映视图

幻灯片放映就是真实地播放幻灯片，即按照预定的方式一幅幅动态地显示演示文稿的幻灯片，直到演示文稿结束。

用户在制作演示文稿过程中，可以通过幻灯片放映预览演示文稿的工作状况，体验动画与声音效果，观察幻灯片的切换效果，还可以配合讲解为观众带来直观生动的演示效果。

4. 备注页视图

备注页视图是专为幻灯片制作者准备的，使用备注页，可以对当前幻灯片内容进行详尽的说明。选择“视图”→“演示文稿视图”→“备注页”命令，可以完整显示备注页。在备注页中，可以添加文本、图形、图像等内容。

5.1.4 演示文稿的打包

演示文稿制作完毕后，有时会在其他计算机上放映，如果所用计算机上未安装 PowerPoint 软件，或者缺少幻灯片中使用的字体等，就无法放映幻灯片或者放映效果不佳。另外由于演示文稿中包含相当丰富的视频、图片、音乐等内容，小容量的磁盘存储不下，这时就可以把演示文稿打包到 CD 中，以便于携带和播放。如果用户 PowerPoint 的运行环境是 Windows 7，就可以将制作好的演示文稿直接刻录到 CD 上，做出的演示 CD 可以在 Windows 98 SE 及以上环境播放，而无须 PowerPoint 主程序的支持，但需要将 PowerPoint 的播放器“pptview. exe”文件一起打包到 CD 中。

1. 选定要打包的演示文稿

一张光盘中可以存放一个或多个演示文稿。打开要打包的演示文稿，选择“文件”→“保存并发送”命令，单击“将演示文稿打包成 CD”后再单击“打包在 CD”按钮，弹出“打包成 CD”对话框，这时打开的演示文稿就会被选定并准备打包，如图 5.5 所示。

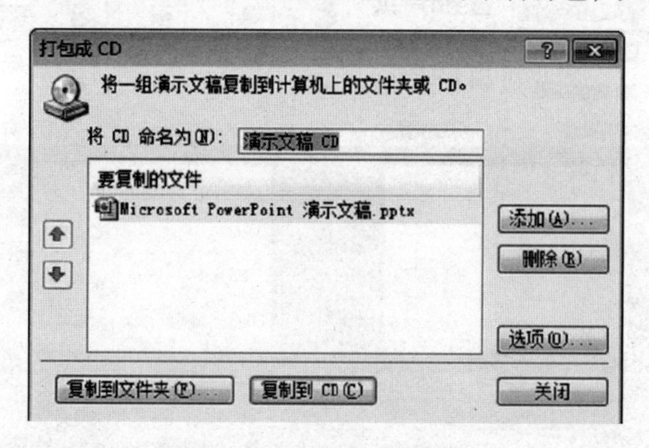

图 5.5 “打包成 CD”对话框

如果需要将更多的演示文稿添加到同一张 CD 中，将来按设定顺序播放，可单击“添加”按钮，从“添加文件”对话框中找到其他演示文稿，这时窗口中的演示文稿的文件名就会变成一个文件列表，如图 5.6 所示。

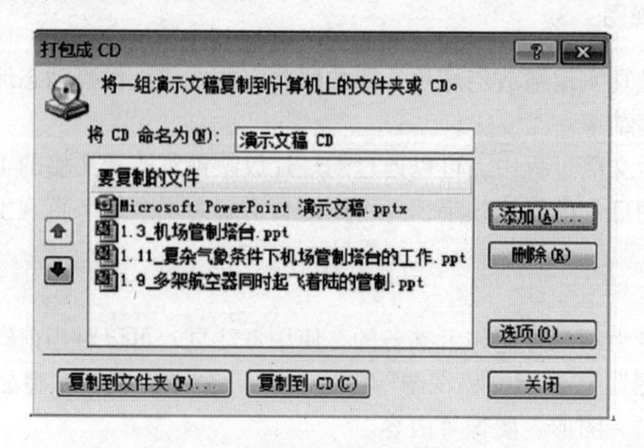

图 5.6 添加多个文件后的对话框

如需调整播放列表中演示文稿的顺序，选中文稿后单击窗口左侧的上下箭头即可。重复以上步骤，多个演示文稿即添加到同一张 CD 中。

2. 设置演示文稿打包方式

如果用户需要在未安装 PowerPoint 的环境中播放演示文稿，或需要链接或嵌入 TrueType 字体，单击图 5.6 中的“选项”按钮就会弹出“选项”对话框，如图 5.7 所示。其中“包含这些文件”区域有 2 个复选框：

（1）链接的文件：如果用户的演示文稿链接了 Excel 图表等文件，就要选中“链接的文件”复选框，这样可以将链接文件和演示文稿共同打包。

（2）嵌入的 TrueType 字体：如果用户的演示文稿使用了不常见的 TrueType 字体，最好选择“嵌入的 TrueType 字体”复选框，这样能将 TrueType 字体嵌入演示文稿，从而保证在异地播放演示文稿时的效果和设计相同。

若用户的演示文稿含有商业机密，或不想让他人执行未经授权的修改，可以输入“打开每个演示文稿时使用密码”或“修改每个演示文稿时所用密码”。上面的操作完成后单击“确定”按钮，返回图 5.7 所示的对话框，即可准备刻录 CD。

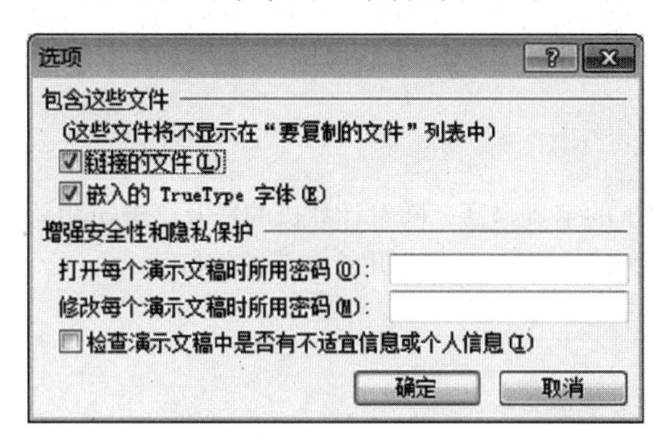

图 5.7　“选项”对话框

3. 刻录演示 CD

将空白 CD 放入刻录机，单击图 5.6 中的“复制到 CD”按钮，就会开始刻录进程。稍等片刻，一张专门用于演示 PPT 文稿的光盘就做好了。将复制好的 CD 插入光驱，稍等片刻就会弹出“Microsoft Office PowerPoint Viewer”对话框，单击“接受”按钮接受其中的许可协议，即可按用户先前设定的方式播放演示文稿。

4. 把演示文稿复制到文件夹

如果使用的操作系统不是 Windows 7，或不想使用 Windows 7 内置的刻录功能，也可以先把演示文稿及其相关文件复制到一个文件夹中。这样既可以把它做成压缩包发送给别人，也可以用其他刻录软件自制演示文稿光盘。

把演示文稿复制到文件夹的方法与把演示文稿打包到 CD 的方法类似，按上面介绍的方法操作，完成前两步操作后，单击“复制到文件夹”按钮，在弹出的对话框中输入文件夹名称和复制位置（图 5.8），单击“确定”按钮即可将演示文稿和 PowerPoint Viewer 复制到指定位置的文件夹中。

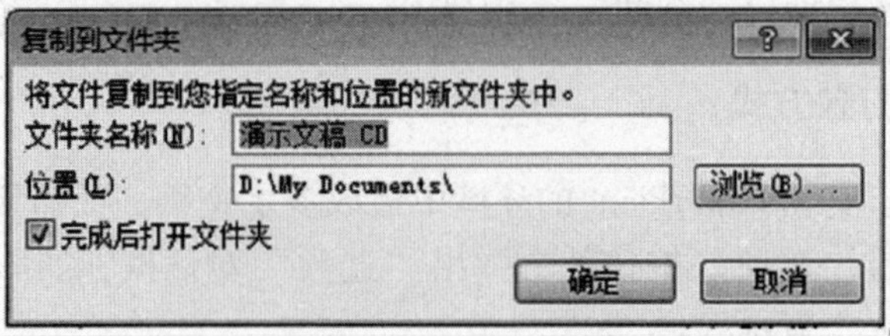

图 5.8 “复制到文件夹”对话框

复制到文件夹中的演示文稿可以使用 Nero Burning ROM 等刻录工具，将文件夹中的所有文件刻录到光盘。完成后只要将光盘放入光驱，就可以像 PowerPoint 复制的 CD 那样自动播放了。假如用户将多个演示文稿所在的文件夹刻录到 CD，打开 CD 上的某个文件夹，运行其中的“play. bat”就可以播放演示文稿了。如果用户没有刻录机，也可以将文件夹复制到闪存、移动硬盘等移动存储设备，播放演示文稿时，运行其中的“play. bat”即可。

5.2 【案例 1】制作“古诗欣赏”演示文稿

案例分析

古代诗歌是前人留下的宝贵财富，随着计算机的普及，电子版诗词已必不可少。下面介绍如何使用 PowerPoint 2010 制作一个包含几首古诗的幻灯片。

案例目标

（1）创建和保存演示文稿。
（2）认识幻灯片中的对象，掌握其操作。
（3）学会使用幻灯片样式。
（4）掌握幻灯片的操作。

实施过程

1. 创建新演示文稿

双击桌面上的快捷方式图标“PowerPoint 2010”或选择“开始”→“所有程序”→“Microsoft Office”→“Microsoft PowerPoint 2010”命令启动 PowerPoint 2010，并自动创建一个新演示文稿，出现一张“标题”版式的幻灯片。

2. 制作标题幻灯片

（1）单击“单击此处添加标题”占位符，输入“古诗欣赏”。
（2）单击“单击此处添加副标题”占位符，输入作者姓名，如“中文系王晓亮”，如图 5.9 所示。

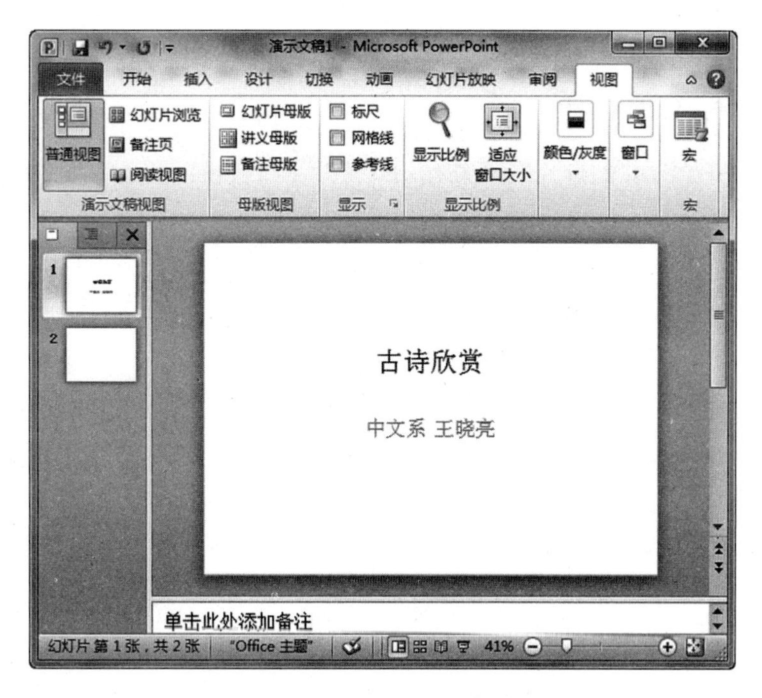

图 5.9　标题幻灯片

3. 制作内容幻灯片

（1）单击“开始”→“幻灯片”→“新建幻灯片”下拉按钮，插入一张“标题和内容”版式幻灯片。

（2）单击“单击此处添加标题”，输入“春思”。

（3）单击“单击此处添加文本”，输入诗句，如图 5.10 所示。

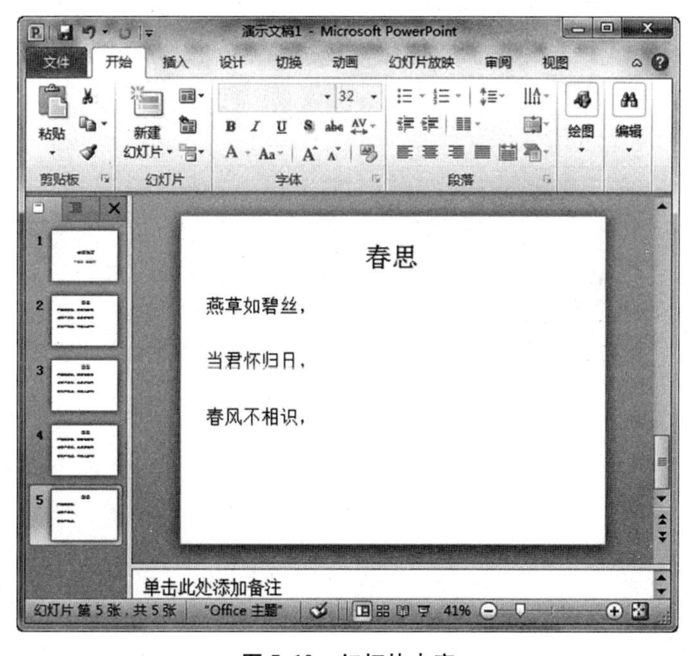

图 5.10　幻灯片内容

（4）重复上述步骤，再插入3张幻灯片，并输入适当的古诗词。

4. 添加“古诗朗诵”视频

（1）单击“开始”→“幻灯片”→“新建幻灯片”下拉按钮，插入一张“标题和内容”版式幻灯片。

（2）在内容占位符中单击“插入媒体剪辑”按钮，如图5.11所示，弹出“插入视频文件”对话框。

图5.11　内容占位符

（3）选择相应的文件位置和类型，如事先准备的视频“古诗朗诵.avi”，单击“插入”按钮。

（4）单击此视频下方的播放按钮可以观看视频，如图5.12所示。

图5.12　播放视频文件

5. 保存演示文稿

单击快速访问工具栏中的“保存”按钮，弹出“另存为”对话框，选择保存位置，输入文件名称“古诗鉴赏”，单击“保存”按钮后，该文件以“古诗鉴赏.ppt”文件名保存在指定的位置。

注意：PowerPoint 2010 默认保存的文件扩展名为“. pptx”，如果制作的演示文稿还要在 PowerPoint 2003 等旧版本下运行，则请选择文件类型为“PowerPoint 97 – 2003 演示文稿”，这样文件的扩展名为“. ppt”，就可以在 PowerPoint 2003 及以前的版本打开此文件。

知识链接

1. 基本概念

（1）演示文稿：在 PowerPoint 2010 中，一个完整的演示文件称为演示文稿。

（2）幻灯片：幻灯片是演示文稿的核心部分，一个小的演示文稿由几张幻灯片组成，而一个大的演示文稿由几百张，甚至更多张幻灯片组成。

（3）占位符：是幻灯片上的一个虚线框，虚线框内部有“单击此处添加标题”之类的添加内容文字提示，单击可以添加相应的内容，并且提示语会自动消失。占位符可以移动、改变大小、删除，还可以自行添加。

2. PowerPoint 2010 的工作界面

PowerPoint 2010 启动后，在屏幕上即可显示出其工作界面的主窗口，如图 5. 13 所示，它主要包括标题栏、“文件”菜单、快速访问工具栏、功能区、工作区、大纲窗格、备注区和状态栏等。

图 5. 13　PowerPoint 2010 的工作界面

(1) 标题栏：显示软件的名称和正在编辑的文件名称，如果是新建一个文件，则默认为“演示文稿 1”。

(2)“文件”菜单：单击弹出下拉菜单，包括新建、保存、打开、关闭、打印等常用文件操作命令。

(3) 快速访问工具栏：包含常用的命令按钮，如保存、撤销、恢复等。

(4) 功能区：将一些最为常用的命令按钮，按选项卡分组显示在功能区中，以方便调用。常用的选项卡有：开始、插入、设计、切换、动画、幻灯片放映、审阅和视图。

(5) 工作区：编辑幻灯片的工作区，一张张图文并茂的幻灯片就在这里制作完成。

(6) 备注区：用来编辑幻灯片的一些备注文本。

(7) 大纲窗格：这个区中，通过“大纲视图”或“幻灯片视图”可以快速查看和编辑整个演示文稿中的任意幻灯片。

(8) 状态栏：在此处显示出当前文档相应的某些状态要素。

5.3 【案例 2】美化“古诗欣赏”演示文稿

案例分析

【案例 1】中的“古诗欣赏”只是完成了初稿，下面对这个演示文稿进行美化和修饰。

案例目标

(1) 学会使用幻灯片母版。

(2) 学会应用主题。

(3) 学会设置幻灯片背景。

(4) 掌握常见的图片编辑操作。

实施过程

1. 打开演示文稿

启动 PowerPoint 2010 后，选择“文件”→“打开”命令，在“打开”对话框中找到目标文件“古诗欣赏 . ppt”所在的文件夹，打开文件“古诗欣赏 . ppt”。

2. 应用主题样式

用空演示文稿创建的幻灯片是白底黑字，难免单调，可以应用主题样式使幻灯片色彩更鲜艳，画面更丰富，操作步骤如下：

(1) 选择“设计”→“主题”组，显示各个项目，如图 5. 14 所示。

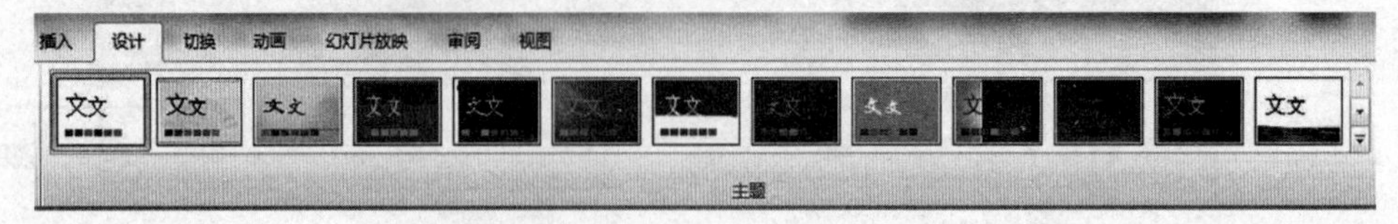

图 5. 14 “设计”选项卡

（2）鼠标指针指向某种主题后，会将该主题的预览效果显示出来，挑选出满意的效果后单击该主题即将其应用于演示文稿，本案例中单击第三个主题“暗香扑面”，应用后的效果如图 5. 15 所示。

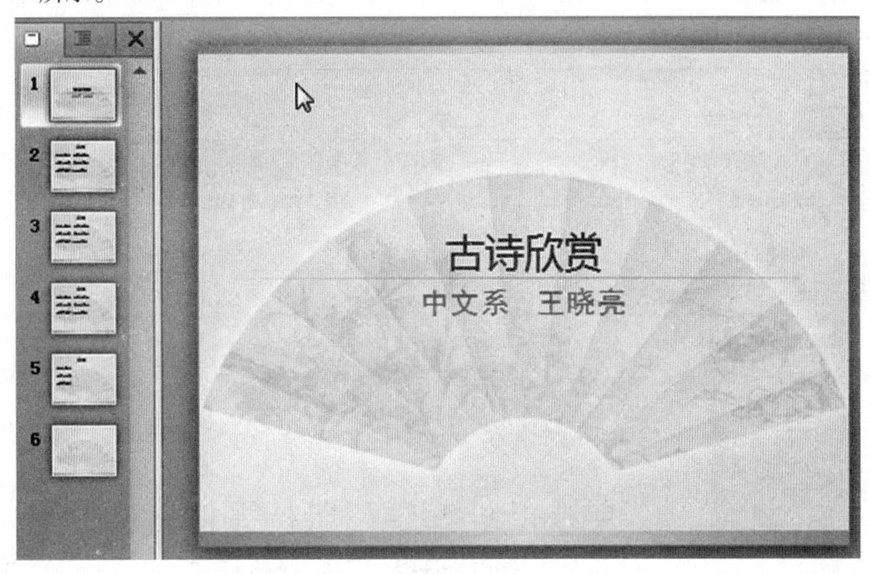

图 5. 15　应用“暗香扑面”主题后的效果

（3）单击“主题”组中的“颜色”下拉按钮，选择“跋涉”配色方案，如图 5. 16 所示。

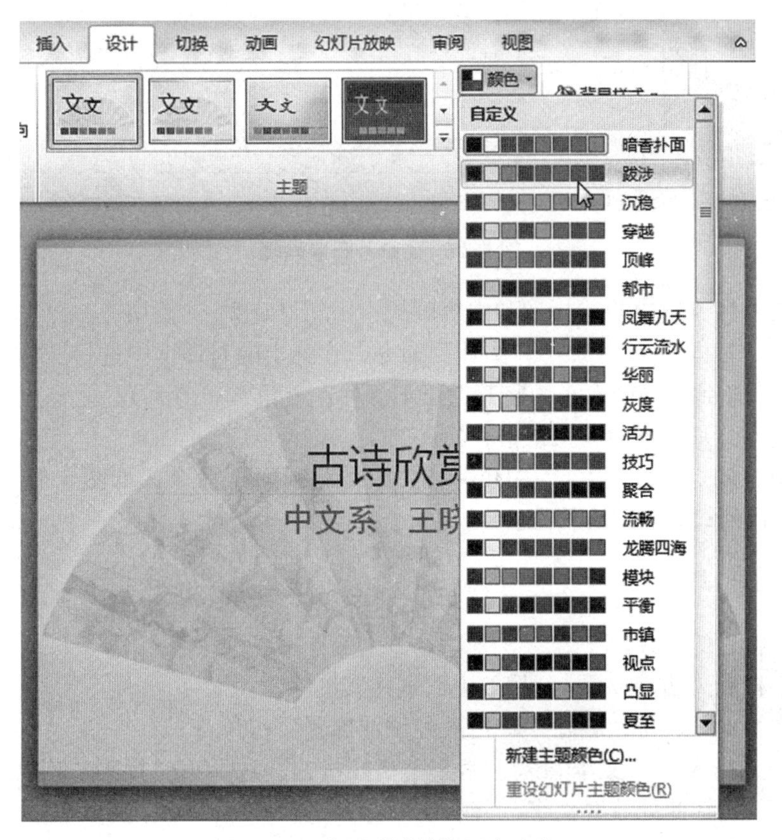

图 5. 16　应用“跋涉”配色方案

3. 创建幻灯片母版

（1）选择“视图”→“母版视图”→“幻灯片母版”命令，切换到幻灯片母版编辑状态，如图 5.17 所示。

图 5.17　幻灯片母版编辑

（2）单击左侧窗格中的“标题和内容版式：由幻灯片 2－6 使用”。

（3）选择“插入”→“图像”→“图片”命令，在弹出的对话框中选择“古诗词.jpg”文件，将此图片调整到适当的大小，将其置于幻灯片左上角，如图 5.18 所示。

（4）单击幻灯片左下角的文本框，输入文字“古诗欣赏”。

（5）选择“幻灯片母版”→“关闭”→“关闭母版视图”命令，如图 5.19 所示，完成母版的创建，切换到幻灯片编辑状态。

4. 修饰标题幻灯片

（1）选中标题幻灯片。

（2）选中标题“古诗欣赏”，按 Delete 键将其删除。

（3）再次按 Delete 键，删除“单击此处添加标题”占位符。

（4）单击“插入”→“文本”→“艺术字”下拉按钮，选择第三行第二列样式，标题幻灯片中出现提示“请在此处放置文字”，输入“古诗欣赏”。

（5）单击“绘图工具”→“格式”→“艺术字样式”→“文本效果”下拉按钮，选择“发

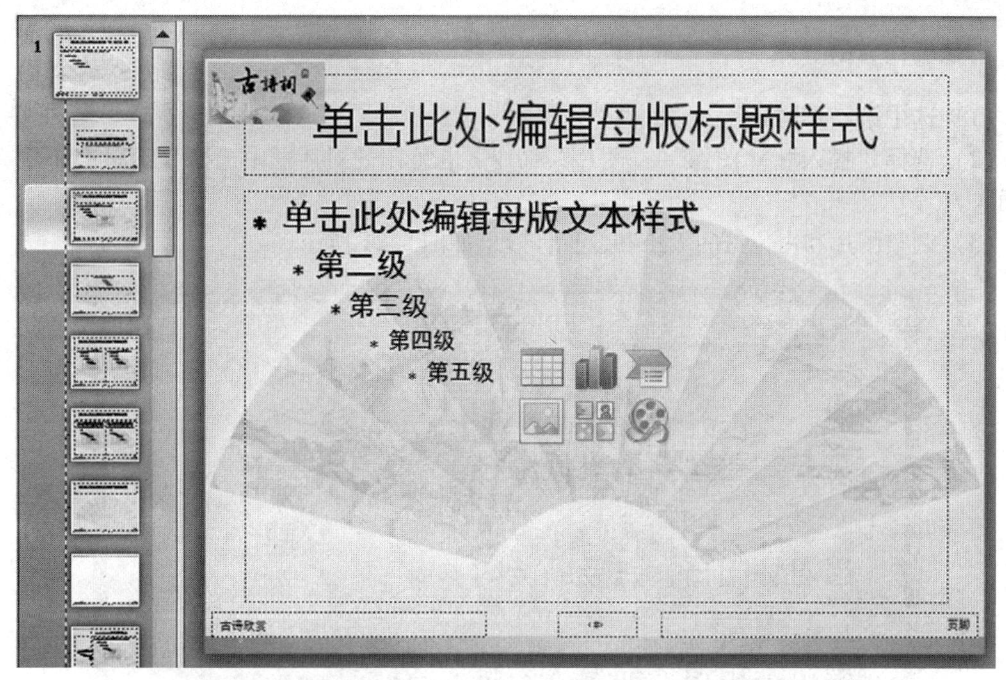

图 5.18　在幻灯片母版添加图片和文字注脚

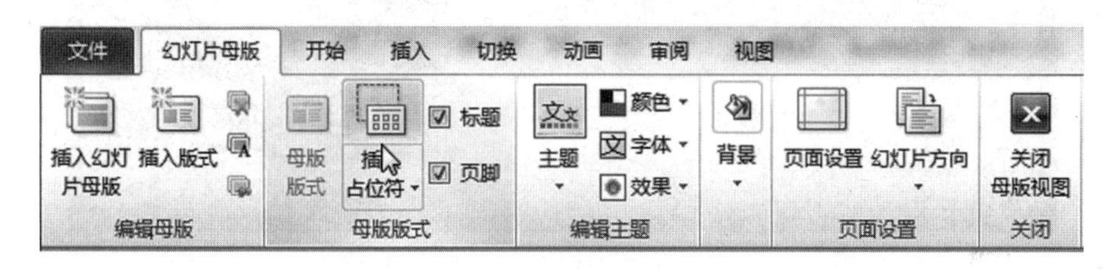

图 5.19　“幻灯片母版”选项卡

光”列表框中的发光变体，如第三行第二列样式。

（6）选择“开始”→“字体”组，设置艺术字的大小，效果如图 5.20 所示。

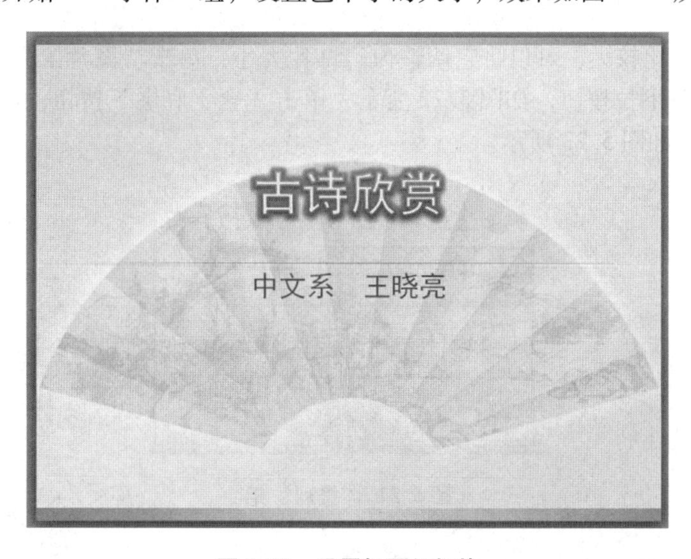

图 5.20　设置标题幻灯片

5. 修饰内容幻灯片

（1）选中第二张幻灯片。

（2）选择“插入”→“图像”→“图片”命令，在弹出的对话框中选择“春思.jpg”文件并插入。

（3）调整图片和占位符的大小和位置，效果如图5.21所示。

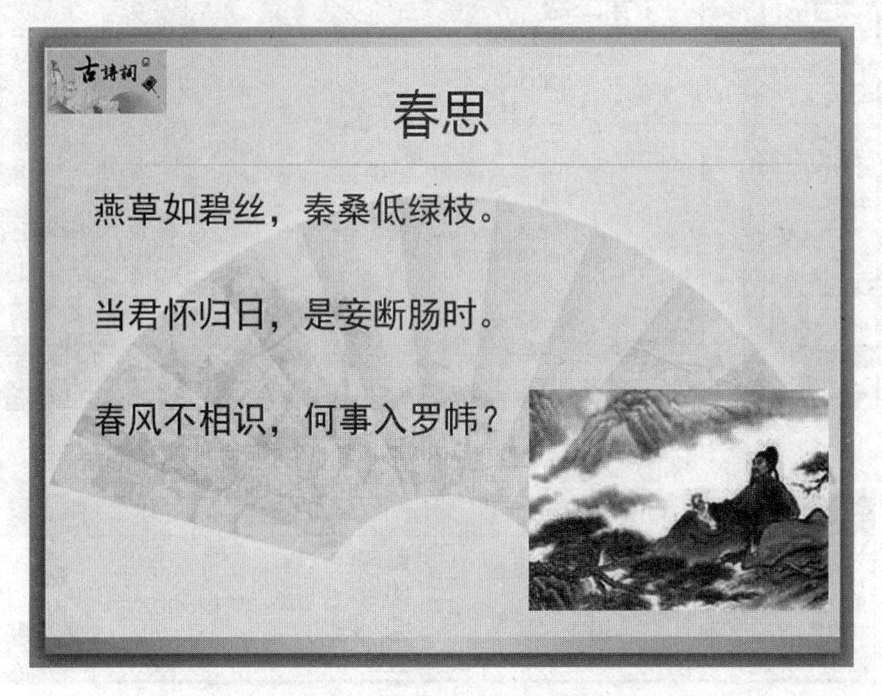

图5.21 设置第二张幻灯片

（4）选中第三张幻灯片。

（5）选择“插入”→“图像”→“图片”命令，在弹出的对话框中选择“溪水.jpg”文件并插入。

（6）这张图片比较大，可以将它调整为幻灯片大小，单击“图片工具”→“格式”→“排列”→“下移一层”下拉按钮，如图5.22所示，单击“置于底层”按钮，调整内容占位符的位置和大小，效果如图5.23所示。

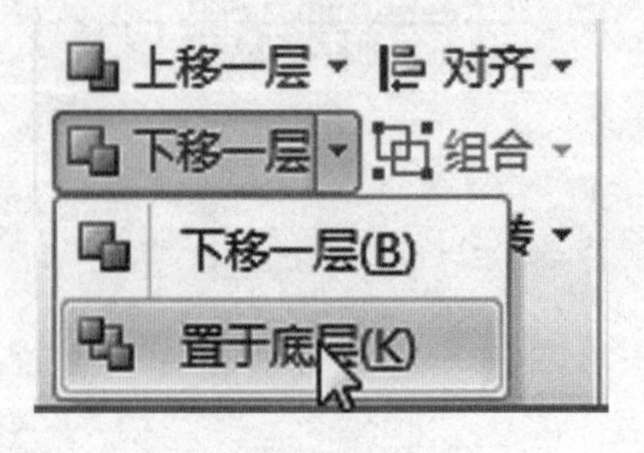

图5.22 “排列”组

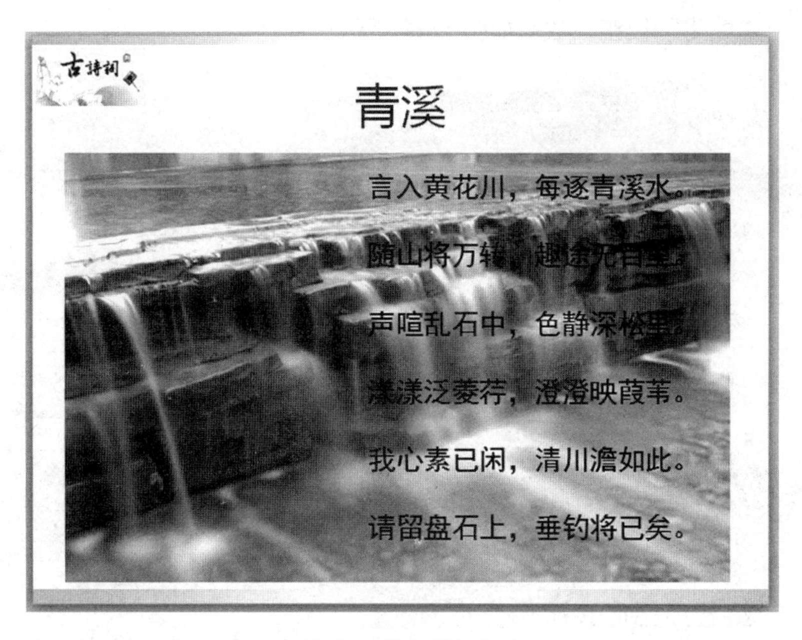

图 5.23　第三张幻灯片

（7）用图片作背景还有另外一种方法，选中第四张幻灯片。

（8）单击“设计”→“背景”→“背景样式”下拉按钮，在弹出的列表中单击“设置背景格式”按钮，弹出“设置背景格式”对话框。

（9）选择“图片或纹理填充”单选按钮，并选择“隐藏背景图形”复选框，单击“文件”按钮，在弹出的对话框中选择“郊亭.jpg”并插入，如图 5.24 所示。

图 5.24　“设置背景格式”对话框

(10) 单击“关闭”按钮，效果如图 5. 25 所示。

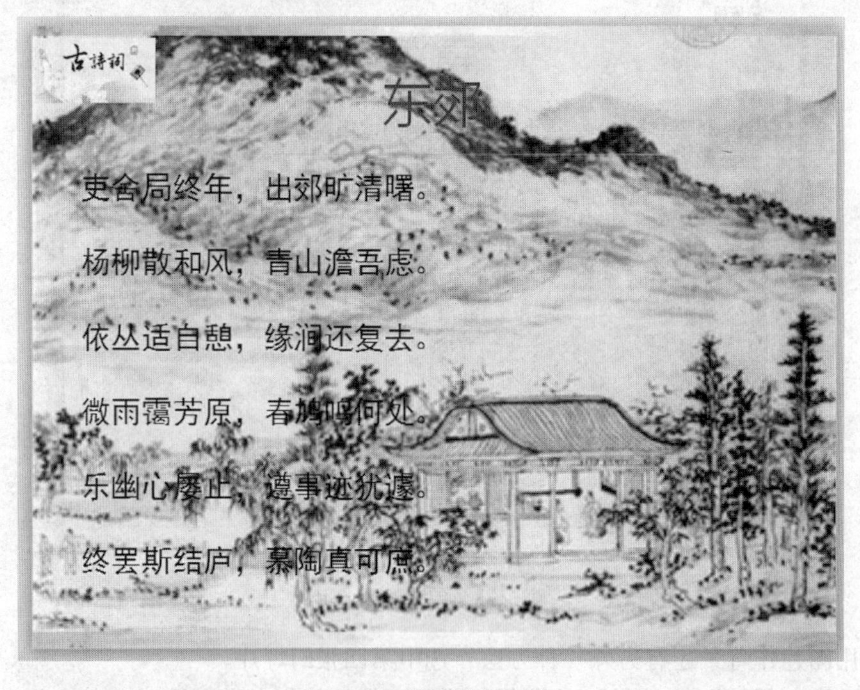

图 5. 25 第四张幻灯片

注意： 如果单击“全部应用”按钮，则此图片将作为这个演示文稿中所有幻灯片的背景。

(11) 选中第五张幻灯片，同样可以插入事先准备好的图片素材作为插图。

(12) 选中第六张幻灯片，因为视频前面有一段黑屏，影响美观，可以将这段黑屏剪掉：选中视频，单击“视频工具”→“格式”→“大小”→“裁剪”命令进行裁剪即可。

6. 给演示文稿加入背景音乐

(1) 选择第一张幻灯片，选择“插入”→“媒体”→“音频”命令，弹出“插入音频”对话框。

(2) 选择一首古筝曲“步步清风 . mp3”，单击“插入”按钮。

(3) 在“音频工具”→“播放”→“音频选项”组中设置“开始”方式为“跨幻灯片播放”，选择“放映时隐藏”复选框，使喇叭图标在幻灯片放映时不可见，如图 5. 26 所示。

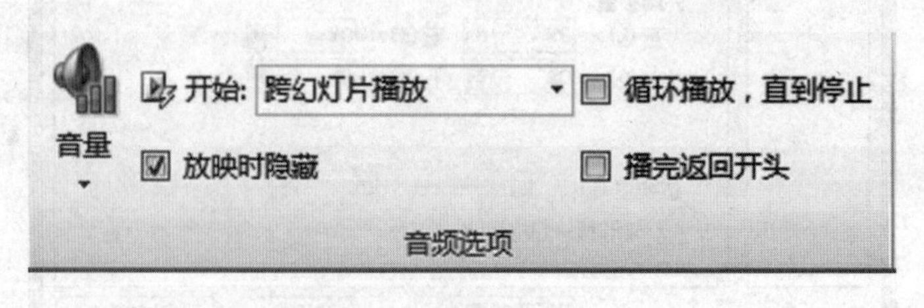

图 5. 26 “音频选项”组

(4) 最后，可以单击状态栏中的“幻灯片放映”按钮，预览放映效果。

知识链接

1. 演示文稿的修饰

PowerPoint 的特色之一就是能使演示文稿的所有幻灯片都具有一致的外观，通常有 3 种方法，即母版、应用主题样式和调整主题颜色，并且以上 3 种方法是相互影响的，如果其中一种方案被改变，则另两种方案也会发生相应的变化。

1）创建母版

母版是指用于定义演示文稿中所有幻灯片共同属性的底板。每个演示文稿的每个关键组件（如幻灯片、标题幻灯片、备注和讲义）都有一个母版。

幻灯片母版通常用来统一整个演示文稿的格式，一旦修改了幻灯片母版，则所有采用这一母版建立的幻灯片格式也随着改变。

选择“视图”→“母版视图”→“幻灯片母版”命令，进入“幻灯片母版视图”状态，如图 5.27 所示。此时“幻灯片母版”选项卡也被自动打开，用户可以根据需要，在相应的母版中添加对象，并对其编辑修饰，创建自己的幻灯片母版。对象设置完成后，选择“幻灯片母版视图”→“关闭”→“关闭母版视图”命令，完成创建母版的操作。

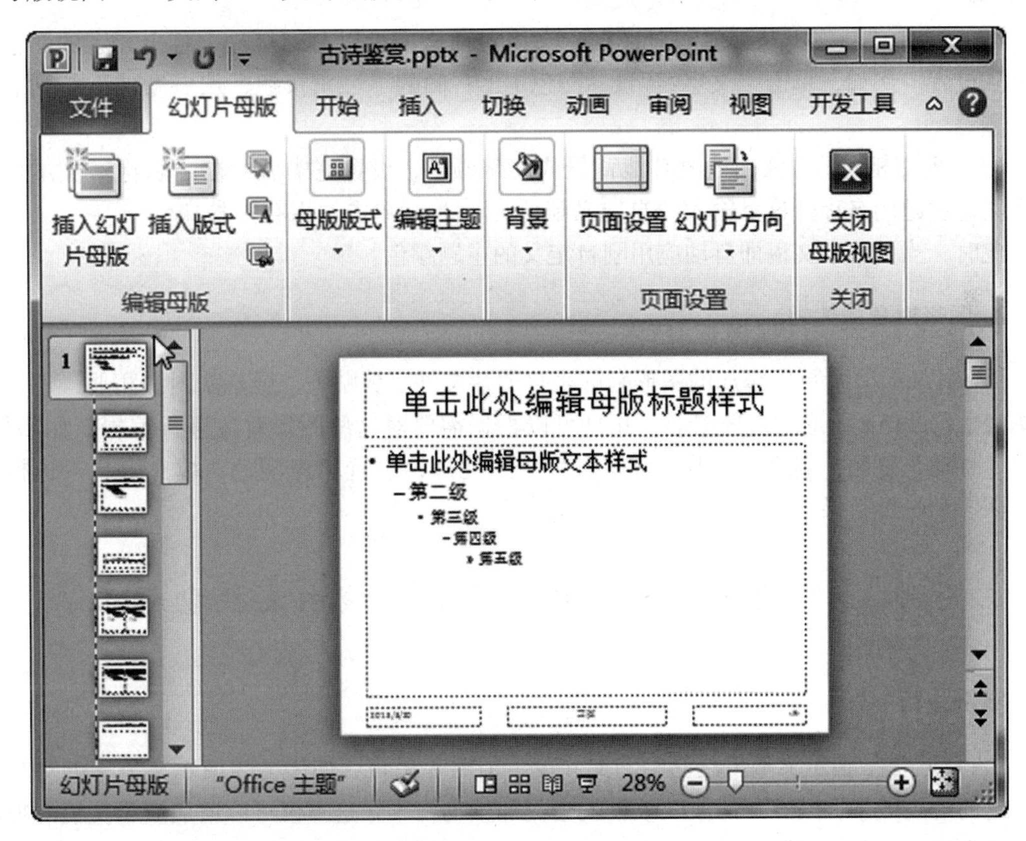

图 5.27　幻灯片母版视图

注意： 在母版视图中创建的对象，在幻灯片视图中是无法编辑的。

2）应用主题样式

PowerPoint 中提供了很多模板，它们将幻灯片的配色方案、背景和格式组合成各种主题。这些模板称为“幻灯片主题”。通过选择“幻灯片主题”并将其应用到演示文稿，可以让整个演示文稿的幻灯片风格一致。

在创建好演示文稿的初稿后，选择“设计”→“主题”组，可看到主题列表，单击“其他”按钮，将会显示所有的可用主题。单击某幻灯片主题，该主题即应用于本演示文稿的所有幻灯片。

3）调整主题颜色

应用了一种主题样式后，如果用户觉得所套用样式中的颜色不是自己喜欢的，则可以更改主题颜色。主题颜色是指文件中使用的颜色集合，更改主题颜色对演示文稿的效果的影响最为显著。用户可以直接从“颜色”下拉列表中选择预设的主题颜色，也可以自定义主题颜色来快速更改演示文稿的主题颜色。

如果用户对内置的主题颜色都不满意，则可以自定义主题的配色方案，并可以将其保存下来供以后的演示文稿使用，具体操作如下：

（1）单击“设计”→“主题”→“颜色”下拉按钮，在下拉列表中单击“新建主题颜色”按钮。

（2）弹出“新建主题颜色”对话框，在该对话框中可以对幻灯片中各个元素的颜色进行单独设置。例如，单击“文字/背景 - 深色 1”右侧的下三角按钮，从展开的下拉列表中选择颜色。

（3）采用相同的方法，更改其他背景或文字颜色，设置完毕后，在“名称”文本框中输入新建主题的名称，这里输入“自定义配色 1”，然后单击“保存”按钮。

此时，当前演示文稿即自动应用刚自定义的主题颜色。

2. 图形对象的编辑

PowerPoint 2010 可以添加的图形有的来自图片文件、剪贴画、屏幕截图和相册，还可以是图表、SmartArt 图形和自选图形，并且可以根据需要对这些图形对象进行编辑，如添加、缩放，移动，复制，删除，裁剪，调整亮度、对比度，设置填充颜色、填充效果、边框颜色、阴影和三维效果等。

5.4 【案例 3】让“古诗欣赏”演示文稿动起来

案例分析

“古诗欣赏”演示文稿虽然已经图文并茂，但略显呆板，如果能为演示文稿中的对象加入一定的动画效果，幻灯片的放映效果就会更加生动精彩，这不仅可以增加演示文稿的趣味性，还可以吸引观众的眼球。

案例目标

（1）掌握幻灯片的动画设置方式。

（2）掌握幻灯片的切换方式。

（3）掌握利用超链接和动作设置改变幻灯片的播放顺序。

实施过程

1. 让幻灯片中的对象动起来

1）为标题幻灯片中的对象添加动画效果

（1）选中幻灯片 1 中的标题占位符。

（2）选择“动画”→“动画”组，在其列表中，如图 5.28 所示，选择“进入”动画中的“浮入”动画效果。

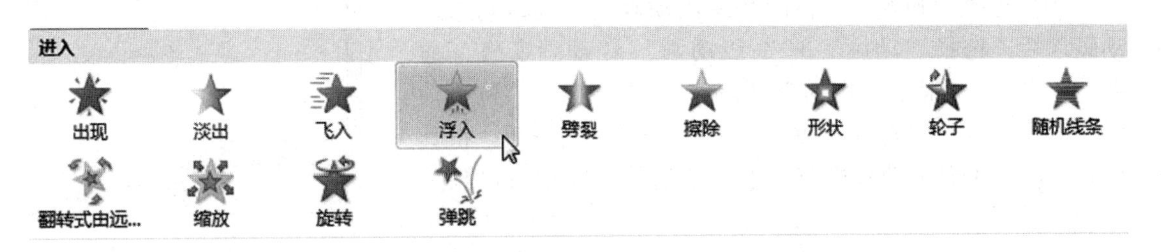

图 5.28　选择“浮入”动画效果

（3）选中幻灯片 1 中的副标题占位符。

（4）选择“飞入”动画效果。

（5）设置两个动画的自动播放，具体操作如下：

①选中标题占位符，在“动画”→“计时”组中，将“开始”选项设置为“上一动画之后”；

②将“持续时间”选项设置为“01.50”；

③选中副标题占位符，将“开始”选项设置为“上一动画之后”；

④将“持续时间”选项设置为“01.00”；

（6）单击“幻灯片放映”按钮或选择“动画”→“预览”→“预览”命令，观看幻灯片动画效果。

2）为内容幻灯片添加动画效果

（1）选中幻灯片 2 中的“春思”。

（2）单击“动画”→“动画”组列表中的“更多进入效果”命令，弹出“更改进入效果”对话框，如图 5.29 所示。

（3）选择“华丽型”分组中的“飞旋”动画效果。

（4）单击“确定”按钮。

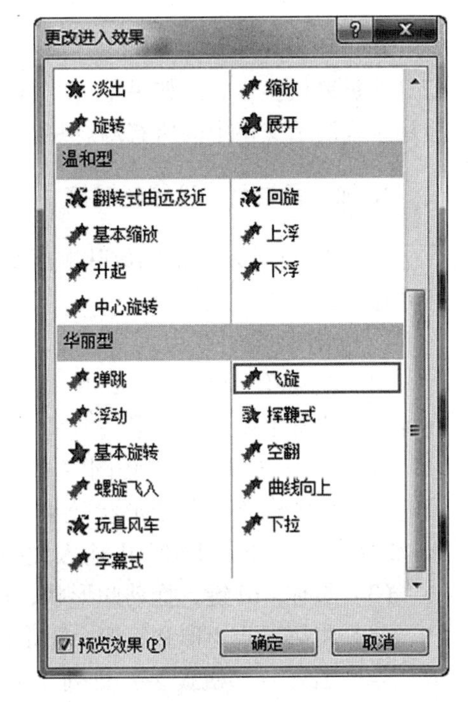

图 5.29　“更改进入效果”对话框

（5）选中图片，将其进入动画效果设置为“缩放”。

(6) 单击“动画”→“动画”→“效果选项”下拉按钮，将“消失点”选项设置为“幻灯片中心”。在“计时”组中，将“开始”选项设置为“上一动画之后”，将“持续时间”选项设置为“01.00”。

(7) 选中图片，单击“动画”→“高级动画”→“添加动画”下拉按钮，添加退出动画效果“消失”。在“计时”组中，将“开始”选项设置为“上一动画之后”，将“持续时间”选项设置为“01.00”。

(8) 为诗句添加一个“进入”动画效果，如“淡出”。

(9) 更改动画顺序，将图片退出动画调整到诗句进入动画之后，选择“动画”→“高级动画”→“动画窗格”命令，弹出动画窗格，如图 5.30 所示。选中“内容占位符动画”选项，单击“对动画重新排序”中的向上按钮，将其调整到图片 3 退出动画之前，单击“播放”按钮可以预览动画效果。

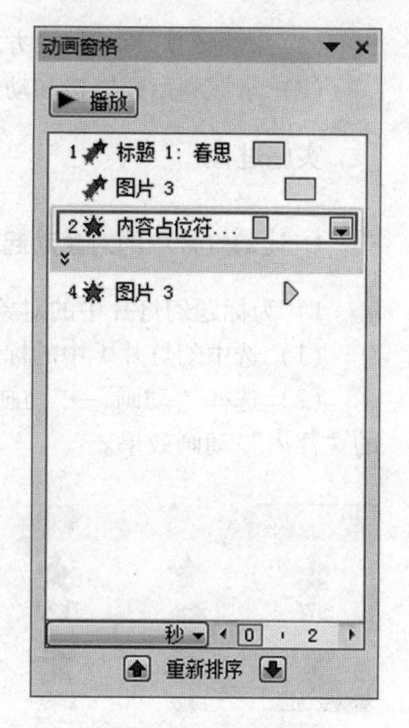

图 5.30 动画窗格

(10) 按以上步骤为其他幻灯片的对象添加适当动画。

注意： 动画是非常有趣的，但过多的动画反而会造成适得其反的效果，建议谨慎使用动画和声音效果，因为过多的动画会分散观众的注意力。

2. 让幻灯片动起来

在“切换”→“切换到此幻灯片”列表中选择一种切换方式，如“棋盘”，可以为每张幻灯片设置切换方式。如果单击“计时”组中的“全部应用”按钮，则会将这种切换方式应用于本演示文稿中的所有幻灯片。

3. 加入目录页，设置超链接

PowerPoint 演示文稿的放映顺序是从前向后的，如果要控制幻灯片的播放顺序就需要进行动作设置。

1) 制作目录幻灯片

(1) 选中第一张幻灯片，单击“开始”→“幻灯片”→“新建幻灯片”→“仅标题”命令，在标题占位符中输入“目录”。

(2) 单击“插入”→“插图”→“形状”命令，插入一个“圆角矩形”，分别设置“形状填充”“形状轮廓”和“形状效果”选项。用鼠标右键单击此图形，在弹出的菜单中选择“编辑文字”命令，在图形中输入文字提示“春思”。

(3) 按住 Ctrl 键，拖动此形状，进行复制，复制出 4 个相同的形状，并编辑文字。

(4) 将第一个矩形和第四个矩形的位置定好后，按住 Shift 键，同时选中 4 个矩形，单击“绘图工具”→“格式”→“排列”→“对齐”→“纵向分布”命令，让 4 个矩形排列成图 5.31 所示的效果。

(5) 选中第一个矩形，单击“插入”→“链接”→“超链接”命令，弹出“插入超链接”

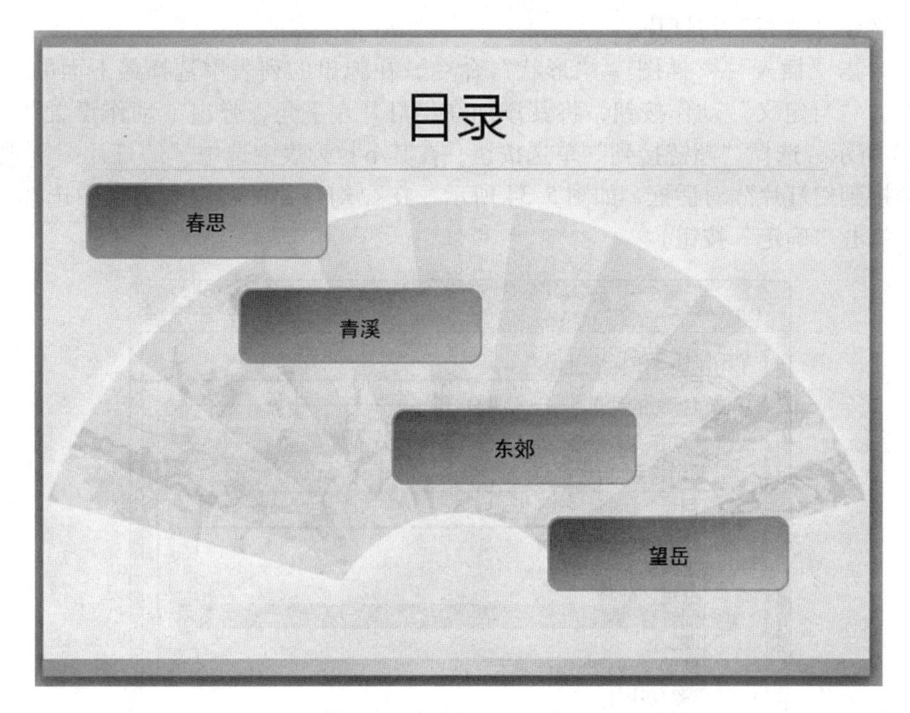

图 5.31　“目录”幻灯片

对话框，选择“本文档中的位置”选项，然后在“请选择文档中的位置”列表框中选择“春思”，如图 5.32 所示，单击“确定”按钮。

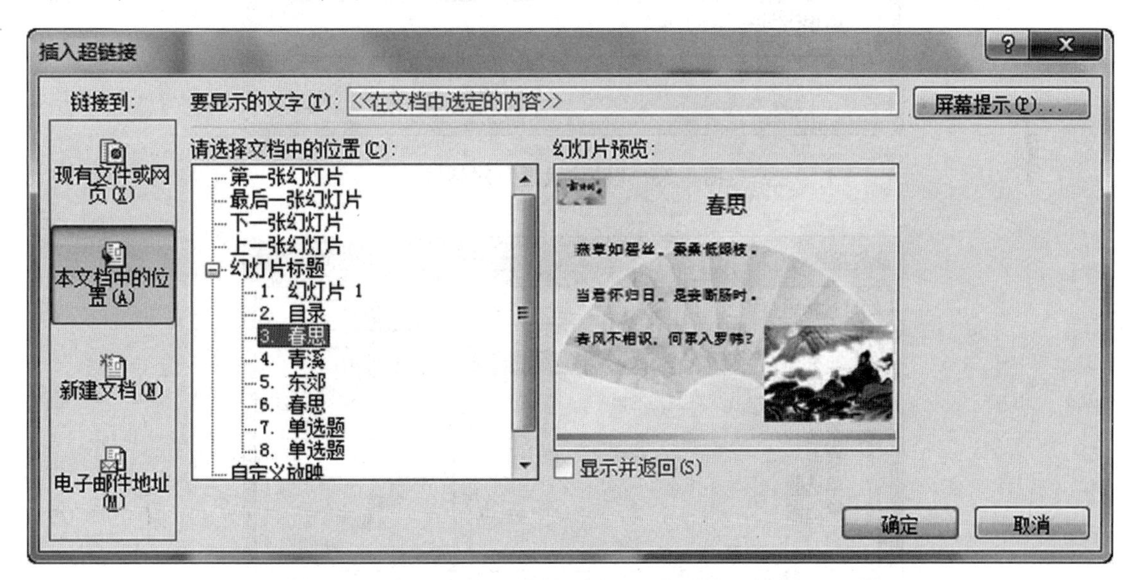

图 5.32　“插入超链接”对话框

（6）分别选中其他矩形，按上述方法操作，将它们链接到相应的幻灯片，设置完超链接后切换到幻灯片放映视图，鼠标指针指向这些矩形时，会显示为链接形状，单击矩形即跳转到相应的幻灯片。

2）为内容幻灯片添加“返回”按钮

（1）选中“春思”幻灯片。

（2）单击“插入”→“插图”→“形状”命令，在弹出的列表中选择最下面的“动作按钮”组中的“自定义”动作按钮，将其添加在幻灯片左下角，弹出“动作设置”对话框，如图 5.33 所示，选择“超链接到”单选按钮，在其下拉列表中选中“幻灯片…”选项，弹出“超链接到幻灯片”对话框，如图 5.34 所示，在“幻灯片标题”列表框中选择“目录”幻灯片，单击“确定”按钮。

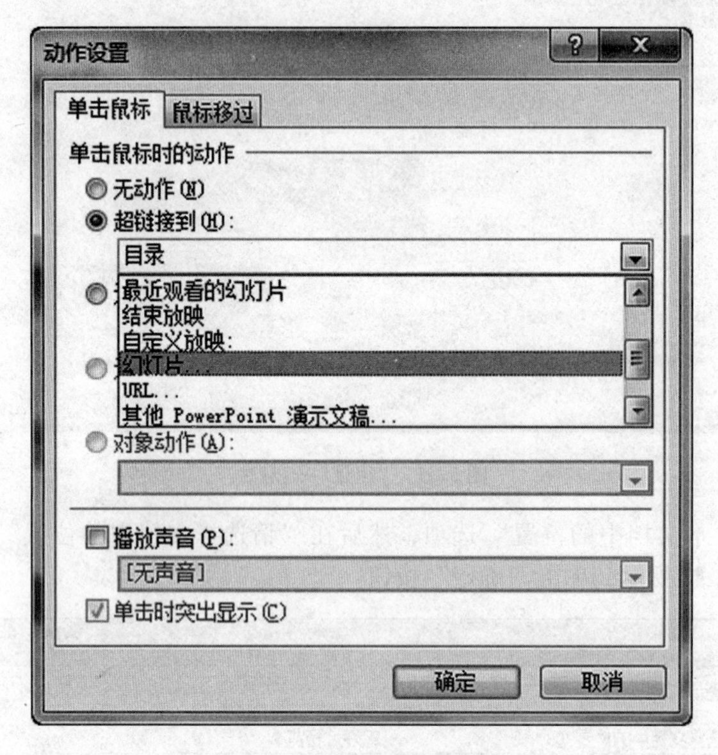

图 5.33 “动作设置”对话框

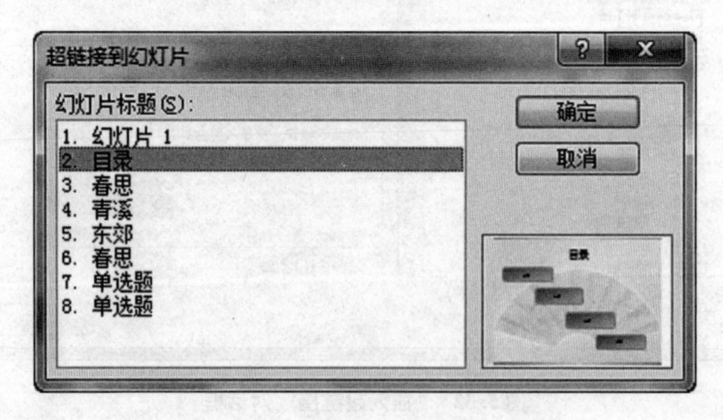

图 5.34 “超链接到幻灯片”对话框

（3）给这个自定义按钮添加文字，并设置其形状，效果如图 5.35 所示。

（4）选中此按钮，分别复制到后面的幻灯片中。

全部制作完成后，“古诗欣赏”演示文稿的最终效果如图 5.36 所示。

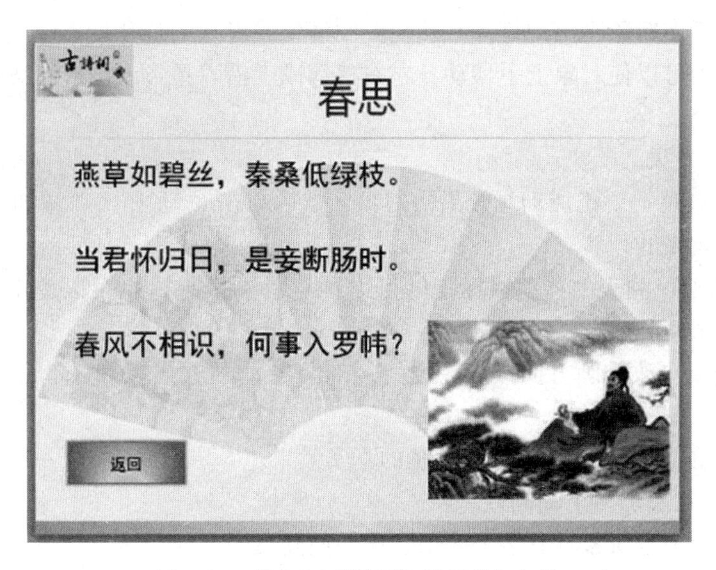

图 5.35　添加了“返回”按钮的幻灯片

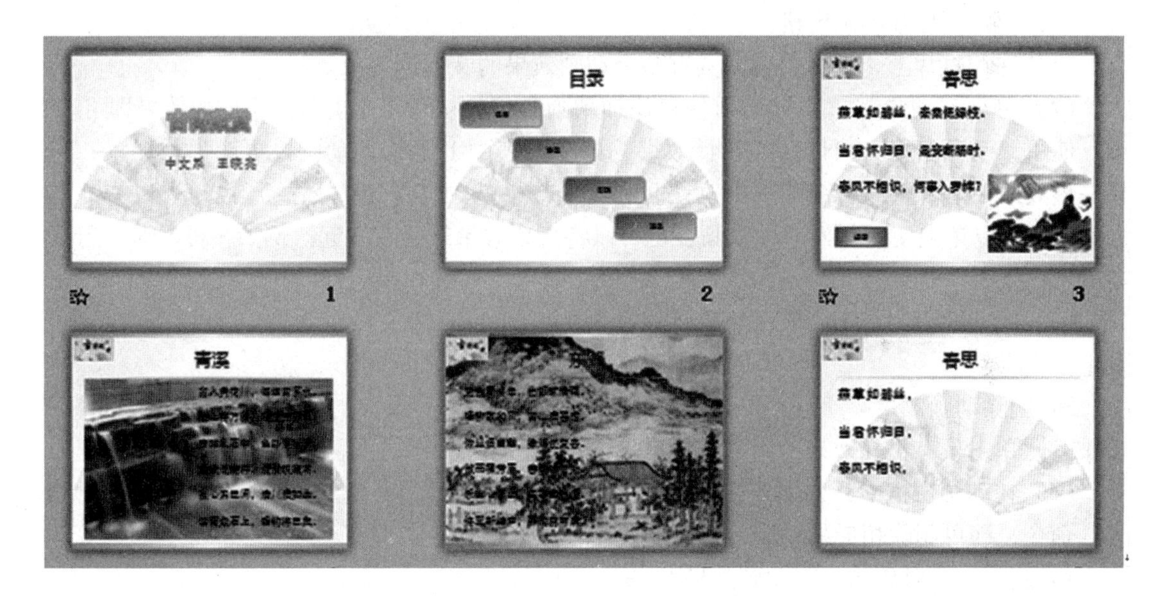

图 5.36　“古诗欣赏”演示文稿的最终效果

知识链接

1. 创建自定义动画效果

为幻灯片上的文本、图片等对象加入一定的动画效果，不仅可以增加演示文稿的趣味性，而且还可以吸引观众的注意力。

PowerPoint 的自定义动画效果可以分为 4 类，即进入动画、强调动画、退出动画和动作路径动画。

进入动画可以使对象逐渐淡入、从边缘飞入幻灯片或者跳入视图中。

强调动画包括使对象缩小或放大、更改颜色或沿其中心旋转等效果。

退出动画包括使对象飞出幻灯片、从视图中消失或者从幻灯片旋出等效果。

动作路径动画可以使对象上下移动、左右移动或者沿着星形或圆形图案移动，也可以绘制自己的动作路径。

1）添加动画效果

（1）单击幻灯片上要添加动画效果的对象，然后单击“动画”→“添加动画”命令，便会弹出可用动画效果的列表。

（2）在“动画”列表中移动鼠标指针可以预览动画效果，也可以单击“更多…效果”按钮，以查看整个动画库。

（3）如果想要更改动画方向或者更改一组对象的动画方式等，可单击“效果选项”按钮进行设置。

（4）单击“预览”按钮可以查看动画的真实效果。

2）对单个对象添加多个动画效果

有时人们希望一个对象具有多个效果，比如使其飞入，随后淡出。在这种情况下可以使用动画窗格，它可以帮助人们查看效果的顺序和计时。选择“动画”→“高级动画”→“动画窗格”命令即可打开动画窗格。

（1）在幻灯片上，选择要使其具有多个动画效果的文本或对象。

（2）单击“动画”→“高级动画”→“添加动画”下拉按钮，单击需要添加的效果即可。

使用“动画窗格”可以精心设计效果，如在列表中上下移动动画以更改播放顺序；选择一种效果并单击鼠标右键可以更改计时和其他效果选项；单击“播放”按钮可以查看动画效果。可以单独使用任何一种动画，也可以将多个效果组合在一起。例如，可以对一行文本应用“飞入”进入效果和“放大/缩小”强调效果，使文本在飞入的同时逐渐放大。单击“添加动画”按钮以添加效果，然后将该动画的“开始”选项设置为“与上一动画同时”发生。

3）删除动画效果

（1）单击具有过多效果的对象，所有属于该对象的效果将显示在动画窗格中。

（2）在动画窗格中，选中要删除的效果，单击右边的箭头，在弹出的菜单中选择“删除”命令，即可删除相应的动画效果。

4）删除一个对象的所有动画效果

（1）选中要删除动画效果的对象。

（2）在“动画”组中选择“无”选项。

5）删除一张幻灯片中的所有动画效果

（1）在动画窗格中，单击列表中的第一个效果，然后按住 Shift 键并单击列表中的最后一个效果，这样就可以选中该幻灯片中所有的动画效果。

（2）在“动画”组中选择“无”选项。

2. 幻灯片切换

幻灯片切换效果是在演示文稿播放时从一张幻灯片移到下一张幻灯片时在幻灯片放映视图中出现的动画效果。可以控制切换效果的速度、添加声音，甚至还可以对切换效果的属性进行自定义。

1）向幻灯片添加切换效果

（1）在幻灯片普通视图中，选择“幻灯片”选项卡。

（2）选中要向其应用切换效果的幻灯片。

（3）在“切换”→“切换到此幻灯片”组中单击要应用于该幻灯片的幻灯片切换效果。

2）设置切换效果的计时

（1）若要设置上一张幻灯片与当前幻灯片之间的切换效果的持续时间，可执行下列操作：在“切换”→“计时”组的“持续时间”组合框中输入或选择所需的速度。

（2）若要指定当前幻灯片在多长时间后切换到下一张幻灯片，可采用下列操作之一：

①若要在单击鼠标时切换幻灯片，可在“切换”→“计时”组中选择“单击鼠标时”复选框。

②若要在经过指定时间后切换幻灯片，可在“切换”→“计时”组中选择“设置自动换片时间”复选框，并在后面的组合框中输入所需的秒数。

3）向幻灯片切换效果添加声音

（1）在幻灯片普通视图中选择“幻灯片”选项卡。

（2）选中要向其添加声音的幻灯片。

（3）单击“切换”→“计时”→“声音”下拉按钮，然后执行下列操作之一：

①若要添加列表中的声音，请选择所需的声音。

②若要添加列表中没有的声音，请单击“其他声音”命令，找到要添加的声音文件，然后单击“确定”按钮。

提示：如果要将演示文稿中的所有幻灯片应用相同的幻灯片切换效果，可选择“切换”→“计时”→“全部应用”命令。

3. 动作设置和超链接

PowerPoint 可以为幻灯片中的对象（如文本、图片或按钮形状等）设置动作或添加超链接，如移动到下一张幻灯片、移动到上一张幻灯片、转到放映的最后一张幻灯片或者转到网页或其他 Microsoft Office 演示文稿或文件等。设置的具体操作步骤如下：

（1）选择“视图”→“演示文稿视图”→“普通视图”命令。

（2）选中要设置动作的对象。

（3）选择“插入”→“链接”→“动作”命令。

（4）弹出“动作设置”对话框，选择“单击鼠标”选项卡或“鼠标移过”选项卡。

（5）要选择在单击或将指针移过图片、剪贴画或按钮形状时发生的动作，可执行下列操作之一：

①要使用不带动作的图片、剪贴画或按钮形状，应选择“无动作”单选按钮。

②要创建超链接，应选择“超链接到”单选按钮，然后选择超链接的目标。

③要运行某个程序，应选择“运行程序”单选按钮，然后单击“浏览”按钮并找到要运行的程序。

④要运行宏，应选择“运行宏”单选按钮，然后选择要运行的宏。只有当演示文稿包含宏时，“运行宏”选项才可用。在保存含有宏的演示文稿时，必须保存为“启用宏的 PowerPoint 放映”类型。

⑤如果希望被选为动作按钮的图片、剪贴画或按钮形状执行某个动作，应选择“对象动作”单选按钮，然后选择想让它执行的动作。

⑥若要播放声音，应选择“播放声音”复选框，然后选择要播放的声音。

（6）单击“确定”按钮。

本章小结

本章主要是对PowerPoint 2010的基本应用和操作进行介绍，本章只用了3个案例，但其涉及的内容几乎可以覆盖PowerPoint的大部分知识点，包括功能区的应用，对幻灯片的基本操作和美化，主题的选用与背景设置，动画设计、放映设计和切换效果等内容。虽然每个知识点介绍得不是很深入，但已能为读者学习PowerPoint 2010打下坚实的基础。

与Word和Excel不同的是，PowerPoint制作所需知识并不单一，很多图书都是对PowerPoint软件的使用技术进行介绍，这点固然重要，但要学好PowerPoint，其核心在于如何设计PowerPoint的内容和展示形式，软件应用技术仅仅是辅助完成工作的工具，若想学好PowerPoint，还需要更多地提升自己的综合能力，让PowerPoint真正展示自己所想。

课后练习

一、填空题

1. PowerPoint有________、________和________3种视图。

2. 启动PowerPoint程序后，最左边的窗格是________窗格。

3. 选择连续多张幻灯片时，用鼠标选中第一张幻灯片，然后按下________键，再用鼠标选择最后一张幻灯片。

4. 演示文稿母版包括幻灯片母版、________和________3种。

5. “幻灯片设计”任务包括设计模板、________和动画方案。

二、操作题

国庆节即将到来，请用PowerPoint制作庆祝“十一”国庆节的贺卡。将制作完成的演示文稿以“SJLX4. ppt”为文件名保存在文件夹“MMM”中，要求如下：

标题：“十一”国庆快乐!

文字内容：自定。

图片内容：绘制或插入你认为合适的图形、图片。

基本要求：

（1）标题采用艺术字。

（2）模板、文稿中的文字、背景、图片等格式自定。

（3）各对象的动画效果自定，延时1秒自动出现。

第 6 章

计算机网络基础

计算机网络影响着人们的生活，被应用于各个行业，包括电子银行、电子商务、现代化的企业管理、信息服务业等，它不仅使分散在网络各处的计算机能共享网上的所有资源，并且为用户提供强有力的通信手段和尽可能完善的服务，从而极大地方便用户。因此，了解和掌握计算机网络及 Internet 的基本知识与应用，将为学习、生活和工作带来便利。

学习目标

☑ 了解计算机网络的基本概念和因特网的基础知识。
☑ 了解 TCP/IP 协议的工作原理。
☑ 掌握网络应用中常见的概念，如域名、IP 地址、DNS 服务等。
☑ 熟练掌握浏览器、电子邮件的使用和操作。
☑ 熟练掌握 ADSL、宽带和无线网接入技术。

6.1 计算机网络基础知识

计算机网络是以共享资源为主要目的，由地理位置不同的若干台具有独立功能的计算机通过传输媒体（或通信网络）互联起来，并在功能完善的网络软件（通信协议、通信软件、网络操作系统等）的控制下进行通信的计算机通信系统。

6.1.1 计算机网络的发展

在 20 世纪 50 年代中期，美国的半自动地面防空系统 SAGE 开始了计算机技术与通信技术相结合的尝试，在 SAGE 系统中把远程距离的雷达和其他测控设备的信息经由线路汇集至一台 IBM 计算机上进行集中处理与控制。世界上公认的、最成功的第一个远程计算机网络是在 1969 年，由美国高级研究计划署 ARPA 组织研制成功的。该网络称为 ARPANet，它就是现在 Internet 的前身。

随着计算机网络技术的蓬勃发展，计算机网络的发展大致可划分为 4 个阶段：

第一阶段：诞生阶段。

20 世纪 60 年代中期之前的第一代计算机网络是以单个计算机为中心的远程联机系统。典型应用是由一台计算机和全美范围内 2 000 多个终端组成的飞机订票系统。终端是一台计算机的外围设备，包括显示器和键盘，无 CPU 和内存。随着远程终端的增多，在主机前增加了前端机（FEP）。当时，人们把计算机网络定义为“以传输信息为目的而连接起来，实现远程信息处理或进一步达到资源共享的系统”，这样的通信系统已具备了网络的雏形。

第二阶段：形成阶段。

20 世纪 60 年代中期至 20 世纪 70 年代的第二代计算机网络是以多个主机通过通信线路互联起来，为用户提供服务，兴起于 20 世纪 60 年代后期，典型代表是美国国防部高级研究计划局协助开发的 ARPANet。主机之间不是直接用线路相连，而是由接口报文处理机（IMP）转接后互联的。IMP 和它们之间互联的通信线路一起负责主机间的通信任务，构成了通信子网。通信子网互联的主机负责运行程序，提供资源共享，组成了资源子网。这个时期，网络概念为“以能够相互共享资源为目的互联起来的具有独立功能的计算机之集合体”，形成了计算机网络的基本概念。

第三阶段：互联互通阶段。

20 世纪 70 年代末至 20 世纪 90 年代的第三代计算机网络是具有统一的网络体系结构并遵循国际标准的开放式和标准化的网络。ARPANet 兴起后，计算机网络发展迅猛，各大计算机公司相继推出自己的网络体系结构及实现这些结构的软硬件产品。由于没有统一的标准，不同厂商的产品之间互联很困难，人们迫切需要一种开放性的标准化实用网络环境，于是两种国际通用的最重要的体系结构应运而生，即 TCP/IP 体系结构和国际标准化组织的 OSI 体系结构。

第四阶段：高速网络技术阶段。

20 世纪 90 年代末至今的第四代计算机网络，由于局域网技术发展成熟，出现光纤及高速网络技术、多媒体网络、智能网络，整个网络就像一个对用户透明的大的计算机系统，发展为以 Internet 为代表的互联网。

从计算机网络应用来看，网络应用系统将向更深和更宽的方向发展。

首先，Internet 信息服务将会得到更大发展。网上信息浏览、信息交换、资源共享等技术将进一步提高速度、扩大容量及增强信息的安全性。

其次，远程会议、远程教学、远程医疗、远程购物等应用将逐步从实验室走出，不再只是幻想。网络多媒体技术的应用已成为网络发展的热点话题。

6.1.2　计算机网络的组成和分类

下面介绍网络组成的部分，尤其是其中的物理组成部分。

1. 计算机网络的组成

1）计算机网络的逻辑组成

从计算机网络各组成部件的功能来看，各部件主要完成两种功能，即网络通信和资源共享。

网络系统以通信子网为中心，通信子网将一台主计算机的信息传送给另一台主计算机，它主要包括交换机、路由器、网桥、中继器、集线器、网卡和缆线等设备及相关软件。

资源子网处于网络的外围，提供网络资源和网络服务，它主要包括主机及其外设、服务器、工作站、网络打印机和其他外设及其相关软件。接入网络的普通计算机属于资源子网的一部分，它通过高速通信线路与通信子网的通信控制处理机相连。

2）计算机网络的物理组成

计算机网络按物理结构可分为网络软件和网络硬件两部分。网络软件是支持网络运行、提高效益和开发网络资源的工具，而网络硬件对网络的性能起着决定性作用，它是网络运行

的实体。

（1）网络软件系统。

①网络操作系统软件：负责管理和调度计算机网络上的所有硬件和软件资源，使各个部分能够协调一致地工作。常用的网络操作系统有 Windows Server 2000/2003、UNIX、Linux 等。

②网络通信协议：在网络通信中，为了能够使通信中的两台或多台计算机之间成功地发送和接收信息，必须制定并遵守互相都能接受的一些规则，这些规则的集合称为通信协议。常用的网络通信协议有 TCP/IP、SPX/IPX、NetBEUI 协议等。

③网络工具软件：用来扩充网络操作系统功能的软件，如网络浏览器、网络下载软件、网络数据库管理系统等。

④网络应用软件：基于计算机网络应用而开发出来的用户软件，如民航售票系统、远程物流管理软件、订单管理软件、酒店管理软件等。

（2）网络硬件系统。

①网络服务器：负责对计算机网络进行管理和提供各种服务，有域服务器、数据库服务器、Web 服务器、邮件服务器、FTP 服务器、打印服务器等。

②网络工作站：一般采用微机，用户通过工作站连接计算机网络，使用网络中的资源。

③网络适配器：又称网卡，负责计算机主机与传输介质之间的连接、数据的发送与接收、介质访问控制方法的实现等。

④网络传输介质：负责将各个独立的计算机系统连接在一起，并为它们提供数据通道，主要分为有线和无线传输介质两大类。

⑤网络互联设备：有 5 种常见的网络互联设备。

a. 中继器：是连接网络线路的一种装置，常用于两个网络结点之间物理信号的双向转发工作。其主要功能是通过对数据信号的重新发送或者转发，来扩大网络传输的距离。

b. 集线器：与网卡、网线等传输介质一样，属于局域网中的基础设备。集线器是一种不需任何软件支持或只需很少管理软件管理的硬件设备，被广泛应用到各种场合。

c. 交换机：是一种在通信系统中完成信息交换功能的设备，如图 6.1 所示。其主要功能包括物理编址、网络拓扑结构、错误校验、帧序列以及流控。目前的交换机还具备一些新功能，如对虚拟局域网的支持、对链路汇聚的支持，甚至有的还具有防火墙的功能。

图 6.1　交换机

d. 网桥：用于实现相似的局域网之间的连接，并对网络数据的流通进行管理。网桥不但能扩展网络的距离或范围，而且可提高网络的性能、可靠性和安全性。网桥可以将网络划分成多个网段，隔离出安全网段，防止其他网段内的用户非法访问。由于网络分段，各网段相对独立，一个网段的故障不会影响另一个网段的运行。

e. 路由器：是互联网的主要结点设备，用于实现局域网与广域网互联，如图 6.2 所示。路由器通过检测数据的目的地址，从而决定数据的转发。路由器使用专门的软件协议从逻辑上对整个网络进行划分。例如，一台支持 IP 协议的路由器可以把网络划分成多个子网段，只有指向特殊 IP 地址的网络流量才可以通过路由器。因此，使用路由器转发和过滤数据的速度要比只查看数据包物理地址的交换机慢。但是，对于结构复杂的网络，使用路由器可以提高网络的整体效率。一般说来，异种网络互联与多个子网互联都采用路由器来完成。

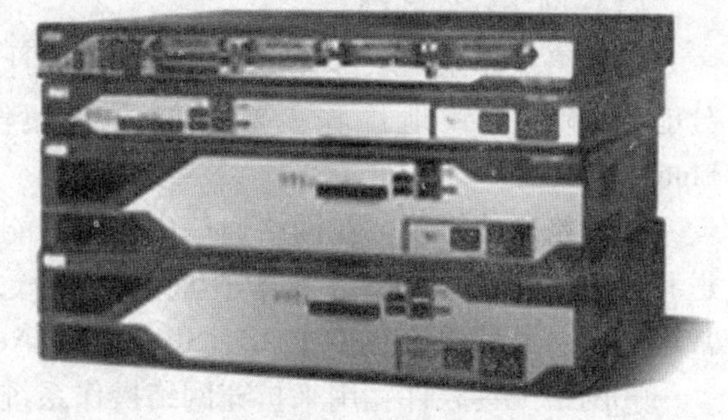
图 6.2　路由器

2. 计算机网络的分类

计算机网络有多种分类方法，根据不同的分类原则可以定义不同类型的计算机网络。

1）按网络的地理位置分类

（1）局域网（Local Area Network，LAN）。

通常常见的 LAN 就是指局域网，这是最常见、应用最广的一种网络。现在局域网随着整个计算机网络技术的发展和提高得到了充分的应用和普及，几乎每个单位都有自己的局域网，甚至有的家庭中都有自己的小型局域网。很明显，所谓局域网，就是在局部地区范围内的网络，它所覆盖的地区范围较小。局域网在计算机数量配置上没有太多限制，少的可以只有两台，多的可达几百台。一般来说在企业局域网中，工作站的数量在几十到 200 台次。在网络所涉及的地理距离上一般来说可以是几米至 10km 以内。局域网一般位于一个建筑物或一个单位内，不存在寻径问题，不包括网络层的应用。

这种网络的特点是：连接范围窄、用户数少、配置容易、连接速率高。目前速率最高的局域网是 10 Gbit/s 以太网了。IEEE 的 802 标准委员会定义了多种主要的 LAN 网：以太网（Ethernet）、权标环（Token Ring，又称令牌环）网、光纤分布式接口网络（FDDI）、异步传输模式网（ATM）以及最新的无线局域网（WLAN）。

（2）城域网（Metropolitan Area Network，MAN）。

这种网络一般来说是在一个城市，但不在同一地理小区范围内的计算机互联。这种网络的连接距离可以为 10 ~ 100 km，它采用的是 IEEE 802.6 标准。MAN 与 LAN 相比，扩展的距离更长，连接的计算机数量更多，在地理范围上可以说是 LAN 网络的延伸。在一个大型城市或都市地区，一个 MAN 网络通常连接着多个 LAN 网，如连接政府机构的 LAN、医院的 LAN、电信的 LAN、公司企业的 LAN 等。光纤连接的引入使 MAN 中高速的 LAN 互联成为可能。

城域网多采用 ATM 技术作骨干网。ATM 是一个用于数据、语音、视频以及多媒体应用程序的高速网络传输方法。ATM 包括一个接口和一个协议，该协议能够在一个常规的传输信道上，在比特率不变及变化的通信量之间进行切换。ATM 也包括硬件、软件以及与 ATM 协议标准一致的介质。ATM 提供一个可伸缩的主干基础设施，以便能够适应不同规模、速

度以及寻址技术的网络。ATM 的最大缺点就是成本太高，所以一般在政府城域网中应用，如邮政、银行、医院等。

(3) 广域网（Wide Area Network，WAN）。

这种网络也称为远程网，其所覆盖的范围比城域网（MAN）更广，它一般是在不同城市之间的 LAN 或者 MAN 网络互联，地理范围可从几百千米到几千千米。因为距离较远，信息衰减比较严重，所以这种网络一般要租用专线，通过 IMP（接口信息处理）协议和线路连接起来，构成网状结构，解决循径问题。这种城域网因为所连接的用户多，总出口带宽有限，所以用户的终端连接速率一般较低，通常为 9.6 Kb/s ~ 45 Mb/s，如邮电部的 CHINANET、CHINAPAC 和 CHINADDN 网。

2) 按传输介质分类

(1) 有线网：采用同轴电缆和双绞线来连接的计算机网络。

(2) 光纤网：光纤网也是有线网的一种，它采用光导纤维作为传输介质。光纤传输距离长，传输率高，可达数千 Mb/s，抗干扰性强，不会受到电子监听设备的影响，是高安全性网络的理想选择。

(3) 无线网：采用空气作为传输介质，用电磁波作为载体来传输数据。目前无线互联网费用较高，但由于连网方式灵活方便，是一种很有前途的连网方式。

3) 按通信方式分类

(1) 点对点传输网络：数据以点到点的方式在计算机或通信设备中传输。星状网、环状网采用这种传输方式。

(2) 广播式传输网络：数据在共用介质中传输。无线网和总线状网络属于这种类型。

6.1.3　网络拓扑结构

网络拓扑结构是指构成网络的节点（如工作站）和连接各节点的链路（如传输线路）组成图形的共同特征。网络拓扑结构主要有总线型拓扑结构、环型拓扑结构、星型拓扑结构、树型拓扑结构、网状拓扑结构。

1. 总线型拓扑结构

总线型拓扑结构通过一根传输线路将网络中的所有结点连接起来，这根线路称为总线，如图 6.3 所示。网络中各结点都通过总线进行通信，在同一时刻只能允许一对结点占用总线通信。总线型拓扑结构简单、易实现、易维护、易扩充，但故障检测比较困难。

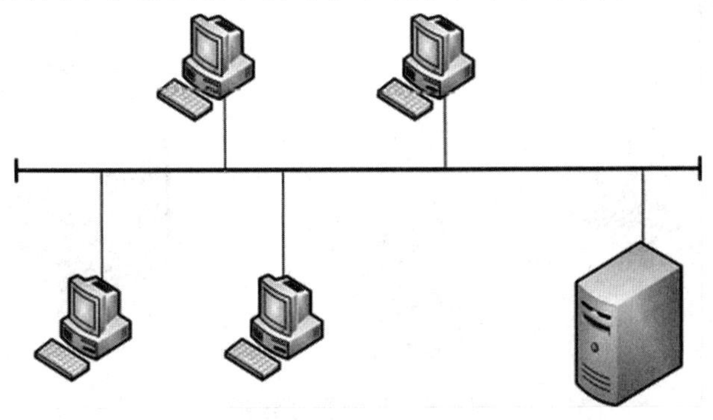

图 6.3　总线型拓扑结构

2. 环型拓扑结构

环型拓扑结构的结点首尾相连形成一个闭合的环，环中的数据沿着一个方向绕环逐站传输。环型拓扑的抗故障性能较差，网络中的任意一个结点或一条传输介质出现故障都将导致整个网络的故障，如图 6.4 所示。

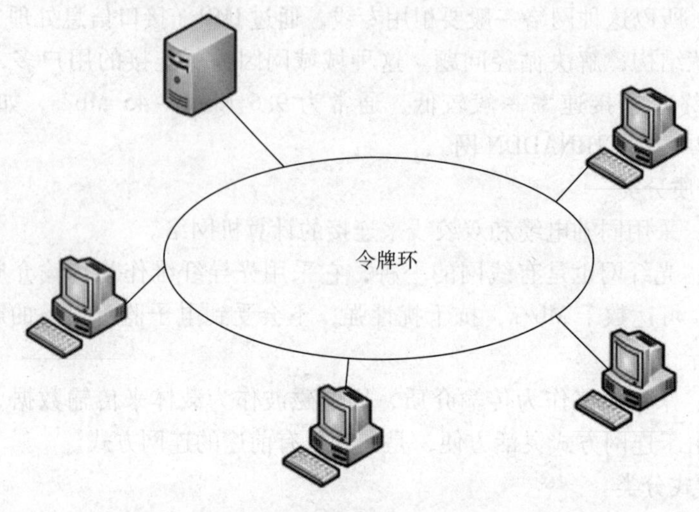

图 6.4　环型拓扑结构

3. 星型拓扑结构

星型拓扑结构的各结点都与中心结构连接，呈辐射状排列在中心结点周围，如图 6.5 所示。网络中任意两个结点的通信都要通过中心结点转接。单个结点的故障不会影响网络中的其他部分，但中心结点的故障会导致整个网络的瘫痪。

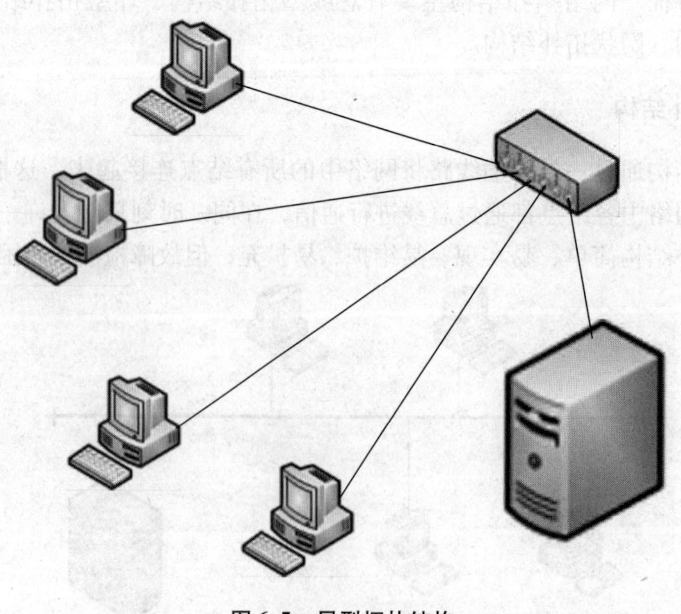

图 6.5　星型拓扑结构

4. 树型拓扑结构

树型拓扑结构由总线型拓扑结构演变而来，其结构图看上去像一棵倒挂的树，如图 6.6 所示。树最上端的结点叫根结点，一个结点发送信息时，根结点接收该信息并向全树广播。树型拓扑结构易于扩展与故障隔离，但对根结点的依赖性较大。

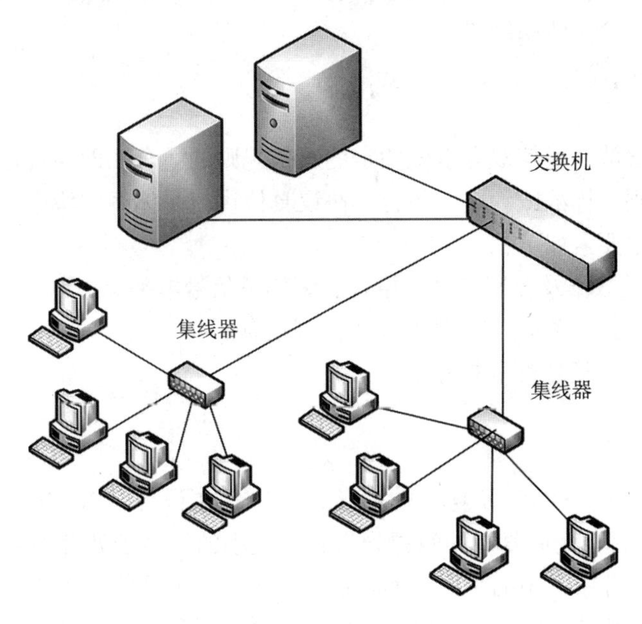

图 6.6 树型拓扑结构

5. 网状拓扑结构

网状拓扑结构又称无规则型拓扑结构。在网状拓扑结构中，结点之间的连接是任意的，没有规律，如图 6.7 所示。网状拓扑结构的主要优点是系统可靠性高，但是其结构复杂。目前实际存在和使用的广域网基本上都采用网状拓扑结构。

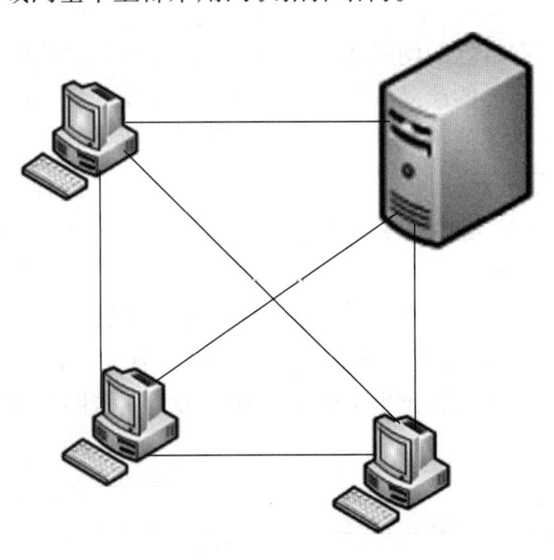

图 6.7 网状拓扑结构

6.1.4 计算机网络的体系结构

对于通过通信信道和设备互联起来的多个不同地理位置的计算机系统，要使其能协同工作以实现信息交换和资源共享，它们之间必须高度协调工作，而这种“协调”是相当复杂的。当体系结构出现后，各种设备都能够很容易地互联成网。这里有两个重要的知识模块，一个是网络协议，一个是体系结构。

1. 网络协议

计算机网络协议就是通信双方事先约定的通信规则的集合，即为进行计算机网络中的数据交换而建立的规则、标准或约定的集合。协议具体讲就是体系结构中具体的工作守则。

网络协议的 3 个要素如下：

（1）语法：涉及数据及控制信息的格式、编码及信号电平等。

（2）语义：涉及用于协调与差错处理的控制信息。

（3）时序：涉及速度匹配和排序等。

2. 体系结构

计算机网络系统是一个十分复杂的系统，所以，在设计 ARPANet 时，人们就提出了“分层”的思想，即将庞大而复杂的问题分为若干较小的、易于处理的局部问题。这种结构化设计方法是工程设计中常用的手段，而分层是系统分解的最好方法之一，网络的体系结构就采用了此方法。网络体系结构是计算机之间相互通信的层次，以及各层中的协议和层次之间接口的集合。

层次结构的划分，一般遵循以下原则：

（1）每层的功能应是明确的，并且是相互独立的。当某一层的具体实现方法更新时，只要保持上、下层的接口不变，便不会对邻层产生影响。

（2）层间接口必须清晰，跨接口的信息量应尽可能少。

（3）层数适中。

一开始，各个公司都有自己的网络体系结构，这使各公司自己生产的各种设备容易互联成网，有助于该公司垄断自己的产品。但是，随着社会的发展，不同网络体系结构的用户迫切要求能互相交换信息。为了使不同体系结构的计算机网络都能互联，国际标准化组织 ISO 于 1977 年成立专门机构研究这个问题。1978 年 ISO 提出了“异种机连网标准”框架结构，这就是著名的开放系统互联基本参考模型 OSI/RM（Open Systems Interconnection Reference Modle），简称 OSI。

OSI 得到了国际上的承认，成为其他各种计算机网络体系结构依照的标准，大大地推动了计算机网络的发展。20 世纪 70 年代末到 20 世纪 80 年代初，出现了利用人造通信卫星进行中继的国际通信网络。网络互联技术不断成熟和完善，局域网和网络互联开始商品化。

3. OSI 模型

OSI 模型详细规定了网络需要实现的功能、实现这些功能的方法以及通信报文包的格式。下面通过 OSI 对网络要实现的所有功能的描述来了解这个模型。

OSI 模型把网络功能分成七大类，并从顶到底按照图 6.8 所示的层次排列起来。这种倒金字塔型的结构正好描述了数据发送前，在发送主机中被加工的过程。待发送的数据首先被应用层的程序加工，然后下放到下面一层继续加工。最后，数据被装配成数据帧，发送到网线上。

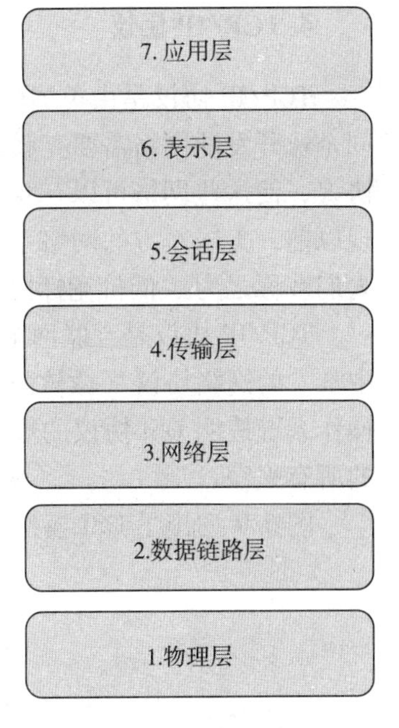

图 6.8　OSI 模型

OSI 的 7 层协议是自下向上编号的，比如第 4 层是传输层。当人们说"出错重发是传输层的功能"时，也可以说"出错重发是第四层的功能"。

当需要把一个数据文件发往另外一个主机之前，这个数据要经历这 7 层协议的每一层的加工。例如要把一封邮件发往服务器，当在 Outlook 软件中编辑完成，按发送键后，Outlook 软件就会把邮件交给第 7 层中根据 POP3 或 SMTP 协议编写的程序。POP3 或 SMTP 程序按自己的协议整理数据格式，然后发给下面层的某个程序。每个层的程序（除了物理层，它是硬件电路和网线，不再加工数据）也都会对数据格式作一些加工，还会用报头的形式增加一些信息。例如传输层的 TCP 程序会把目标端口地址加到 TCP 报头中；网络层的 IP 程序会把目标 IP 地址加到 IP 报头中；链路层的 802.3 程序会把目标 MAC 地址装配到帧报头中。经过加工后的数据以帧的形式交给物理层，物理层的电路再以位流的形式发送数据到网络中。

接收方主机的过程是相反的。物理层接收到数据后，以相反的顺序遍历 OSI 的所有层，使接收方收到这个电子邮件。

需要了解到，数据在发送主机沿第 7 层向下传输时，每一层都会给它加上自己的报头。在接收方主机，每一层都会阅读对应的报头，拆除自己层的报头把数据传送给上一层。

下面用表的形式概述 OSI 在 7 层中规定的网络功能，见表 6.1。

表 6.1　OSI 每一层的功能

层级	功能规定
第 7 层应用层	提供与用户应用程序的接口 port；为每一种应用的通信在报文上添加必要的信息
第 6 层表示层	定义数据的表示方法，使数据以可以理解的格式发送和读取
第 5 层会话层	提供网络会话的顺序控制；解释用户和机器名称也在这层完成
第 4 层传输层	提供端口地址寻址（tcp）；建立、维护、拆除连接；流量控制；出错重发；数据分段
第 3 层网络层	提供 IP 地址寻址；支持网间互联的所有功能
第 2 层数据链路层	提供链路层地址（如 MAC 地址）寻址；介质访问控制（如以太网的总线争用技术）；差错检测；控制数据的发送与接收
第 1 层物理层	提供建立计算机和网络之间通信所必需的硬件电路和传输介质

4. TCP/IP 协议

TCP/IP 协议是由美国国防部高级研究工程局（DAPRA）开发的。美国军方委托的、不同企业开发的网络需要互联，可是各个网络的协议都不相同。为此，需要开发一套标准化的协议，使这些网络可以互联。同时，要求以后的承包商竞标时遵循这一协议。在 TCP/IP 出现以前，美国军方的网络系统的差异混乱是由其竞标体系造成的，所以 TCP/IP 出现以后，人们戏称之为“低价竞标协议”。

TCP/IP 协议是互联网中使用的协议，现在几乎成了 Windows、UNIX、Linux 等操作系统中唯一的网络协议（微软公司似乎也放弃它自己的 NetBEUI 协议了）。也就是说，没有一个操作系统按照 OSI 协议的规定编写自己的网络系统软件，而都编写了 TCP/IP 协议要求编写的所有程序。

图 6.9 列出了 OSI 模型和 TCP/IP 模型各层的英文名字。了解这些层的英文名是重要的。

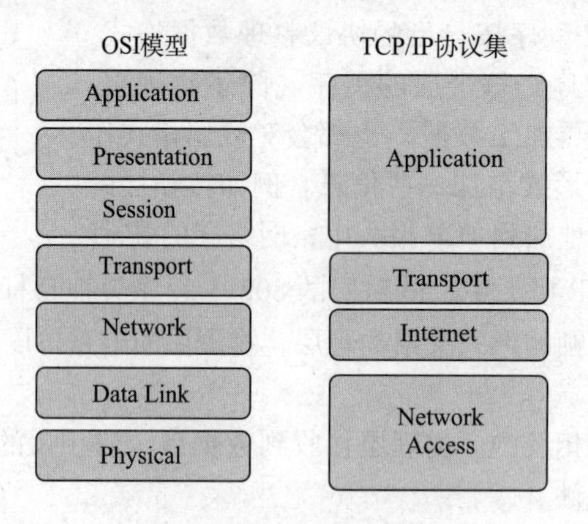

图 6.9　TCP/IP 协议集

TCP/IP 协议是一个协议集，它由十几个协议组成。从名字上已经可以看到其中的两个协议：TCP 协议和 IP 协议。

图 6.10 所示是 TCP/IP 协议集中各个协议之间的关系。

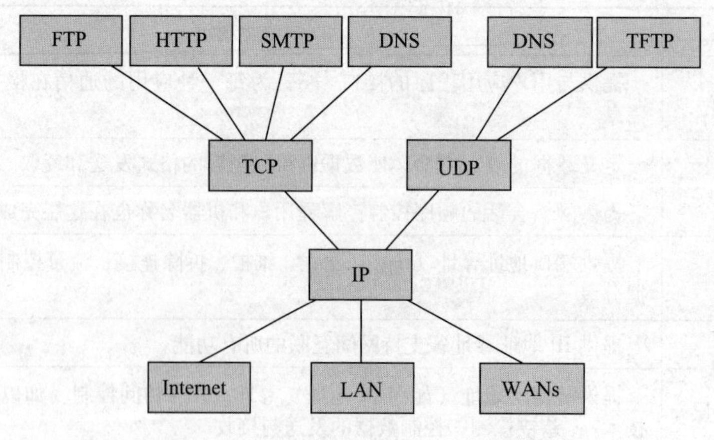

图 6.10　TCP/IP 协议集中的各个协议

TCP/IP 协议集给出了实现网络通信第三层以上的几乎所有协议，非常完整。如今，微

软、HP、IBM、中软等几乎所有操作系统开发商都在自己的网络操作系统部分中实现TCP/IP，编写TCP/IP要求编写的每一个程序。

主要的TCP/IP协议有：

（1）应用层：FTP、TFTP、Http、SMTP、POP3、SNMP、DNS、Telnet。

（2）传输层：TCP、UDP。

（3）网络层：IP、ARP（地址解析协议）、RARP（逆向地址解析协议）、（DHCP动态IP地址分配）、ICMP（Internet Control Message Protocol）、RIP、IGRP、OSPF（属于路由协议）。

POP3、DHCP、IGRP、OSPF虽然不是TCP/IP协议集的成员，但都是非常知名的网络协议。仍然把它们放到TCP/IP协议的层次中，以便更清晰地了解网络协议的全貌。

TCP/IP的主要应用层程序有：FTP、TFTP、SMTP、POP3、Telnet、DNS、SNMP、NFS。这些协议的功能其实从其名称上就可以看出。

（1）FTP：文件传输协议，用于主机之间的文件交换。FTP使用TCP协议进行数据传输，是一个可靠的、面向连接的文件传输协议。FTP支持二进制文件和ASCII文件。

（2）TFTP：简单文件传输协议。它比FTP简易，是一个非面向连接的协议，使用UDP进行传输，因此传送速度更快。该协议多用在局域网中，交换机和路由器这样的网络设备用它把自己的配置文件传输到主机上。

（3）SMTP：简单邮件传输协议。

（4）POP3：这也是个邮件传输协议，本不属于TCP/IP协议。POP3比SMTP更科学，微软等公司在编写操作系统的网络部分时，也在应用层编写了相应的程序。

（5）Telnet：远程终端仿真协议。它可以使一台主机远程登录到其他机器，成为那台远程主机的显示和键盘终端。由于交换机和路由器等网络设备都没有自己的显示器和键盘，为了对它们进行配置，就需要使用Telnet。

（6）DNS：域名解析协议。根据域名，解析出对应的IP地址。

（7）SNMP：简单网络管理协议。网管工作站搜集、了解网络中交换机、路由器等设备的工作状态所使用的协议。

（8）NFS：网络文件系统协议。它允许网络上的其他主机共享某机器目录的协议。

5. IEEE 802标准

TCP/IP没有对OSI模型最下面两层的实现。TCP/IP协议主要是在网络操作系统中实现的。主机中应用层、传输层和网络层的任务由TCP/IP程序来完成，而主机OSI模型最下面两层（数据链路层和物理层）的功能则由网卡制造厂商的程序和硬件电路来完成。

网络设备厂商在制造网卡、交换机、路由器时，其数据链路层和物理层的功能依照IEEE制订的802规范，也没有按照OSI的具体协议开发。

IEEE制定的802规范标准规定了数据链路层和物理层的功能如下：

（1）物理地址寻址：发送方需要对数据包安装帧报头，将物理地址封装在帧报头中。接收方能够根据物理地址识别是否发给自己的数据。

（2）介质访问控制：如何使用共享传输介质，避免介质使用冲突。知名的局域网介质访问控制技术有以太网技术、令牌网技术、FDDI技术等。

（3）数据帧校验：数据帧在传输过程中是否受到了损坏，丢弃损坏了的帧。

（4）数据的发送与接收：操作内存中的待发送数据向物理层电路中发送的过程。在接收方完成相反的操作。

IEEE 802 根据不同功能，有相应的协议规范，如标准以太网协议规范 802. 3、无线局域网 WLAN 协议规范 802. 11 等，统称为 IEEE 802x 标准。图 6. 11 所示为现在流行的 802 标准的模型。

如图 6. 11 所示，802 标准把数据链路层又划分为两个子层：逻辑链路控制（Logical Link Control，LLC）子层和介质访问控制（Media Access Control，MAC）子层。LLC 子层的任务是提供网络层程序与链路层程序的接口，使链路层主体 MAC 层的程序设计独立于网络层的某个具体协议程序。这样的设计是必要的。例如新的网络层协议出现时，只需要为这个新的网络层协议程序写出对应的 LLC 层接口程序，就可以使用已有的链路层程序，而不需要全部推翻过去的链路层程序。

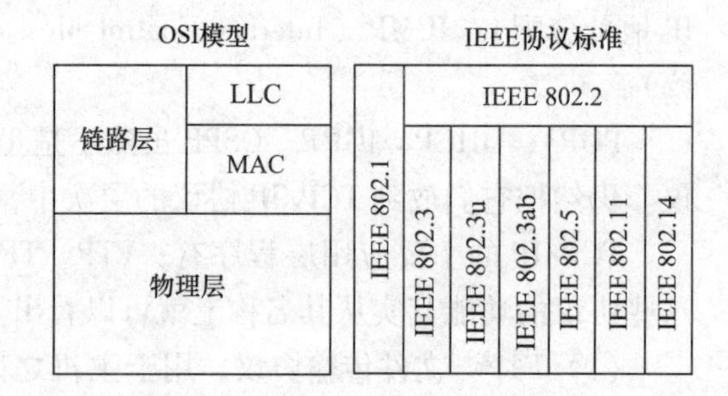

图 6. 11　IEEE 802 协议的模型

MAC 层完成所有 OSI 对数据链路层要求完成的功能：物理地址寻址、介质访问控制、数据帧校验、数据发送与接收的控制。

IEEE 遵循 OSI 模型，也把数据链路层分为两层，设计出 IEEE 802. 2 协议与 OSI 的 LLC 层对应，并完成相同的功能。

可见，IEEE 802. 2 协议对应的程序是一个接口程序，提供了流行的网络层协议程序（IP、ARP、IPX、RIP 等）与数据链路层的接口，使网络层的设计成功地独立于数据链路层所涉及的网络拓扑结构、介质访问方式、物理寻址方式。

IEEE 802. 1 有许多子协议，其中有些已经过时，但是新的 IEEE 802. 1Q、IEEE 802. 1D 协议（1998 年）则是最流行的 VLAN 技术和 QoS 技术的设计标准规范。

IEEE 802x 的核心标准是十余个跨越 MAC 子层和物理层的设计规范，目前人们关注的是如下 9 个知名的规范：

（1）IEEE 802. 3：标准以太网标准规范，提供 10 兆位局域网的介质访问控制子层和物理层设计标准。

（2）IEEE 802. 3u：快速以太网标准规范，提供 100 兆位局域网的介质访问控制子层和物理层设计标准。

（3）IEEE 802. 3ab：吉位以太网标准规范，提供 1 000 兆位局域网的介质访问控制子层和物理层设计标准。

（4）IEEE 802. 5：权标环网标准规范，提供权标环介质访问方式下的介质访问控制子层和物理层设计标准。

（5）IEEE 802. 11：无线局域网标准规范，提供 2. 4 GB 微波波段 1 ~ 2 Mb/s 低速 WLAN 的介质访问控制子层和物理层设计标准。

（6）IEEE802. 11a：无线局域网标准规范，提供 5 GB 微波波段 54 Mb/s 高速 WLAN 的介质访问控制子层和物理层设计标准。

（7）IEEE 802. 11b：无线局域网标准规范，提供2. 4 GB微波波段11 Mb/s WLAN的介质访问控制子层和物理层设计标准。

（8）IEEE802. 11g：无线局域网标准规范，提供IEEE 802. 11a和IEEE 802. 11b的兼容标准。

（9）IEEE 802. 14：有线电视网标准规范，提供Cable Modem技术所涉及的介质访问控制子层和物理层设计标准。

在上述规范中，人们常忽略一些不常见的标准规范。尽管802. 5权标环网标准规范描述的是一个停滞了的技术，但它是以太网技术的一个对立面，因此仍然将它列出，以强调以太网介质访问控制技术的特点。

另外一个曾经红极一时的数据链路层协议标准FDDI不是由IEEE课题组开发的（从名称上能够看出它不是IEEE的成员），而是美国国家标准学会ANSI为双闭环光纤权标网开发的协议标准。

6. 2　Internet基础知识

Internet是当今世界上最大的连接计算机的计算机网络通信系统。它因为是全球信息资源的公共网而受到用户的广泛使用。该系统拥有成千上万个数据库，所提供的信息包括文字、数据、图像、声音等形式，信息类型有软件、图书、报纸、杂志、档案等。其门类涉及政治、经济、科学、教育、法律、军事、物理、体育、医学等社会生活的各个领域。Internet成为无数信息资源的总称，它是一个无级网络，不为某个人或某个组织所控制。人人都可参与Internet，人人都可以交换信息，共享网上资源。

6. 2. 1　Internet简介

1. Internet的概念

Internet是由Interconnect和Network两个词混合而成的。1995年10月24日，美国联邦网络委员会（FNC）一致通过了一项提案，将Internet定义如下：

Internet是一个全球性的信息系统，系统中的每台主机都有一个全球性唯一的主机地址，这个地址建立在IP协议或今后的其他协议的基础上。系统中主机与主机之间的通信遵守TCP/IP协议，或是其他与IP协议兼容的协议标准来交换信息。在以上描述的信息基础设施上，利用公共网或专用网的形式，向社会大众提供资源和服务。

2. Internet的发展

Internet是全世界最大的计算机网络，它起源于美国国防部高级研究计划局（ARPA）于1968年主持研制的计算机实验网ARPANet。ARPANet的设计与实现是基于这样一种主导思想：网络要能经得住故障的考验而维持正常工作，当网络的一部分因受到攻击而失去作用时，网络的其他部分仍能维持正常通信。

因特网影响着人类生产生活的方方面面，因特网在其高速发展的过程中，涌现出无数的优秀技术。但是，因特网还存在着很多问题未能解决，如安全、带宽、地址短缺、无法适应新应用的要求等，于是，人们不得不考虑改进现有的网络，采用新的地址方案、新的技术，以尽早过度到下一代因特网（Next Generation Internet，NGI）。

什么是NGI？简单地说，NGI就是地址空间更大、更安全、更快、更方便的因特网。NGI涉及多项技术，其中最核心的就是IPv6（IP version 6）协议，它在扩展网络的地址容量、安全性、移动性、服务质量（QoS）以及对流的支持方面都具有明显的优势。

目前，全球各国都在积极向IPv6网络迁移。专门负责制定网络标准、政策的Internet Society在2012年6月6日宣布，全球主要互联网服务提供商、网络设备厂商以及大型网站公司，于当日正式启动IPv6服务及产品。这意味着全球正式开展IPv6的部署，同时也促使广大的因特网用户逐渐适应新的变化。

3. IP地址

为了实现每台主机之间的正常通信，Internet上的每台主机和路由器都有一个IP地址。IP地址由美国Internet信息中心（InterNIC）管理。如果想加入Internet，就必须向InterNIC或当地的NIC（如CNNIC）申请一个IP地址。

目前的IP地址是由32位二进制数构成的，每个IP地址包含网络号和主机号。Internet上的任何两台主机不会有相同的IP地址。

在实际应用中，为了便于记忆和设置，采用4位0~255的数来表示IP地址，中间以“.”号分隔，如192.168.102.254是一个正确的IP地址，而192.168.256.1是一个错误的IP地址，因为256超过了255。

32位的IP地址由两个部分组成，如图6.12所示。

网络标识	主机标识

图6.12 IP地址的组成

（1）网络标识（Network ID）：标识主机连接到的网络的网络号。

（2）主机标识（Host ID）：标识某网络内某主机的主机号。

网络按规模大小主要可分为3类，在IP地址中，由网络ID的前几位进行标识，分别称为A类、B类、C类，见表6.2。另外，还有2类：D类地址为网络广播使用，E类地址保留为实验使用。

表6.2 IP地址的分类

类型	网络ID	第一字节	主机ID	最大网络数	最大主机数
A类	B1，且以0起始	1~127	B2 B3 B4	127	16 777 214
B类	B1 B2，且以10起始	128~191	B3 B4	162 56	65 534
C类	B1 B2 B3，且以110起始	192~223	B4	2 064 512	254

IP地址规定，全为0或全为1的地址另有专门用途，不分配给用户。

（1）A类地址：网络ID为1字节，其中第1位为“0”，可提供127个网络号；主机ID为3个字节，每个该类型的网络最多可有主机16 777 214台，用于大型网络。

（2）B类地址：网络ID为2字节，其中前2位为“10”，可提供16 256个网络号；主机ID为2个字节，每个该类型的网络最多可有主机65 534台，用于中型网络。

（3）C类地址：网络ID为3字节，其中前3位为“110”，可提供2 064 512个网络号；主机ID为1字节，每个该类型的网络最多可有主机254台，用于较小型网络。

所有的IP地址都由NIC负责统一分配，目前全世界共有3个这样的网络信息中心：①INTERNIC：负责美国及其他地区；②ENIC：负责欧洲地区；③APNIC：负责亚太地区。因此，我国申请IP地址要通过总部设在日本东京大学的APNIC。用户在申请时要考虑IP地址的类型，然后再通过国内的代理机构提出申请。

注意：局域网内的计算机不能算作“Internet”上的。局域网内的计算机可以由网络管理员指派IP地址。

4. 域名

域名是Internet上的一个服务器或一个网络系统的名字。在互联网上，没有重复的域名。域名的形式是以若干个英文字母或数字组成，由“.”分隔成几部分，如www. baidu. com就是一个域名。域名的定义工作由域名系统（Domain Name System，DNS）完成，它把形象化的域名翻译成对应的IP地址。域名的登记工作由经过授权的注册中心进行，国际域名的申请由InterNIC及其他由Internet国际特别委员会（IAHC）授权的机构进行，在国内的域名注册申请工作由中国互联网信息中心（CNNIC）负责进行。

从结构来划分，总体上可把域名分成两类，一类称为“国际顶级域名”（简称“国际域名”），一类称为“国内域名”。一般国际域名的最后一个后缀是一些“国际通用域”，这些不同的后缀分别代表了不同的机构性质，例如：ac表示科研机构，com表示商业机构，net表示网络服务机构，gov表示政府机构，edu表示教育机构，org表示各种非营利性的机构。

国内域名的后缀通常要包括“国际通用域”和“顶级域”两部分，而且要以“顶级域”作为最后一个后缀。以ISO 31660为规范，各个国家都有自己固定的顶级域。例如，cn代表中国，jp代表日本，us代表美国，uk代表英国。例如，www. aftvc. com就是一个国际顶级域名，而www. sina. com. cn就是一个中国国内域名。

6.3 【案例1】访问网站浏览页面

案例分析

本案例主要完成的工作是，使用Internet Explorer访问“http：//www. whvtc. net”相关网站，浏览该网站中的“学院简介”页面，并将此页面以文本文件保存下来。

案例目标

（1）认识IE浏览器。
（2）掌握使用IE浏览器访问网站的方法。
（3）掌握浏览网页的方法。
（4）掌握网页内容的保存方法。

实施过程

（1）启动Internet Explorer，在地址栏输入网络地址“http://www. whvtc. net”，如

图 6. 13所示。

图 6. 13　在 IE 地址栏中输入网址

（2）单击“学院概况”链接项，显示子链接项，在子链接项中单击“学院简介”链接，如图 6. 14 所示。

图 6. 14　单击“学院简介”链接

(3) 打开“学院简介”页面，单击“文件”菜单，在下拉菜单中选择“另存为”命令，在打开的“另存为”对话框中，选择保存路径、填写文件名，在保存类型中选择文本文件（ *. txt)，即可完成页面的保存，如图 6. 15 所示。

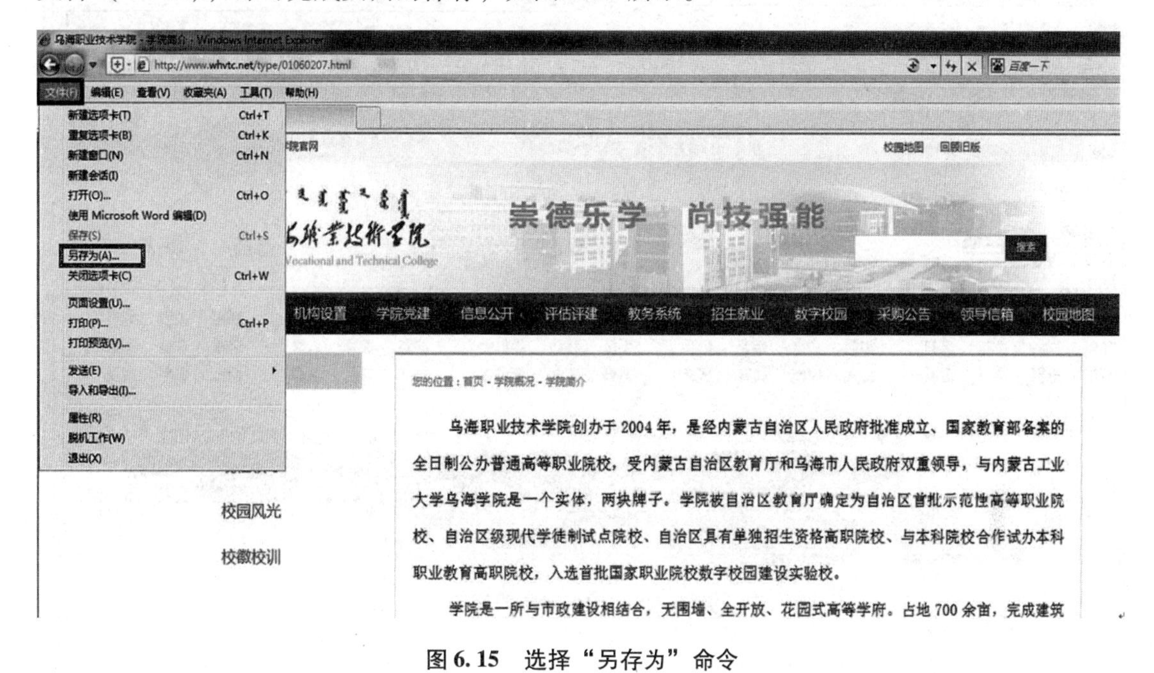

图 6. 15　选择“另存为”命令

知识链接

网络能够把各种各样的信息有机地结合起来，方便用户阅读和查找。简单地说，浏览 WWW 就是浏览存放在 WWW 服务器上的超文本文件——网页（Web 页)。它们一般由超文本标记语言（HTML）编写而成，并在超文本传输协议（HTTP）的支持下运行。一个网站通常包含许多网页，其中网站的第一个网页称为首页（或称为主页)，它主要体现该网站的特点和服务项目，起到目录的作用。WWW 中的每一个网页都对应唯一的地址，由 URL 来表示。

统一资源定位器（Uniform Resource Locater，URL）就是把 Internet 网络中的每一个资源文件统一命名的机制，又称为网页的地址（或网址)，用来描述 Web 页的地址和访问它时所用的协议。URL 包括所使用的传输协议、服务器名称和完整的文件路径名。例如在浏览器中输入“http：//www. whvtc. net/type/01060207. html”，浏览器就会知道使用了 HTTP 协议，从域名 whvtc. net 的 WWW 服务器中寻找“typc”目录下的“01060207. html”超文本文件。

1. 认识浏览器 IE

浏览器用于实现包括 WWW 浏览功能在内的多种网络功能的应用软件，浏览器是安装在用户计算机上的 WWW 客户端软件。目前使用比较广泛的浏览器有 Microsoft Internet Explorer（IE)、Mozilla Firefox（火狐)、Netscape Navigator（航海家）等。

Internet Explorer 窗口的组成

IE/O 浏览器界面如图 6. 16 所示。

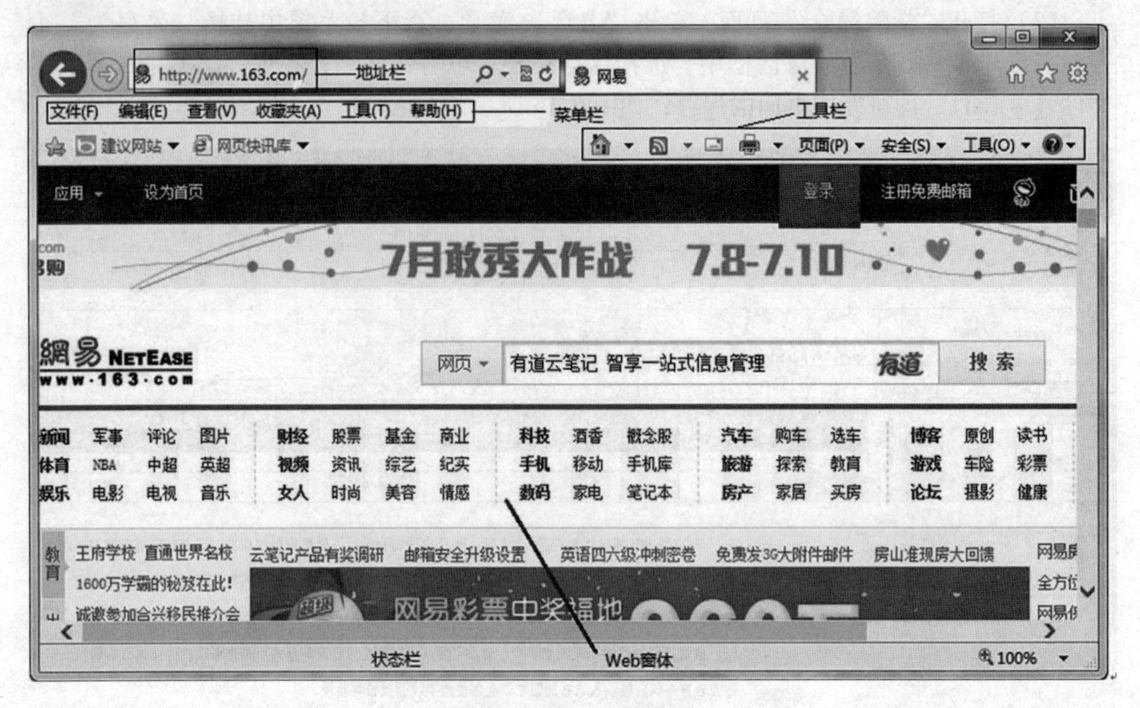

图 6.16 IE10 浏览器界面

(1) 菜单栏：在菜单栏中，包含“文件”“编辑”“查看”“收藏”“工具”和“帮助”共6个菜单，其中下拉菜单包含 IE 所有的操作命令。

(2) 工具栏：在工具栏中，包含若干常用命令按钮，可快速执行常用 IE 操作命令。

(3) 地址栏：地址栏用于显示当前页面的 URL 地址和输入要浏览的网站的 URL 地址。大多数网址以“http：//”开头，它是默认的传输协议，输入网址时可以省略。例如，“网易”主页的 URL 地址是“http：//www. 163. com”，只要在地址栏中输入“www. 163. com”，然后按 Enter 键或者单击地址栏右边的“转到”按钮即可打开网页。

(4) Web 窗格：Web 窗格是 IE 窗口的浏览区，用于显示网页的内容。

(5) 状态栏：状态栏中显示辅助信息，包括网络连接和网络下载的进度，链接指向的 Web 地址等内容。

2. 浏览器 IE 的设置

一般情况下，用户在建立“连接”以后，基本上不需要什么配置就可以上网浏览了。但是浏览器的默认配置并非对每一个用户都适用。例如，某个用户在 Internet 的连接速度比较慢，当浏览网页时，并不想每次都下载那些体积庞大的图像和动画，这时就需要对浏览器进行一些手工配置，让它更好地工作。

1) 设置主页

主页是访问 WWW 站点的起始页，也是 WWW 用户可以看见的第一信息界面。连接到主页后，除了可以直接在主页了解主页制作者的一般信息外，单击主页的超链接，还可以进入另外一个页面，进一步地获取更多信息。Internet Explorer 浏览器默认的主页是微软公司的页面，用户可以把自己访问最频繁的一个站点设置为主页。这样，每次启动 Internet Explorer

时，该站点就会第一个显示出来，或者在单击工具栏中的“主页”按钮时立即显示。

更改主页的操作步骤如下：

(1) 选择“工具”→“Internet 选项”命令，弹出“Internet 选项”对话框，如图 6.17 所示。或者直接在桌面上用鼠标右键单击 IE 浏览器图标，在弹出的快捷菜单中选择“属性”命令。

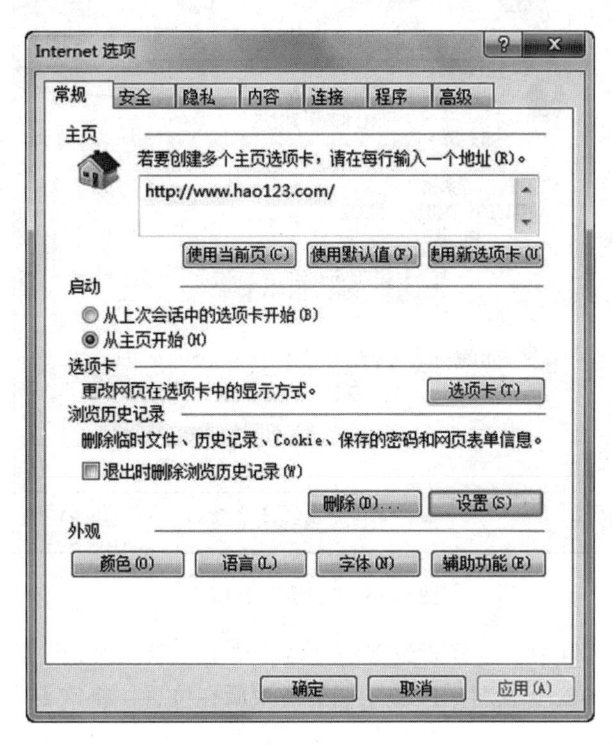

图 6.17　“Internet 选项”对话框

(2) 在“Internet 属性”对话框的“常规”选项卡中，在“主页”区域的地址文本框中输入希望更改的主页网址，如“http://www.baidu.com”，然后单击“确定”按钮。这样，以后每次打开浏览器，第一个看到的页面即“百度”的首页。

(3) 在“常规”选项卡的“主页”框架中有 3 个按钮：

①“使用当前页”：表示使用当前正在浏览的网页作为主页。

②“使用默认页”：表示使用浏览器默认设置的微软公司的网页作为主页。

③“使用空白页”：表示不使用任何网页作为主页。

2) 安全性设置

现在的网页不只是静态的文本和图像，页面中还包含一些 Java 小程序、Active X 控件及其他动态地和用户交流信息的组件。如果这些组件以可执行代码的形式存在，则可以在用户的计算机上执行，它们使整个 Web 变得生动活泼。但是这些组件既然可以在用户的计算机上执行，也就会产生潜在的危险性。如果这些代码是精心编写的网络病毒，那么危险就会发生。通过对 Internet Explorer 浏览器进行安全性设置，基本可以解决这个问题。用户可以按照如下步骤操作：

(1) 选择“工具”→“Internet 选项”命令，弹出“Internet 属性”对话框，然后选择“安全”选项卡，如图 6.18 所示。

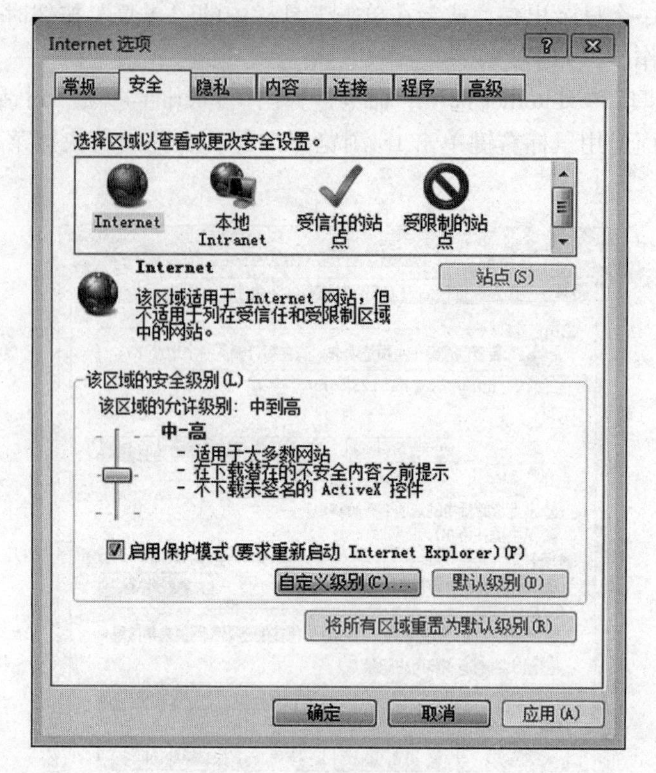

图 6.18 “安全”选项卡

（2）在 4 个不同区域中，选择要设置的区域。单击“默认级别”按钮会弹出滑块。

（3）在“该区域的安全级别”区域中调节滑块所在位置，将该 Internet 区域的安全级别设为高/中/低。

3. 页面浏览

1）浏览页面

漫游 Internet 的主要应用是浏览页面。

（1）输入 Web 地址。

将光标插入点移到地址栏内，输入相应的 Web 地址即可。输入完 Web 地址后，按回车键或者单击地址栏右侧的“→”按钮，就可以转到相应的网站页面了。

（2）页面浏览。

①浏览上一页。

在刚打开浏览器时，“后退”和“前进”按钮都是灰色不可用状态。单击某个超链接打开一个新的网页时，“后退”按钮就会变成黑色可用状态。随着浏览时间的增加，用户浏览的网页也逐渐增多，当需要查看刚才浏览的网页，单击“后退”按钮，可返回上一网页继续浏览。

②浏览下一页。

单击“后退”按钮后，可以发现“前进”按钮也由灰变黑，继续单击“后退”按钮，就依次回到在此之前浏览过的网页，直到“后退”按钮又变灰了，表明已经无法再后退了。此时如果单击“前进”按钮，就又会沿着原来浏览的顺序依次显示下一网页。

（3）刷新某个网页。

如果长时间在网上浏览，较早浏览的网页可能已经被更新，特别是一些提供实时信息的网页，比如浏览的是一个有关股市行情的网页，可能这个网页的内容已经更新，为了得到最新的网页信息，可通过单击“刷新”按钮来实现网页的更新。

2）使用链接栏

如果用户需要经常访问某几个特定的站点，最好定制和使用自己的链接栏。这样当每次想要访问这几个特定的站点时，只需在链接栏上单击这个链接，就会像在浏览区单击超链接的结果一样，打开该链接所指向的网页，而无须每次都重复地在地址栏中输入地址信息。把当前浏览的网页添加到链接栏，只需将鼠标指针移动到浏览器窗口的地址栏，把鼠标指针指向网页地址前的图标，然后拖动鼠标到链接栏后添加链接即可完成。

3）使用收藏夹

可以将喜爱的网页添加到收藏夹中保存，以后就可以通过收藏夹快速访问自己喜欢的 Web 页或站点（功能类似链接栏）。下面介绍将 Web 页添加到收藏夹的方法：

（1）转到要添加到收藏夹列表的 Web 页。

（2）选择“收藏”→“添加到收藏夹”命令，如图 6.19 所示。

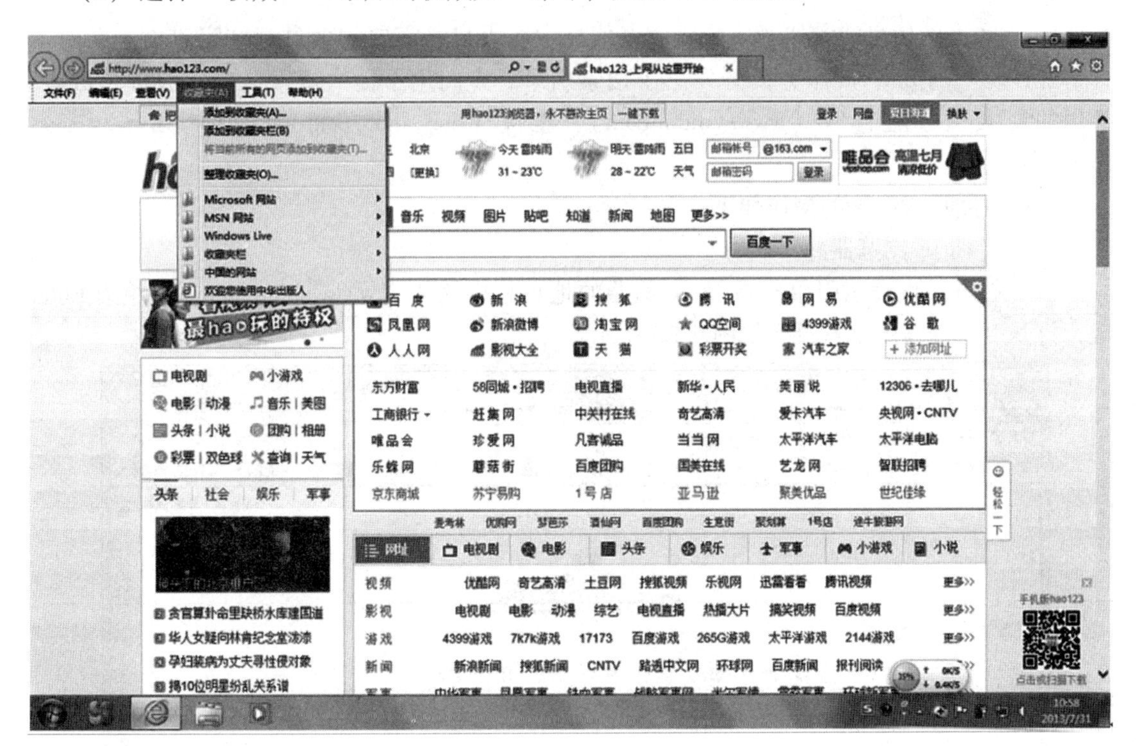

图 6.19 添加到收藏夹

（3）在弹出的“添加到收藏夹”对话框的“名称”文本框中输入该页的新名称，然后单击“确定”按钮。

4）保存网页

在上网时经常会被一些网页的内容所吸引，但由于其内容较多，如果在线浏览会很费时间和金钱，所以可以将该网页存到硬盘中以便离线浏览。

选择“文件”→“另存为”命令，弹出“保存网页”对话框。选择保存网页的路径并输入网页名称后，在“保存类型”下拉列表中选择保存网页的类型，单击“保存”按钮，完成当前网页的保存。

网页的保存类型通常有如下4种：

(1) Web页（全部），保存文件类型为“*.htm”和“*.html”。按这种方式保存后会在保存的目录下生成一个HTML文件和一个文件夹，其中包含网页的全部信息。

(2) Web档案（单一文件），保存文件类型为“*.mht”。按这种方式保存后只会存在单一文件，该文件包含网页的全部信息。它比前一种保存方式更易管理。

(3) Web页（仅HTML文档），保存文件类型为“*.htm”和“*.html”。按这种方式保存的效果与第一种方式差不多，唯一不同的是它不包含网页中的图片信息，只有文字信息。

(4) 文本文件，保存文件类型为“*.txt”。按这种方式保存后会生成一个单一的文本文件，不仅不包含网页中的图片信息，同时网页中文字的特殊效果也不存在。

4. 使用搜索引擎

Internet上的信息浩瀚如海，要从众多信息中找出自己需要的信息有一定难度。针对这种情况，聪明的Internet服务商开发出了搜索引擎，专门用于提供搜索信息的服务。目前，常用的搜索引擎有百度（www.baidu.com）、雅虎（cn.yahoo.com）、搜狗（www.sogou.com）等。

使用百度搜索引擎的操作如下：

(1) 启动IE浏览器。

(2) 打开百度搜索引擎。在IE浏览器的地址栏中输入“www.baidu.com”，并按Enter键，打开百度搜索引擎首页，如图6.20所示。

图6.20 百度搜索引擎首页

（3）输入关键字。在页面的输入框中输入要查找的关键字，如“计算机基础”，单击右边的“百度一下”按钮，就可以得到搜索引擎搜索到的有关“计算机基础”的全部网页，如图 6.21 所示。单击其中某个网页的超链接，即可浏览相应网页内容。

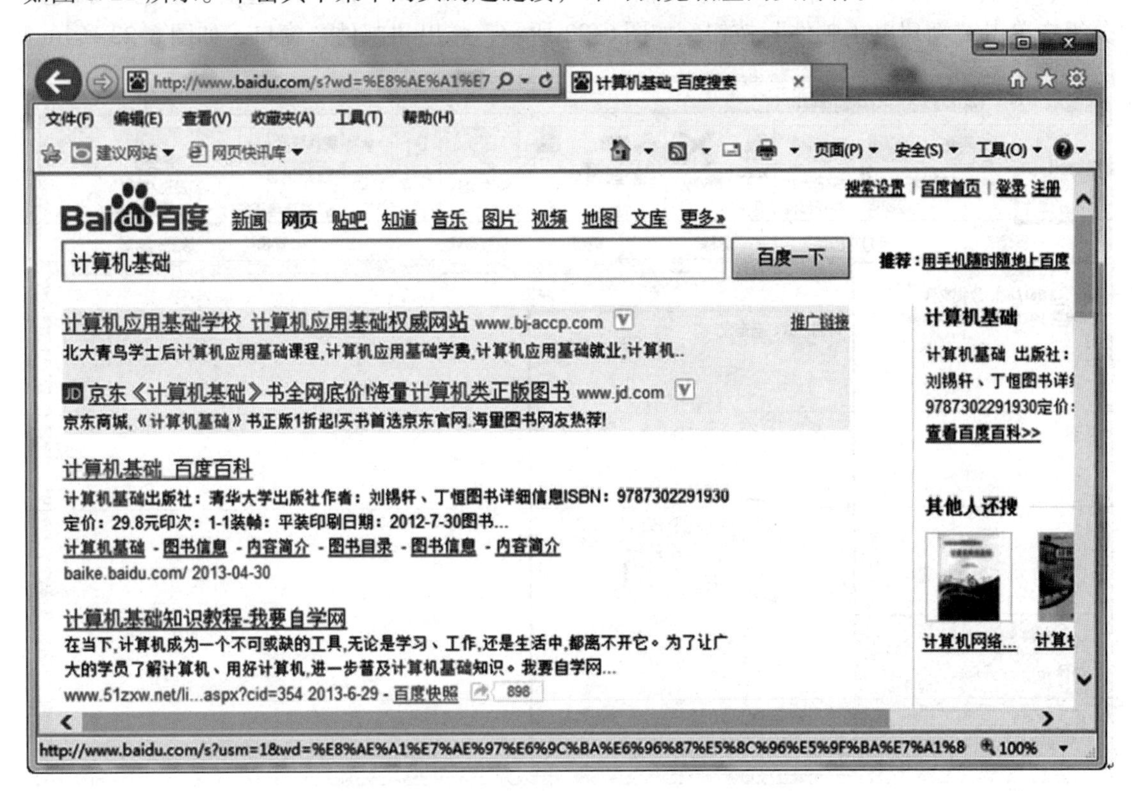

图 6.21　以“计算机基础”为关键字的搜索结果

说明：由于各个搜索引擎所使用的技术不同，相同的关键字在不同搜索引擎中可能得到完全不同的结果，所以如果要尽可能广泛地搜索信息，得到更完整的检索结果，应当将多个搜索引擎综合使用。

6.4 【案例 2】一封电子邮件

案例分析

本案例主要完成的工作是，给好友张龙发送一封主题为“购书清单”的电子邮件，邮件内容为：“附件中为购书清单，请查收。”，同时把附件“购书清单 . docx”一起发送给对方，张龙的电子邮箱地址为 zhanglong@ 126. com.

案例目标

（1）掌握使用 Outlook 2010 创建新邮件的方法。
（2）掌握使用 Outlook 2010 发送/接收邮件的方法。
（3）掌握电子邮件中附件文件的添加方法。

实施过程

（1）启动 Outlook Explorer 2010，在 Outlook Exploer2010“开始”选项卡上的“新建”分组中单击“新建电子邮件”按钮，如图 6.22 所示，弹出“邮件”窗口，如图 6.23 所示。

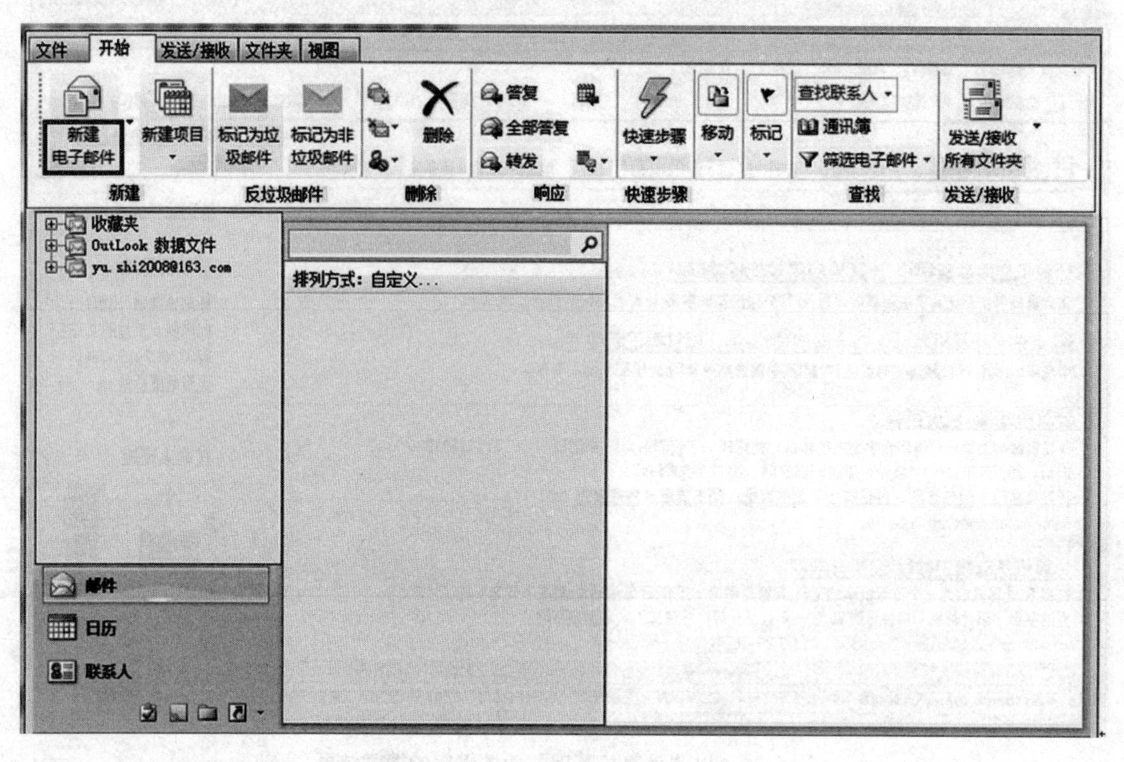

图 6.22 单击“新建电子邮件”按钮

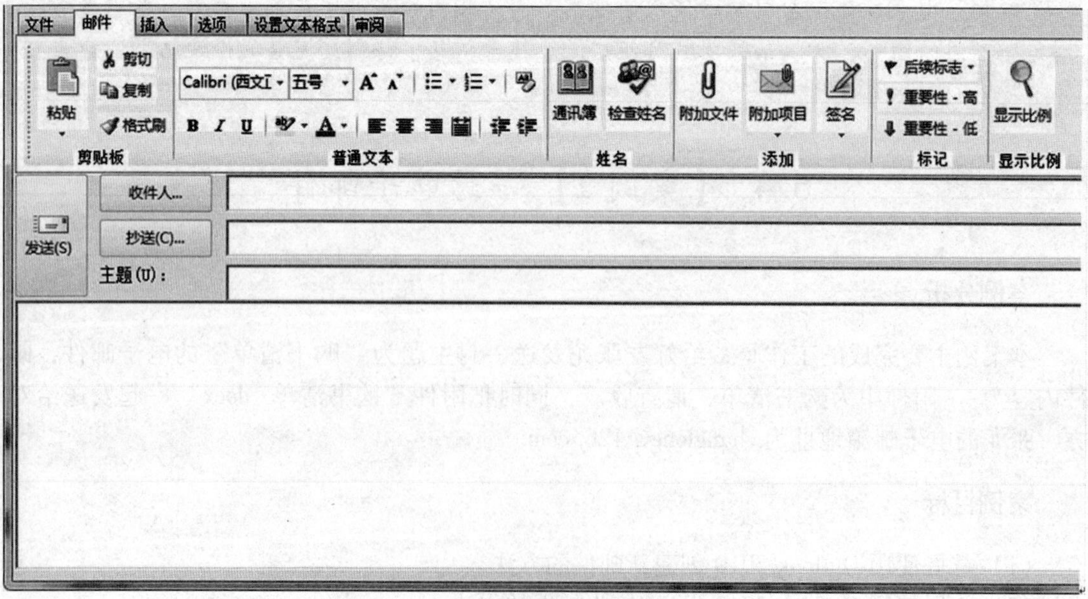

图 6.23 “邮件”窗口

（2）在“收件人”文本框中输入“zhanglong@ 126. com”；在“主题”文本框中输入“购书清单”；在窗口中央空白的编辑区域内输入邮件的主体内容“附件中为购书清单，请查收。”。

（3）单击插入附件按钮，将“购书清单 . doc”文件插入附件，如图 6. 24 所示，然后单击“发送”按钮发送邮件，即可完成操作。

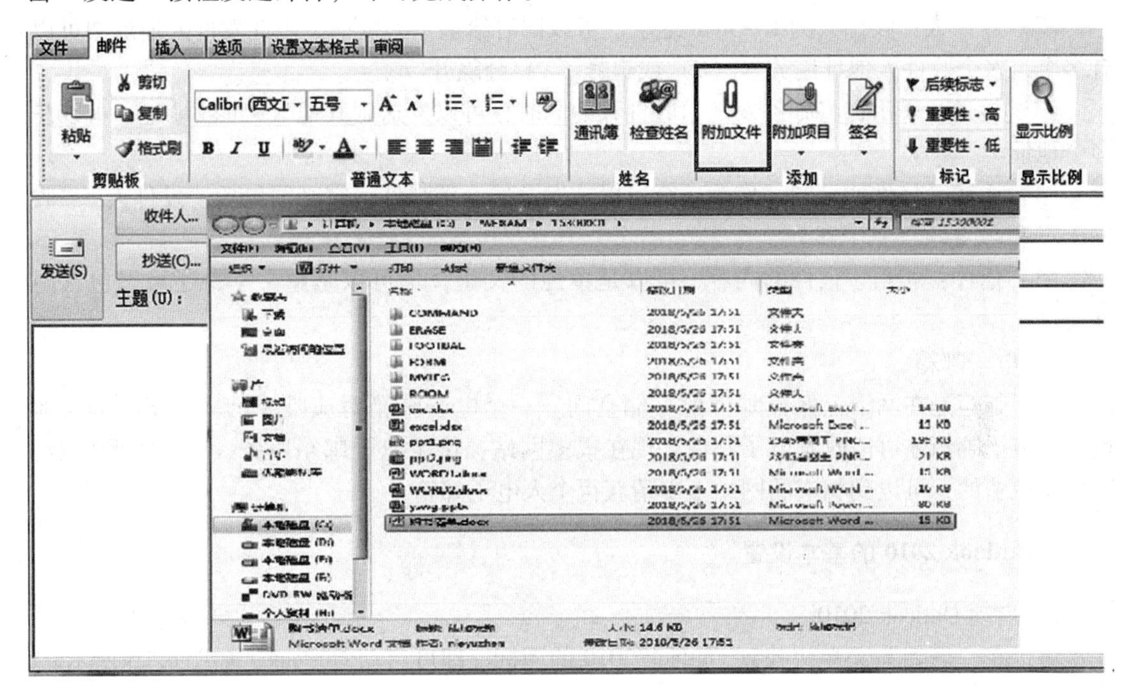

图 6. 24　添加附件文件

知识链接

1. 电子邮件简介

电子邮件又称电子信箱、电子邮政，它是一种用电子手段提供信息交换的通信方式，是 Internet 应用最广的服务。通过网络的电子邮件系统，用户可以用非常低廉的价格（不管发送到哪里，都只需负担电话费和网费即可），以非常快速的方式（几秒钟之内可以发送到世界上任何指定的目的地），与世界上任何一个角落的网络用户联系，这些电子邮件可以是文字、图像、声音等各种方式。由于电子邮件使用简易、投递迅速、收费低廉、易于保存、全球畅通无阻，电子邮件被广泛地应用，它使人们的交流方式得到了极大的改变。另外，利用电子邮件还可以进行一对多的邮件传递，同一邮件可以一次发送给许多人。最重要的是，电子邮件是整个网间网以至所有其他网络系统中直接面向人与人之间信息交流的系统，它的数据发送方和接收方都是人，极大地满足了大量存在的人与人通信的需求。

1）电子邮件地址

E - mail 要在浩瀚无边的 Internet 上传递，并能准确无误地到达收件人手中，对方必须有一个全世界唯一的地址，这个地址就是电子邮件地址，电子邮件信箱就是用该地址标识的。Internet 的电子邮件地址由“@ ”分成两部分，中间不能有空格和逗号。电子邮箱的一般格式为：Username@ hostname。其中，“Username”是用户申请的账号，即用户名。“hostname”是邮件服务器的域名，即主机名。

2）电子邮件的格式

电子邮件一般由以下几部分构成：

(1) 发件人：发送者的 E-mail 地址，这个地址是唯一的。

(2) 收件人：收件人的 E-mail 地址。可以同时给多个人发信，因此发件人地址中可以有多个，多个收件人地址用分号（;）或逗号（,）分隔开。

(3) 抄送：表示在将邮件发送给收件人的同时也可以发送到其他 E-mail 地址，可以是多个地址。

(4) 主题：信件的标题。作为一个可以被发送的电子邮件，它必须包括“发件人”“收件人”和“主题”三个部分。

(5) 信体：相当于信件的内容，可以是单纯的文字，也可以是超文本，还可以包含附件文件。

3）电子邮箱

电子邮箱是在网络上保存邮件的存储空间，一个电子邮箱对应唯一的一个 E-mail 地址，有电子邮箱才可以收发电子邮件。现在很多网站提供了电子邮箱服务，有的需要付费，有的是免费的，可以到相应的网站上申请获得个人电子邮箱。

2. Outlook 2010 的基本设置

1）启动 Outlook 2010

可以在“开始”菜单中找到 Outlook 2010 的图标，即可启动 Outlook，如图 6.25 所示。

图 6.25　Microsoft Outlook 2010

2）创建 Outlook 2010 用户

启动 Outlook 2010 时，用户需要先创建账户，具体的创建过程如下：

(1) 启动 Outlook 2010，首先进入欢迎界面。单击“下一步”按钮，即可弹出“账户

配置”对话框，在该对话框中单击“是”单选按钮，如图 6. 26 所示。

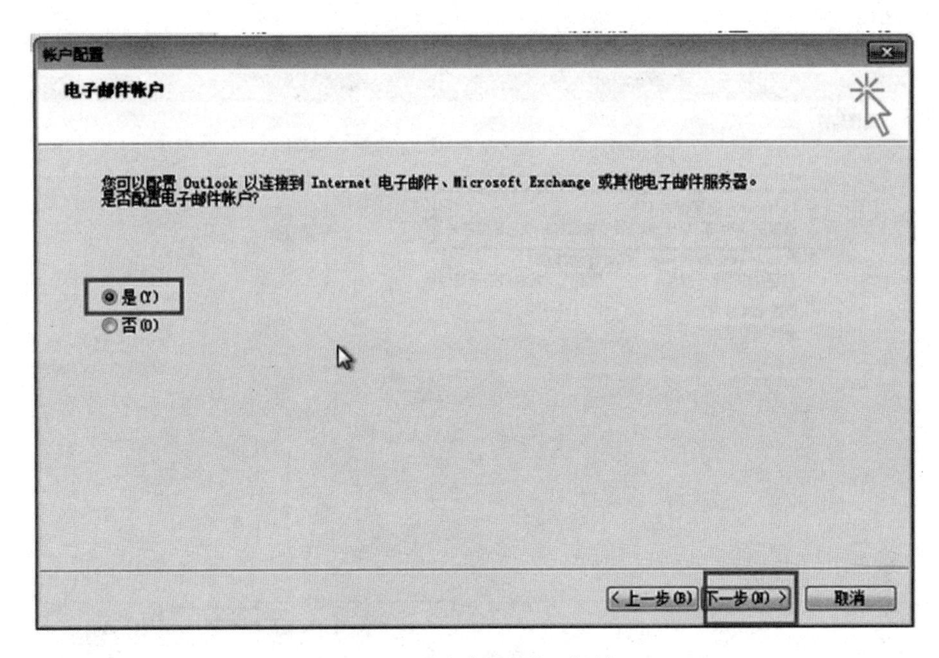

图 6. 26　“账户配置”对话框

（2）单击“下一步”按钮，弹出“添加新账户”对话框。在此对话框中单击“手动配置服务器设置或其他服务器类型”单选按钮，如图 6. 27 所示。

图 6. 27　“添加新账户”对话框

（3）单击“下一步”按钮，在弹出的对话框中单击“Internet 电子邮件”单选按钮，如图 6. 28 所示。

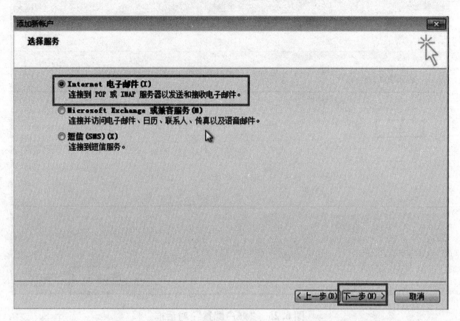

图 6. 28　单击“Internet 电子邮件”单选按钮

（4）单击“下一步”按钮，在弹出的对话框中输入相应的信息，如图 6. 29 所示。

图 6. 29　输入相应的信息

（5）在该对话框中单击“其他设置”按钮，在弹出的“Internet 电子邮件设置”对话框中选择“发送服务器”选项卡，在该选项卡下勾选“我的发送服务器（SMTP）要求验证”复选框，如图 6.30 所示。

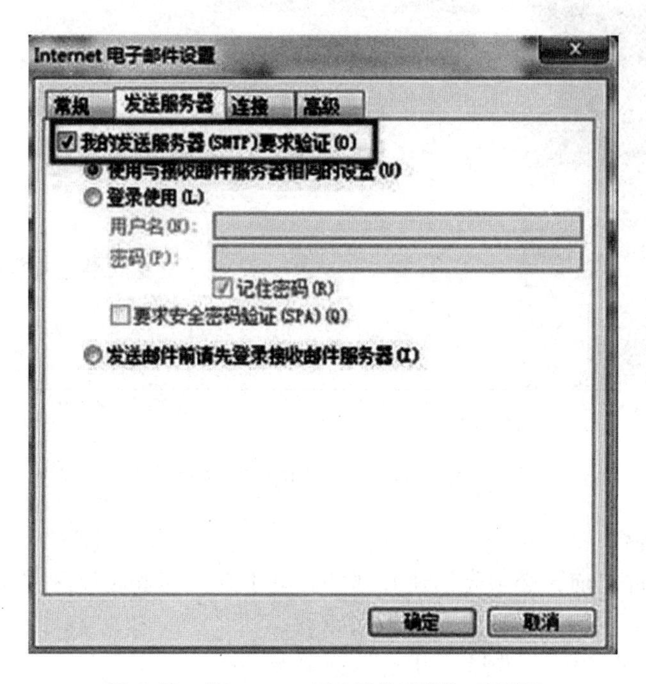

图 6.30　“Internet 电子邮件设置”对话框

（6）单击“确定”按钮，返回“添加新账户”对话框，单击“下一步”按钮，单击该按钮后，将会弹出“测试账户设置”对话框，如图 6.31 所示。

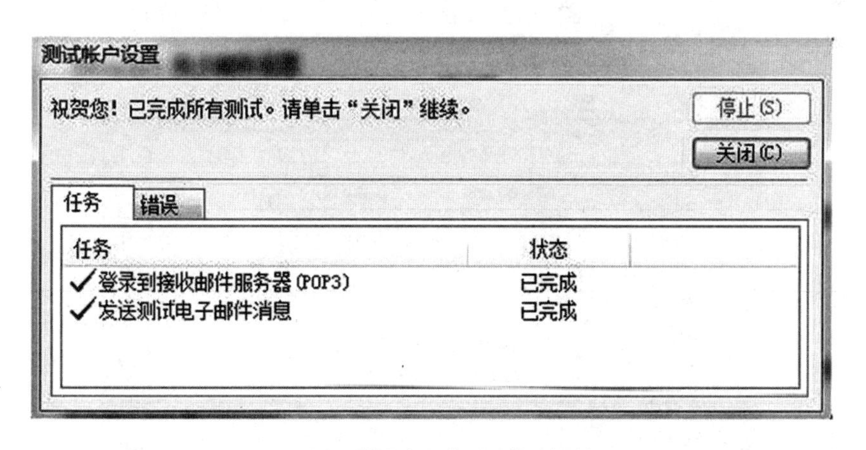

图 6.31　“测试账户设置”对话框

（7）单击“关闭”按钮，在弹出的对话框中单击“完成”按钮即可，如图 6.32 所示。

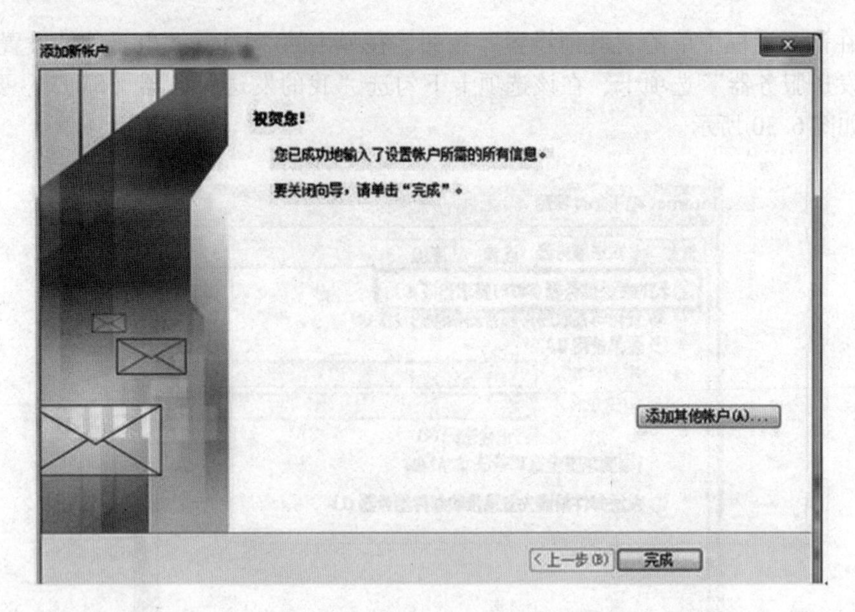

图 6.32　单击“完成”按钮

3）发送电子邮件

在发送电子邮件之前，必须先创建好邮件。电子邮件与普通邮件一样，也需要有收、发信人的地址，信件的内容等。具体操作步骤如下：

（1）启动 Outlook 2010，选择“开始”选项卡，在“新建”组中单击“新建电子邮件”按钮，如图 6.33 所示。

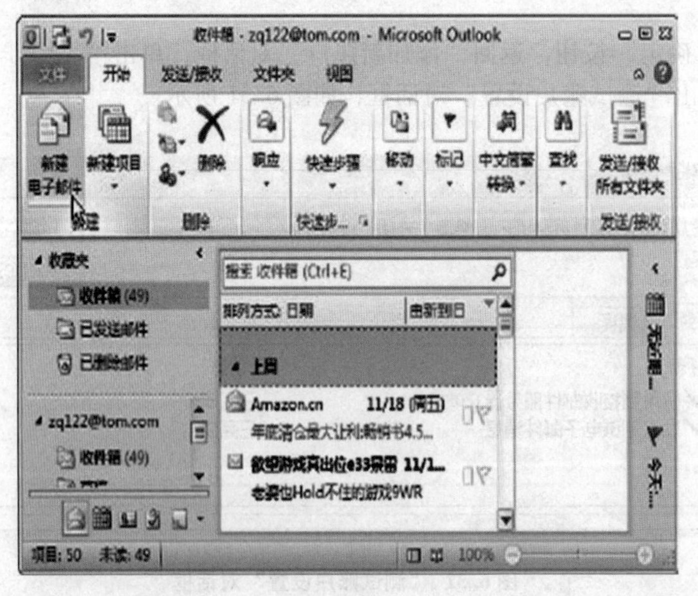

图 6.33　单击“新建电子邮箱”按钮

（2）执行完该命令后，将出现一个邮件编辑窗口，如图 6.34 所示。在邮件编辑窗口中的“收件人”文本框中输入收件人的 E－mail 地址，在“主题”文本框中输入邮件的标题，在邮件正文区中输入电子邮件的内容。

（3）创建好邮件后，在邮件编辑窗口中单击“发送”按钮。

图 6.34　邮件编辑窗口

4）接收电子邮件

接收电子邮件的具体步骤如下：

启动 Outlook 2010，选择“发送/接收”选项卡，在“发送/接收”组中单击“发送/接收所有文件夹”按钮。如果存在多个账号，则在单击“发送/接收所有文件夹”按钮后，Outlook 会依次接收各个账号下的邮件。若只想接收某一个账号下的邮件，可选择“发送/接收”选项卡，在“发送和接收”组中单击“发送/接收组”按钮，在弹出的下拉菜单中选择相应账号，如图 6.35 所示。

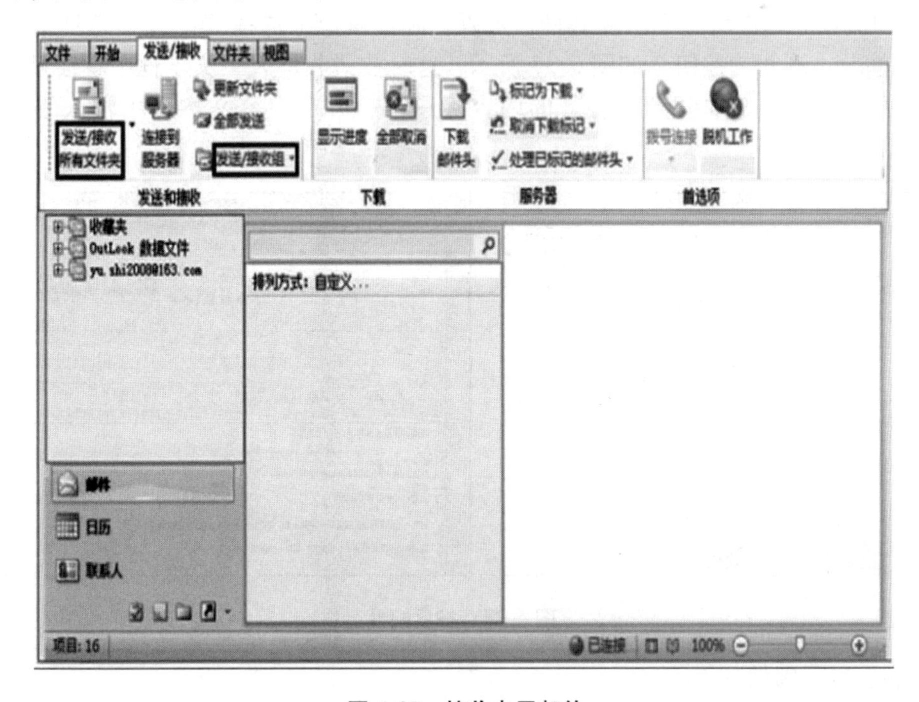

图 6.35　接收电子邮件

5）阅读电子邮件

单击“收件箱”文件夹，打开“收件箱”窗口，收件箱列表中显示邮件的发送者、发送时间和邮件主题，在其右侧将会显示邮件的内容，如图 6. 36 所示。

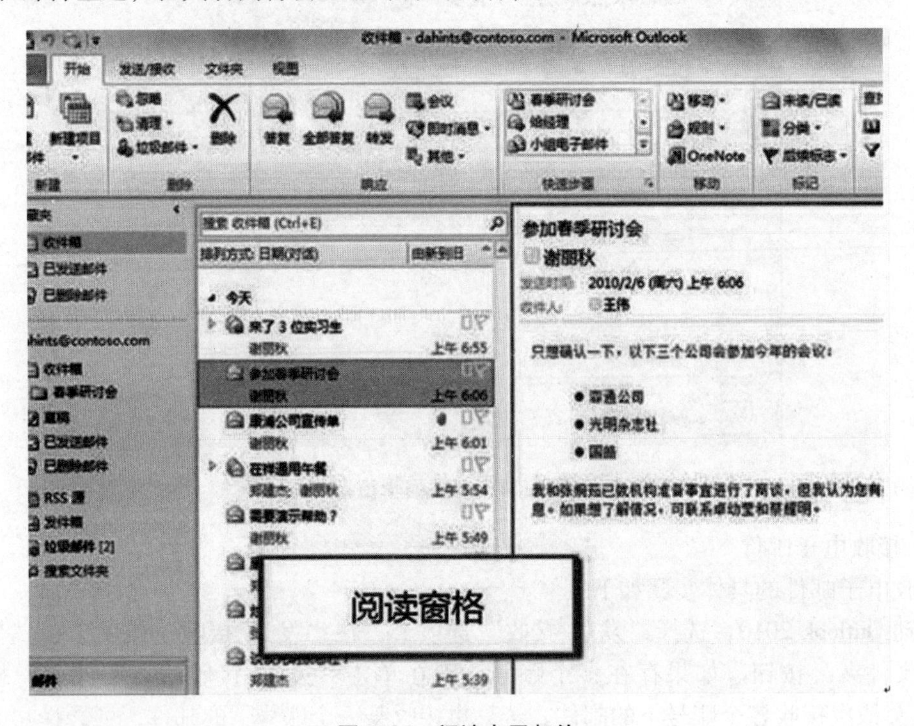

图 6. 36　阅读电子邮件

6）答复邮件

若用户阅读完邮件后需要回复邮件，可以在邮件窗口中选择“邮件”选项卡，在“响应”组中单击“答复”按钮，如图 6. 37 所示，这时在“收件人”文本框中就会显示答复人的地址，在“主题”文本框输入答复的内容标题，然后在内容文本框中输入答复的具体内容。

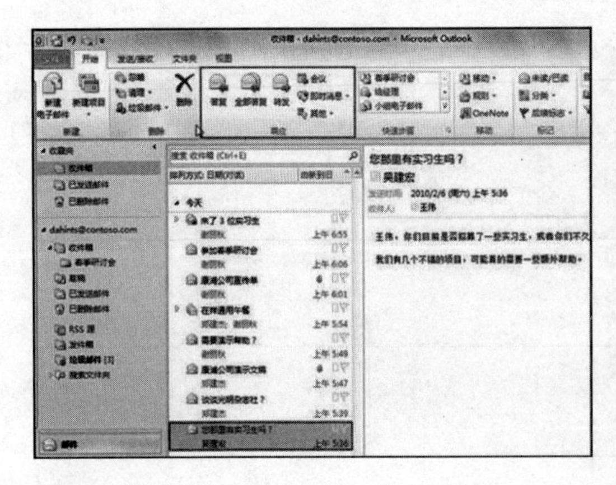

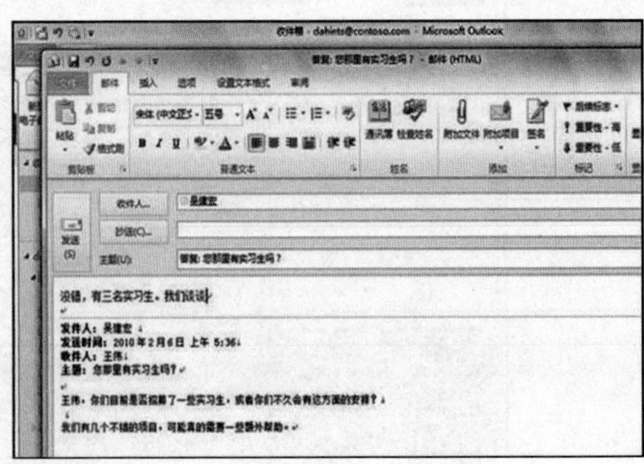

图 6. 37　答复邮件

7）转发电子邮件

用户可以将收到的邮件转发给其他人，具体步骤如下：

（1）在收件箱中选取要转发的邮件。

（2）在“开始”选项卡中，在“响应”组中单击“转发”按钮，此时就会在邮件编辑窗口打开该邮件。

（3）在“收件人”文本框中输入转发到其他收件人的地址，然后单击“发送”按钮就可完成邮件的转发。

8）创建联系人

在 Outlook 2010 中，为了使用户可以轻松地找到特定的联系人，可以在 Outlook 2010 中添加经常联系的联系人的 E－mail 地址，具体步骤如下：

启动 Outlook 2010，在导航窗格中单击“联系人”按钮，在“开始”选项卡中的“新建”组中单击“新建联系人”按钮，如图 6. 38 所示。在弹出的窗口中输入联系人的相关信息，输入完成后，在“联系人”选项卡中的“动作”组中单击“保存并关闭”按钮，就可以保存联系人的信息，如图 6. 39 所示。

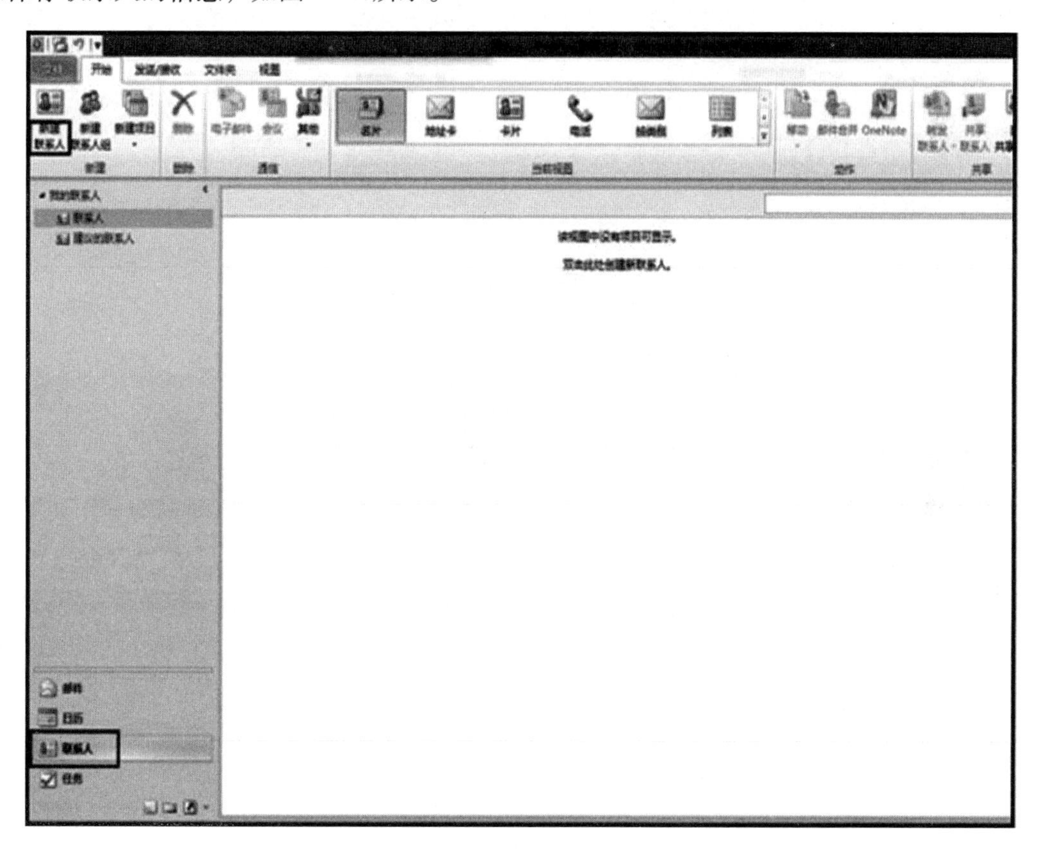

图 6. 38　“新建联系人”按钮

9）添加附件

电子邮件的内容可以是文本，也可以是某种附件文件，插入附件的具体步骤如下：

（1）启动 Outlook 2010，新建一封电子邮件，在邮件编辑窗口中选择“邮件”选项卡，在“添加”组中单击“添加文件”按钮，如图 6. 40 所示。

（2）在弹出的“插入文件”对话框中选择需要插入的附件文件，然后单击“插入”按钮，返回邮件编辑窗口，输入“收件人”和“主题”内容后单击“发送”按钮。

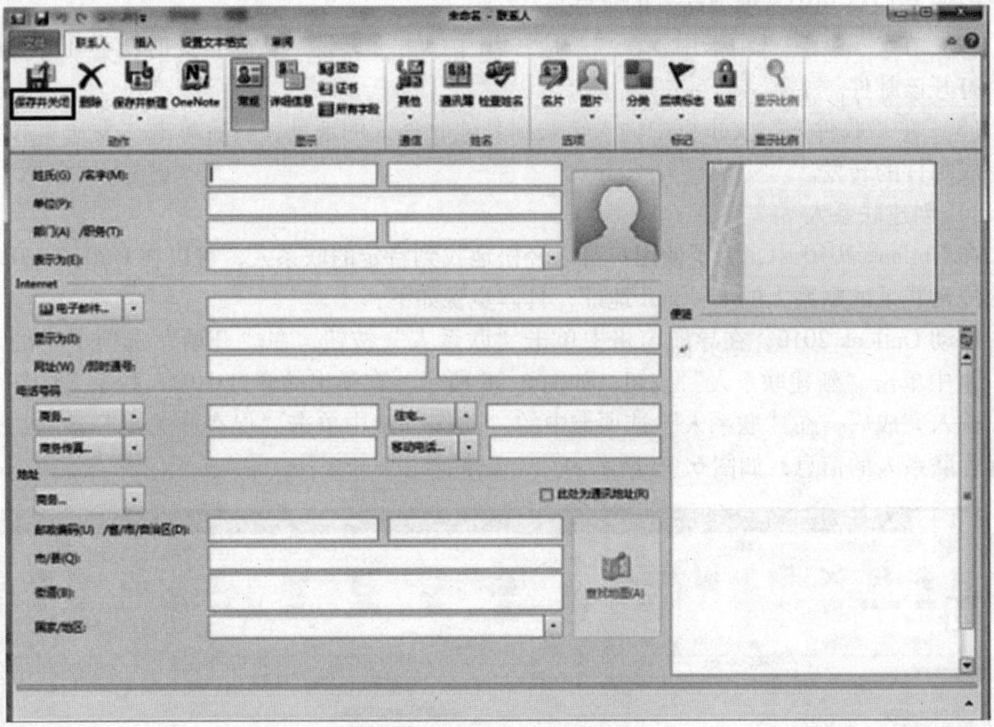

未命名 - 联系人
联系人 插入 设置文本格式 审阅
保存并关闭 删除 保存并新建 OneNote
常规 详细信息 活动 证书 所有字段
其他 通讯簿 检查姓名 名片 图片 分类 后续标志 私密 显示比例
动作 显示 通信 姓名 选项 标记 显示比例
姓氏(G) /名字(M):
单位(P):
部门(A) /职务(T):
表示为(E):
Internet
电子邮件...
显示为(I):
网址(W) /即时通号:
电话号码
商务... 住宅...
商务传真... 移动电话...
地址
商务...
此处为通讯地址(R)
邮政编码(U) /省/市/自治区(D):
市/县(Q):
街道(B):
国家/地区:
查找地图(A)
便笺

图 6.39 “联系人的信息”窗口

未命名 - 邮件 (HTML)
邮件 插入 选项 设置文本格式 审阅
粘贴 剪切 复制 格式刷
通讯簿 检查姓名 附加文件 附加项目 签名
后续标志 重要性 - 高 重要性 - 低
显示比例
剪贴板 普通文本 姓名 添加 标记 显示比例
收件人...
抄送(C)...
主题(U):

图 6.40 “添加文件”按钮

10）抄送与密件抄送

抄送是指在发送给收件人邮件的同时再向其他人同时发送这封邮件，收件人从邮件中可以知道这封邮件抄送给了谁。“抄送”表示“副本”，列在“抄送”栏中的任何一位收件人都将收到信件的副本。信件的所有其他收件人都能够看到指定为“抄送”的收件人已经收到该信件的副本。

密件抄送与抄送的传送过程基本相同，但是密件抄送（又称“盲抄送”）和抄送的唯一区别就是它能够让各个收件人无法查看这封邮件同时还发送给了哪些人。密件抄送是个很实用的功能，假如一次向成百上千位收件人发送邮件，最好采用密件抄送方式，这样可以保护各个收件人的地址不被其他人轻易获得。

11）保存附件

在 Outlook 2010 中，可以根据需要将接收到的电子邮件中的附件保存下来。打开带有附件的电子邮件，在附件上单击鼠标右键，在弹出的快捷菜单中选择“另存为”命令，然后在弹出的“另存为”对话框中指定保存路径，单击“保存”按钮，就可完成对附件的保存。

本章小结

本章简要介绍了计算机网络的基础知识和应用、局域网技术、Internet 基础和它的应用及基本知识。本章的重点是计算机网络的定义、组成及计算机网络的功能；难点是网络协议、层次结构等。希望通过本章的学习，读者能够掌握计算机网络的基本概念、功能、拓扑结构等；了解物理网络的基本知识；掌握 Internet 的基本应用，如网上浏览、信息搜索、收发电子邮件等，并能够把知识应用到实际生活中。

课后练习

填空题

1. 从计算机网络组成的角度看，计算机网络从逻辑功能上可分为____和____子网。
2. 按网络覆盖范围来分，网络可分为________、________和________。
3. 为进行网络中的数据交换而建立的规则、标准或约定即________。
4. TCP/IP 体系共有 4 个层次，它们是________、________、________和________。
5. 最基本的网络拓扑结构有 4 种，它们是________、________、________和________。
6. 在 Internet 中 URL 的中文名称是________________________。
7. WWW 客户机与 WWW 服务器之间的应用层传输协议是________。
8. Internet 中的用户远程登录，是指用户使用________命令，使自己的计算机暂时成为远程计算机的一个仿真终端。
9. 在一个网络中负责主机 IP 地址与主机名称之间转换的协议称为________。
10. FTP 能识别的两种基本的文件格式是________文件和________文件。

第 7 章

常用工具软件

随着计算机的普及，计算机科学技术日新月异，计算机已经和人们的生活息息相关，对计算机的应用要求已不再局限于简单的文字处理，而是能够更加轻松自如地运用计算机，能够借助各种工具软件提高学习、工作、生活的效率。自古就有“工欲善其事，必先利其器”之说，为了快速处理身边繁杂的事务，必须选择方便、快捷、实用的工具来协助完成。

本章介绍了因特网时代必备的 4 种实用工具。它们分别是图片处理工具 ACDSee、多媒体播放工具 Realplayer、光盘刻录工具 Nero Burning ROM 及 360 安全卫士防病毒软件。

学习目标

☑ 了解图片理论知识，掌握图片处理软件的使用方法。
☑ 了解多媒体播放工具原理，熟悉使用多媒体播放工具。
☑ 了解存储技术，掌握光盘刻录工具的使用。
☑ 了解病毒知识，掌握防毒软件的使用方法。

7.1 图片处理工具——ACDSee

ACDSee 是由美国 ACD System 公司推出的一款功能强大的图片浏览工具。自面世以来，ACDSee 以极快的浏览速度深受众多计算机用户的欢迎，成为图片浏览的必备工具之一。现在的 ACDSee 不仅能用于浏览各种图片，而且还提供了对音频和视频文件的一定程度的支持。本节以 ACDSee 10 为基础讲解图片处理软件的使用。

7.1.1 启动 ACDSee

安装好 ACDSee 后，可以通过桌面上的快捷方式或通过选择“开始”→“所有程序”→“ACD Systems”→“ACDSee”命令启动。启动后的界面为预览方式，如图 7.1 所示。如果在 Windows 下双击已和 ACDSee 建立关联的图片文件图标，则以图片方式启动 ACDSee 并显示

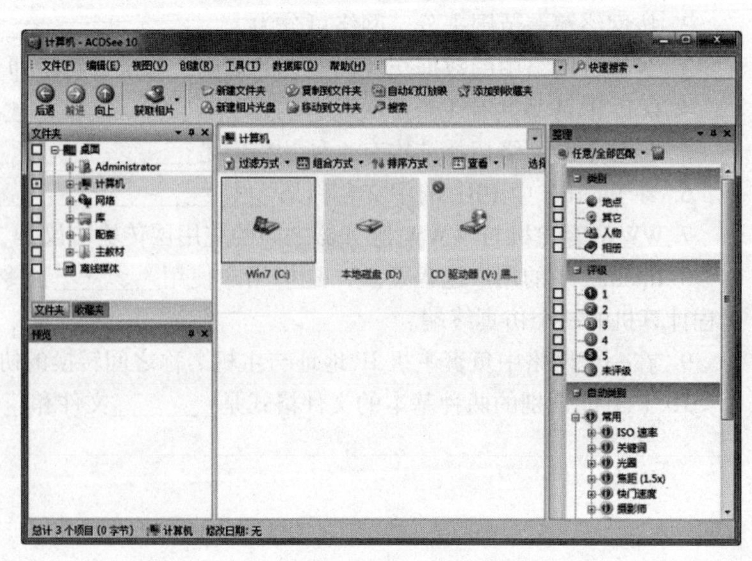

图 7.1　ACDSee 10 程序窗口

图片内容。

7.1.2　浏览图片

可以使用 ACDSee 的不同模式浏览图片。直接双击图片，即可使用 ACDSee 快速查看器查看图片，如图 7.2 所示。ACDSee 不仅提供了翻转、放大、缩小等基本功能，还提供了调节亮度、色阶、阴影等高级功能。

图 7.2　快速查看模式

在快速查看模式下双击图片，或单击窗口右上角的"关闭"按钮，即可返回 ACDSee 完整查看模式，如图 7.3 所示。

图 7.3　完整查看模式

在此模式下，ACDSee 提供了浏览图片的所有功能，可以通过左上角的“文件夹”窗格同时选择多个文件夹（图 7.4），使文件夹内的照片同时在浏览区域显示，这样就免除了切换目录的麻烦。

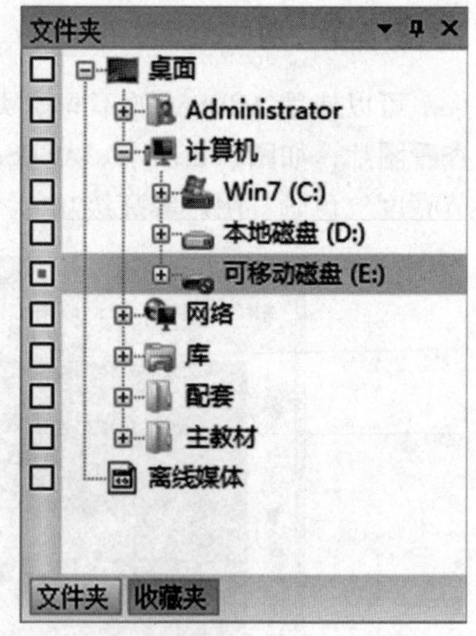

图 7.4 “文件夹”窗格

ACDSee 支持的几种最常见的图形图像文件格式如下：

（1）BMP（Bitmap）格式。

BMP 是一种与设备无关的图像文件格式，其文件扩展名为“. bmp”。BMP 是 Windows 所用的基本位图格式，Windows 软件的图像资源大多以 BMP 格式存储。多数图形图像软件，特别是 Windows 环境下运行的软件，都支持这种格式。BMP 文件所占用的存储空间较大。

（2）GIF（Graphics Interchange Format）格式。

GIF 是由 CompuServe 公司在 1987 年为了制定彩色图像传输协议而开发的，文件扩展名为“. gif”。在一个 GIF 文件中可以存放多幅彩色图像，如果把一个文件中的多幅图像数据逐幅读出并显示到屏幕上，就可以构成一种最简单的动画。GIF 适用于表现一些网络上的小图片，如 Logo 等。

（3）JPEG/JPG（Joint Photographic Experts Group）格式。

JPEG 是联合图像专家组制定的第一个压缩静态数字图像国际标准，JPEG 格式的扩展名为“. jpg”。以 JPEG 格式存储的文件是其他类型图像文件的几十分之一，是目前比较流行的一种图像格式。

（4）TIFF/TIF（Tagged Image File Format）格式。

TIFF 是标记图像文件格式的缩写，文件扩展名为“. tif”或“. tiff”。TIFF 格式是为了存储黑白图像、灰度图像和彩色图像而定义的存储格式，现在已经成为出版多媒体 CD - ROM 的一个重要文件格式，在 Macintosh 系统和 Windows 系统中移植 TIFF 文件非常便捷。

（5）SWF（Shockwave Format）格式。

SWF 格式是利用 Flash 制作出的一种动画格式，其文件扩展名为“. swf”。这种格式的动画图像能够用比较小的体积表现丰富的多媒体形式。目前，其已成为网上动画的事实标准。

（6）PSD（Photoshop Document）格式。

PSD 格式是 Adobe 公司的图像处理软件 Photoshop 的专用格式，其文件扩展名为“. psd”。PSD 文件格式专用性较强，一般作为一种过渡文件格式使用。

（7）TGA（Tagged Graphics）格式。

TGA 格式是由 Truevision 公司为其显示卡开发的一种图像文件格式，其文件扩展名为“. tga”。TGA 容易与其他格式的文件互相转换，属于一种图形、图像数据的通用格式。

（8）CDR 格式。

CDR 格式是 Corel 公司开发的图形图像软件 CorelDraw 的专用图形文件格式，其文件扩展名为“. cdr”。CDR 格式在兼容性上较差，只能在 CorelDraw 应用程序中使用。

7.1.3 数码照片和图片的导入

照片拍摄完成后需导入计算机中才能浏览，ACDSee 提供了导入图片的功能。

运行 ACDSee，然后选择“文件”→“获取相片”→“从相机或读卡器”命令，弹出“获取相片向导”对话框，单击“下一步”按钮，选中想要导出图片的存储设备，然后单击“下一步”按钮，弹出图 7.5 所示的对话框。

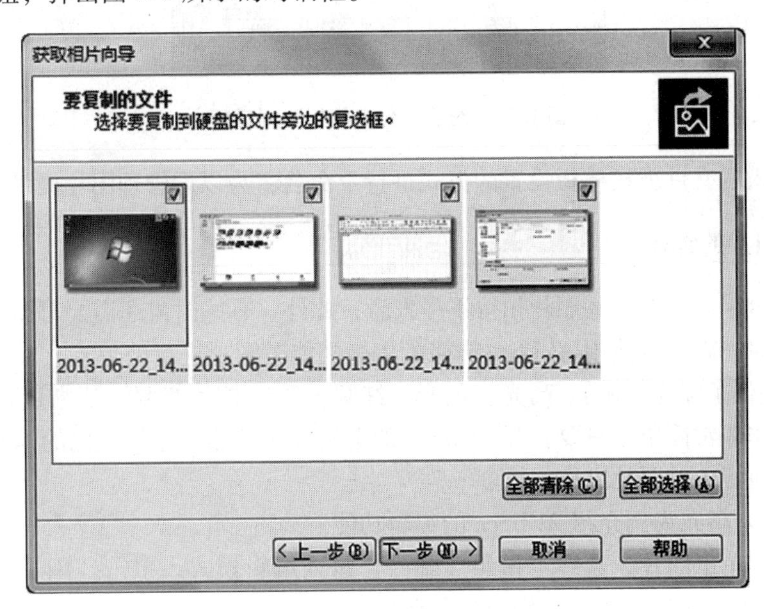

图 7.5　选择需要导入的图片

选中要导入的图片，也可以直接单击“全部选择”按钮来选择全部图片，然后单击“下一步”按钮，弹出图 7.6 所示的对话框。在这里可以选择使用模板重命名导入的文件名，单击“编辑”按钮，弹出“编辑文件名模板”对话框，如图 7.7 所示，在此可以输入模板名称并进行高级设置。

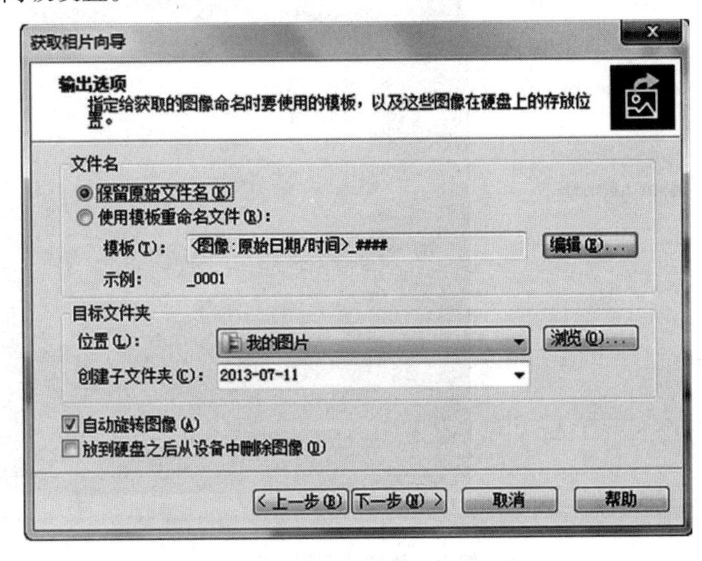

图 7.6　设置导入图片的文件名

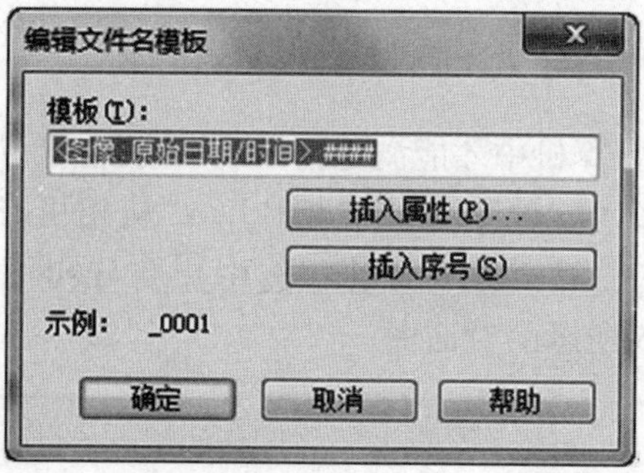

编辑文件名模板
模板(T)：
<图像.原始日期/时间>_####
插入属性(P)...
插入序号(S)
示例：_0001
确定 取消 帮助

图 7.7 “编辑文件名模板”对话框

这样，导入的文件就按模板设置的方式进行重命名，为以后管理图片提供了方便。

7.1.4 图片的编辑

拍摄照片时，总会有一些照片拍得不尽人意；此外，有些时候还需要对图片进行一些简单的处理，这时，就可以使用 ACDSee 自带的编辑功能对图片进行处理。

ACDSee 提供了曝光、阴影/高光、色彩、红眼消除、相片修复、清晰度调整等基本的编辑功能，操作非常简单，只要打开 ACDSee 的编辑模式，然后选择左侧的编辑功能，即可在弹出的编辑面板中对照片进行编辑。

下面以阴影/高光为例介绍 ACDSee 的编辑功能。

用鼠标右键单击图片，选择“编辑”命令，进入编辑模式，单击“阴影/高光”按钮，弹出“阴影/高光”编辑面板，分别拖动调亮与调暗滑块，就可以在右侧的预览窗格看到对应的颜色变化，如图 7.8 所示。如果当前的编辑效果不理想，只要单击“重设”按钮，图片即可自动恢复到被编辑前的状态。

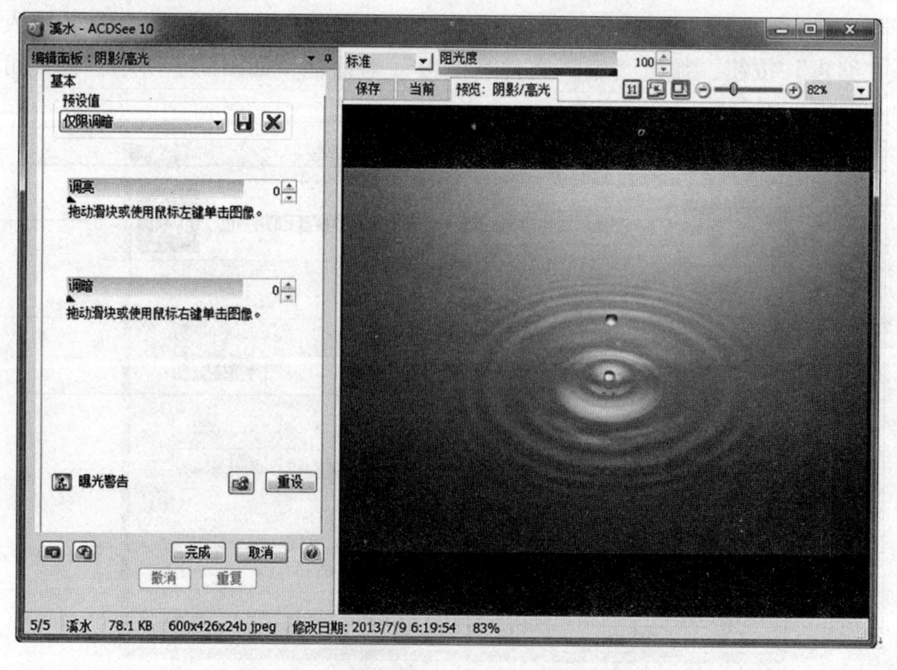

图 7.8 编辑图片的“阴影/高光”属性

编辑模式下还有很多其他编辑工具，例如裁剪、调整大小、旋转、翻转、曝光、添加文本、红眼消除等，这些工具的操作方法大体相同，在此不再赘述。

7.1.5　转换图片格式

利用 ACDSee 可以很方便地进行图片文件格式之间的转换。进行格式转换的方法如下：

（1）选中想要转换的文件。

（2）选择“工具”→“转换文件格式”命令。

（3）弹出“批量转换文件格式”对话框，如图 7.9 所示，选择想要转换的格式。

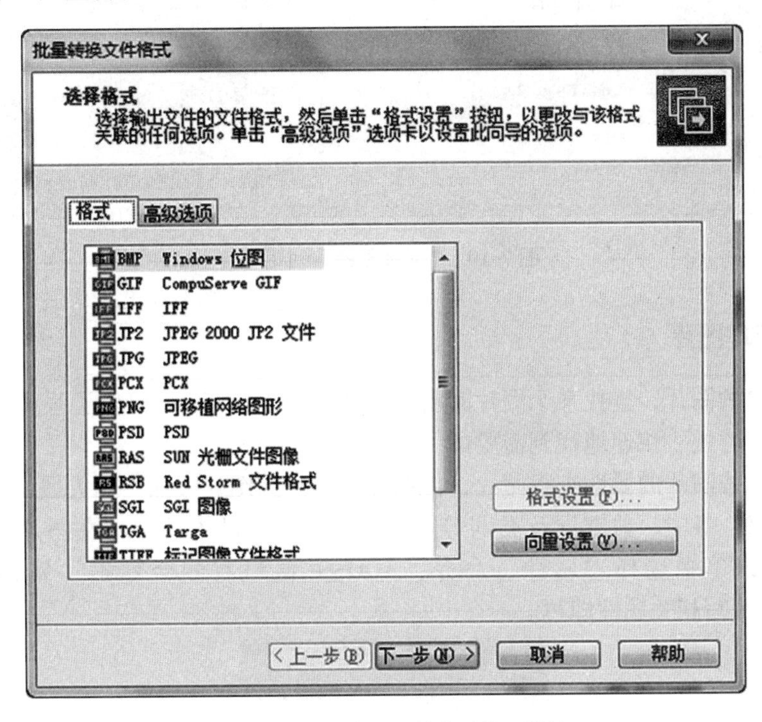

图 7.9　“批量转换文件格式”对话框

（4）单击“下一步”按钮，按提示操作即可完成格式转换。

另外一种进行格式转换的方法是：双击想要转换格式的图片，进入快速查看模式，然后选择“文件”→“另存为”命令，在弹出的“图像另存为”对话框中设置文件保存类型和文件名等，然后单击“保存”按钮。

7.1.6　将图片设为桌面背景

利用 ACDSee 可以很方便地将自己喜爱的图片设为桌面背景。这种操作在预览和图片方式下都能进行。设置方法是：选中要设为桌面背景的图片文件，然后选择“工具”→“设置壁纸”→“平铺”（或“居中”）命令。

7.1.7　屏幕截图

ACDSee 虽然不是专业的截图软件，但用它截取桌面、窗口或选中的区域还是比较方便的。操作方法是：选择“工具”→“屏幕截图”命令，弹出“屏幕截图”对话框，如图 7.10

所示，按需要选择截图类型，然后单击“开始”按钮，按提示操作。

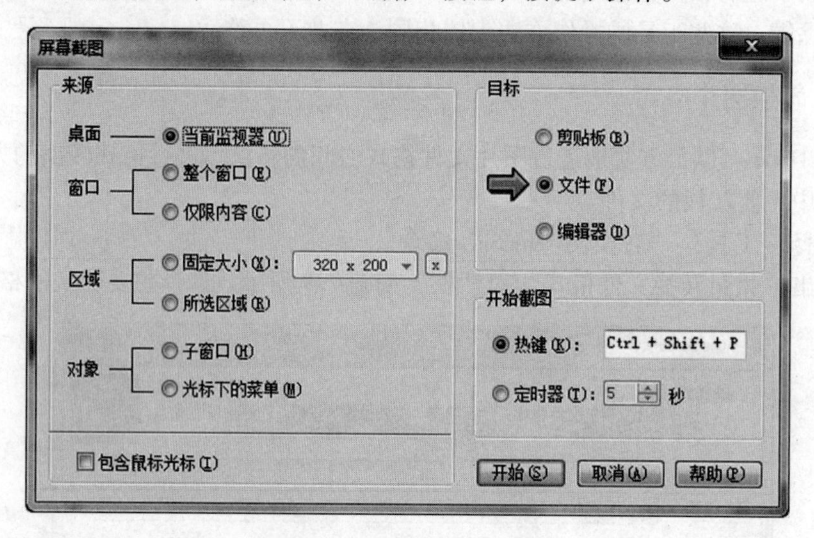

图 7.10 “屏幕截图”对话框

7.1.8 管理图片

如果有大量的图片，查找某个图片时就不会很方便，ACDSee 提供了强大的图片管理功能，可以让用户方便、快速地找到需要的图片。

例如，可以按图片的属性查找照片，但前提是已经为图片添加了相关属性，如标题、日期、作者、评级、备注、关键词及类别等。设置这些属性的方法是：在图片上单击鼠标右键，在弹出的菜单中选择“属性”命令，ACDSee 窗口右侧会弹出“属性”窗格，如图 7.11 所示，填写相关属性即可。

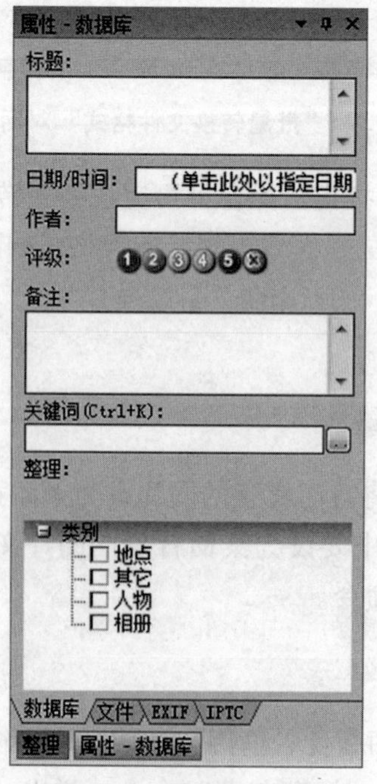

图 7.11 “属性”窗格

通过设置，就可以通过浏览区域顶部的过滤方式、组合方式或排序方式来查找图片。假设要找一张“评级”属性为“5”的图片，可以选择“评级方式”→“所有评级”命令，ACDSee 就会按照评级对图片进行排序，如图 7.12 所示，就可以快捷找到需要的图片。

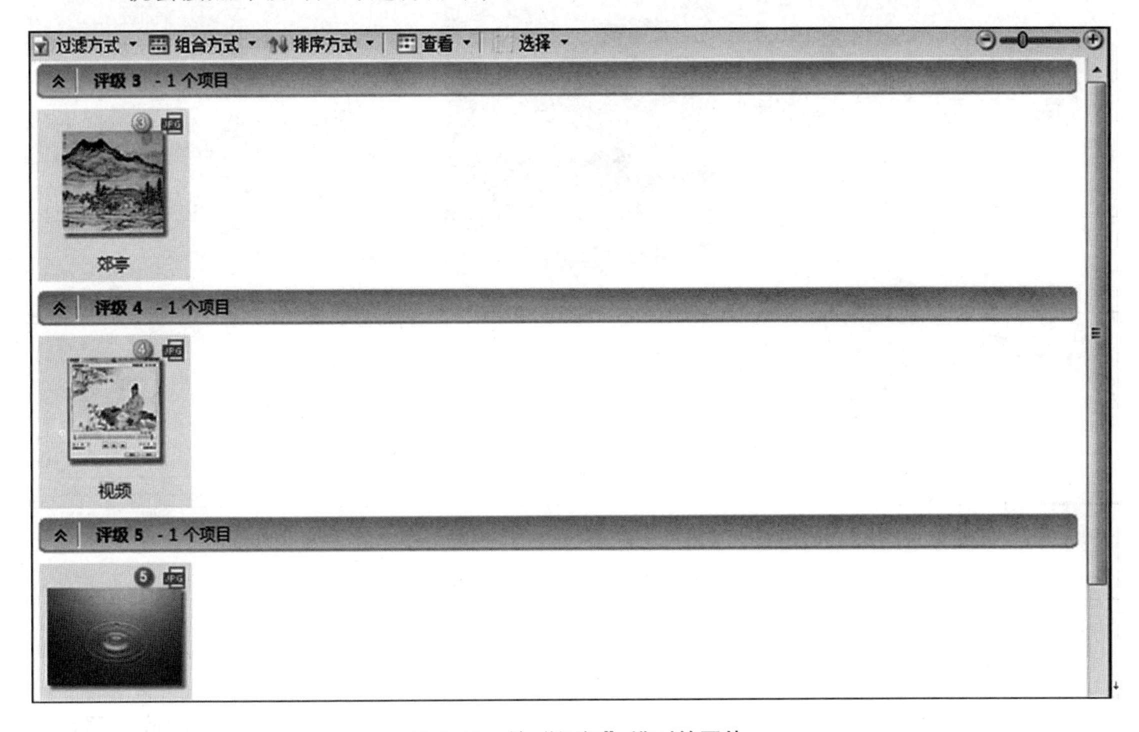

图 7.12　按“评级”排列的图片

另外，也可以使用顶部的快速搜索功能查找图片。在搜索框中输入要搜索的关键字，单击“快速搜索”按钮，同样可以快速找到需要的图片。

7.1.9　图片的保存与共享

图片保存在计算机上，只能使用计算机才可以欣赏，如果要与其他人一起分享拍摄的照片或者搜集的图片，可以把这些图片打印出来，或将其制作成 VCD、幻灯片等，这样就可以更加方便地浏览图片了。

1. 多种形式的打印布局

虽然 Windows 也提供了打印功能，但只能在一张纸上打印一张照片，这样既浪费纸张，也不美观。ACDSee 提供了多种形式的打印布局，允许用户在一张纸上按多种形式进行打印，使打印结果更满足用户的需要。

选中想要打印的图片，选择“文件”→“打印”命令，弹出“ACDSee - 打印”对话框，如图 7.13 所示。在此对话框中，可以在左上角选择打印布局，如整页、联系页或布局等，接着在下面选择布局的样式，同时可以在中间的预览窗口实时看到最终的打印结果预览图，在右侧设置好打印机、纸张大小、方向、打印份数、分辨率及滤镜等。设置完成后单击“打印”按钮，即可按设置将图片打印输出。

图 7.13 “ACDSee－打印”对话框

2. 创建幻灯片

可以把自己的照片制作成幻灯片，这样就可以一边欣赏音乐一边欣赏自动播放的照片。

（1）选择“创建”→“创建幻灯放映文件”命令，弹出“创建幻灯放映向导”对话框，如图 7.14 所示。在此对话框中选择要创建的文件格式，如独立放映的 EXE 文件格式、屏幕保护的 SCR 文件格式或 Flash 格式文件，然后单击“下一步”按钮。

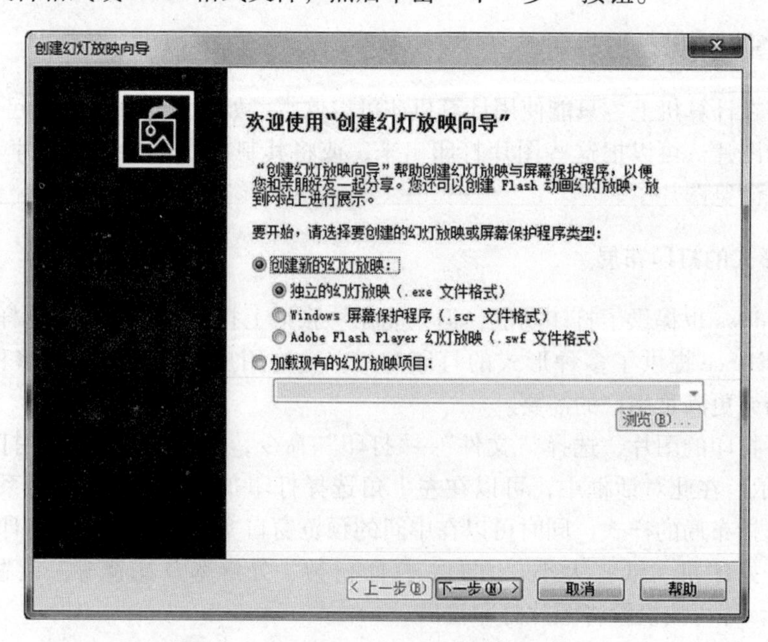

图 7.14 “创建幻灯放映向导”对话框

（2）弹出图 7. 15 所示的对话框，然后添加要制作幻灯片的图片，单击“下一步”按钮。

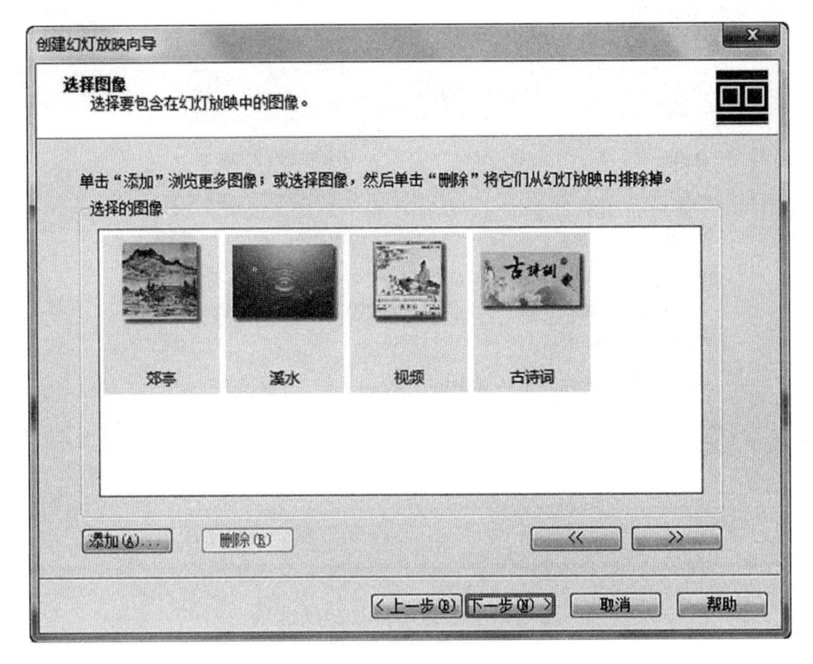

图 7. 15　选择要制作幻灯片的图片

（3）弹出图 7. 16 所示的对话框，设置幻灯片的转场、标题及音乐等，单击“下一步”按钮。

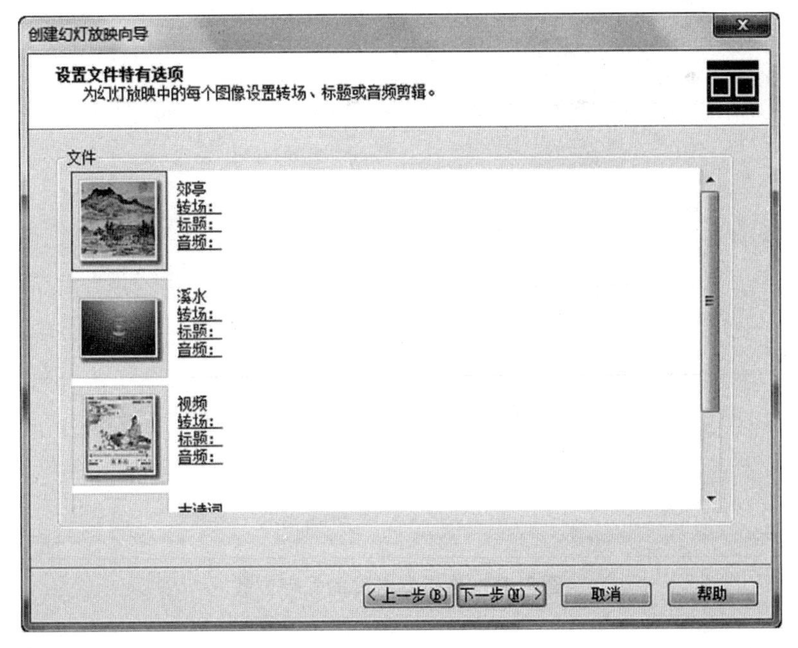

图 7. 16　设置幻灯片的转场、标题和音乐等

（4）弹出图 7. 17 所示的对话框，对幻灯片放映选项进行设置，设置完毕后单击“下一步”按钮。

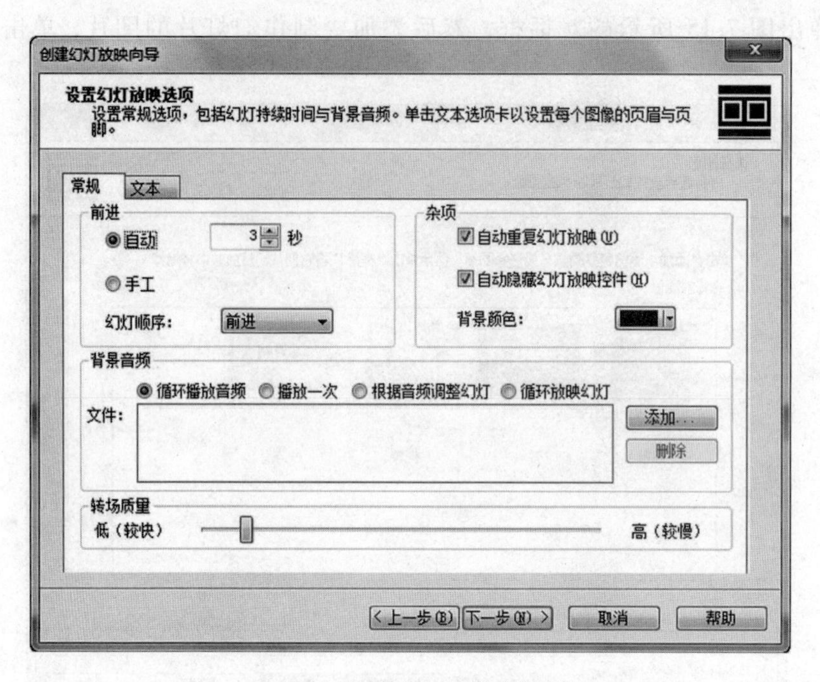

图 7.17　设置幻灯片放映选项

（5）弹出图 7.18 所示的对话框，设置幻灯片的保存位置，然后单击“下一步”按钮。

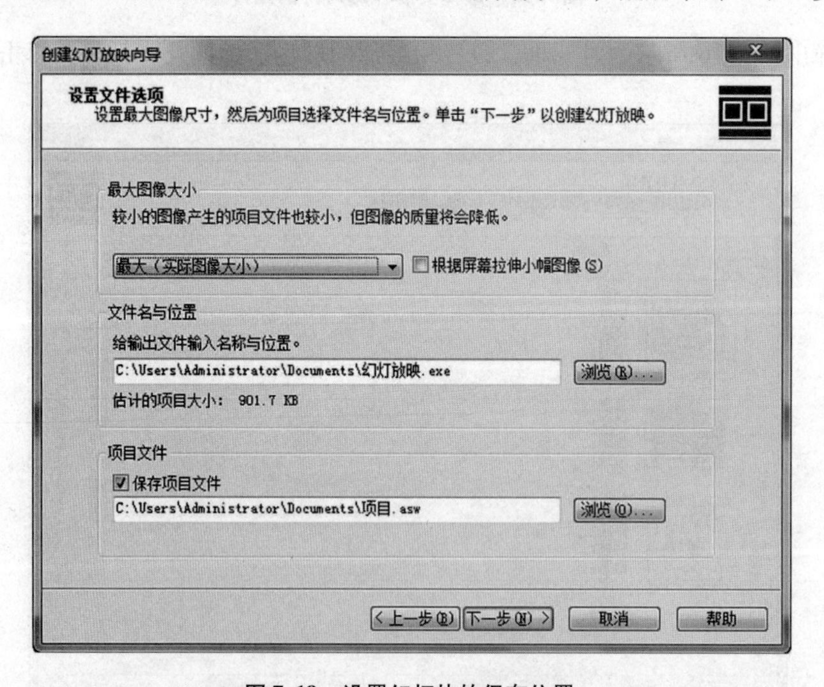

图 7.18　设置幻灯片的保存位置

（6）弹出图 7.19 所示的对话框，可以单击“启动幻灯放映”按钮立即放映幻灯片，或者单击“将幻灯放映刻录到光盘”按钮将幻灯片刻录到光盘中，或者直接单击“完成”按钮完成幻灯片的创建。

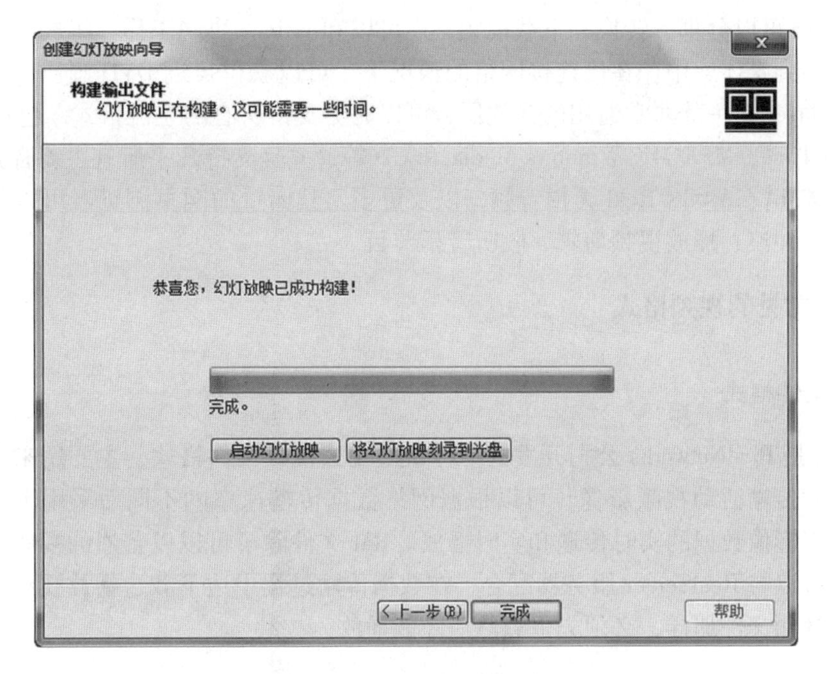

图7.19　幻灯片创建完成

另外，ACDSee 还可以把各种图片制作成 HTML 相册、PDF 文件及文件联系表等，这样就可以把图片制作成形式多样、丰富多彩的相册或视频文件，与其他人一起分享。

7.2　RealPlayer 多媒体播放工具

视频是多媒体中一种重要的媒体形式，通过计算机观看电影、欣赏音乐 MTV，以及收看在线电视等都已成为人们重要的休闲和娱乐方式。

视频媒体的播放软件种类繁多，但每种播放工具支持的视频格式却不尽相同。因此，选择一种支持视频格式多、播放效果好、界面简洁美观且操作方便的播放软件是人们所关心的。

7.2.1　RealPlayer 概述

RealPlayer 是一个在 Internet 上通过流技术实现音频和视频的实时传输的在线收听工具软件，使用它不必下载音频/视频内容，只要线路允许，就能完全实现网络在线播放，极为方便地在网上查找和收听、收看自己感兴趣的广播和电视节目。

Real 包括音频 real audio 和视频 real video 两个类。Real 格式的文件扩展名有 AU、RA、RM、RAM、RMI。AU、RA、RM 文件是真正存储数据的文件；AU 格式的文件是音频的，RA、RM 格式的文件既有音频，也有视频；RAM、RMI 文件通常应用在网页中，它们是文本文件，其中包含 RA 或 RM 文件的路径，单击其链接后会启动 RealPlayer 播放 RA 或 RM 文件。

要使用 RealPlayer 播放器软件，用户可自行到 RealNetworks 公司的网站下载并安装全新的多媒体播放器软件 RealPlayer。

RealPlayer 可以分享、转换和下载视频，还可以和 iTunes 协同工作，将成百上千个网站中的视频传输到媒体库中。在已连接网络的情况下，可以获得接近 DVD 画质的高清音视频享受。RealPlayer 是一款非常通用的播放器，可以完美支持所有的主流格式，包括 rm/rmvb、Flash、QuickTime、MPEG4、Windows Media 和 CD 等，并且支持几乎所有主流音频格式，如 CD、MP3、WMA、AAC、Real 无损音频，以及更多。其内置的网页浏览器可以使用户在因特网上尽情地冲浪、播放视频剪辑、收听音乐节目。

7.2.2 常见的视频格式

1. RM 文件格式

RM 文件是 RealNetworks 公司开发的一种新型流式视频文件格式，主要用来在低速率的广域网上实时传输活动视频影像，可以根据网络数据传输速率的不同而采用不同的压缩比率，从而实现影像数据的实时传送和实时播放。RM 文件除了可以以普通的视频文件形式播放之外，还可以与 RealServer 服务器配合，在数据传输过程中边下载边播放视频影像，而不必像大多数视频文件那样，必须先下载然后才能播放。

2. AVI 文件格式

AVI 是音频视频交错（Audio Video Interleaved）的英文缩写，它是微软公司开发的数字音频与视频文件格式，现在已被 Windows 2000/XP、OS/2 等多数操作系统直接支持。AVI 格式允许视频和音频交错在一起同步播放，用不同压缩算法生成的 AVI 文件，必须使用相应的解压缩算法才能播放出来。AVI 文件目前主要应用在多媒体光盘上，用来保存电影、电视等各种影像信息，有时也出现在 Internet 上，供用户下载、欣赏新影片的精彩片段。

3. MPEG 文件格式

MPEG 文件格式是运动图像压缩算法的国际标准，它采用有损压缩方法减少运动图像中的冗余信息，同时保证每秒 30 帧的图像动态刷新率，已被几乎所有的计算机平台共同支持。MPEG 的平均压缩比为 50:1，最高可达 200:1，压缩效率非常高，同时图像和声音的质量也非常好，并且在微机上有统一的标准格式，兼容性相当好。

4. MOV/QT 文件格式

MOV/QT 文件是 Apple 计算机公司开发的一种音频、视频文件格式，用于保存音频和视频信息，具有先进的视频和音频功能，被所有主流计算机平台支持。MOV/QT 以其领先的多媒体技术和跨平台特性、较小的存储空间要求、技术细节的独立性以及系统的高度开放性，得到业界的广泛认可，目前已成为数字媒体软件技术领域的事实上的工业标准。

7.2.3 RealPlayer 播放器的工作界面

启动 RealPlayer 播放器后，出现图 7.20 所示的工作主界面。

RealPlayer 工作主界面的上半部分是播放器窗口界面，下半部分提供了一个多功能窗口，通过单击界面下方的各功能按钮，用户可以依次切换到“RealGuide”、“音乐和我的媒体库”

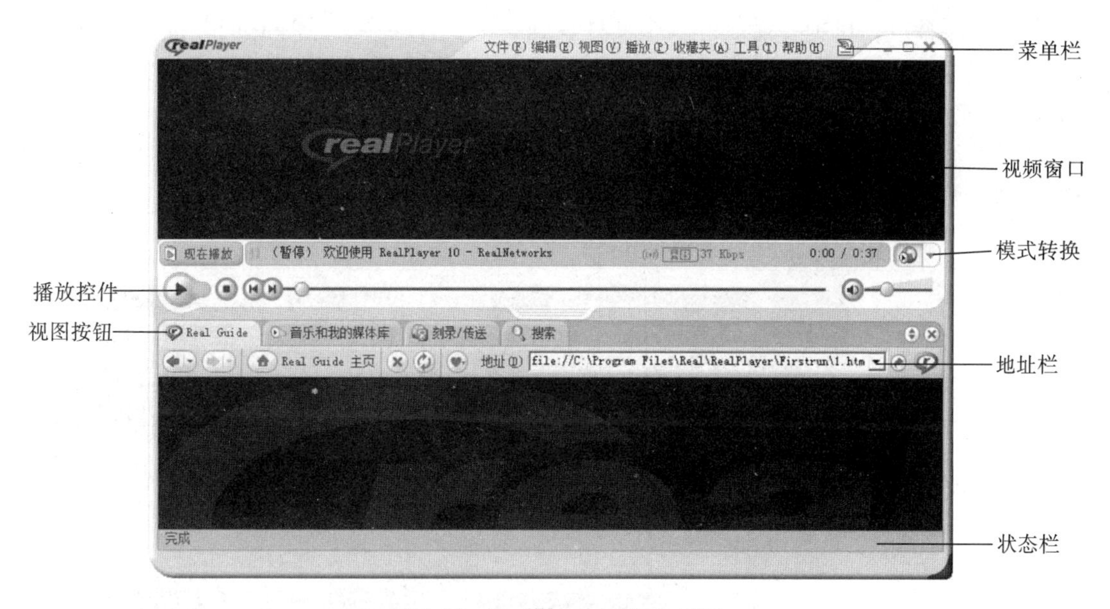

图 7.20　RealPlayer 工作主界面

窗口、“刻录/传送”和“搜索”等窗口。用户也可使用“视图”菜单下的视图切换命令切换到所需窗口。单击图 7.20 所示的工作界面右下角的“隐藏媒体浏览器”按钮，工作主窗口变小，如图 7.21 所示，此时“隐藏媒体浏览器”按钮变成“显示媒体浏览器”按钮。

拖动播放器窗口界面下方的拖动调整按钮，可设计视频窗口的大小。

图 7.21　“RealPlayer”简易工作窗口

7.2.4　RealPlayer 播放器的使用

使用 RealPlayer 播放器可以播放多种形式的影音文件，包括本地文件、CD 唱片和网络视频等。

1. 播放本地文件

使用 RealPlayer 播放本地的影音文件十分简单，首先运行 RealPlayer，选择“文件”→“打开”命令，弹出“打开”对话框，通过浏览可选择单个或多个影音文件，然后等待播放。如果连续播放，可把要播放的多个文件放到一个文件夹中，选择它们并拖到 RealPlayer 的显示面板中，就可以实现多个文件的播放了。也可以打开多个影音文件后，在播放时选择“播放”→“连续播放”命令，设置影音文件的连续播放。

在播放影音文件时，单击“播放控件”上方的“播放”按钮，RealPlayer 打开“现在播放”窗格，如图 7.22 所示。

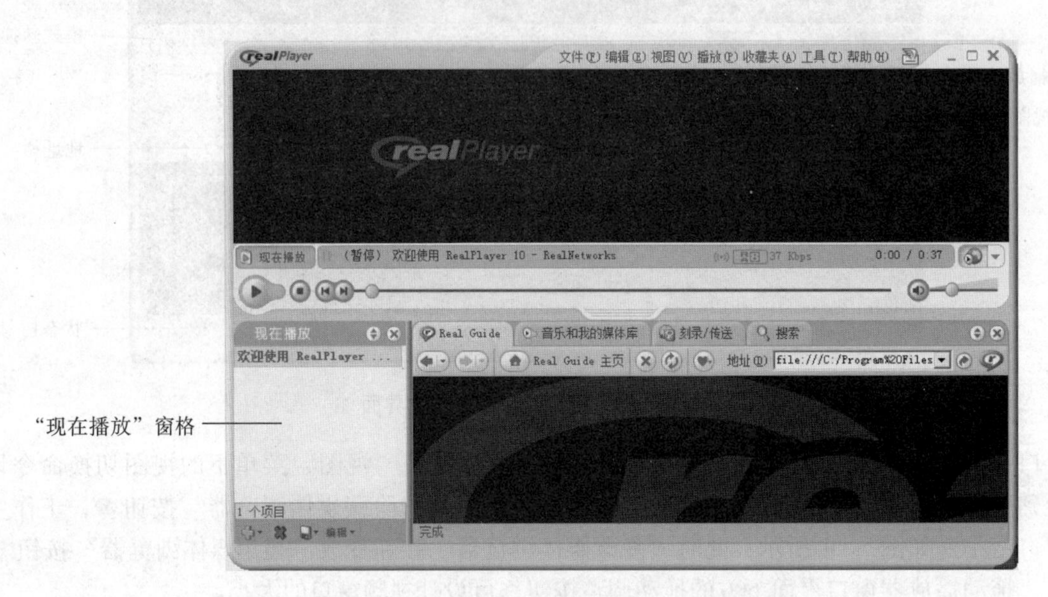

图 7.22　含有“现在播放”窗格的 RealPlayer 工作界面

在“现在播放”窗格下方有 4 个控件按钮，它们分别是“将剪辑添加至当前播放”按钮、“清除当前播放”按钮、“保存当前播放”按钮和“编辑”按钮。用户可使用这 4 个按钮进行相关的操作。

2. 播放 CD

将 CD 唱片放入光驱后，RealPlayer 工作主窗口打开“音乐和我的媒体库”窗格。

使用“音乐和我的媒体库”窗格中的相关命令，可对 CD 进行相关操作，如获取 CD 信息、刻录 CD 等。

3. 使用 RealPlayer 播放网络多媒体影音

下面以 RealPlayer 为例，介绍在线欣赏网络多媒体的方法步骤。

1）设置 RealPlayer

（1）运行 RealPlayer，选择“工具”→“首选项”命令，弹出“首选项”对话框，如图 7.23 所示。

（2）在“首选项”对话框的“类型”列表框中，单击“内容”左边的“+”号，在弹出的列表中选中“媒体类型”选项，打开媒体类型列表框。

（3）选中媒体类型列表中希望由 RealPlayer 默认打开的媒体文件类型，单击“确定”按钮，完成文件关联设置。

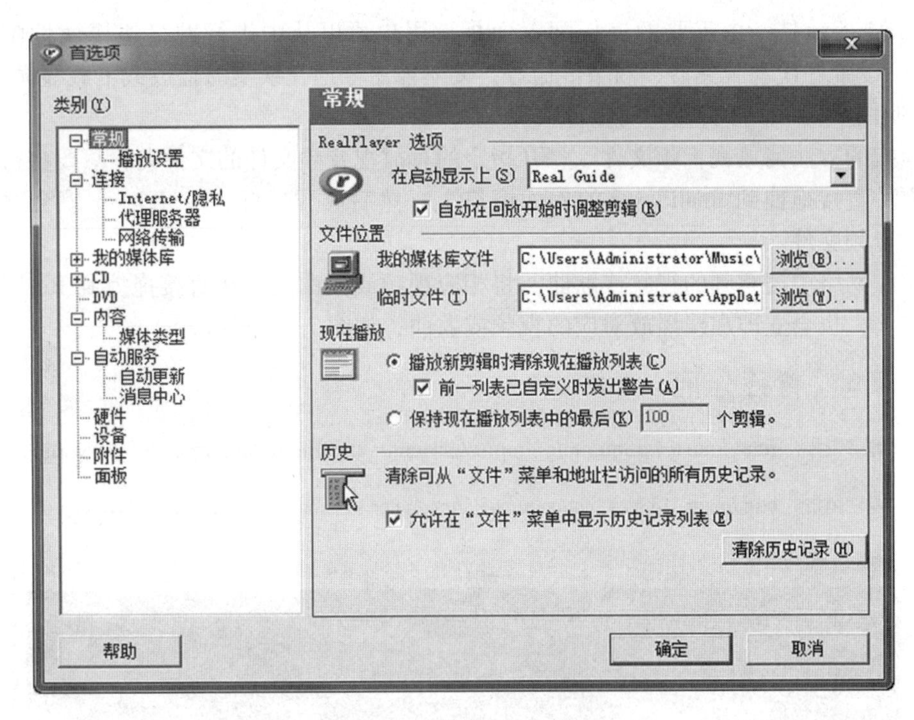

图 7.23　"首选项"对话框

2）系统设置

对于普通用户，RealPlayer 的默认设置足够满足观看视频文件的要求。但是，对 RealPlayer 的系统进行设置，可以优化其播放功能，更好地发挥其功效。单击"首选项"对话框中的"连接"选项，打开图 7.24 所示界面。

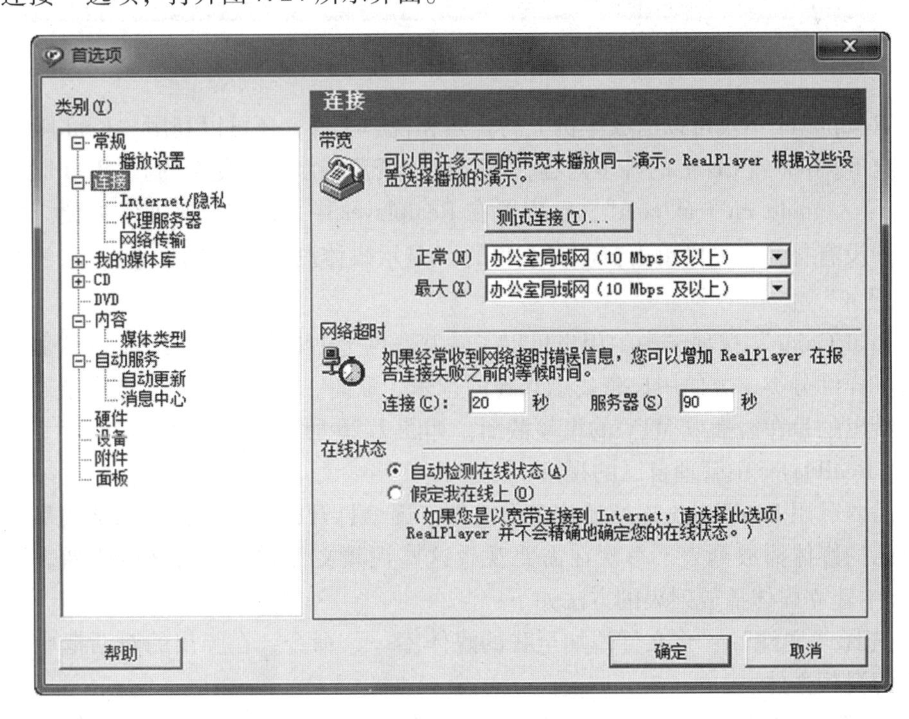

图 7.24　"连接"界面

图 7. 24 所示是一个重要的连接配置面板，用户可以从中进行网络连接属性配置，为 RealPlayer 设置好代理服务器、网络传输等，使其能更好地在线实时播放或下载视频文件。

3）使用 RealPlayer 实现在线影音欣赏

用拖拽的方法播放视音频文件。打开指定的存放视音频文件的文件夹，只要将待播放的视音频文件直接拖拽到 RealPlayer 的界面窗口上，然后放开鼠标，RealPlayer 就会立即播放相应的视音频文件。

对于在网络中搜索到的视频或歌曲，将相应视频或歌曲的链接直接拖拽到 RealPlayer 的界面窗口上，也会立即在线播放对应的视频或歌曲，如图 7. 25 所示。

歌曲：**青莲乐府** - 古曲

推荐链接：**http://music4.guqu.net/guqumusic/mengmeng/zhuanji/pipa/ppj1/04qlyf.wma**

其它链接：http://music18.guqu.net/guqumusic/mengmeng/zhuanji/pipa/ppj1/dpin/.../04qlyf.mp3

图 7. 25 在线播放

利用 Realplayer 不仅可以播放本机上的音频和视频文件，还可以利用“Real 服务”播放并保存来自 Internet 或 CD 上的许多内容，而且这些资源很多都是免费的。“Real 服务”的网址为“http：//guide. cn. real. com”，已内置在 Realplayer 中，使用起来非常方便。如果当前媒体浏览器没有打开，可以单击窗体右下角的“显示媒体浏览器”图标，系统会自动连接“Real 服务”主页。

在“Real Guide”选项卡中，用户可以了解互联网上的最新节目，并且 Real 服务上按照类型进行了详细分类，方便用户查找感兴趣的音乐、歌曲、MTV、游戏、电影杂志等网上资源。下面给出的是在线播放 MTV 的视频截图，如图 7. 26 所示。

4）在 RealPlayer 中管理自己的视频

有时需要利用 RealPlayer 连续播放多个文件，逐个打开视频是一件很麻烦的事。这时可以建立自己的媒体播放列表，每次在需要观看这些视频文件时，单击该播放列表即可。在 RealPlayer 中建立媒体播放列表的方法如下：

（1）选择“文件”→“将文件添加至我的媒体库…”命令，在弹出的对话框中选择要添加进列表的视频文件。

（2）选择“文件”→“新建”→“新建播放列表”命令，为列表取一个易于识别的名字，

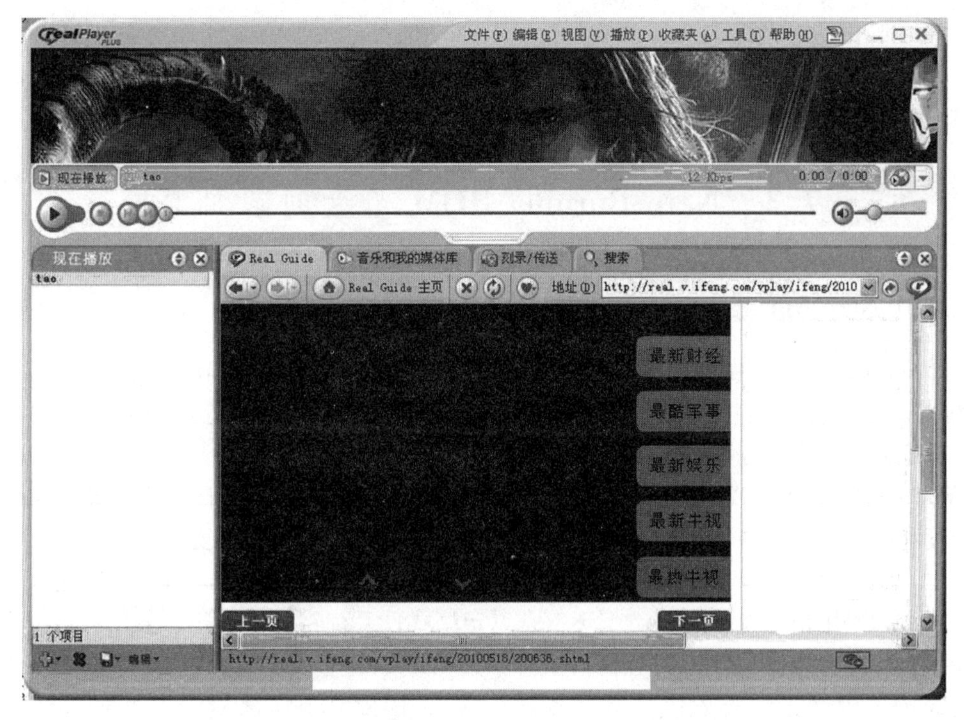

图 7.26　在线播放 MTV 视频

如“我的最爱”。

(3) 在媒体浏览器窗口中选择“我的媒体库”选项，则前面添加的视频文件出现在列表中。

(4) 在要添加进播放列表的文件上单击鼠标右键，选择“复制到”→“播放列表”命令，如图 7.27 所示。

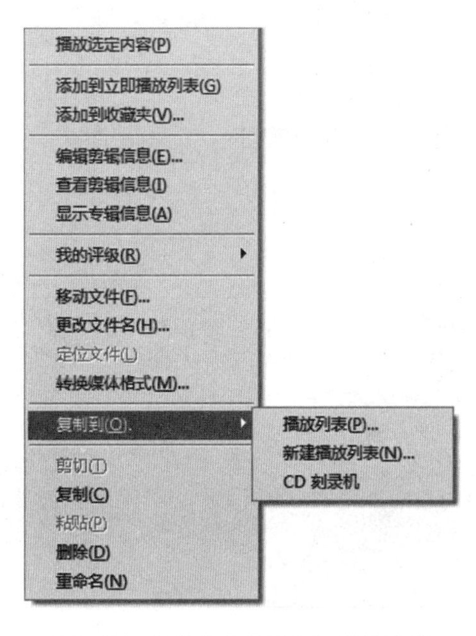

图 7.27　将视频文件添加进播放列表

(5) 在弹出的对话框中选择“我的最爱”选项即可。

这样，每次在播放视频文件时，只需选择“任务”选项下的“播放列表”→“我的最爱”选项即可。

7.3 Nero Burning ROM 光盘刻录工具

7.3.1 Nero Buring ROM 简介

Nero Buring ROM 是由德国 Nero 公司出品的一款专业的光盘刻录软件，它的功能强大且容易操作，适合各层次的使用者，一直有“刻录大师”的美誉。Nero Buring ROM 可让用户非常方便地制作专属于自己的 CD 和 DVD，不论所要烧录的是资料 CD、音乐 CD、VideoCD、Super Video CD、DDCD 或 DVD，所有操作程序都是一样的。用户可自行指定文件系统、文件名长度和所需的字体，然后只需使用鼠标将文件从档案浏览器拖拽至编辑窗口中，开启烧录对话框，然后激活烧录作业即可。除操作简单的优点外，Nero Buring ROM 还能自动识别文件格式，如果用户选择的文件类型不符合设定格式，系统将提示用户，如用户想制作一张音乐光盘，却误将数据文件拖拽至编辑窗口中，Nero Buring ROM 就会自动侦测出该档案的资料格式不正确（无法辨识该档案的资料格式），因此就不会将这个文档加入音乐光盘片中。

高速、稳定的刻录核心，再加上友善的操作接口，使 Nero Buring ROM 早已成为刻录软件的首选，其主窗口如图 7.28 所示。

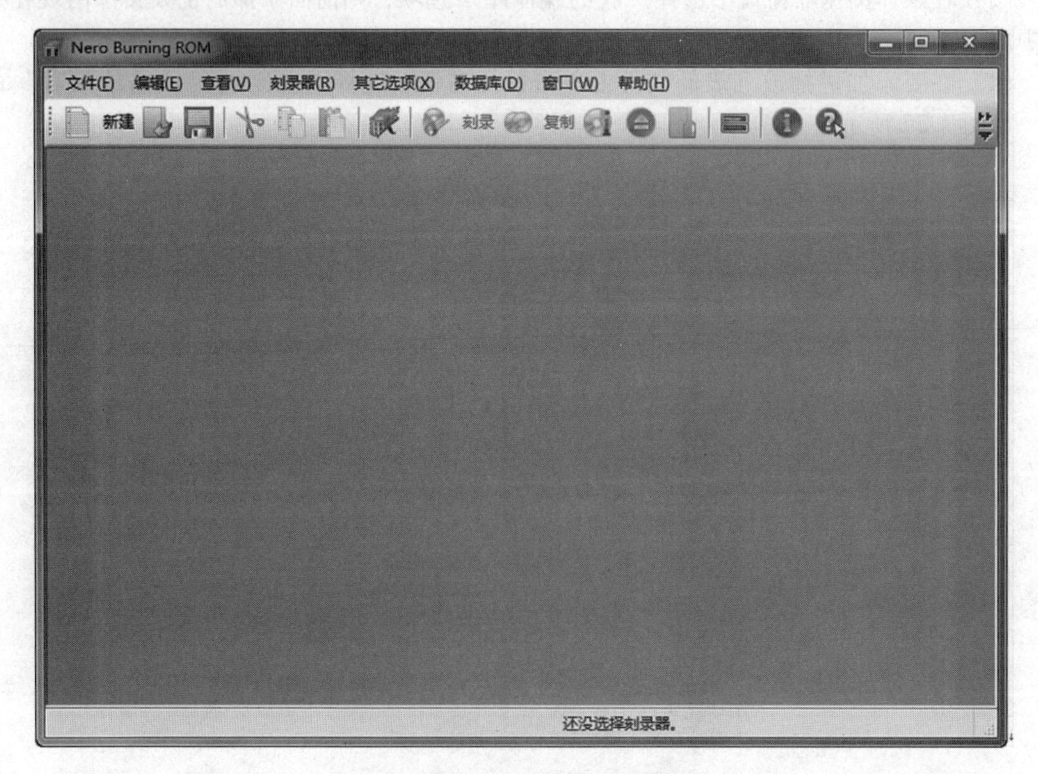

图 7.28 Nero Burning ROM 主窗口

1. Nero Burning ROM 的主窗口

Nero Burning ROM 的主窗口是所有操作的起点，该窗口由一个菜单栏和一个带有多个按钮及一个下拉菜单的工具栏组成。

Nero Burning ROM 提供了下列菜单功能：

（1）文件：提供程序操作选项，如打开、保存和关闭。还可以打开编辑设置选项，更新编辑和定义配置选项。

（2）编辑：在选择屏幕中提供文件编辑选项，如剪切、复制和删除。还可以显示所选文件的属性。

（3）查看：提供用于自定义用户界面和刷新文件浏览器的选项。

（4）刻录机：提供刻录机操作选项。可以在其中选择刻录机、开始刻录过程和擦除可擦写光盘。还可以弹出光盘和显示光盘信息。

（5）其他选项：提供用于将轨道转换成其他格式和将音频 CD 上的歌曲保存到硬盘驱动器的选项。

（6）数据库：用于创建和维护各种光盘数据库。

（7）窗口：提供用于更改编辑区域和浏览器区域的位置的选项。

（8）帮助：提供帮助选项，如打开帮助和显示有关应用程序的信息。

2. Nero Burning ROM 的主要功能

通过以下 3 个基本步骤，可以将选择的文件和文件夹刻录到光盘上。

（1）在新编辑窗口中，选择光盘类型和光盘格式，并在选项卡上设置选项。

（2）在选择屏幕中，选择要刻录的文件。

（3）开始刻录过程。

7. 3. 2　Nero Buring ROM 应用实例

下面通过 3 个简单的实例介绍使用 Nero Burning ROM 刻录光盘的具体过程。

1. 使用 Nero Burning ROM 刻录 DVD 光盘

（1）从“新编辑”对话框的下拉列表中选择“DVD”条目。如果没有出现“新编辑”对话框，可单击主屏幕上的“新建”按钮，弹出图 7. 29 所示的“新编辑”对话框。

（2）从列表框中选择“DVD 视频”编辑类型，即显示图 7. 30 所示的“ISO”选项卡。

（3）在选项卡中设置所需选项。

（4）单击“新建”按钮，打开图 7. 31 所示的窗口。该窗口包括视频和映像文件编辑区域和数据区域。

（5）从右边的浏览器区域中选择要刻录的 DVD 视频文件。

（6）将视频节目（VIDEO_ TS）的现有 DVD 文件夹结构拖到左边的视频编辑区域中。这些文件即会添加到编辑内容中，并显示在编辑窗口中，同时容量栏会指示需要的光盘空间。最后，可单击右下角的“立即刻录”按钮，刻录已编辑好的 DVD 内容。

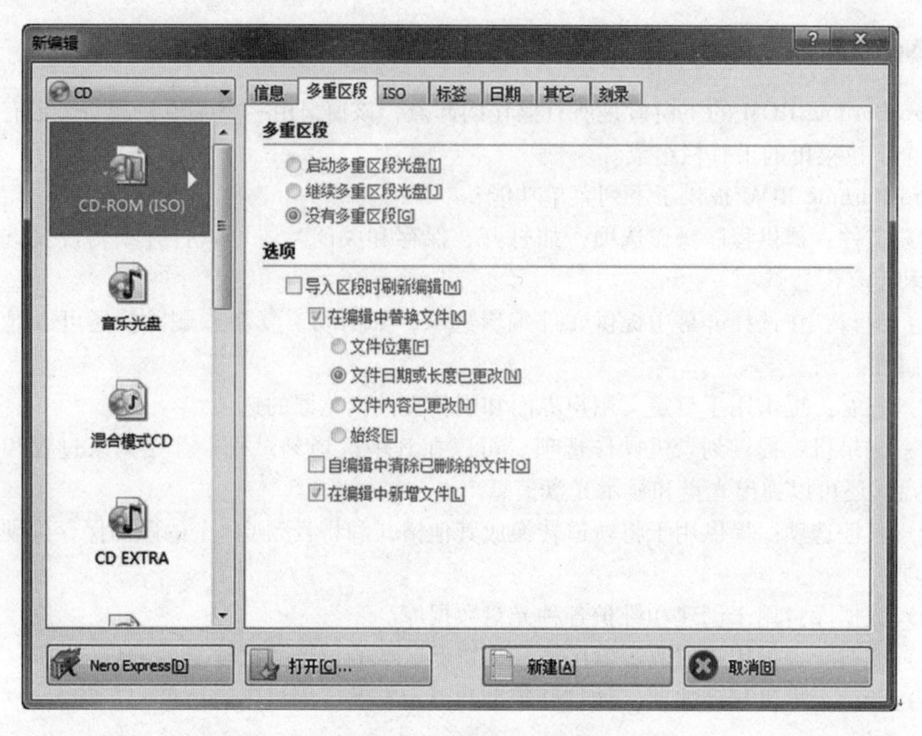

图 7.29 “新编辑”对话框

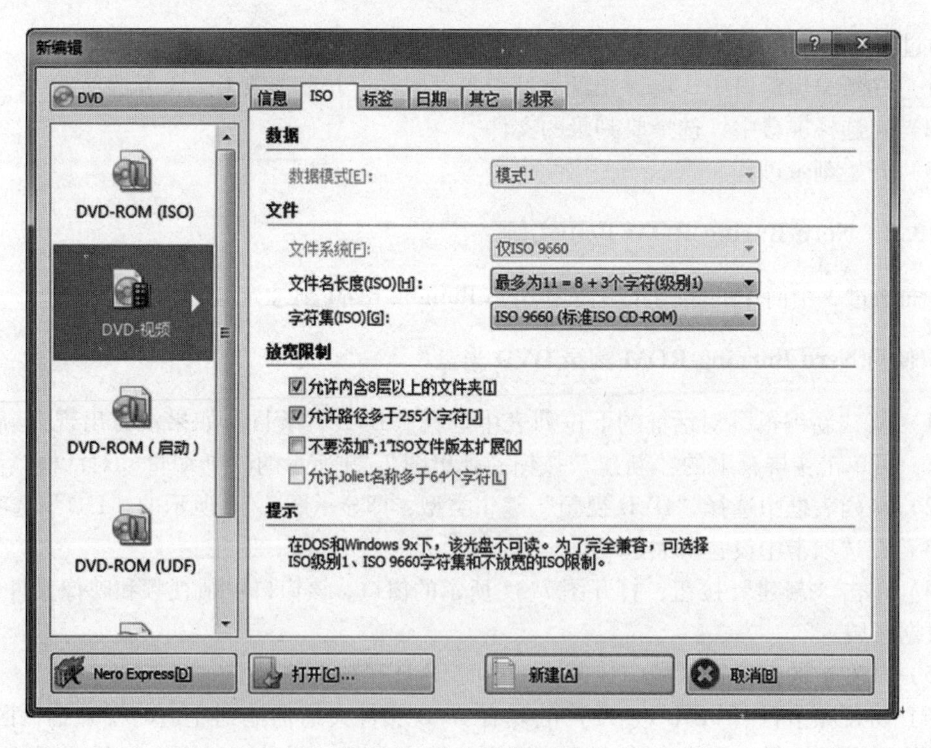

图 7.30 “ISO”选项卡

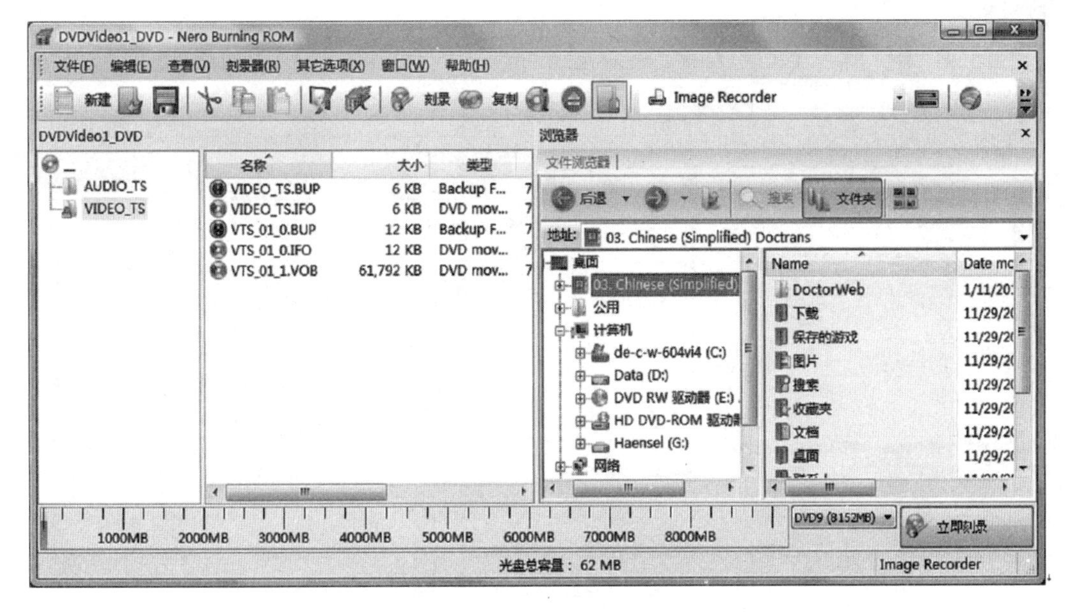

图 7.31　DVD 视频编辑窗口

2. 使用 Nero Burning ROM 刻录 CD 光盘

（1）从“新编辑”对话框的下拉列表中选择“CD”选项。

（2）从列表框中选择“音频光盘”编辑类型，即显示图 7.32 所示的“音乐光盘”选项卡。

图 7.32　“音乐光盘”选项卡

（3）在选项卡中设置所需选项。

（4）单击“新建”按钮，打开图 7.33 所示的窗口。

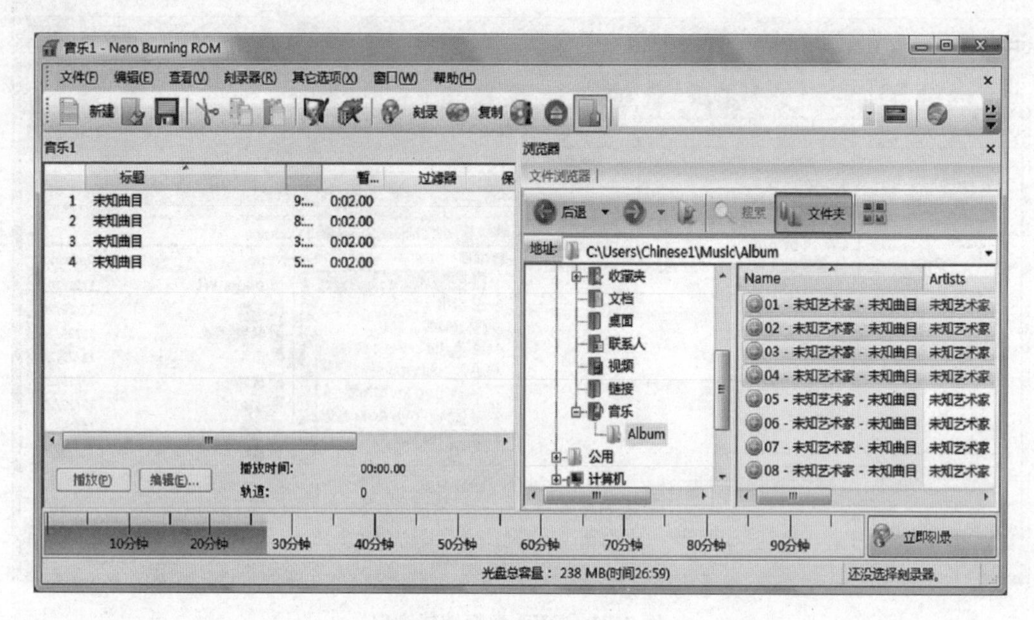

图 7.33　音频 CD 编辑窗口

（5）从右侧浏览器区域中选择要刻录的音频文件。音频文件可以来自硬盘驱动器，也可以来自音频 CD，还可以选择 M3U 播放列表作为来源。

（6）将所需音频文件拖到左侧编辑区域中。这些文件即会添加到编辑内容中，并会显示在编辑窗口中，同时容量栏会指示需要的光盘空间。

（7）对要添加的所有音频文件重复上一步骤，编辑完成后，单击右下角的“立即刻录”按钮刻录已编辑好的音频 CD。

提示：某些 CD 播放机无法播放 CD－RW，请使用 CD－R 光盘刻录音频 CD。

3. 在 Nero Burning ROM 中开始刻录过程

（1）要开始刻录过程，首先从主窗口的下拉列表中选择一个刻录机。

（2）插入相应的空白光盘。

（3）根据需要，选择左侧下拉列表中的光盘类型（CD、DVD 等）。

（4）“刻录编辑”窗口中的“刻录”选项卡提供用于刻录过程的选项，如图 7.34 所示，启用哪些选项取决于所选择的编辑。

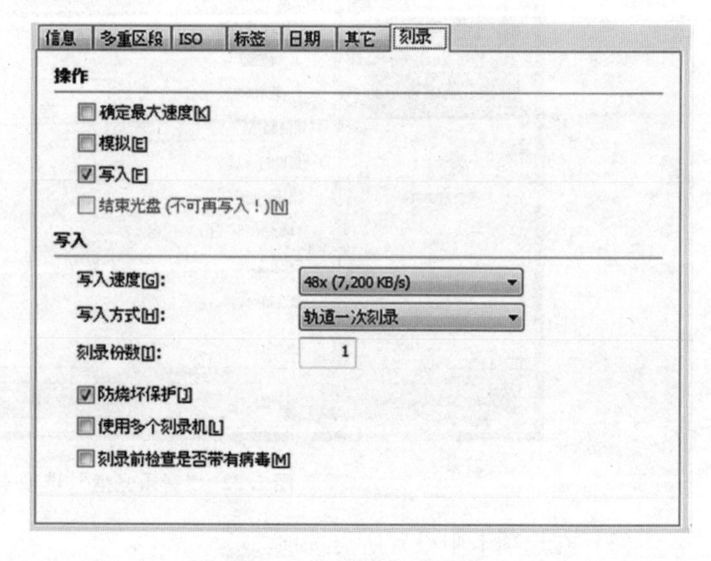

图 7.34　“刻录”选项卡

（5）单击主窗口上方的“立即刻录”按钮或右下角的

“立即刻录”按钮，即开始刻录过程。屏幕上会显示一个进度条，指示刻录过程的当前进度，如图 7.35 所示。

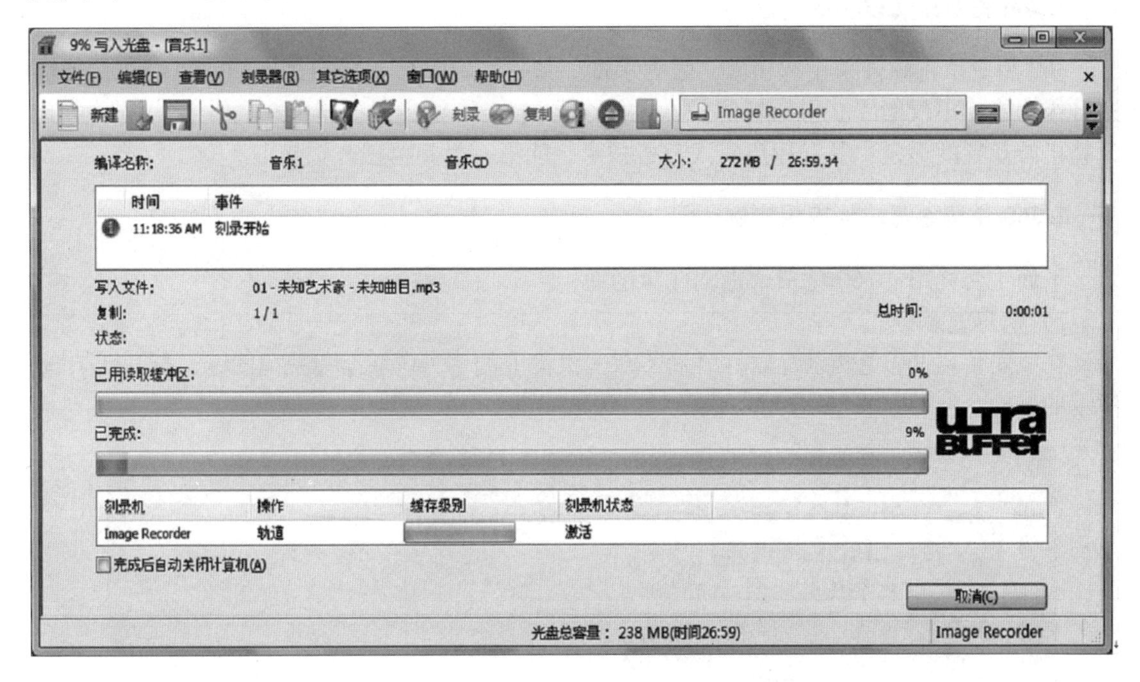

图 7.35　刻录过程

（6）如果要在完成后关闭计算机，则选择“完成后自动关闭计算机”复选框；如果要在刻录完成后检查写入数据，则选择“验证写入数据”复选框；如果要使用相同编辑开始另一刻录过程，可单击“再次刻录”按钮。

（7）单击“确定”按钮，完成刻录过程以后，即可从刻录机中取出刻录完毕的光盘。

7.4　360 安全卫士防病毒软件

7.4.1　360 超强查杀套装

360 超强查杀套装是 360 杀毒和 360 安全卫士的组合版本，是安全上网的“黄金组合”。360 杀毒主要起杀病毒的作用，这里的病毒包括恶意插件、木马、网页病毒、文件感染病毒、宏病毒、脚本病毒等。360 安全卫士的主要功能有为系统打补丁、清除恶意插件、查杀木马等。该套装不仅能利用 360 云查杀引擎杀掉网上新出现的未知木马，还具备 360 杀毒完整的病毒防护体系，达到双重保险的目的。

7.4.2　360 杀毒

“360 杀毒”是一款完全免费、无须激活的杀毒软件，可以从其官方网站（http：//www.360.cn）下载。360 免费杀毒软件仅为 360 安全中心的安全产品套件之一，它无缝整合了国际知名的 BitDefender 病毒查杀引擎，以及 360 安全中心潜心研发的木马云查杀引擎。双引擎的机制拥有完善的病毒防护体系，不但查杀能力出色，而且对于新产生病毒木马能够第一时间进行防御，从而为电脑提供全面保护。

1. 360 免费杀毒软件的功能

360 免费杀毒软件采用双引擎，强力杀毒，其独有的可信程序数据库能防止误杀；其快速升级功能，不仅能够获得最新防护，还能全面防御 U 盘病毒；其独有的免打扰模式更是计算机游戏者的最爱；其利用启发式分析技术，能第一时间拦截未知病毒。

2. 360 免费杀毒软件应用实例

下面主要介绍“360 免费杀毒软件”的使用。

1）病毒查杀

在线安装“360 免费杀毒软件”后，双击桌面上的“360 杀毒”快捷图标，打开图 7. 36 所示的界面。

图 7. 36　360 杀毒主界面

“病毒查杀”选项卡下分 3 项：“快速扫描”“全盘扫描”和“电脑门诊”。其中“快速扫描”可扫描病毒、木马藏身的关键位置，进行精确查杀；“全盘扫描”对计算机的所有分区进行扫描；“电脑门诊”诊断电脑问题，疑难杂症，可智能一键解决。单击“全盘扫描”按钮，将打开图 7. 37 所示的杀毒界面。

在窗口的左下角可以选择查杀病毒后的操作，如“自动处理扫描出的病毒威胁”或“扫描完成后关闭计算机”复选框。

2）实时防护

选择“实时防护”选项卡，如图 7. 38 所示，根据需要，用鼠标拖动滑块，可以选择实时防护的级别，推荐“中度防护”，然后单击右上角的“开启防护”按钮，启动实时防护功能。

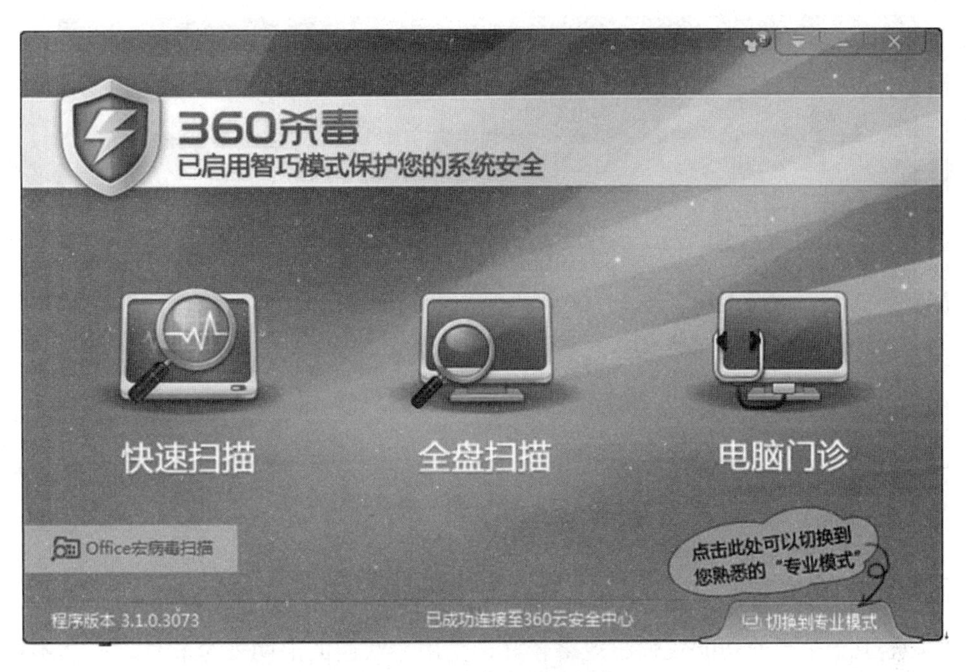

图 7.37　病毒查杀进程中

图 7.38　“实时防护”设置界面

3）产品升级

切换到“产品升级”选项卡，会弹出“产品升级”界面，单击“检查更新”按钮，可以对病毒库进行更新，如图 7.39 所示。

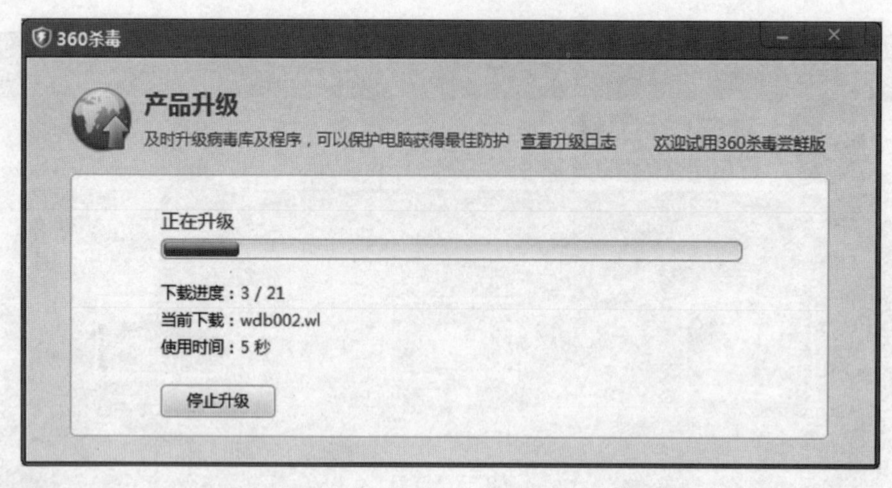

图 7.39　产品升级界面

7.4.3　360 安全卫士

360 安全卫士是当前功能较强、效果较好、受用户欢迎的上网安全软件之一，不但永久免费，还独家提供多款著名杀毒软件的免费版。可在 360 安全卫士的官方网站免费下载当前的最高版本，由于使用方便，其用户口碑好。

目前木马威胁之大已远超病毒，360 安全卫士运用云安全技术，在线杀木马、打补丁、保护隐私，它在保护网银和游戏的账号密码安全等方面表现出色，被誉为“防范木马的第一选择”。360 安全卫士自身非常轻巧，查杀速度比传统的杀毒软件快数倍，同时还能优化系统性能，可大大加快计算机的运行速度。

1. 电脑体检

360 安全卫士的体检功能可以全面检查计算机的各项状况，如图 7.40 所示。体检完成后会提交一份优化电脑的意见，用户可以根据需要对计算机进行优化，也可以便捷地选择“一键优化”。

体检功能可以使用户快速全面地了解计算机，并且可以提醒用户对计算机作一些必要的维护，如木马查杀、垃圾清理、漏洞修复等。定期体检可以有效地保持计算机的健康。

2. 木马查杀

利用计算机程序漏洞侵入后窃取文件的程序称为木马。木马查杀功能可以找出计算机中疑似木马的程序并在取得用户允许的情况下删除这些程序。

木马对计算机的危害非常大，可能导致用户包括支付宝、网络银行在内的重要账户密码丢失。木马的存在还可能导致用户的隐私文件被复制或删除，所以及时查杀木马对安全上网来说十分重要。

进入木马查杀的界面后，可以选择“快速扫描”“全盘扫描”和“自定义扫描”选项来检查计算机中是否存在木马程序，如图 7.41 所示。扫描结束后若出现疑似木马，则可以选择删除或将之加入信任区。

图 7.40　“电脑体检”界面

图 7.41　“木马查杀”界面

3. 漏洞修复

系统漏洞是指操作系统在逻辑设计上的缺陷或在编写程序时产生的错误。系统漏洞可以被不法者或者计算机黑客利用，通过植入木马、病毒等方式来攻击或控制整个计算机，从而窃取计算机中的重要资料和信息，甚至破坏系统。可单击主窗口右下方的“重新扫描”按钮查看是否有需要修补的漏洞，如图 7.42 所示。

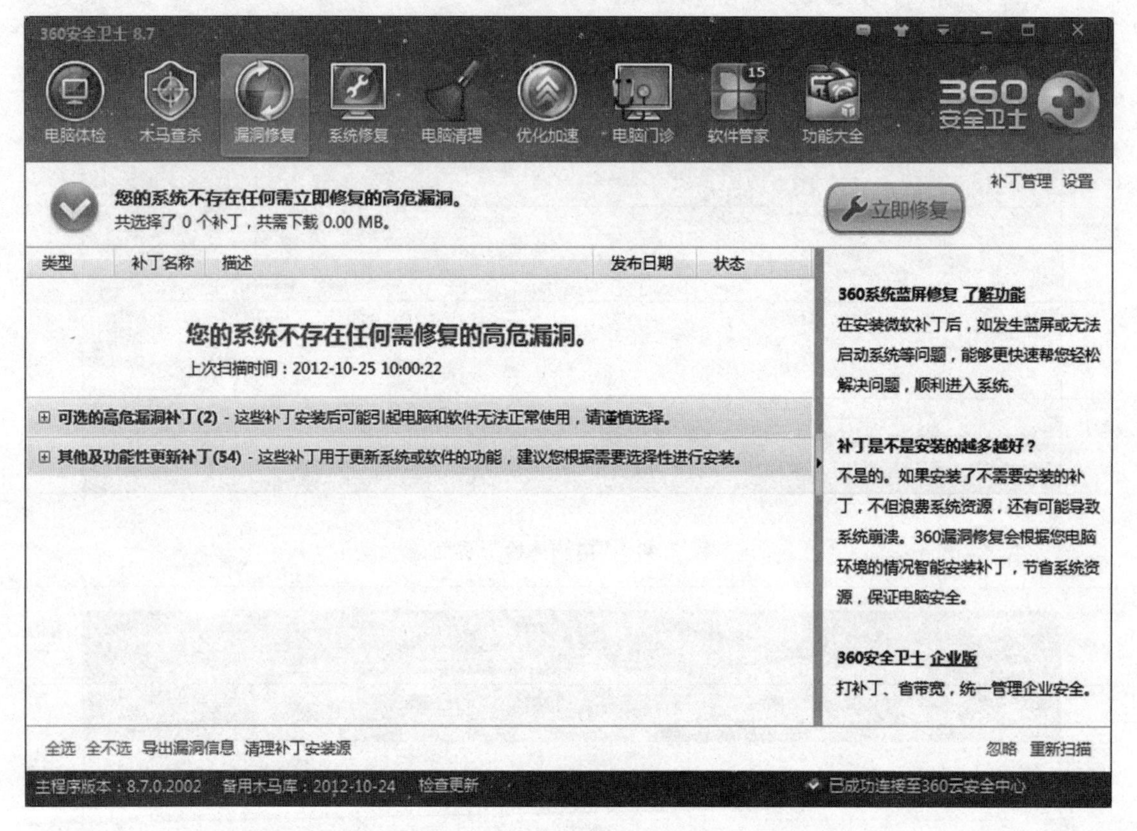

图 7.42 “漏洞修复”界面

4. 系统修复

系统修复可以检查计算机中的多个关键位置是否处于正常的状态。当遇到浏览器主页、“开始”菜单、桌面图标、文件夹、系统设置等出现异常时，使用系统修复功能，可以帮助用户找出问题出现的原因并修复问题，如图 7.43 所示。

5. 电脑清理

垃圾文件是指系统工作时所过滤加载出的剩余数据文件，虽然每个垃圾文件所占系统资源并不多，但是很长时间不清理，垃圾文件会越来越多。垃圾文件长时间堆积会拖慢计算机的运行速度和上网速度，浪费硬盘空间。

用户可以选择“一键清理”“清理垃圾”“清理插件”“清理痕迹”“清理注册表”和“查找大文件”等完成特定的功能，如图 7.44 所示。

图 7.43　“系统修复”界面

图 7.44　“电脑清理”界面

6. 优化加速

优化加速功能可以帮助用户全面优化计算机系统，提升计算机速度，更有专业贴心的人工服务，如图 7.45 所示。

图 7.45 “优化加速”界面

7. 电脑门诊

电脑门诊是集成了“上网异常”“系统图标”“系统性能”“游戏环境”“常用软件”和“系统综合”等 6 大系统常见故障的修复工具，可以一键智能地解决计算机故障。用户可以根据遇到的问题选择性地修复。计算机用久了难免会出现一些小故障，比如上不了网、没有声音、软件报错、乱弹广告等现象。为此 360 推出“电脑门诊”，汇集各种系统故障的解决方法，免费为广大网民提供便捷的维修服务。网民只需选择需要解决的问题，即可一键智能修复。

“电脑门诊”内置在 360 安全卫士中，通过在线查杀木马和系统修复页面均可找到，进入后只需找到遇到的问题，单击“立即优化”按钮，即可一键修复，如图 7.46 所示。

8. 软件管家

“软件管家”聚合了众多安全优质的软件，用户可以方便、安全地下载，如图 7.47 所示。用“软件管家”下载软件不必担心“被下载”的问题。如果下载的软件中带有插件，

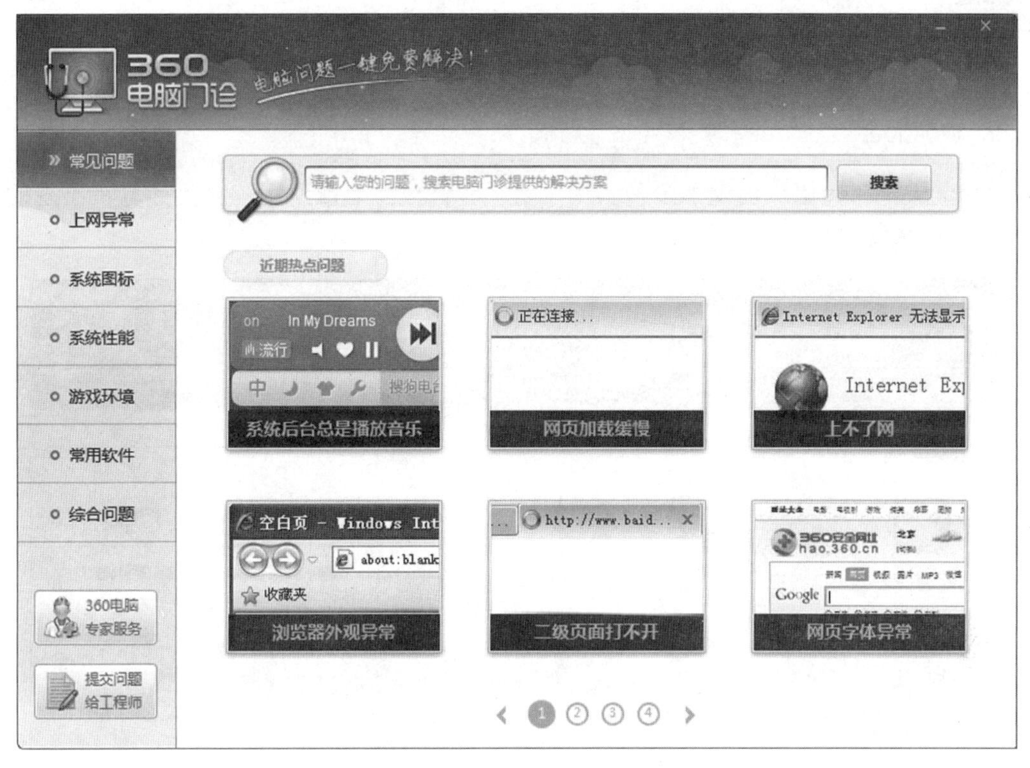

图 7.46　“电脑门诊”界面

图 7.47　“软件管家”界面

“软件管家”会提示用户。从“软件管家”下载软件更不需要担心下载到木马病毒等恶意程序。同时，“软件管家”还为用户提供了“开机加速”和“卸载软件”的便捷入口。

9. 功能大全

“功能大全”为用户提供了多种实用工具，有针对性地帮助用户解决计算机出现的问题，提高计算机的速度，如图7.48所示。

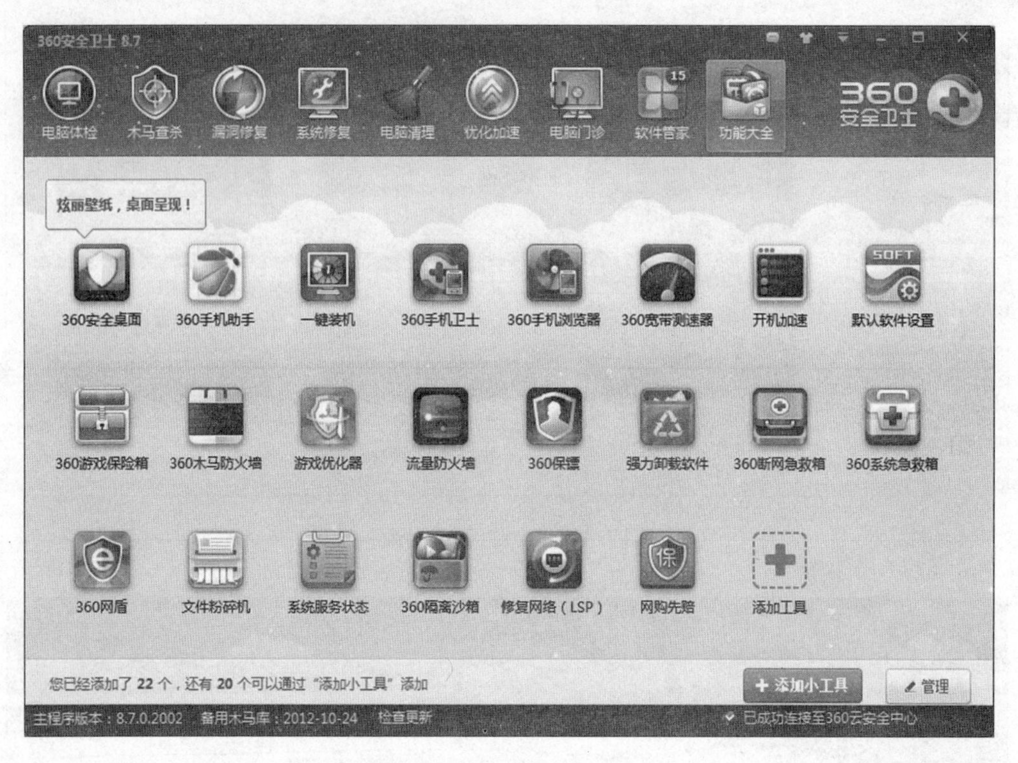

图7.48 “功能大全”界面

本章小结

本章介绍了4种实用工具软件，图文并茂地将操作步骤进行详尽地展示，以方便教学，并配有丰富的应用实例，读者能迅速了解各软件的主要功能和特色，掌握基本的应用方法，并能根据各工具软件的特点选择使用，以提高工作、学习、生活的效率。

课后练习

操作题

1. 使用ACDSee软件浏览图片，并对图片进行裁剪，调整大小和进行旋转。
2. 使用RealPlayer软件建立自己喜爱的媒体播放列表。
3. 使用Nero Buring ROM软件刻录音频光盘。
4. 使用360安全卫士进行电脑清理和漏洞修复。

参考文献

［1］吴淑慧．计算机应用基础［M］．北京：科学出版社，2008.

［2］刘熙．计算机应用基础教程［M］．北京：中国铁道出版社，2012.

［3］许晞．计算机应用基础［M］．北京：高等教育出版社，2007.

［4］郑德庆．计算机应用基础（Windows 7 + Office 2010）［M］．北京：中国铁道出版社，2011.

［5］张晓景．Windows 7 + Office 2010 中文版［M］．北京：清华大学出版社，2011.

［6］成昊．Office 2010 三合一教程［M］．北京：科学出版社，2011.

［7］侯冬梅．计算机应用基础教程（Windows 7 + Office 2010）［M］．北京：中国铁道出版社，2011.

［8］Excel Home. Excel 2010 应用大全［M］．北京：人民邮电出版社，2011.

［9］武凤翔．计算机应用基础［M］．北京：电子工业出版社，2012.

［10］宋翔．Excel 2010 办公专家从入门到精通［M］．北京：石油工业出版社，2011.

［11］钟山林．上网实战技术 1000 例［M］．北京：中国铁道出版社，2009.